U0318582

on-a

Emotion-architecture

情感融于建筑——ON-A工作室作品精选

深圳市艺力文化发展有限公司 编

Works & Projects

华南理工大学出版社
SOUTH CHINA UNIVERSITY OF TECHNOLOGY PRESS
·广州·

emotion	情感
innovation	创新
encoding	编码
laboratory	研究室
architecture	建筑
design	设计
geometry	几何学
technology	技术

序言

ON-A建筑公司成立于2005年，由一个年轻的建筑师团队创建，注重设计与工艺是公司的建筑特征。公司成立后，Jordi Fernández和 Eduardo Gutiérrez共同完成了很多独特的项目，将研究和创新融入ON-A建筑公司的设计本质。

"In this context of innovation, multidisciplinary performance has also been a key factor of research, which has now led to the adaptation and enhancement of one of the most innovative tools in architecture: Building Information Modelling (BIM)."

"在这种追求创新的环境中，多领域的融合也成为研究的核心要素之一，对建筑信息建模（一种最具创新的建筑工具）的改编和优化是其中的一个发展方向。"

ON-A建筑公司的理念体现在其多年以来不断研究、重建及创新建筑语言，以摆脱千篇一律的建筑视觉形态。这一理念增加了其作品的价值，在重现自然界中特有的有机形态和结构方面独树一帜；在昂皮里亚布拉瓦完成的"5感酒吧"项目，第一次将该理念运用到实际中，也是公司第一个标志性项目，经媒体报道后引起巨大的反响。

在完成这个项目以后，这种全新的建筑形式将引领长期的创新。寻求不断的改变，不仅要更新电脑程序，例如参数设计，而且要发展一种全新的建筑工艺，在促进项目的持续性和可行性的同时，保留其独特的本质。

在这种追求创新的环境中，多领域的融合也成为研究的核心要素之一，对建筑信息建模（一种最具创新性的建筑工具）的调整和优化是其中的一个发展方向。在近期的项目中，推动建筑信息建模平台的实现成为主要目标，希望客户及其外包的合作伙伴们都能参与进来，通过多领域的共同协作，让项目达到更好的效果，形成一个真实准确的网络应用。

简言之，ON-A建筑公司的潜力在其完成的各种不同风格的项目及代表作的影响力中可见一斑。标志性项目包括塔拉戈纳地中海运动会总体规划设计，马塔罗El Rengle塔式住宅楼，巴塞罗那1409、1510以及1406号住宅，巴塞罗那船坞地铁站和桑坦德雷地铁站、巴塞罗那国际建材博览会CRICURSA展位设计，项目中饱含着设计师想要表达的情绪和理念。

Table of contents 目录

Visual index of works & projects 项目图片目录

Cultural Space
Roses, 2010
2735 m²
→ p. 232

Thinking in Housing
住宅空间的思考

Student Housing
Saragossa, 2007
50500 m²
→ p. 242

Multifamily Building
L'Hospitalet de Llobregat, 2013
350 m²
→ p. 250

Residential Building
São Paulo, 2012
11000 m²
→ p. 256

Windmill Towers
Barcelona, 2013
34650 m²
→ p. 264

New Urban Growth
Kalmar, 2013
1300000 m²
→ p. 274

Single-family House 0810
Gavà, 2008
620 m²
→ p. 284

Single-family House 1002
Barcelona, 2010
550 m²
→ p. 292

Single-family House 1409
Barcelona, 2014
350 m²
→ p. 302

Single-family House 1510
Barcelona, 2015
350 m²
→ p. 314

Think Green
绿色环保

Single-family House 1406
Barcelona, 2014
140 m²
→ p. 326

Seafront Reorganization
Algeciras, 2005
160000 m²
→ p. 336

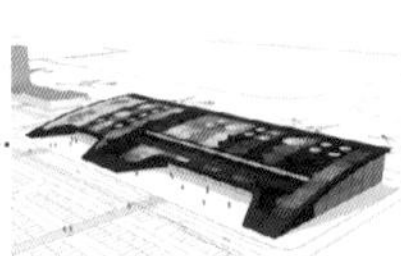

Low Cost Airport Terminal
Lleida, 2010
9465 m²
→ p. 348

Conference Hotel
Olot, 2010
1992 m²
→ p. 352

Taichung Gateway Park
Taichung, 2011
240000 m²
→ p. 360

Luxury Tower
Taipei, 2013
39500 m²
→ p. 370

Beyond our Borders
跨国界

Chengdu Residential
Taipei, 2014
23000 m²
→ p. 382

Residential Tower
Taipei, 2012
67500 m²
→ p. 390

Eastern Media Int. Headquarters
Taipei, 2013
104500 m²
→ p. 398

Hotel and Mixed Use Development
Taipei, 2013
11300 m²
→ p. 404

Office Building
Neihu, 2013
33000 m²
→ p. 408

Beitou Residential
Taipei, 2014
2200 m²
→ p. 414

Daan Residential
Taipei, 2014
1280 m²
→ p. 418

Leading the Age of BIM
引领建筑信息模型新时代

El Rengle Tower
Mataró, 2016
14500 m²
→ p. 424

ON-A Studio
ON-A 工作室

ON-A Studio
Barcelona, 2005
440 m²
→ p. 444

LOU: 昂皮里亚布拉瓦“5感酒吧”项目将几何学和编码在空间中实体化（见本书第12页）

SCC: 巴塞罗那国际建材博览会CRICURSA展位的建筑玻璃
（见本书第62页）

Our Approach to Architecture 我们的建筑方式

对话Jordi Fernández和 Eduardo Gutiérrez

ON-A建筑公司位于巴塞罗那，是一个国际化的建筑公司，由Jordi Fernández和Eduardo Gutiérrez创建。公司由一个年轻的团队组成，旨在创造一种新的研究及开发环境，专注于全新的建筑技术的探索及其在项目上的运用，这也是创新所面临的最大挑战。每一个项目的设计都体现了他们想要通过建筑所表达的情感。

"Firstly, it means 'on architects' in the sense of architects who are 'switched on', alert, active, always wanting to innovate. It is also a reference to Barcelona, the city where we were born, where we have trained as architects and where we have established the firm, and finally it is 'ona', wave in Catalan, an example of a complex but measurable element of nature."

首先，它代表"on architects"，从字面上它表示正在思考的建筑师，警觉、活跃，总是希望有所创新;同时这个名字也与巴塞罗那相关联，我们出生于这个城市，在这里成为建筑师，又在这里成立了建筑公司；最后一点，ona在加泰罗尼亚语中的意思是摇摆，是自然界中一种复杂而重要的形态，这个名字也体现了我们对自然形态和几何的兴趣。

您认为ON-A作为一个建筑公司的特色是什么？

我觉得最能体现我们特点的是我们完成的每个项目所呈现出来的额外的价值。这些项目，每一个都是独一无二的，对我们而言，这是我们能给予客户的保证。与此同时，我们的方式方法也是特色之一，围绕着创新和研究的主要机制，不仅整合了我们的专业经验，同时为我们所参与的每个项目都提供了独创的背景。

创新和研究这一理念是否被认为是公司的主要基石？

可以这样说。正是这一理念让我们不断地思考一些现有的东西，开发出新的解决方式和技术，不断提升我们的专业能力。事实上，我们一直不断追求的不仅是建筑的秩序，而且要赋予每个项目十足的活力。

两位为什么想成为建筑师？

实际上，对于我们两个来说，成为建筑师并非是一早决定好的职业规划，我们也不属于建筑行业中常见的子承父业，成为建筑师只是我们当时的一种选择而已，和其他选择并无不同。我们确实都对设计有些兴趣，这是一个人与艺术共同组成的技术性职业。

你们从儿时起就是朋友，一同上学以及接受建筑方面的教育，同时还在Cloud9中共事。所有这些共同的经历，对工作有哪些影响？

我觉得人们的各种经历，无论是教育经历还是社会经历，都或多或少地对人产生影响，都是一个人重要的组成部分。对我们来说，共同经历的很多事情让我们意识到彼此可以一同工作，朝着同样的事业目标前进。

你们在2005年成立了ON-A建筑公司，公司被命名为ON-A是否有特殊意义？

关于ON-A这个名字，我们希望公司名能体现我们之间的联系以及我们的思考方式。首先，它代表"on architects"，从字面上它表示正在思考的建筑师，警觉、活跃，总是希望有所创新；同时这个名字也与巴塞罗那相关联，我们出生于这个城市，在这里成为建筑师，又在这里成立了建筑公司；最后一点，ona在加泰罗尼亚语中的意思是摇摆，是自然界中一种复杂而重要的形态，这个名字也体现了我们对自然形态和几何的兴趣。

我们喜欢反思常规的或普通的做事情的方式，以此来找到一种创新的方式，来完成委托给我们的项目。

"We like to question the conventional or usual ways of doing things in order to find innovative solutions for the projects we are assigned."

ON-A建筑公司的基本理念是对传统形式及工作的反思和质问已有的基准，服务于创新。避免落入传统工作方式的关键是什么？

每当接触一个全新的项目，我们都喜欢去参考一些类似的项目，或者一些引起我们关注的项目，我们总是渴望从中学习，同时思考某一特定方案或项目所采用的方式。我们喜欢反思常规的或普通的做事情的方式，以此来找到一种创新的方式，来完成委托给我们的项目。

ON-A的另一个不变的特点是从自然中学习。你们是如何将复杂典型的自然体系改编运用到项目中去的？

我们并不是要特意将自然体系转变到我们的项目中，但我们确实对美丽又极具功能性的各种自然的形态很感兴趣，它们都是数千年自然进化的结果，这意味着所有的自然形态，无论复杂与否，都不是随机产生的。因此，一种自然形态，无论是一个蜂巢，或者是一片树叶，抑或一扇翅膀，总是对应着其独有的"程序"。

你们特别注重保护环境。那么在建筑以及城市规划设计项目中，你们实施了哪些可持续性的标准呢？

每个项目及其环境都有其独特的可持续性标准，我们相信21世纪的建筑师以及市民必须肩负起管理我们所拥有的资源的责任，因此我们认为未来从事这一领域的人们也要接受这方面的训练。就我们而言，我们接受了关于可持续建筑的环境评价法以及能源与环境设计等专业的认证标准培训，建筑本身不仅要坚固、实用和赏心悦目，而且要对地球环境以及我们的下一代负责。

E12: 卡马尔城市新发展的规划提案（见本书第274页）

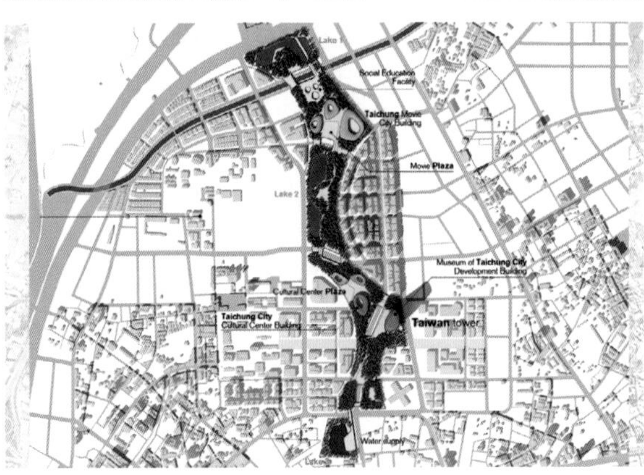

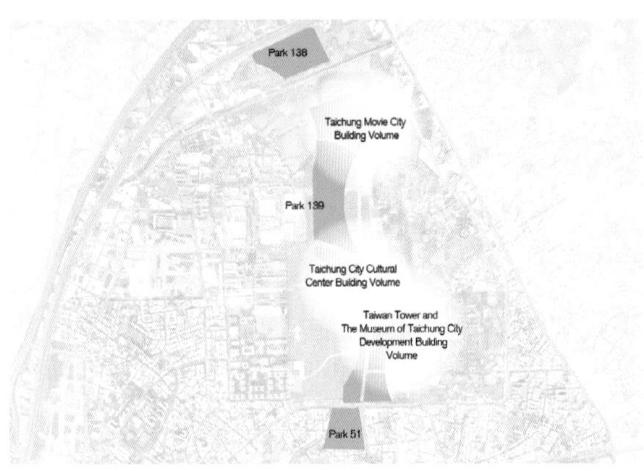

TGP: 台中市全新绿化及便利设施设计（见本书第360页）

"We have both always been interested in the forms of nature both for their beauty and their functionality, since they are usually the result of thousands of years of evolution meaning that almost no natural form, however complex, is random."

我们对美丽又极具功能性的各种自然的形态很感兴趣，它们都是数千年自然进化的结果，这意味着所有的自然形态，无论复杂与否，都不是随机产生的。

TMB: 巴塞罗那船坞地铁站灯光反射围墙设计（见本书第102页）

你们最广为人知的其中两个项目是巴塞罗那船坞地铁站和桑坦德雷地铁站，并且让你们获得了2010—2011 Dedalo Minosse国际大奖。这些项目包括什么，你们从中达成了哪些设计目标呢？

项目包括翻修这两个地铁站，这是TMB（巴塞罗那运输署）翻新计划中的一部分。

坐落在游客众多的区域，船坞站是个小站，区域非常狭小，而且月台和出入口处于同一平面。而桑坦德雷站相对来说要大很多，有三个月台和非常空旷的空间。船坞站中，我们运用了一个连续的白色空间，给空间以充足的光线，整合了结构元素，同时干净的白色连续空间也有利于安全。桑坦德雷站的主要特色是巨大的拱顶，我们利用了这一优势，将其当成一块巨大的画布。我们希望其每日的变化能让这个地铁站的常客每天都有惊喜。

关于得奖，我们非常高兴，因为这个奖项认可的是客户与建筑师的合作，共同创作出杰出的建筑。这种奖项同时也颁给客户的行为并不常见，事实上，在这两个项目进行过程中，我们与TMB的关系相当融洽。我们非常高兴他们的努力和胆识也得到了认可。

你们也参与了塔拉戈纳宗教学校的翻修工作。你们是怎样将这个建筑变成城市的文化地标的呢？

将这个建筑变成城市的文化地标并不能完全归功于我们的设计，还要归功于其管理方式。这个项目的客户——塔拉戈纳的大主教，给这栋19世纪的伟大建筑增添了有趣的文化氛围。为了这一目标，改造工程扮演了重要的角色，设法将这栋神学院建筑转变成城市的文化地标，并面向公众开放，因此所有的空间都会对外开放，并向全世界展示这个隐藏至今的、独特的文化遗产。我们希望在建筑中引入最新的技术，使其能适合举行各种文化活动，同时尊重其历史，恢复、保存并强调其独特性。

TMB: 巴塞罗那船坞地铁站内景图（见本书102页）

"We were particularly pleased with the Dedalo Minosse because it is an award for collaboration between client and architect to create an architectural masterwork. It is unusual to also reward the client."

我们非常高兴获得了Dedalo Minosse奖，因为这个奖项认可的是客户与建筑师的合作，共同创作出杰出的建筑。同时颁奖给客户的行为并不常见。

ON-A是如何开始国际化的？我们了解到你们正与台北及开罗当地的团队合作。

我们的国际化是通过各种渠道实现的，一方面是通过各类研讨会、颁奖会、出版物以及展览，例如2013年索菲亚建筑周庆典以及在香港召开的城市地下空间及通道会议，让我们能建立多种联系。

我们已经看到我们的海外项目获得了一些成果。这是一个长期的过程，但是通过我们的合作伙伴，我们的建筑在国外得到了高度认可，我们有着巨大的潜力，未来将有更多的机会接受国外项目的委托。

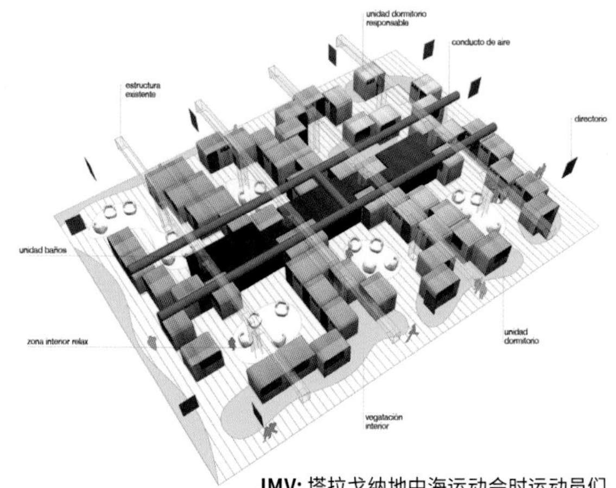

JMV: 塔拉戈纳地中海运动会时运动员们所住房屋的模块（见本书第164页）

JMV: 塔拉戈纳地中海运动会总体规划鸟瞰图（见本书第164页）

台湾：在台北与Eduardo Gutiérrez Munné 的会谈

我们了解到建筑信息建模平台已经经历了一个改编的过程。你认为技术和建筑信息建模平台的强化有什么作用？

我们寻求从根本上提高工作效率的方法，其中一个明确的例子是我们近期的一个大规模住宅项目——马塔罗El Rengle塔式住宅楼，在这个项目中，我们在现场的管理效率以及后续的实施进度有了显著的提升。我们的目标一直是找到一种真正的合作的专业方法，让所有人都参与到同一个网络中。事实上，我们依靠了其他的可视化软件，其促进了我们沟通交流效率的提高。我们总是关注技术的进步，并不断提升自己，这是我们一个最重要的优点，也使得我们能很好地掌控项目施工过程的各个阶段，这都得益于建筑信息建模平台。

你们准备怎样利用这些新的技术和电子计算机资源来增强公司实力？是否会改变目前的工作方式？

项目的成功对于我们和我们的客户来说都非常重要。事实上，我们的目标一直都是努力保证我们工作的质量，依靠这些新的资源，让我们在做出重要决定的时候更有信心。因此，我们意识到在公司发展过程中，要在所有这些变量中取得平衡。对于我们来说，技术的发展和公司本身的持续发展以及设计都是同等重要的。

GMB: 贝尼多姆住宅综合体、酒店以及老年人活动中心总体规划设计方案，2015

"We have always wanted to keep upgrading in tandem with technological advances and believe that this is one of our main strengths, which in our view has allowed us to achieve absolute control of the project in each of its phases until the construction process, thanks to the BIM platform."

我们总是关注着技术的进步并不断提升自己，这是我们的一个最重要的优点，也使得我们能很好地掌控项目施工过程的各个阶段，这都得益于建筑信息建模平台。

你们怎样定义你们的建筑理念?

可以理解为众多领域中的一种秩序，通过研究，我们能在其中摸索出一个特殊的领域。通过对技术、环境及各种自然形态的研究，我们将有机形态和几何学和谐地结合在建筑中，有时能生成一些复杂的几何形状，我们将其精炼以形成更加合理有效的建筑形态，同时保留其原有的流线型活力，这就是我们的特色。

你们对于ON-A公司未来十年的规划是什么?

通过近期对于建筑信息建模的探索，我们在工作方法方面正经历着一种转变，正如在马塔罗El Rengle塔式住宅楼、巴塞罗那的1409、1510家庭住宅项目中所体现的一样，在运用这种新的工作方式的所有建筑公司中，我们是走在前列的。根据我们的经验，不断地尝试利用各种资源来改善和增强项目的可靠性，将我们和别人区别开来。我们希望能继续发展，不仅要变得更加专业，同时作为一个团队，要运用我们出色的技术理念作为工具，设计、建设和完成国际性的项目。

NDO: ON-A位于巴塞罗那的办公室（见本书第444页）

p.54

海洋动物园

巴塞罗那的海洋动物园，是ON-A接到的第一个正式委托，我们与Cloud9建筑公司合作完成了四个三角洲中的一个——地中海的效果设计及项目实施。

ZMB

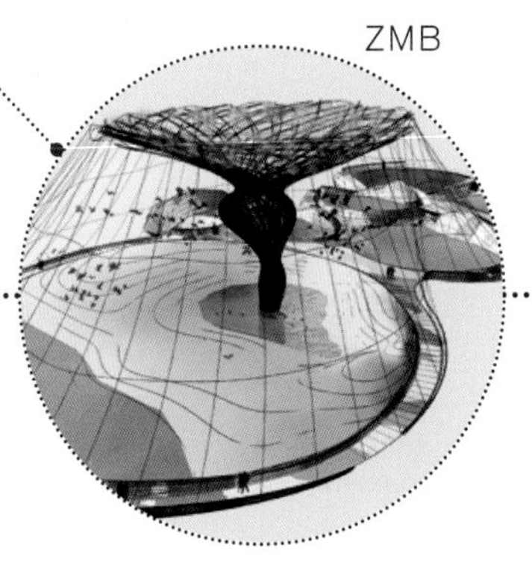

BARCELONA

ORC

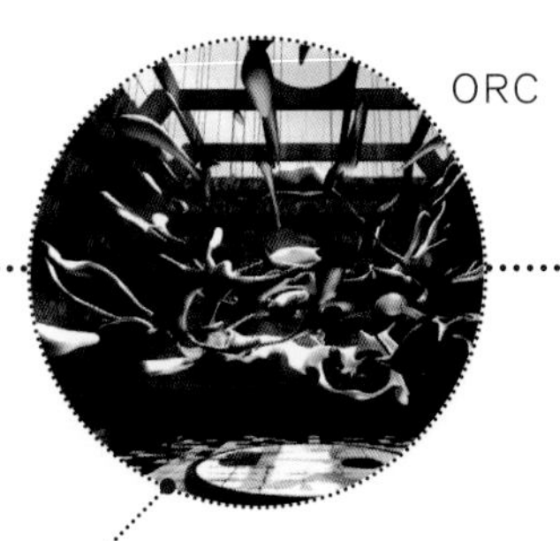

坎昆绿洲酒店

坎昆绿洲酒店项目是一个复杂的酒店综合体翻新项目，改造区域包括大堂、房间和赌场，并根据现有的建筑框架进行了全新的标识设计。

2005

VNU

Nurbs别墅。与Cloud9的合作延续到了Nurbs别墅项目，位于昂皮里亚布拉瓦的一间住宅，ON-A积极地参与了这一项目并与业主建立了亲密的关系，也为自己创造了一个机会，得到了ON-A建筑公司的第一个独立项目——昂皮里亚布拉瓦“5感酒吧”。

2006

EMPURIABRAVA

LOU

p.12

“5感酒吧”

作为ON-A公司第一个独自设计建造完成的项目，“5感酒吧”得到了公众的认可，也获了奖，其影响力为ON-A建筑公司这个年轻的建筑师团队接下来在各地完成的众多项目带来了良好的开端。

CMR

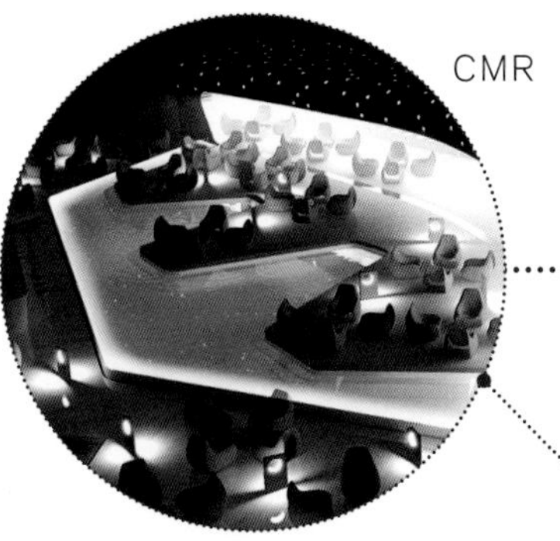

p.30

日落咖啡馆

完成了位于昂皮里亚布拉瓦“5感酒吧”的项目后，ON-A建筑公司接到了日落咖啡馆项目。该项目的设计要求是在统一的标识下创造出全新的建筑概念。

ROSES

GRA

办公室涂鸦。ON-A在其办公地点使用荧光素进行了一项实验性的涂鸦，这项技术后来被用在“5感酒吧”项目的照明设计中。

一次机遇
One Chance

MEXICO

从Cloud9到ON-A

Jordi Fernández和Eduardo Gutiérrez曾在Enric Ruiz-Geli的公司Cloud9工作过，在这一共同的经历的基础上，他们一起成立了ON-A建筑公司。他们与Cloud9合作参与的三个特别的项目为他们创立的ON-A建筑公司指明了一条全新的道路，这三个项目分别是Nurbs别墅、巴塞罗那海洋动物园和墨西哥坎昆绿洲酒店。

2005

innovation

因此，将昂皮里亚布拉瓦周遭的环境作为一块实验地，我们于2005年成立了ON-A建筑公司，专注于理论研究，并在技术和创新的环境下将其变成实践。

MEB

2010

p.40

独栋多户住宅楼

本案位于昂皮里亚布拉瓦一条主要街道上，项目被当成是参数建筑的一个应用实例，预计要在现有技术的范围内对该地区进行标识创新。

VPE

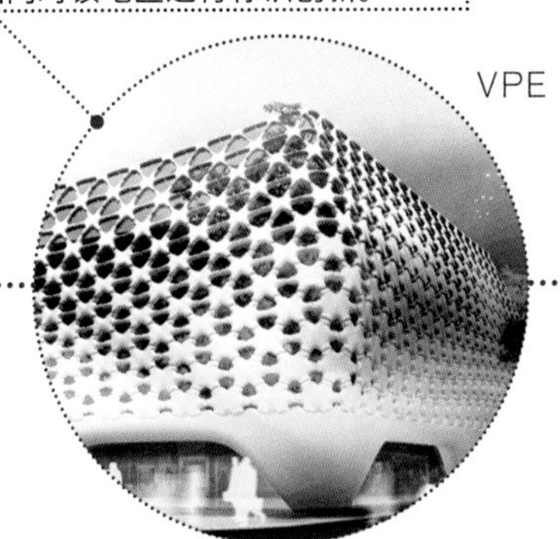

EMPURIABRAVA

p.48

城市规划

我们与昂皮里亚布拉瓦地区建立了紧密的联系，在这种情况下，我们研究了本地的城市规划，集中研究了如何强化城市基础设施和巩固被季节性游客所打碎的各种网络。

5 Sentidos Lounge Bar

西班牙，**昂皮里亚布拉瓦**

5感酒吧

ON-A的首个项目选址于市中心的居民区，区域中有着主要在夏天使用的运河，而房屋大多是作为休闲用的别居。设计目标是通过建筑手段创作出一个独一无二的空间，充满动感活力，又能与人互动。最终采用的设计刺激我们所有的感官，色彩和音律环绕着身处其中的每一个人，使其沉浸在一个有机又复杂的几何空间中。

本案的独特之处在于其结构，起初可能觉得有些混乱，但逐渐会变得明朗有序：一个枝状结构延伸至每个空间，形成一种通透感和连续性，让客人们可以进行互动。

空间中，各个区域之间有着明确的界限，吧台区域、团队活动区域、普通座位区及私人区域错落有致地分布在空间中。多达1500个平面组成的三维网状结构增加了空间的复杂度和丰富度，随着灯光的变化，给处于不同位置的客人带来不同的感受。简言之，这些摆设的几何结构成为空间的亮点，与墙面的绿色玻璃形成对比，同时随机地将客人引入空间的不同区域。

进入这个250m²的空间中，首先是纵向的吧台区域，周围是两个供团队使用的活动区域，公共区域毗邻服务区域。结构矩阵的框架同时被绘制在地板上，配合着吧台和私人区域的几何形态。

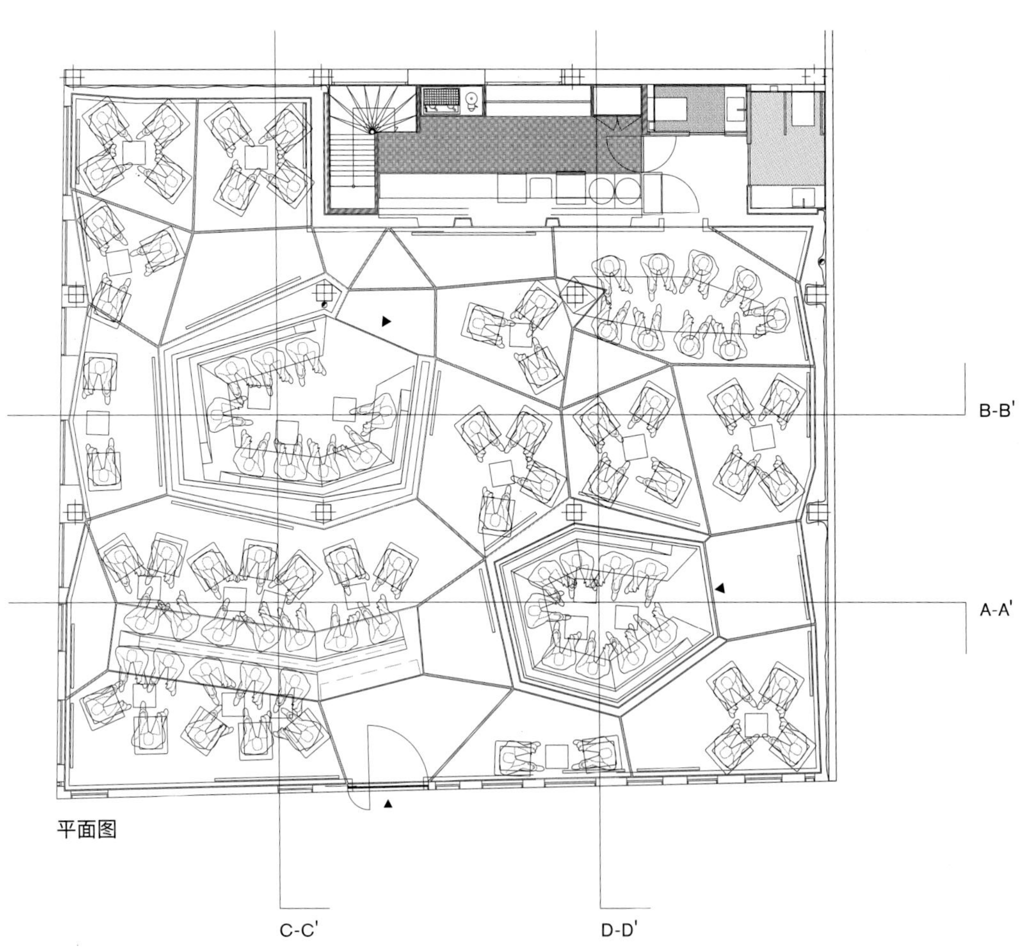

平面图

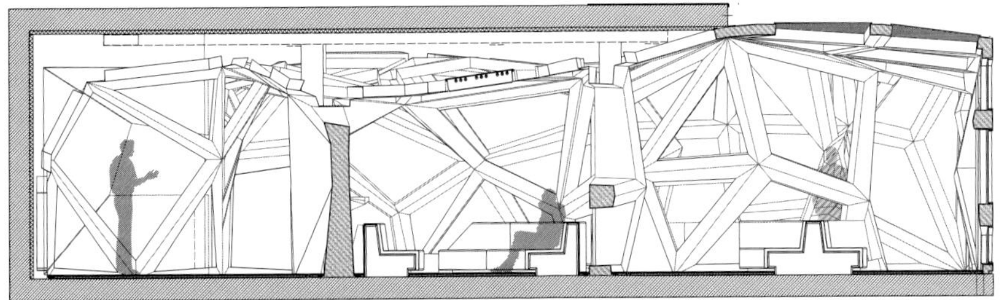

C-C'横截面

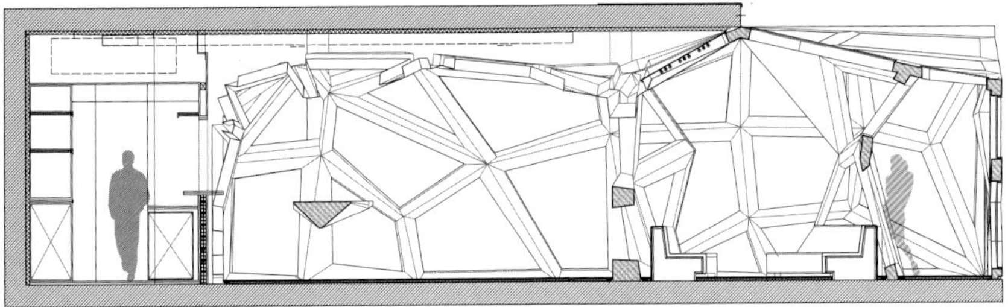

D-D'横截面

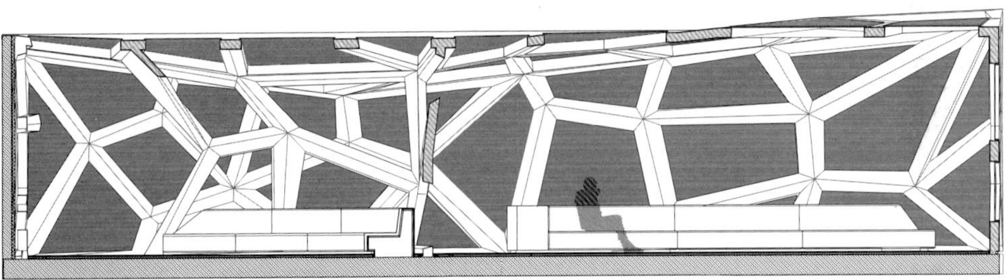

A-A'纵切面

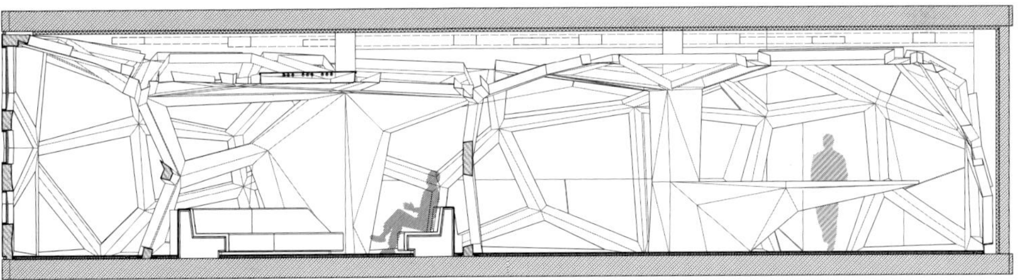

B-B'纵切面

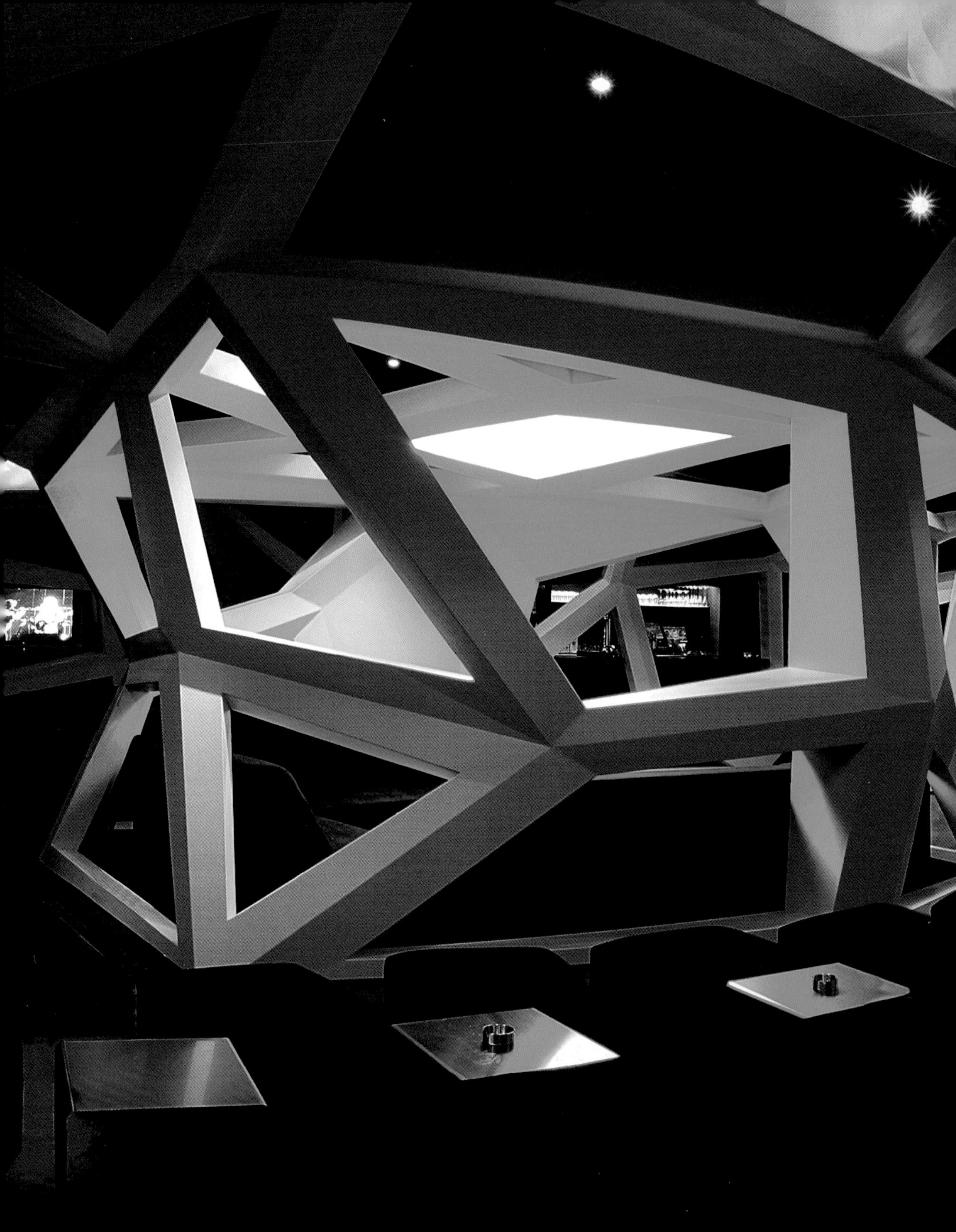

本案的主要设计理念是用一个三维的网状钢结构规划通道体量，引导人们进入现有的空间环境中，在使用的材料上也保持了统一性。

灯光的设计是一个关键的因素，利用自然光照射的同时,红绿蓝荧光色的组合,营造出夜的氛围，为人们带来一场视觉盛宴。

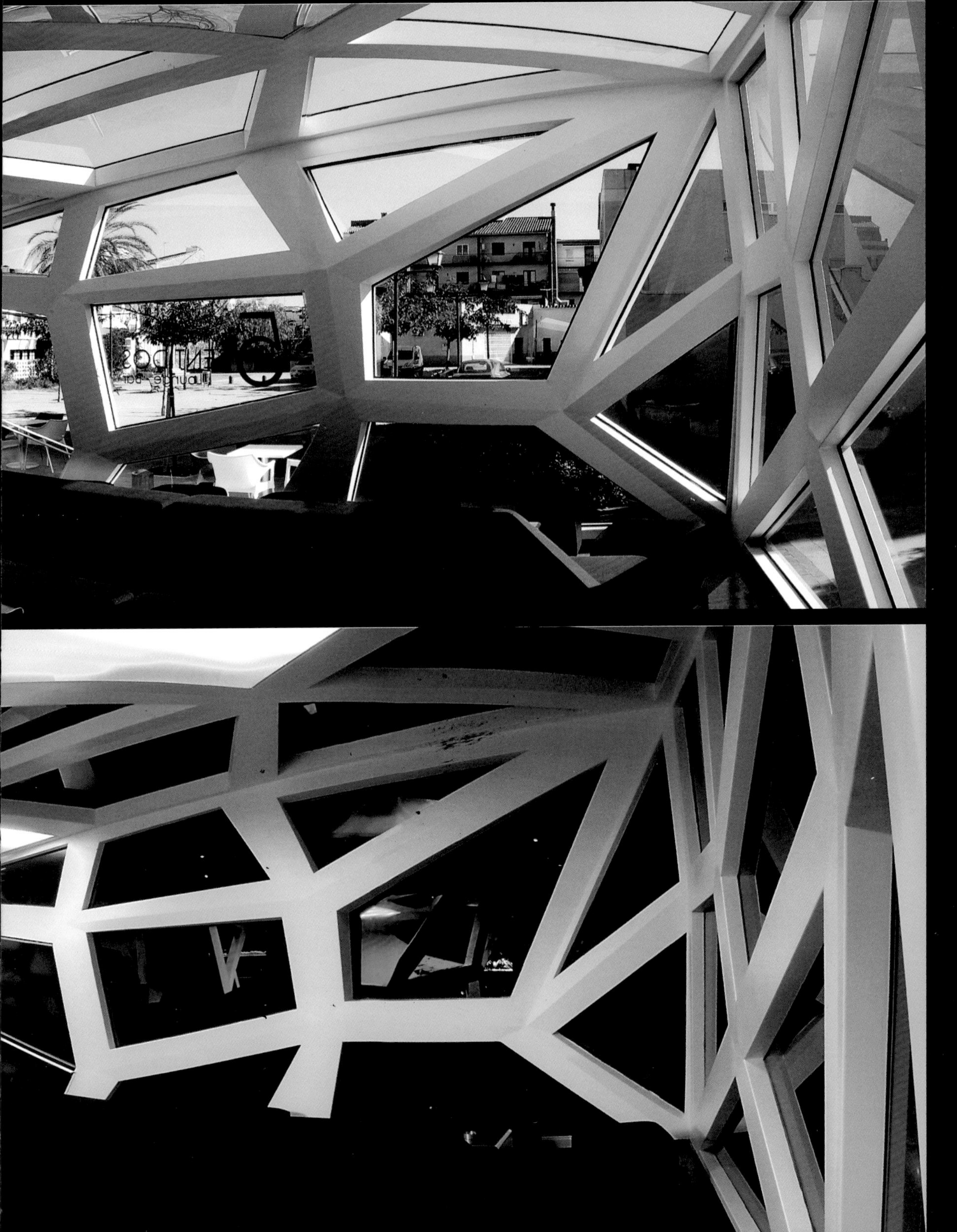

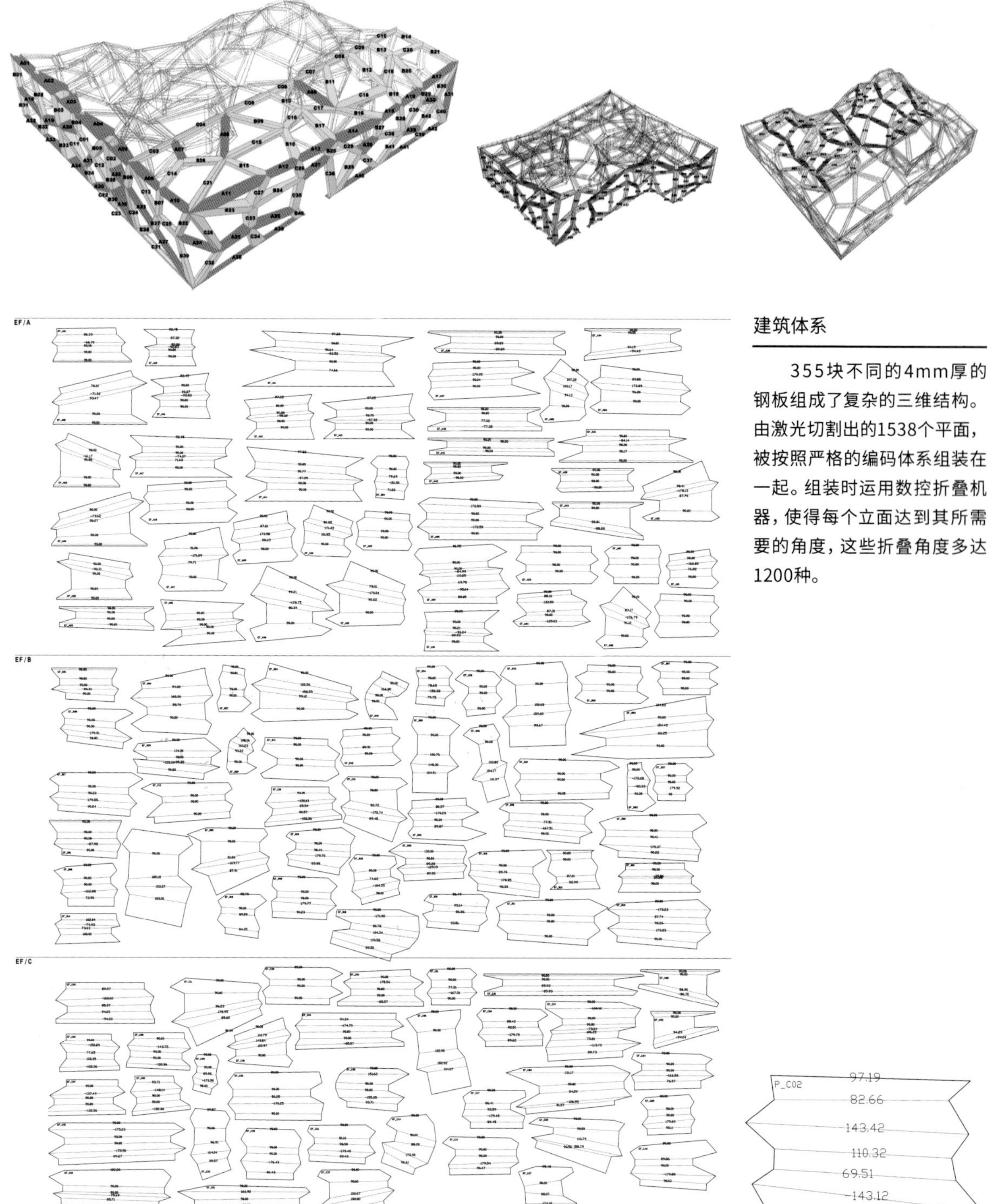

建筑体系

355块不同的4mm厚的钢板组成了复杂的三维结构。由激光切割出的1538个平面，被按照严格的编码体系组装在一起。组装时运用数控折叠机器，使得每个立面达到其所需要的角度，这些折叠角度多达1200种。

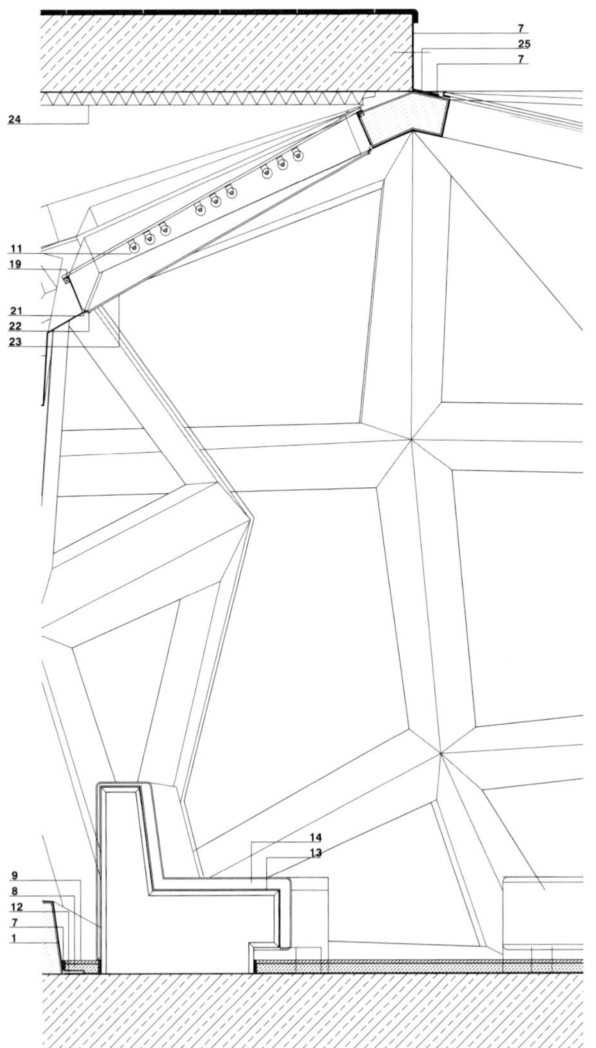

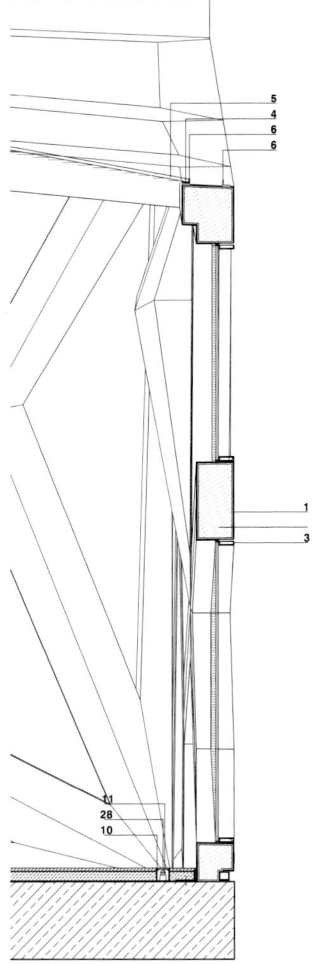

右横截面

1. 漆成白色的折叠钢板
2. 注入的聚氨酯泡沫
3. 60mmx20mm中空切面，漆成白色的钢板
4. 黑色硅胶接头
5. 带太阳能控制的夹层玻璃，6mm+6mm蓝色丁缩醛
6. 20mmx20mm L形轮廓
7. 硅胶衬垫
8. 混凝土地板
9. 连续的铺砌
10. 用于安置照明设备的黑色钢板盒子
11. 荧光灯管
12. 地面锚定板
13. 主配线架
14. 装饰物
15. 双中空砖面板，243mmx119mmx84mm
16. 双倍主配线架，25mm+25mm
17. 总配线架分类
18. 70mmx100mm木条
19. 20mmx20mm木条
20. 空调管道
21. Z形金属轮廓
22. L形金属轮廓
23. 半透明甲基丙烯酸酯板
24. 隔音材料
25. 折叠的钢板
26. 复合地板
27. 30mmx30mm金属管
28. 透光玻璃
29. 橡胶板

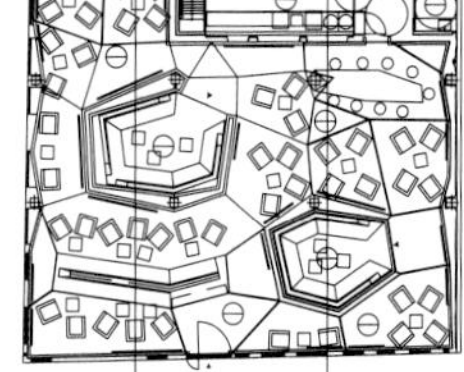

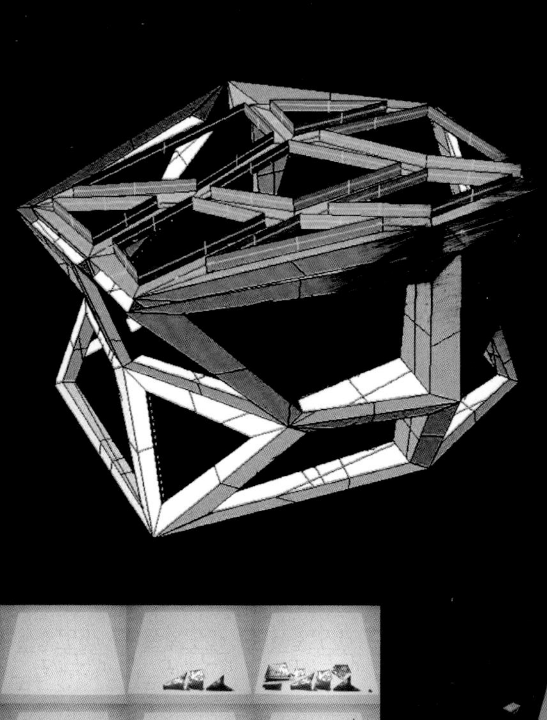

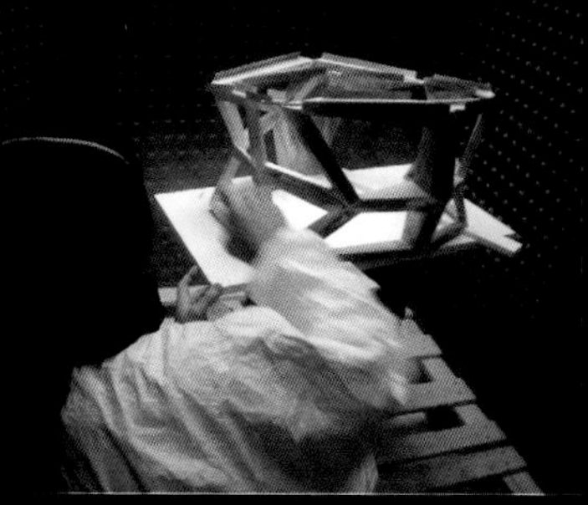
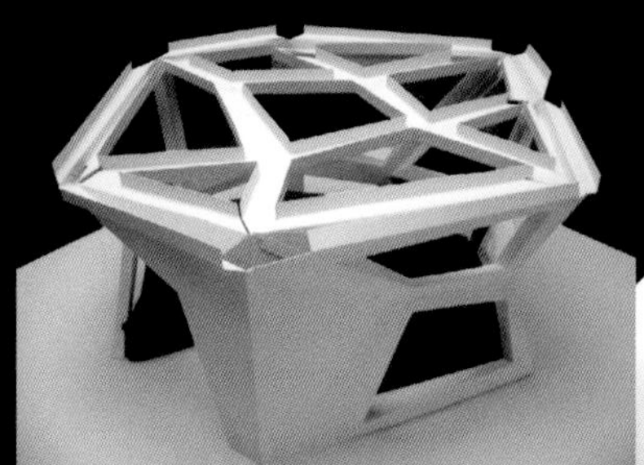

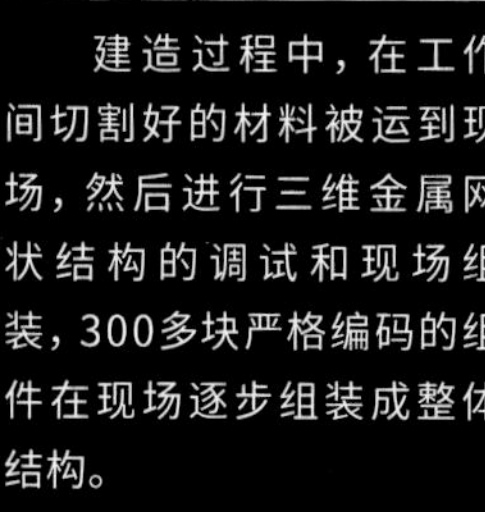

建造过程中，在工作间切割好的材料被运到现场，然后进行三维金属网状结构的调试和现场组装，300多块严格编码的组件在现场逐步组装成整体结构。

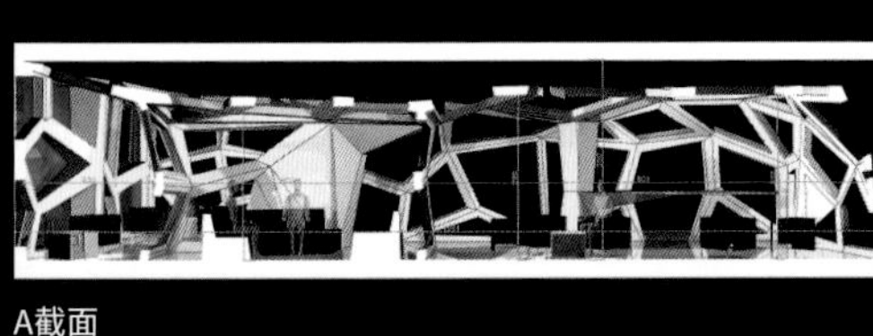
A截面

C截面

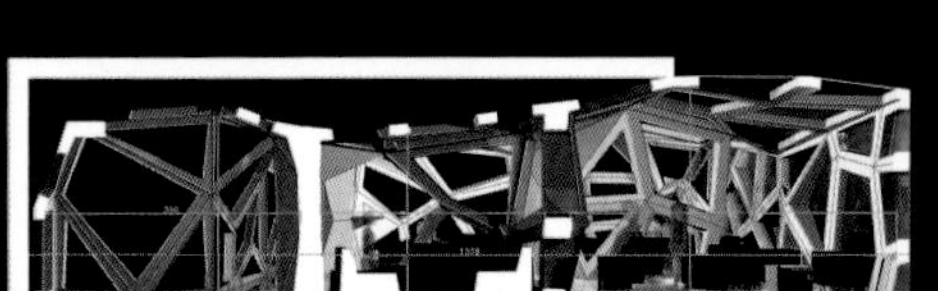

5 SENTIDOS
5 SENTIDOS

结构的不同截面上使用了不可见的荧光材料，在夜间营造出不同的氛围，既能照明，又富有变化，在紫外线的照射下变幻出不同的色彩。

Café del Mar

One Chance

CMR

650 m²

西班牙，**罗塞斯**

日落咖啡馆

日落咖啡馆是位于伊比沙岛的知名连锁咖啡馆开设在罗塞斯的新店。项目位于滨水区，客户要求设计一个阶梯式平台，便于俯瞰海湾。设计师设计了一个水池，填补空白区域，同时还可以促进不同平台上的人们进行互动，顺应着凹状的几何形态自由地面朝着海湾，还能让人联想到十字架海角。

在这个项目中，人行道和海湾之间，不同的体量相对而立，纵向的开口不仅保证了视觉效果的连续性，而且保持了人们与环境之间的互动，还能欣赏到加泰罗尼亚最棒的日落美景。屋顶的平台拓宽了视野的广度，让来到这里的人们能够欣赏到周围的景观。这里被设计成一个餐厅，同时又能作为会所和沙滩酒吧为顾客提供相应的服务，各种孔洞覆盖了整个立面和屋顶，打造出简洁的空间氛围。

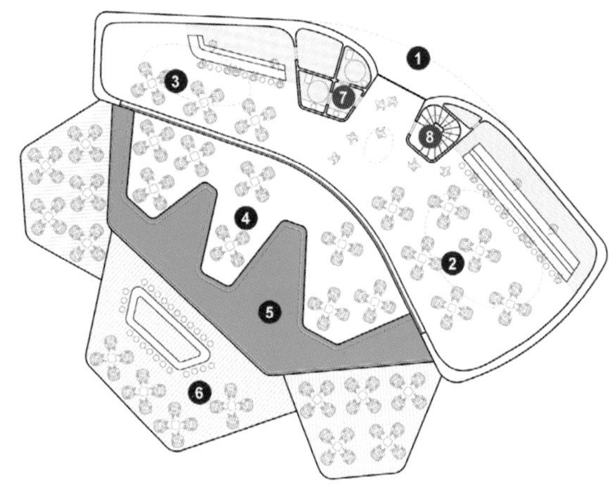

这间新的日落咖啡馆位于罗塞斯海湾，俯瞰着大海，是一个单独的体量，在首层和顶部有着巨大的平台，用水池划出边界，还可以欣赏海湾日落美景。

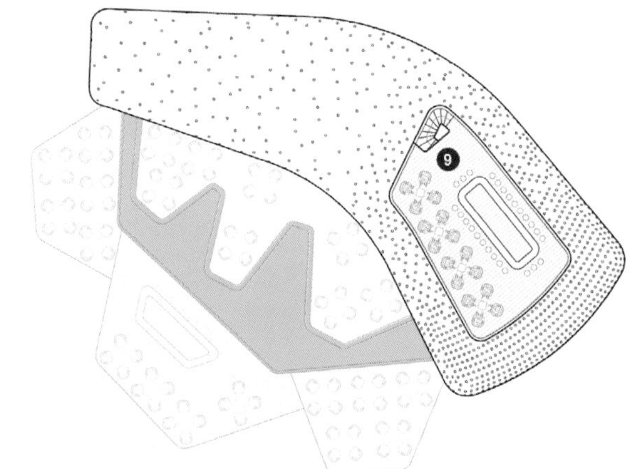

首层

1. 入口	37.85 m^2
2. 餐厅	174.20 m^2
3. 酒吧	105.55 m^2
4. 十字架海角平台	131.30 m^2
5. 水池	115.75 m^2
6. 海滩平台	234.40 m^2
7. 盥洗间	22.35 m^2
8. 顶楼入口	9.00 m^2

屋顶平台

9. 日落平台	115.80 m^2

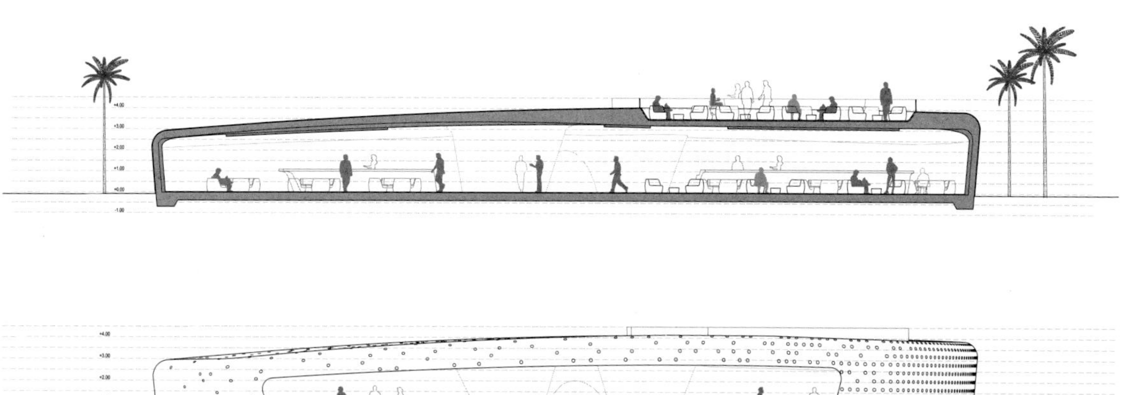

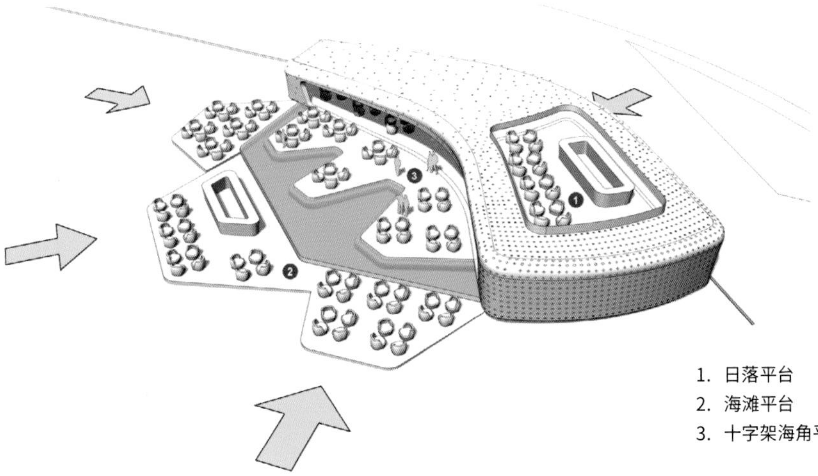

1. 日落平台
2. 海滩平台
3. 十字架海角平台

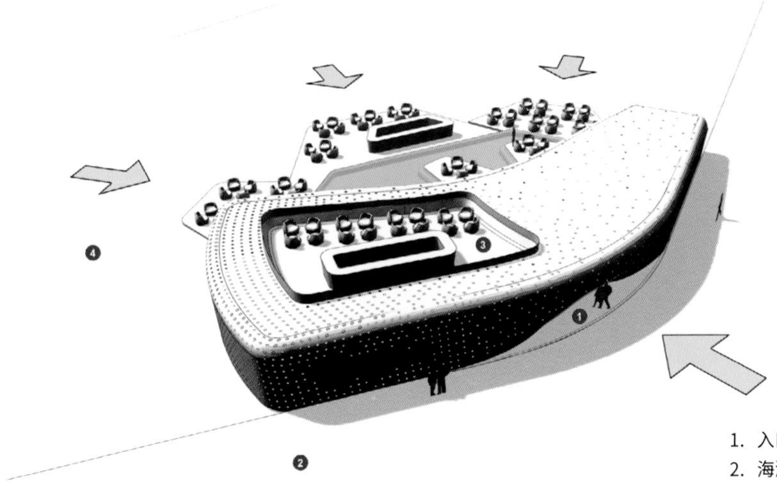

1. 入口
2. 海滩大道
3. 日落平台
4. 海滩

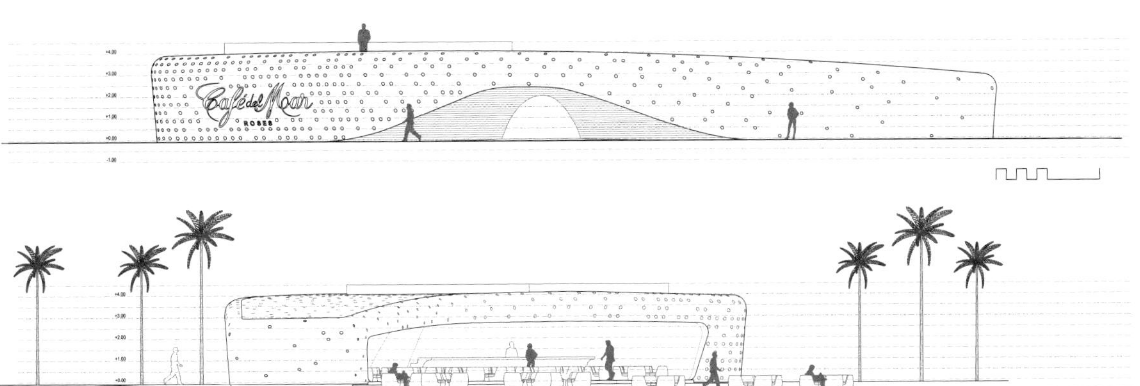

建筑内部是餐厅和酒吧，完全面朝着大海。

建筑的屋顶上是日落平台，在傍晚开放，供人们欣赏罗塞斯海湾的日落美景。

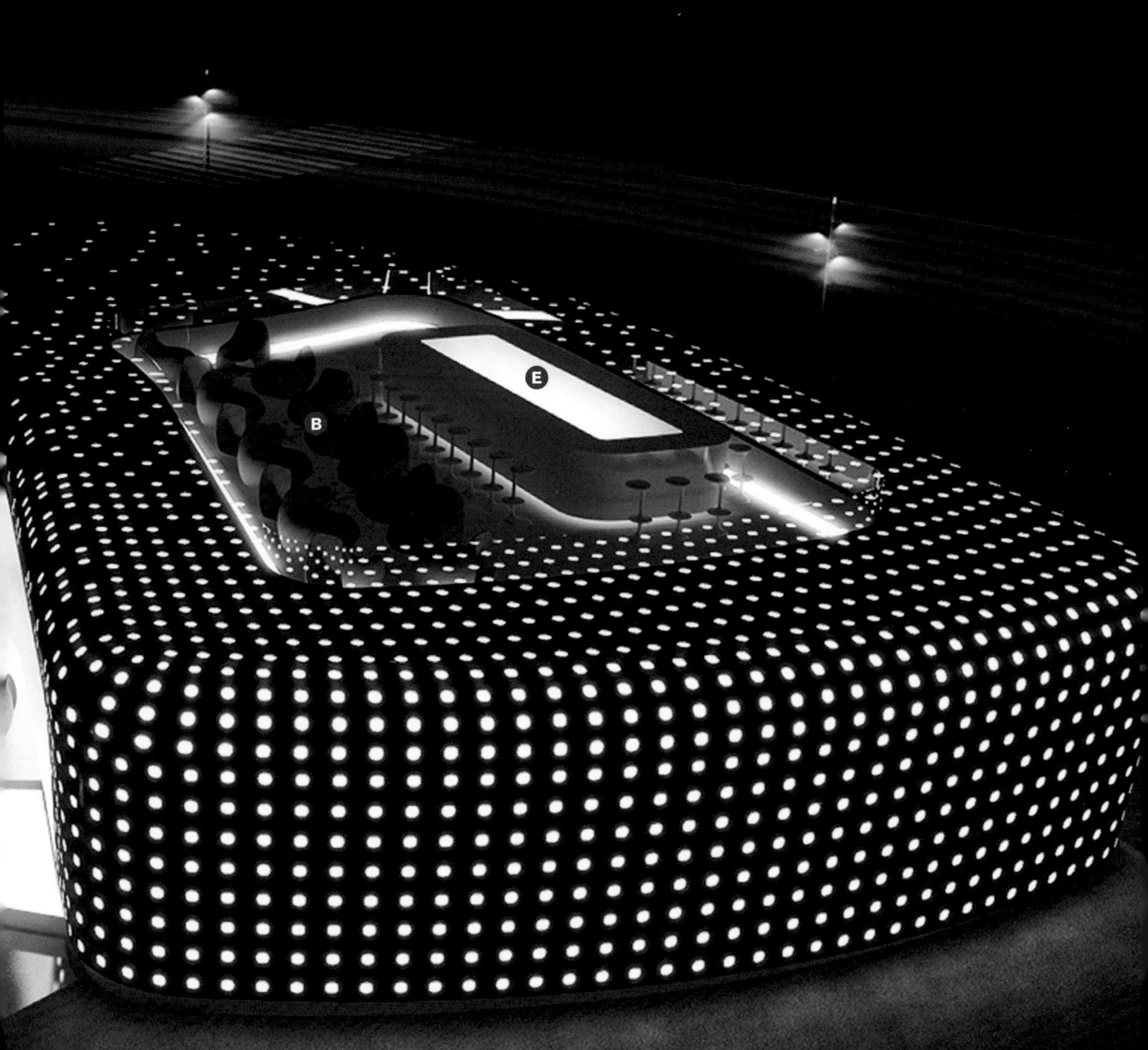

户外的平台被水池隔开成两个区域：十字架海角平台，可从餐厅直达；海滩平台，有着单独的吧台，为坐在这里的客人服务。

A 餐厅和酒吧
B 十字架海角平台
C 海滩平台
D 水池
E 吧台

1 海滩
2 人行道

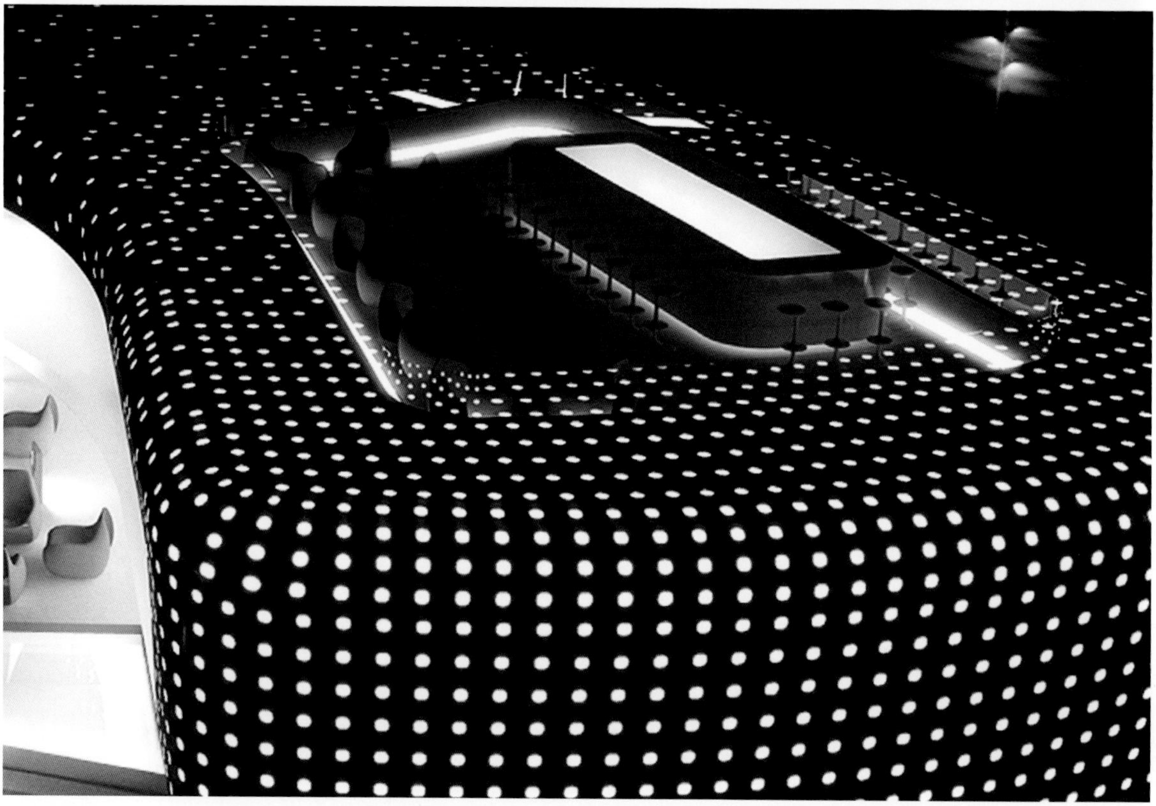

项目使用了连续的陶瓷覆面，整个建筑表层达到了包覆材料的一致性，在海滩上打造出一个非常突出的简洁的体量。

1. 防滑地砖
2. 用金属保护的玻璃扶梯
3. 内部装饰：PYL和隔热材料
4. 混凝土结构
5. 防渗透板材
6. 圆形透明玻璃和LED照明装置

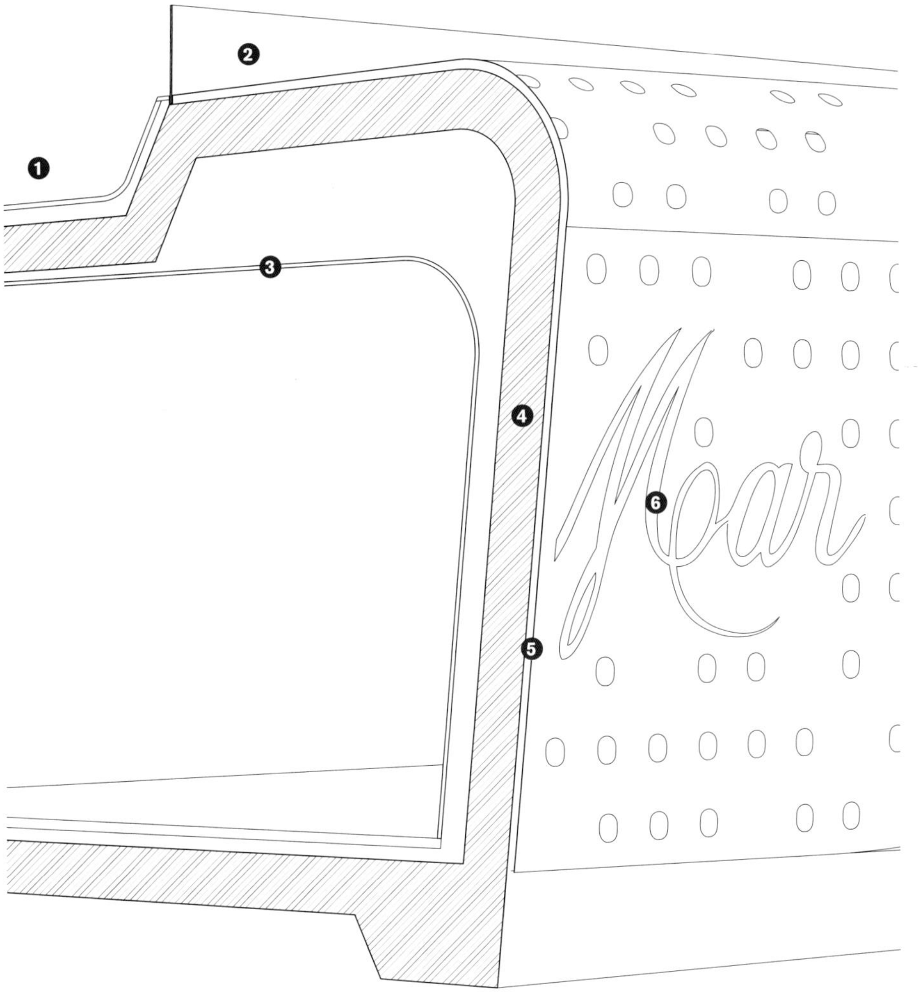

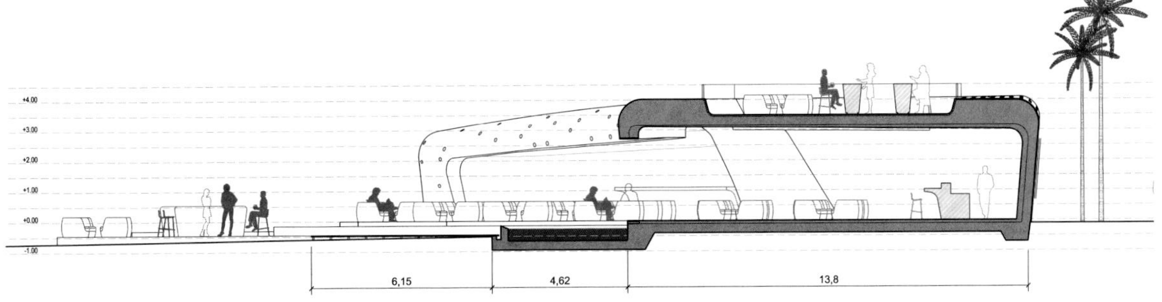

咖啡馆内部完全面朝着大海，户外平台坐落在不同的水平面，使得人们无论从哪个角度都能欣赏到罗塞斯海湾的美景。

del Mar
ROSES

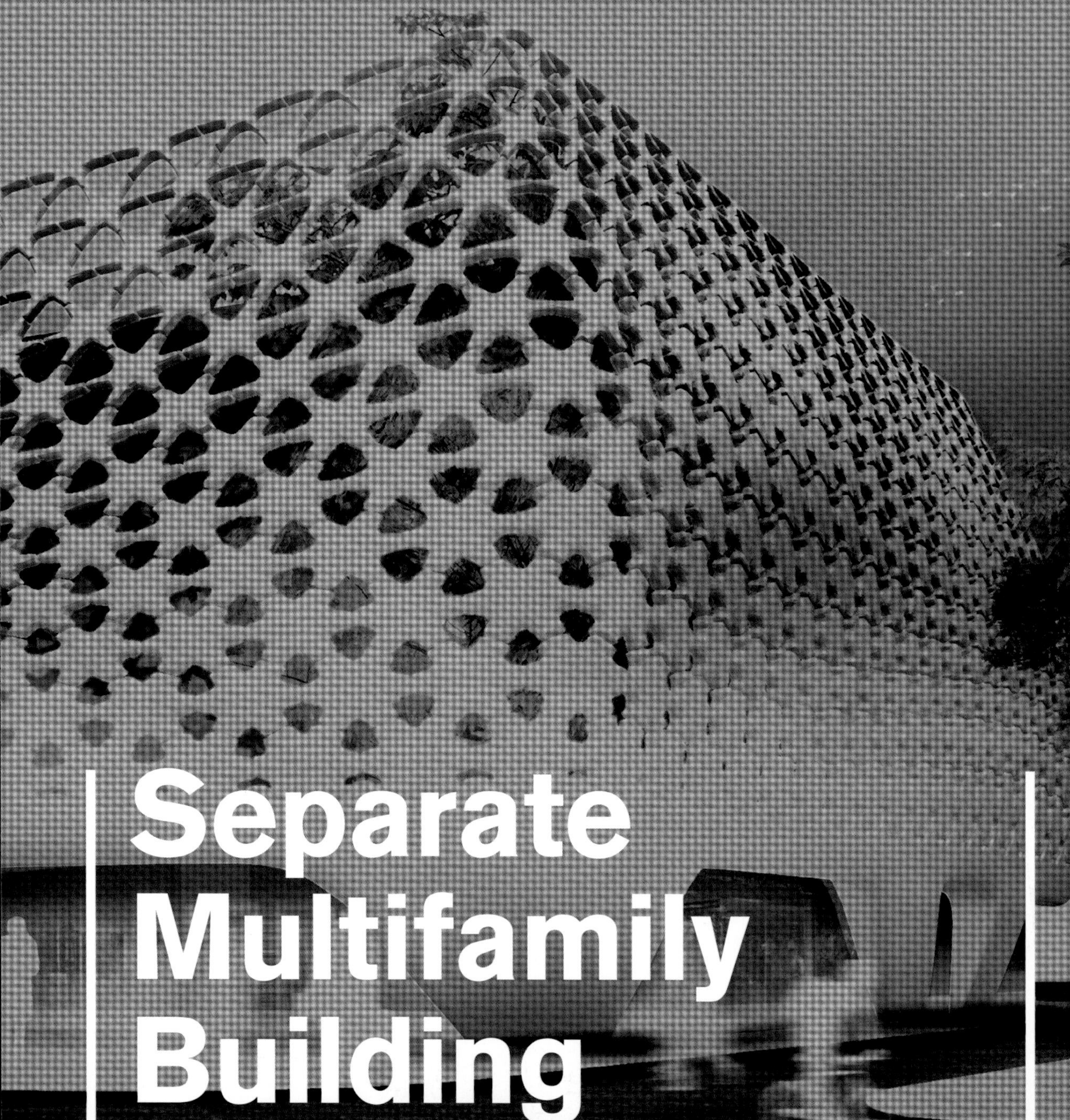

Separate Multifamily Building

西班牙，**昂皮里亚布拉瓦**

独栋多户住宅楼

这栋由ON-A设计的独特的住宅楼位于昂皮里亚布拉瓦一条主街上。该住宅楼坐落在商业区中，建筑首层被设计成商业场所，地下作为停车场，二楼和三楼是住宅和室内园林。日光浴场中有休闲娱乐设施，游泳池位于顶层，能直接欣赏到海洋的景致。

建筑外层覆面的设计运用了CAD-CAM数字绘图技术。设计方案是用玻璃纤维增强水泥打造出不间断的网格面作为建筑的外立面。这样可以为这栋住宅综合体建筑提供私密性。园林景观区域位于主立面，呈现出一种全新的建筑特色。

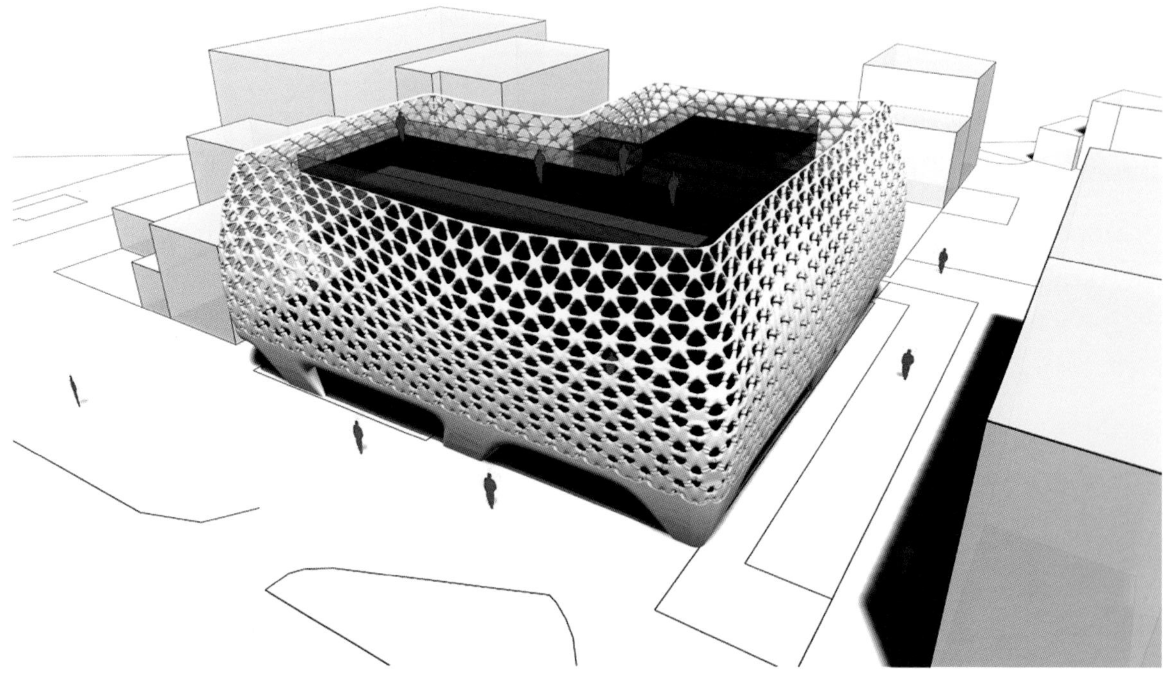

项目总观

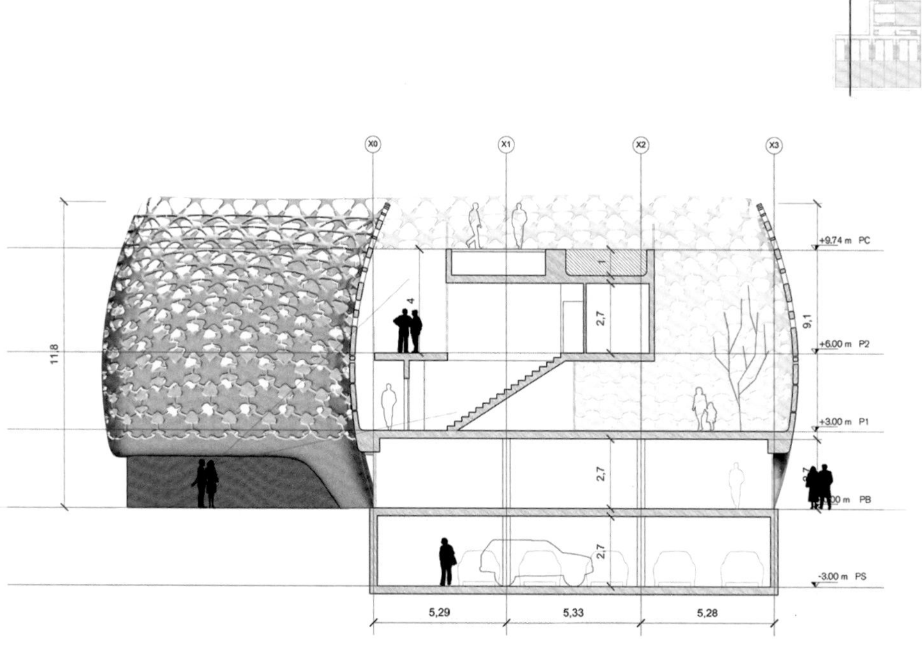

X0
X1
X2
X3
+9.74 m PC
+6.00 m P2
+3.00 m P1
PB
-3.00 m PS
11.8
9,1
4
2,7
2,7
2,7
5,29
5,33
5,28

横截面

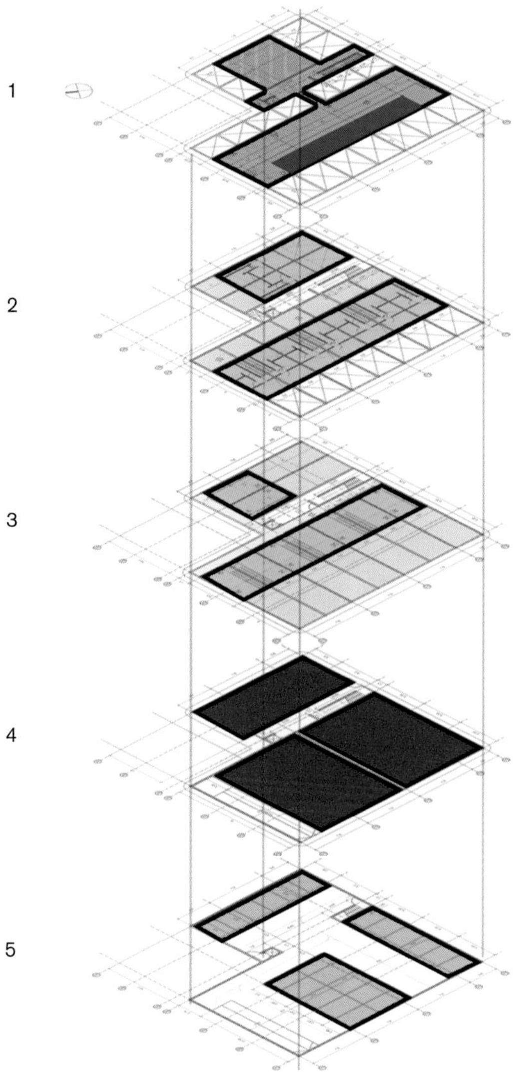

1. **屋顶**
   泳池/日光浴场
   60m^2的泳池
   180m^2的平台
2. **二楼三楼**
   室内园林/公寓
   9套带花园的复式公寓
   60m^2的室内面积/公寓
   40m^2的平台/公寓
3. **首层**
   商业场所
   铺面1-198.45m^2
   铺面2-180.30m^2
   铺面3-126.36m^2
4. **地下室**
   停车场
   22个停车位

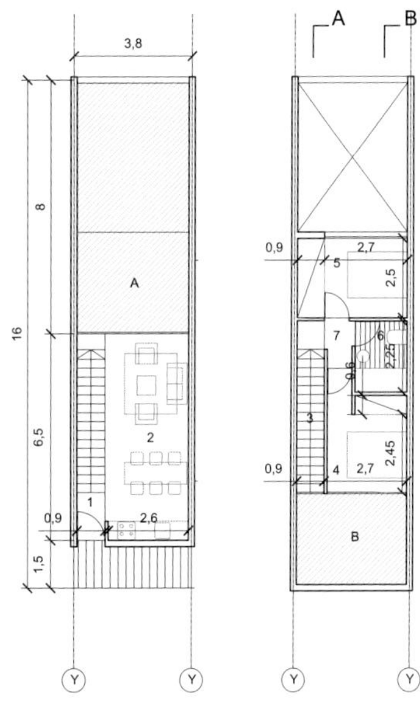

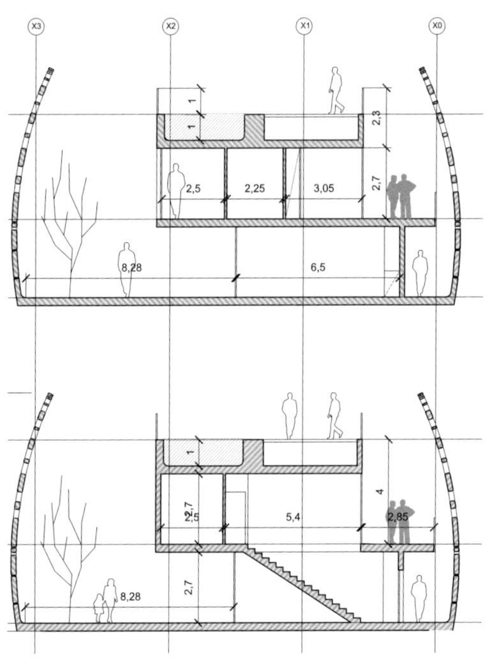

住宅分解

本案共有9间复式公寓，每间公寓都有室内园林景观，使用CAD-CAM技术，用玻璃纤维增强水泥打造出不间断的网格作为建筑的外立面。

A 平台花园
B 公寓
C 商业场所
1 工业模块立面系统
2 预制的玻璃纤维增强水泥部件
3 公寓入口
A
1
3

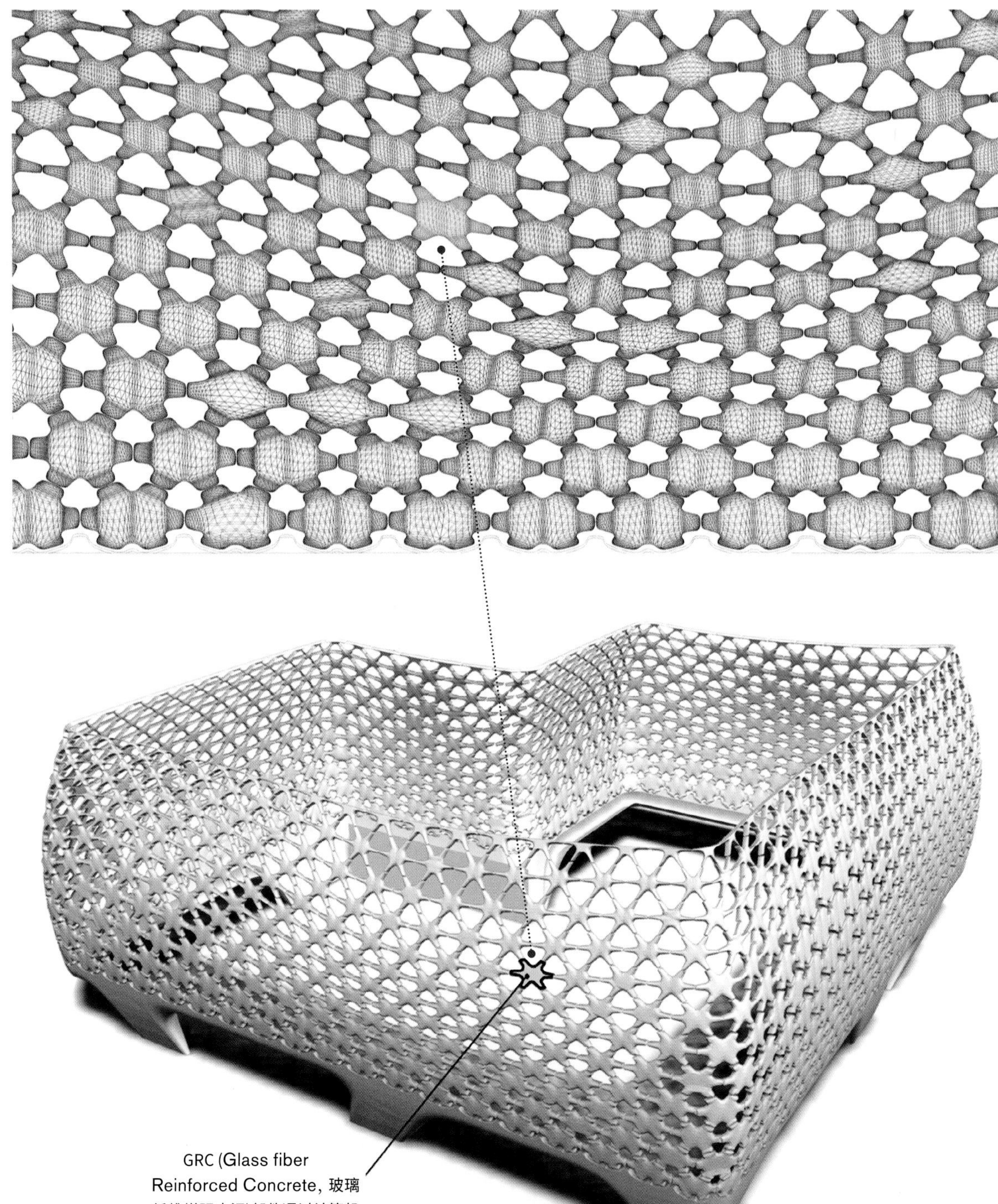
GRC (Glass fiber
Reinforced Concrete，玻璃
纤维增强水泥)部件通过计算机
辅助设计制作而成。

三维透视网格

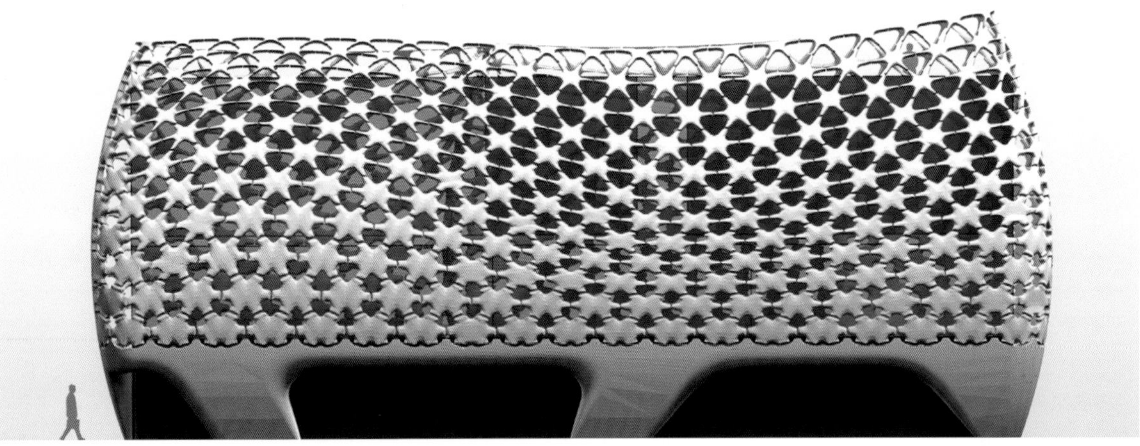

南立面

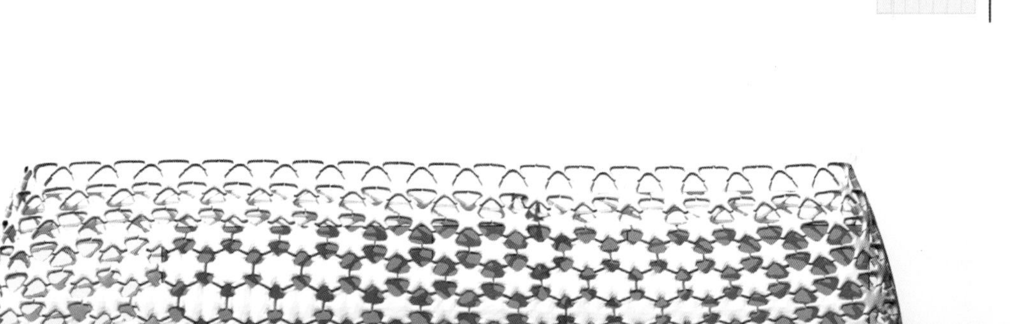

东立面

Urban Planning

西班牙，**昂皮里亚布拉瓦**

城市规划

昂皮里亚布拉瓦的住宅是20世纪60年代后期作为度假综合设施建设的，其地理位置很特别，位于通往地中海的人造运河网络当中，夏天来这里度假的人越来越多。尽管城市中专门设计了度假住宅，但是游客在淡季大约仅为7800人，在旺季时会增加到8万人左右，各种设施就相形见绌了。

在这种情况下，设计目标是将原本作为旅游度假地的城市结构重新规划成一个能举行各种类型的活动经济中心。因此，设计方案在城市内增加了基础设施和娱乐设施，这部分包括修复现有的运河和码头，将其设计成全新的公共空间，增强城市与美妙环境之间的联系。最后，方案将在一个新的滨水区建造科技研究园，旨在加强对景致的保护，同时丰富这一区域的环境特色。

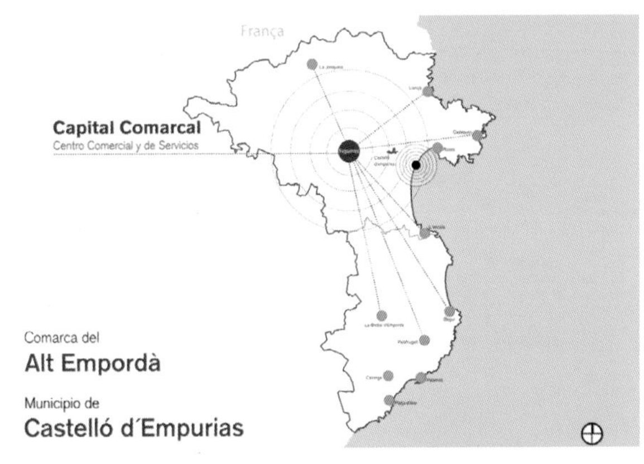

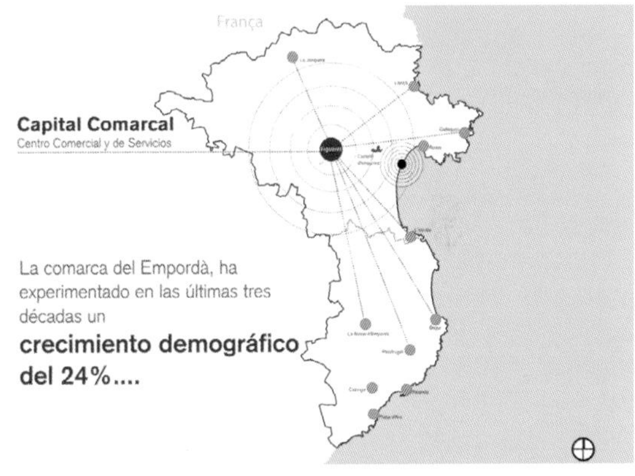

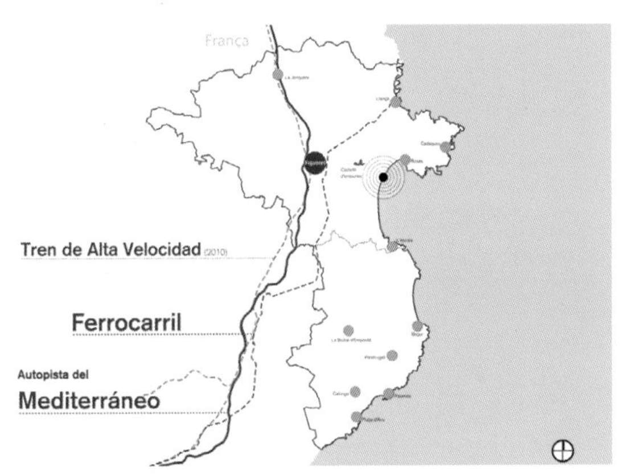

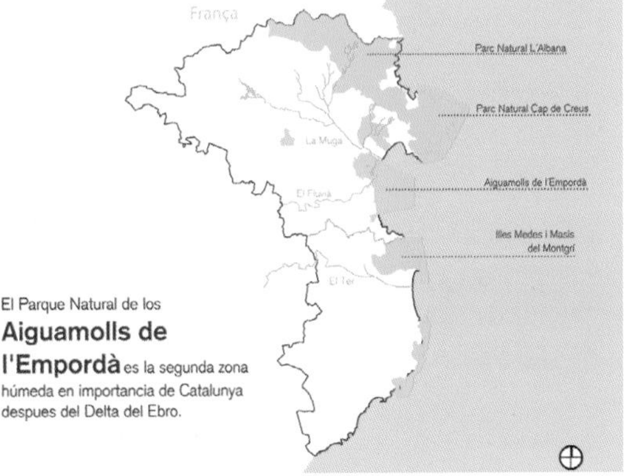

设计师在进行这个项目前，进行了大量的研究，通过各种考量完善了对此城市的规划。

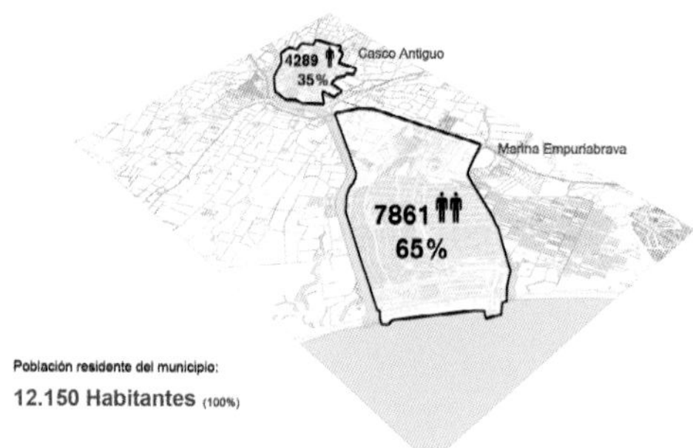

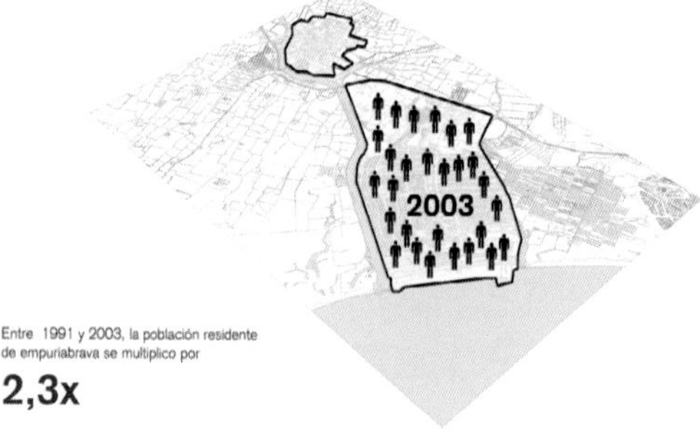

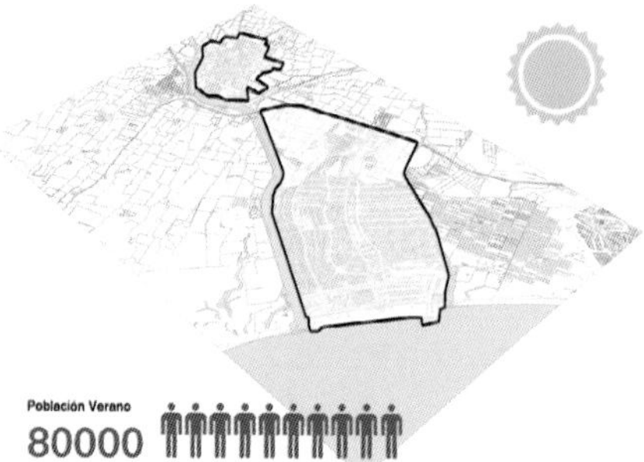

昂皮里亚布拉瓦地区是20世纪60年代设计的城区，以度假住宅和别居为主。

人口增长的趋势使得重新对城市进行规划刻不容缓，要将其转变成富有活力的综合性都市，以服务其常住人口。

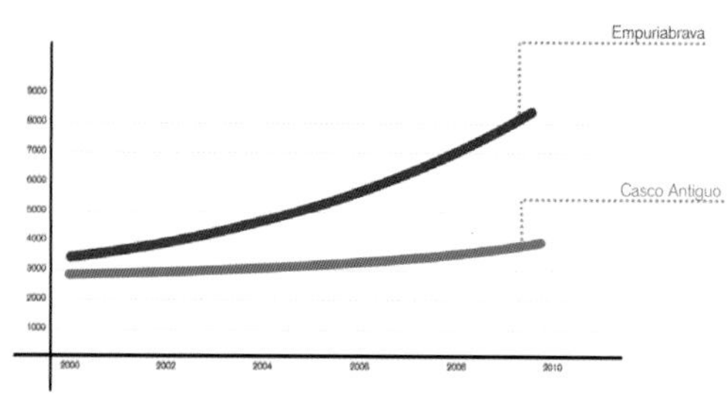

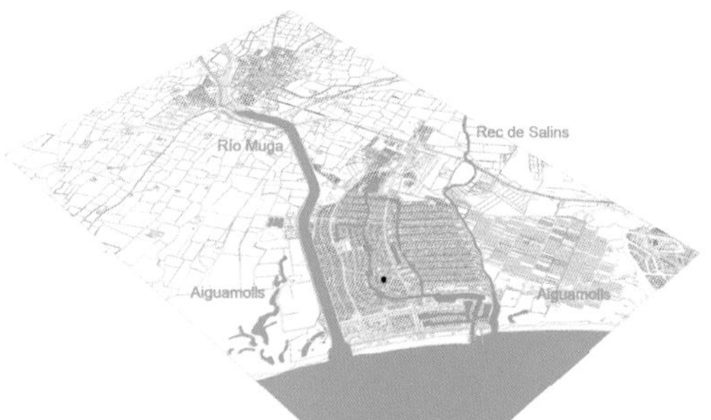

昂皮里亚布拉瓦处于由直接通向大海的人造运河所连接起来的网络结构当中。

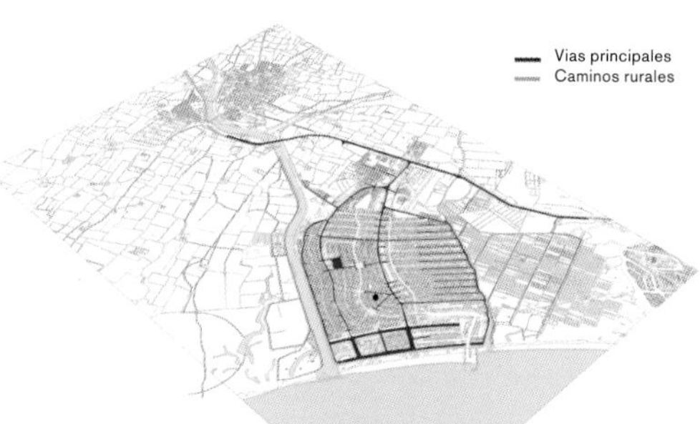

昂皮里亚布拉瓦的道路仅供私家车使用。

昂皮里亚布拉瓦与巴塞罗那扩建区类似，快速增长的居民人口需要更多更好的城市设施。

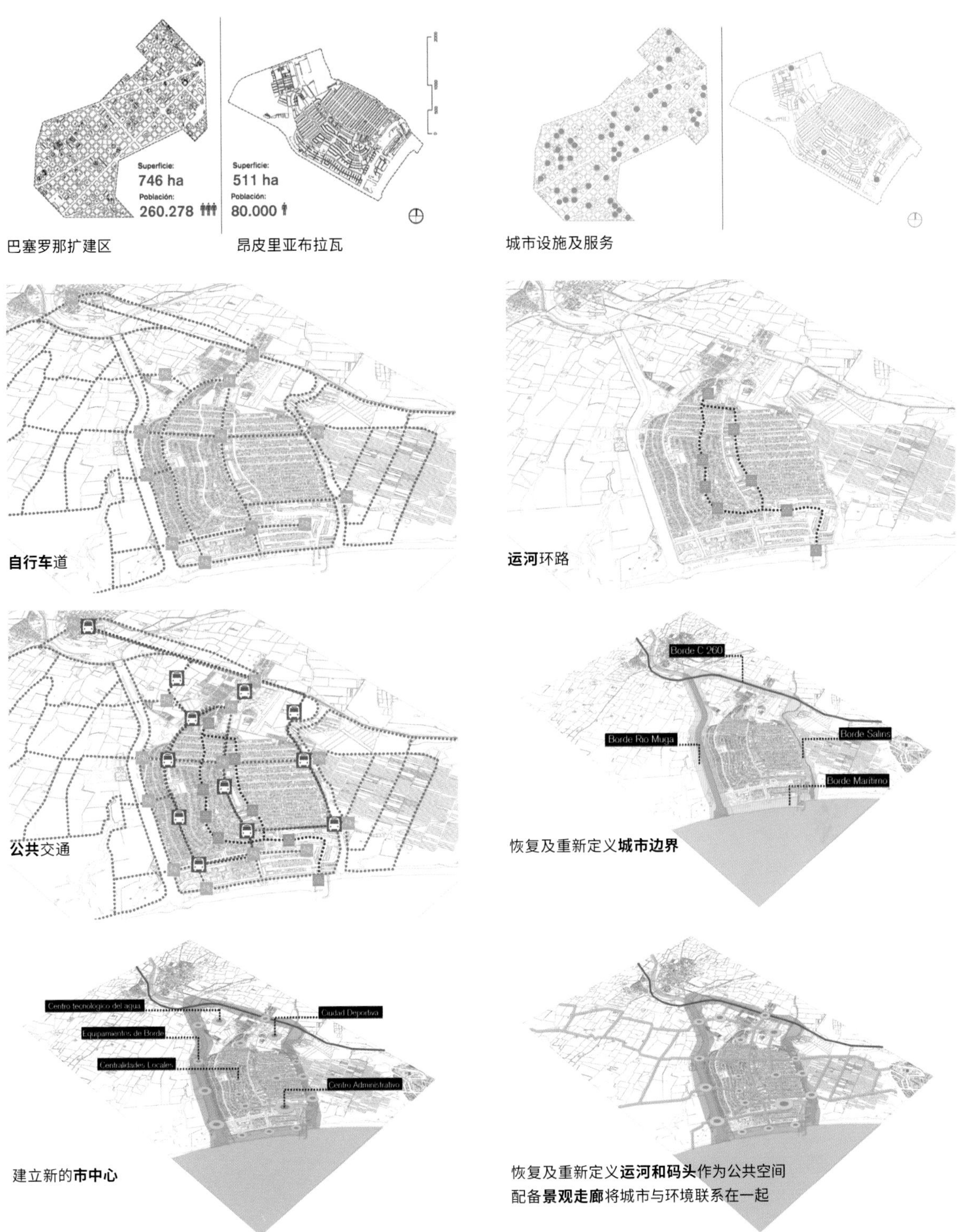

巴塞罗那扩建区

昂皮里亚布拉瓦

城市设施及服务

自行车道

运河环路

公共交通

恢复及重新定义**城市边界**

建立新的**市中心**

恢复及重新定义**运河和码头**作为公共空间
配备**景观走廊**将城市与环境联系在一起

03
01
01
03
05
02
05
01
01
02
01 Creación de un **parque tecnológico** del agua, escenario de **I+D** sobre problemas medioambientales relacionados con el medio acuático.
Infraestructura que busca la atracción de nuevas **actividades económicas** para la ciudad
M **Movilidad y Accesibilidad**
01 Movilidad Vehicular Pacificada
02 Movilidad Peatonal
03 Ciclorutas y trasp. Público acuático
04 Aparcamiento Subterráneo
05 Redistribución Aparcamiento
PB **Bordes Urbanos**
01 Borde de la Muga
02 Borde de Salins
03 Borde Carretera C-260
04 Paseo Marítimo
EP **Recuperación Espacio Público**
01 Rambla Av. Fagues de Climent
02 Rambla Garbi - Llobregat
03 Rambla Carrer Migjorn
04 Corredor Tordera - Port Grec
05 Dársenas - Water_Squares
06 Plaza Mayor Empuriabrava
EU **Equipamientos Urbanos**
01 Parque Tecnológico del agua
02 Ciudad Deportiva
03 Equipamientos Paseo Marítimo
04 Centro Administrativo
05 Equipamientos Locales
01 Generación de **espacios de conexión** con el entorno mas próximo de la ciudad: "Els Aiguamolls de l'Empordà" que revalorizan el borde del rio Muga

Proyección de una nueva **Ciudad Deportiva** que busca completar la oferta de servicios **vinculados al Aeródromo** y a las actividades aéreas.
Generación de un **parque lineal** que actua de transición entre la ciudad y su entorno natural de gran riqueza paisajística y medioambiental.
Creación de **espacios publicos acuáticos**
Nuevo centro administrativo que busca potenciar el **valor de lo público.** El nuevo espacio quiere consolidar una **nueva centralidad** cívica a la ciudad.
Acercamiento del medio acuático al espacio público.
Rehabilitación de los recorridos y espacios adyacentes al agua y **generación de equipamientos públicos** vinculados a estos nuevos puntos de atracción
Reconversión del **Frente Marítimo** reproduciendo los humedales existentes creando una conexión transversal con el parque natural.
Creación de un **espacio de relación** con el medio acuático donde se introducen espacios de ocio y equipamientos para los habitantes de la ciudad
Se **minimiza** el aparcamiento y se **maximiza** las áreas verdes
02
04
05
01
03

Marine Zoo Barcelona

西班牙，**巴塞罗那**

海洋动物园

One Chance

ZMB

11400 m^2

海洋动物园坐落在论坛礼堂公园和马贝拉海滩之间，由四个三角洲组成，由Cloud9公司负责整体规划设计。本案是关于地中海三角洲的开发和规划，旨在为一些受保护的物种提供合适的栖息地，这些物种包括火烈鸟、伊比利亚山猫、水獭、鹿、鹤、鹳及鹗。

巨大的平台呈辐射状结构，将生活在多南那自然公园中的物种纳入半径各异的空间中。这种设计划定了空间秩序，同时为前来游玩的游客们划分了游览的中心和路径。这片变化起伏的地形环境，指引游客们逐渐走近、探索保护区。

这些观察之旅的路径是相通的，主要区域坐落着巨大的鸟舍，是动物园最具视觉效果的中心。这一复杂的体系设计灵感来自于自然的形状和形态，设计过程中达成的有机而可持续的环境复原满足了项目对于原始环境敏感性的需求。

七个生态区组成了这个地中海三角洲，每一块受保护区域之间的交互及其所形成的路径打造出复杂的结构，为原本生活在多南那自然公园中的物种提供庇护。

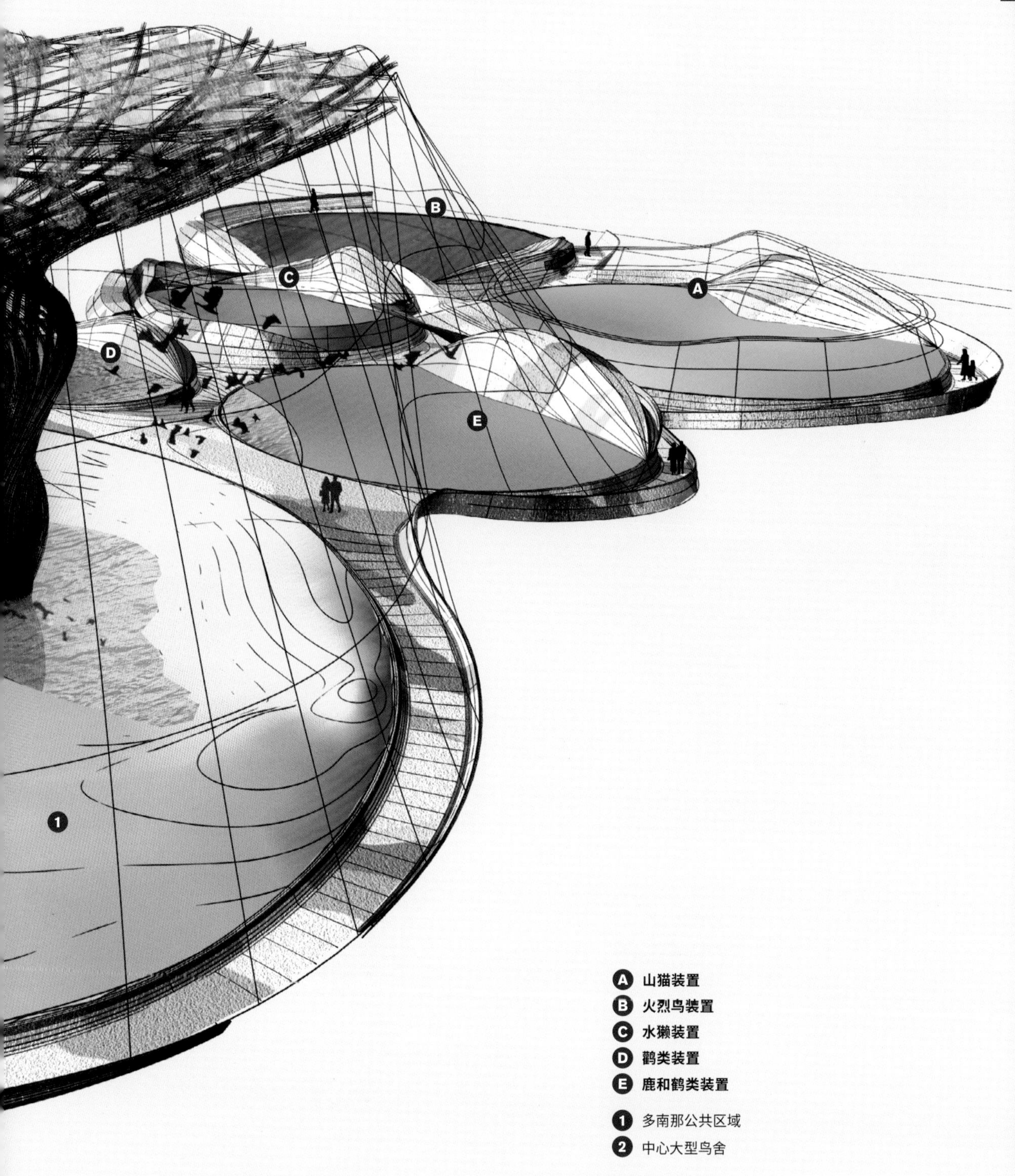
A
B
C
D
E
1
A 山猫装置
B 火烈鸟装置
C 水獭装置
D 鹳类装置
E 鹿和鹳类装置
1 多南那公共区域
2 中心大型鸟舍

一段连续的小路引导着游客们走过不断变化的地形，到达保护动物所处的环境中。巨大的鸟舍是整个综合空间的中心，是通往有着不同栖息环境的物种所在区域的一个标志处。

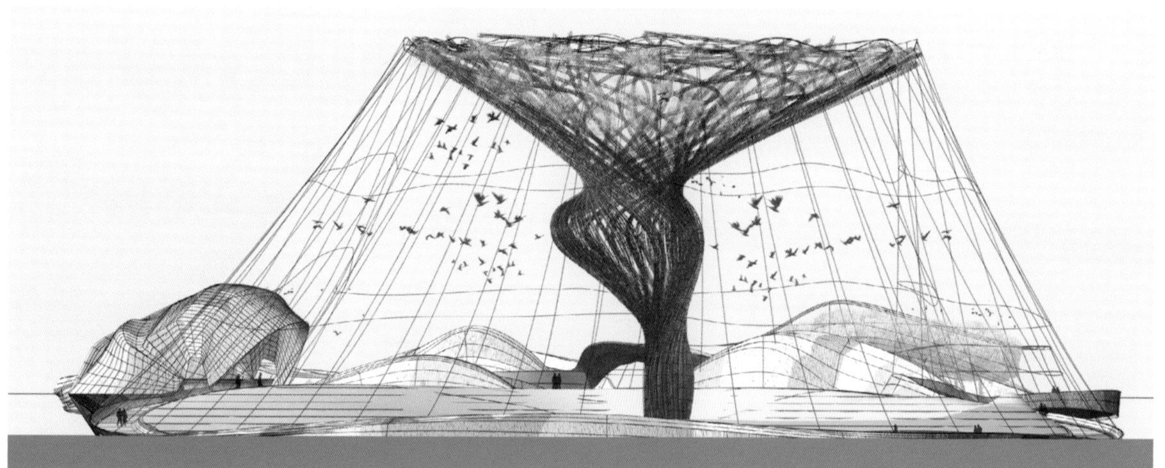

1. 火烈鸟
2. 伊比利亚山猫
3. 水獭
4. 鹿和鹤类
5. 鹳类
6. 鹗类
7. 多南那自然公园空间

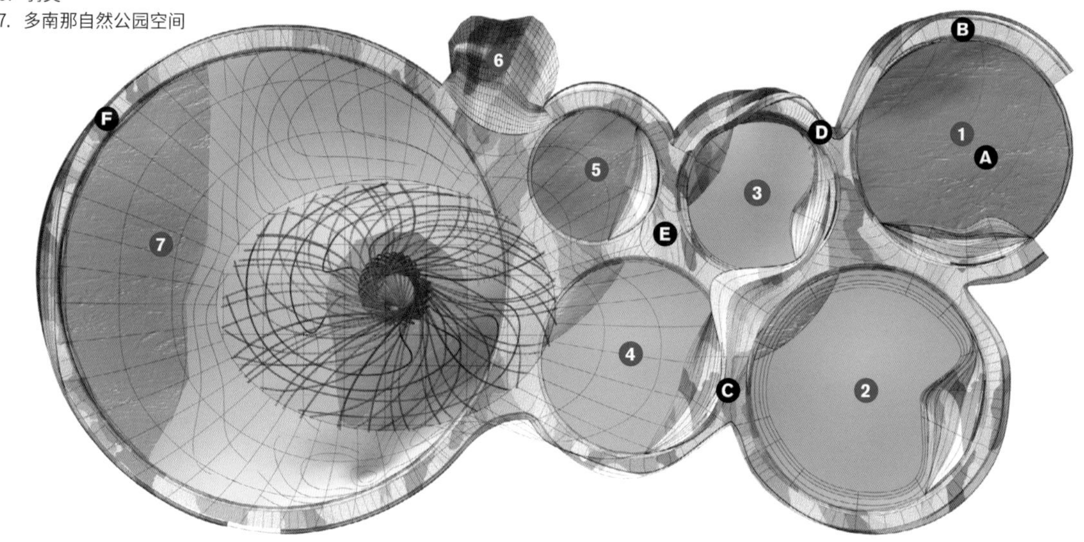

Corporate Identity

企业标识

2006

BARCELONA

SCC

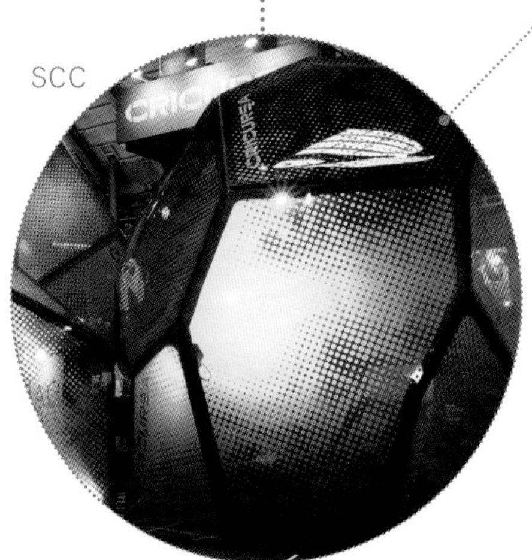

p.62

国际建材博览会CRICURSA 展位设计

完成“5感酒吧”的项目后，ON-A专注于拓展一些体现企业标识的建筑项目，项目从一开始就吸纳了多位曾参与过Lounge Bar实际执行的工业高管的经验，正因为有这个过程，他们最终选择了业界有名的Cricursa的产品。Cricursa是一家专门生产建筑玻璃的公司。展位的设计目标是树立能体现公司能力的商业化形象。设计取得了极大的成功，此后ON-A接到了来自更多不同企业的设计委托。

SOTILLO

创立ON-A建筑公司企业形象的过程中所获得的经验，在设计和创造不同环境中的企业形象方面提供了很大帮助。

p.76

Valdaya酒庄

在独特的酒庄建筑中进行设计是一大挑战，本案位于索蒂略市区。设计依托酿酒的世界中呈现的各种细微的色彩差别和模块化的矩阵立面，与现有的建筑相配合。

RDS

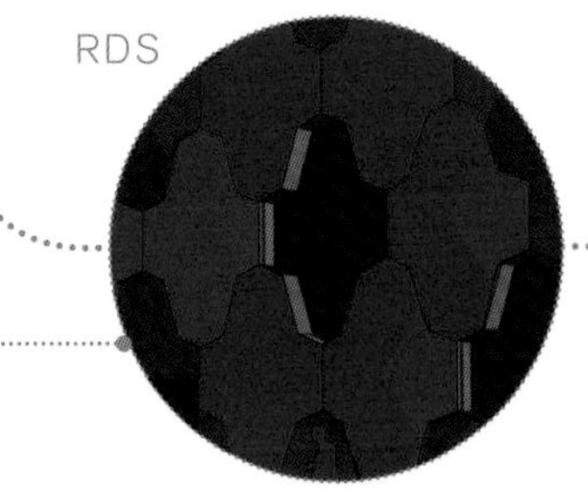

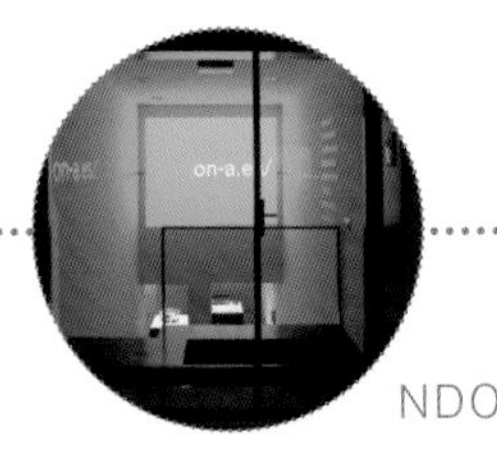

NDO

经过最初的学习，各种参照信息被运用到每个建筑项目的设计中，企业形象的本质与随后建造的建筑结合在一起。

NRD

p.92

绿色老虎餐厅

绿色老虎餐厅这个项目，从概念上来说，建筑要能体现出品牌特色，用于即将在巴塞罗那开发的店面，并成为其未来开设店面的基准。设计灵感来自于自然，木质的墙覆面贯穿整个空间，垂直的墙面花园顺着入口走廊逐渐延伸。

2014

geometry

建筑逐渐成为企业标识和企业形象的一部分。通过建筑来展现企业形象这一点被我们越来越多地运用和学习，我们极具创造力的团队成功地设计了更具有吸引力和交互性的展示空间。

SMC

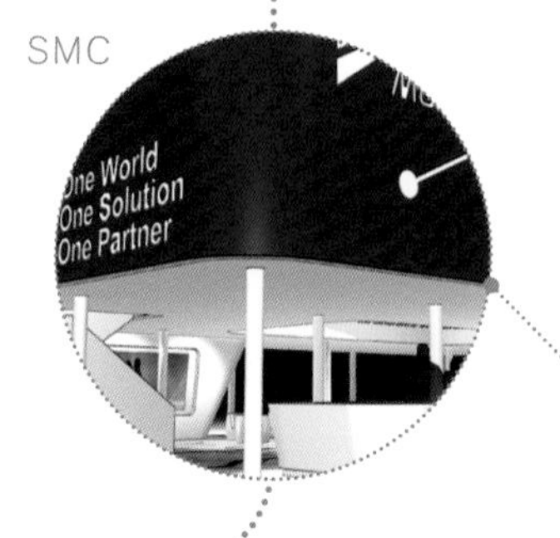

p.84

技术数据公司展位

这一智能建筑项目的产生得益于科技。设计师们想象着让参观者真正沉浸在数字的世界中，创作出了技术数据公司在全球移动通信大会上的展位，参观者仿佛置身于一栋航站楼中，以一种动态和交互的方式实现了品牌全球化。

BARCELONA

2012

Cricursa Construmat Stand

西班牙, **巴塞罗那**

国际建材博览会CRICURSA展位设计

本案的设计目标是设计出一个可以用在各种不同场馆中的展示空间。CRICURSA展位的设计理念和所用材料都与其参展的目标紧密相关。设计参考了二氧化硅的特性,其令人着迷的晶体结构,是本案的设计特色。这种复杂的几何结构建筑体现了其材料的优点,不仅在于其独特的形态,还在于其完全的晶体特性所展现的不同的形状和色彩价值。

覆面设计从各方面体现了产品的特色,用玻璃产品作为衬底创造出有着不同透明度和宝石般色调的装置。一个由连续的折叠形成的展示空间,内部有着不同区域:永久性的展示区域、会谈区域、交互式屏幕、储藏室和公司区域。

ON-A创造出这个复杂的几何结构装置,目的是要体现出CRICURSA作为建筑玻璃生产商的专业能力;各种直的、折叠的玻璃,以及球面玻璃成为装置的一部分,用一个多面的网状钢结构作为支撑;骨架结构形成三维的网络,安置在它上面的玻璃上。

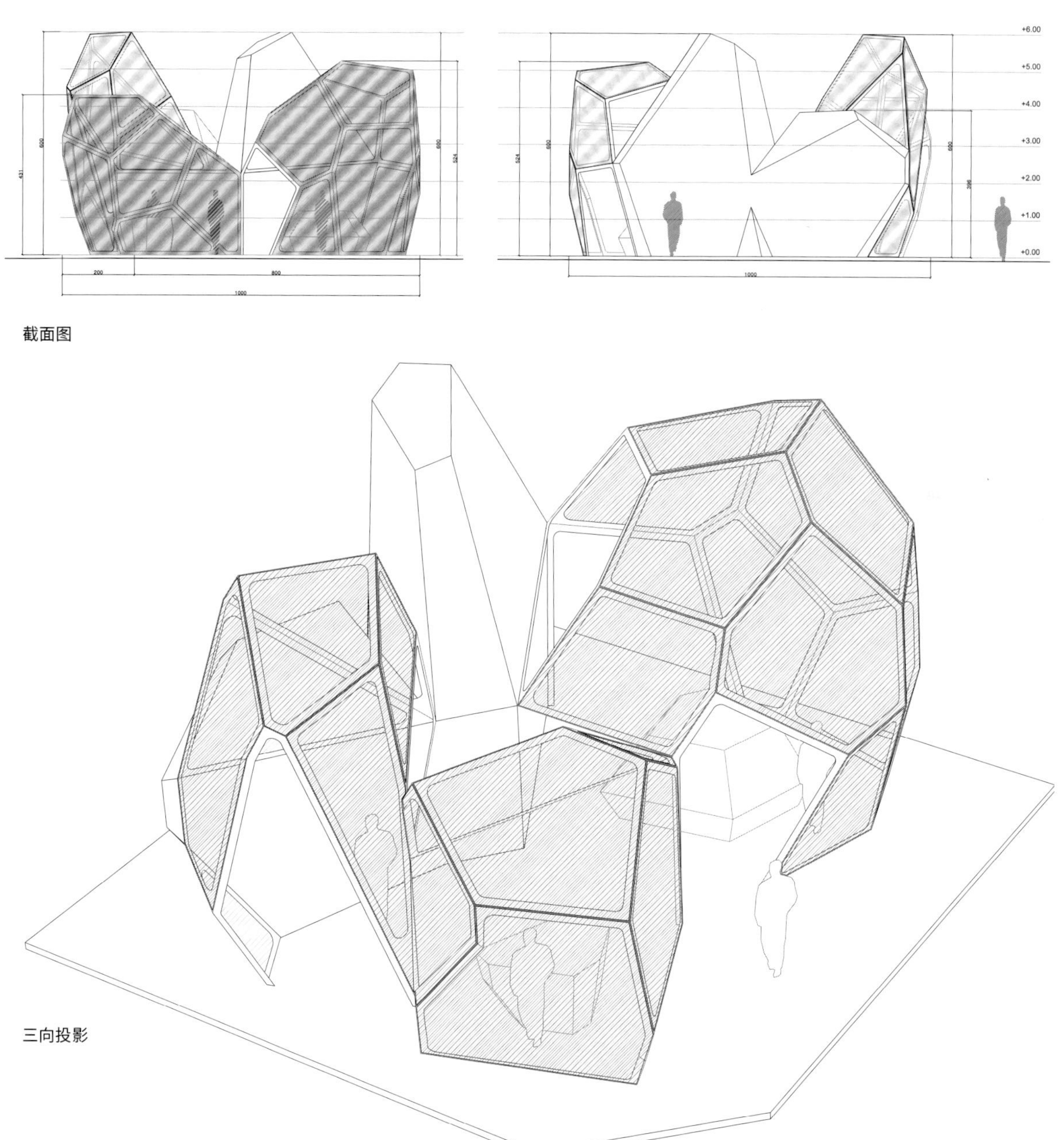

截面图

三向投影

这些数字化晶洞形成雕塑般的几何形态，其过程类似钻石珠宝的切割，每个多面体的重要性和形态都被展现了出来。

由钢条和节点组成的结构性钢板网眼被用于组成项目的整体结构，在这些结构上面，每一块玻璃都悬置着，保证了高精度的接合。

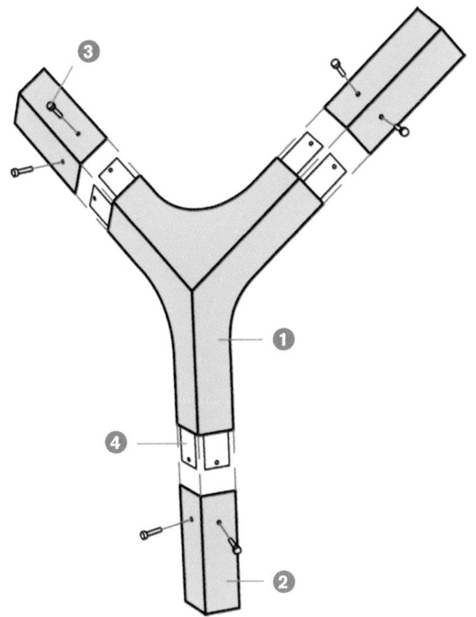

1. 钢板节点
2. 折叠钢条
3. 埋头螺丝
4. 接口法兰

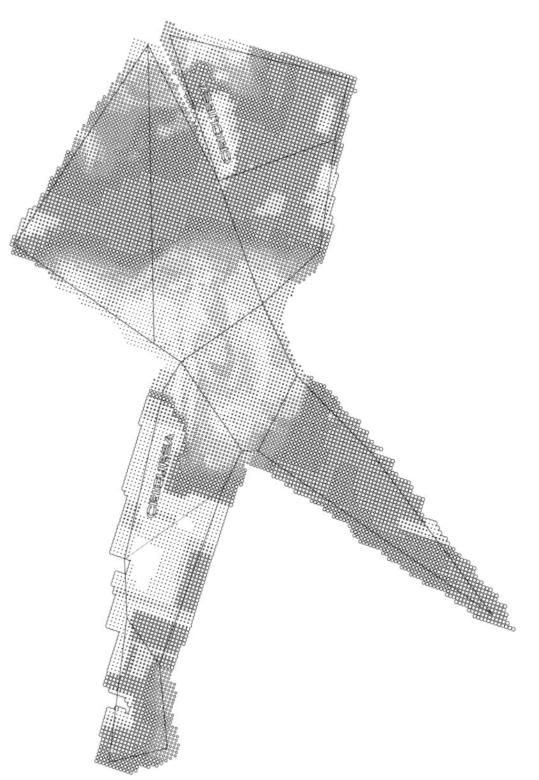

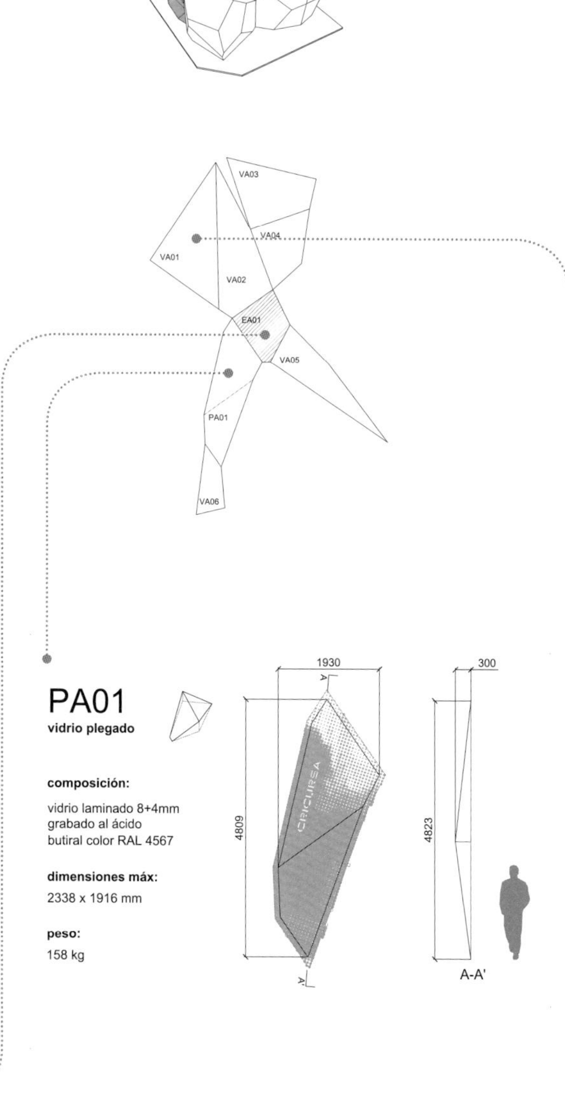

体量A的玻璃部件

不同几何形状表面和维度的玻璃，根据企业代表色被分成三类，有橙黄色的平面玻璃及通过折叠连接起来的两个不同平面的橙色玻璃。另外一类是蓝色的球面玻璃，有着凸状的表层，其曲率半径可达20cm。所有这些玻璃部件都有其特色，表层被蚀刻出同样的图案，形成装置的半透明外壳。

PA01
vidrio plegado

composición:

vidrio laminado 8+4mm
grabado al ácido
butiral color RAL 4567

dimensiones máx:

2338 x 1916 mm

peso:

158 kg

EA01

vidrio esférico

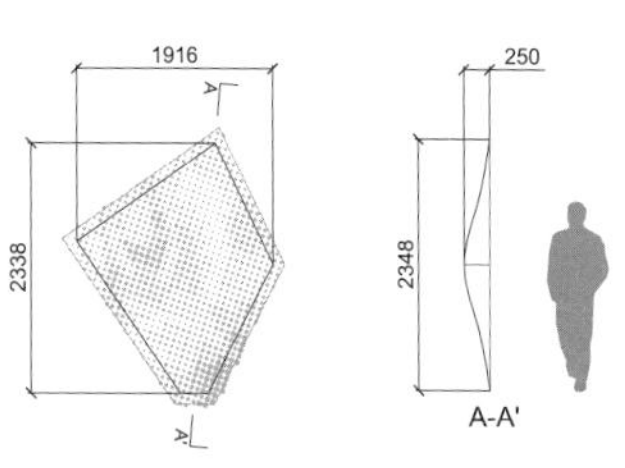

composición:

vidrio laminado 8+4mm
grabado al ácido
butiral color RAL 4567

dimensiones máx:

2338 x 1916 mm

peso:

158 kg

VA01
vidrio plano

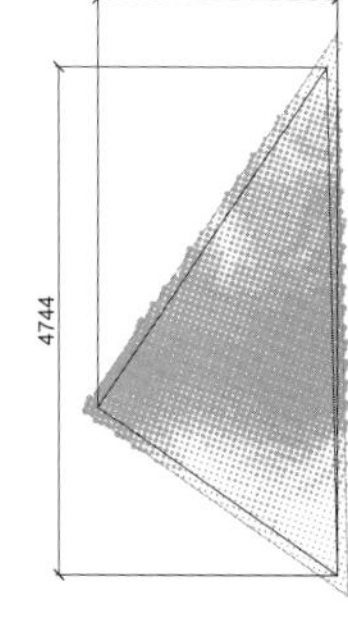

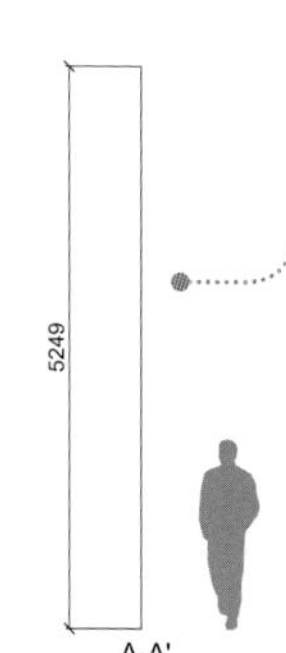

composición:

vidrio laminado 8+4mm
grabado al ácido
butiral color RAL 4567

dimensiones máx:

2338 x 1916 mm

peso:

158 kg

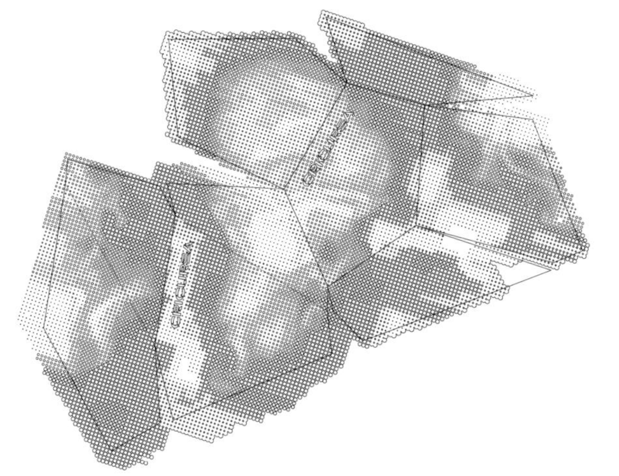

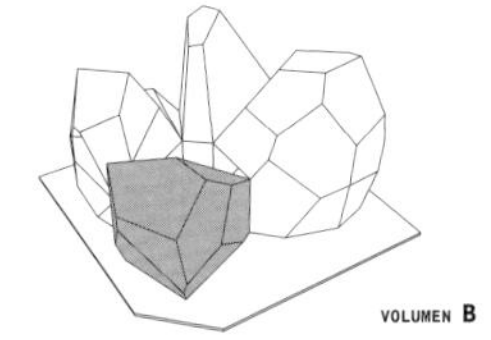

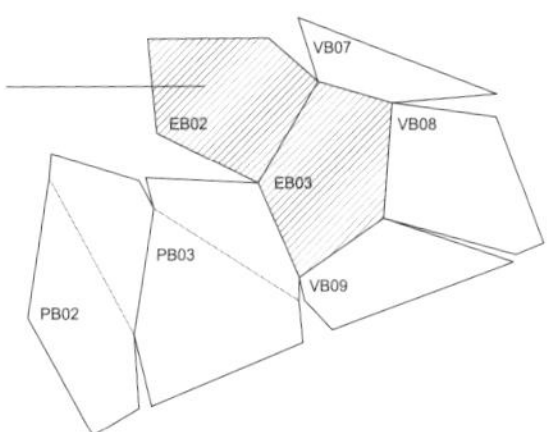

体量B的玻璃部件

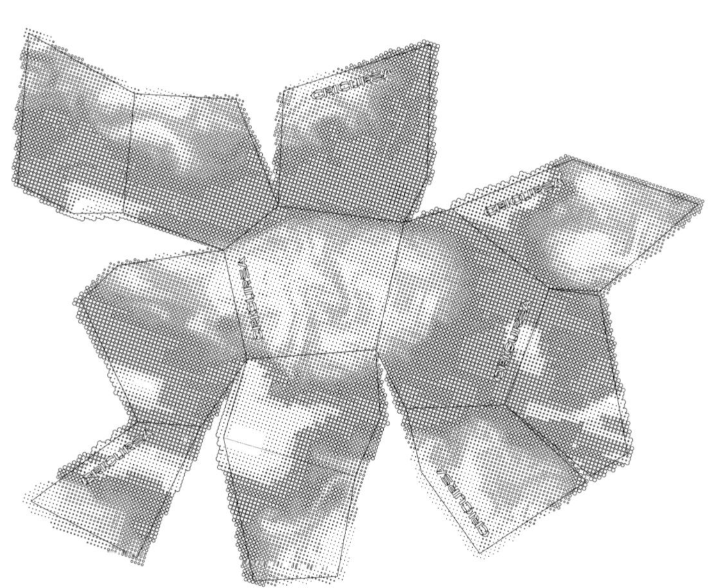

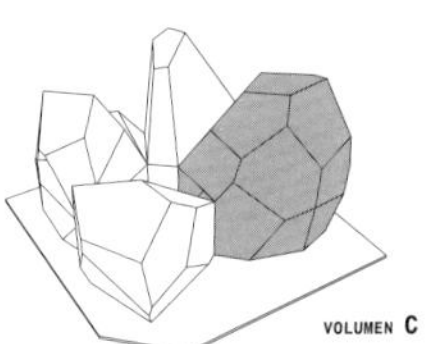

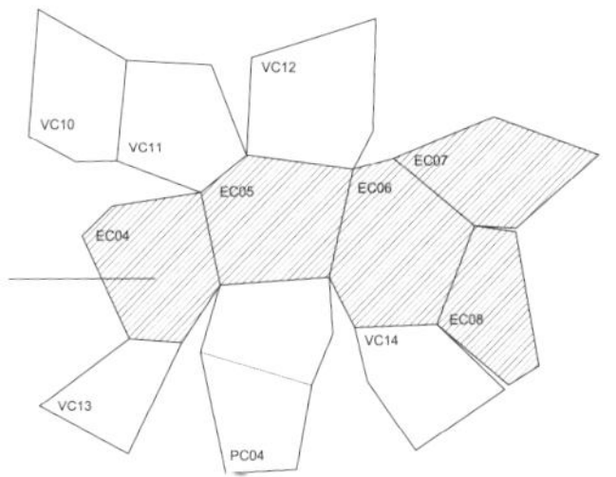

体量C的玻璃部件

建造过程是将设计概念转变成实际的过程，所有的材料都有其特定的特征、重量、长度及其最大生产规格。根据这些参数，折叠的钢板被拴接在一起，以创造出能承受玻璃部件的稳定的网状结构。随后这些闭合的网状元素被连接在一起，形成了更加坚固稳定的装置结构。

这一几何形状的设计灵感来自于二氧化硅的晶体结构，二氧化硅是玻璃的主要组成元素，某性状被应用在展位设计中，创造出一个巨大的数字化晶洞。

展位很好地展现了CRICURSA这个建筑玻璃公司的能力，能够生产出各种形状和表层的玻璃，以及各种型号的玻璃。

Cricursa, an innovative glass company

采访　CRICURSA，一间创新的玻璃公司

CRICURSA公司成立于1928年，推动了曲面玻璃作为一种装饰元素在室内灯具设计上的应用。经过80多年的发展，公司现在能生产用于室内外的曲面及平面建筑玻璃。其产品被用在世界上很多建筑地标上，被认为是同行业中的改革者和开拓者。

FF: Ferran Figuerola, CRICURSA
JT: Joan Tarrus, CRICURSA
JF: Jordi Fernández, ON-A
EG: Eduardo Gutiérrez, ON-A

JT: 2007年国际建材博览会展位的建造，标志着CRICURSA公司迈入了新的阶段。在以往的展会中，我们的展位主要展示了我们生产各种复杂几何形状玻璃的能力。然而，当我们与ON-A公司接触后，我们要求他们设计的是一种建筑的概念，而不仅仅是展示产品的一个平台。

FF: 起初我们的展位只是一个简单的平台，我们在上面放置一些桌子、椅子，以及我们的玻璃产品，仅此而已。随后我们聘请了专业的室内设计师，为我们创造出更具吸引力的展示产品的空间，但空间本身并没有直观地表达公司的特色。后来我们意识到，我们是专注于定义建筑空间的，我们需要做的是创造出一个建筑空间，其本身能为公司代言，并能吸引公众注意。

JF: 出于这种考虑，我们首先试图配置整个计划，一间会客室、音像展示空间、产品本身的展示……而且考虑到这个展位稍后要被运到另外的展会中去，我们分析出了能满足需求的最小空间，即长十米、宽七米的矩形空间。在空间中，我们划分了四个不同区域，即公司介绍区域、产品展示区域、公司工作人员区域及展位本身——展示了各种不同性状玻璃的应用，包括折叠玻璃球面玻璃及大型蚀刻窗格玻璃。这些区域的安排参考了材料本身的结构，即二氧化硅在大自然中所呈现出的结构。设计目标是在玻璃部件及项目要求的限制下创造出晶体化结构。装置中所用的三种颜色对应三种不同类型的玻璃。这一装置结构将用在各种不同的展会中。我们最开始设计了装置结构的原型，适用于展区的所有几何面。

FF: 展位的建造成为我们与建筑师之间的纽带，给我们机会与建筑师建立紧密的联系，与他们合作设计出新的原型产品以满足其在设计中所需要达到的效果。这种实用性是强大的创新过程的一部分，与新技术的应用有着密切关系。

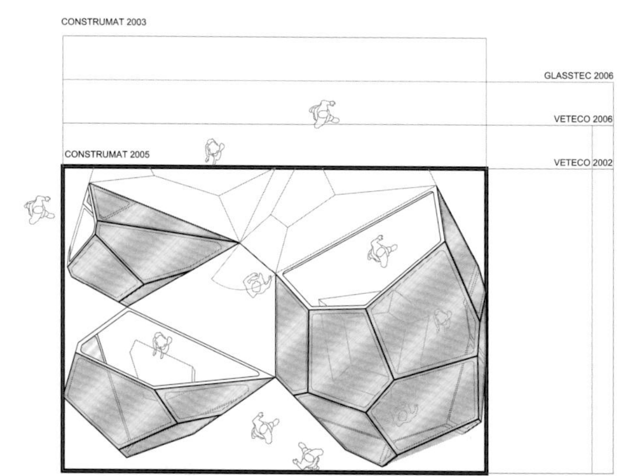

有两种类型的企业：一种是热爱其行业，总想着不断学习前进；另一种，反之。

“There are two types of companies: those that are enthusiastic about their work and want to constantly move forward and learn, and those that are not.”

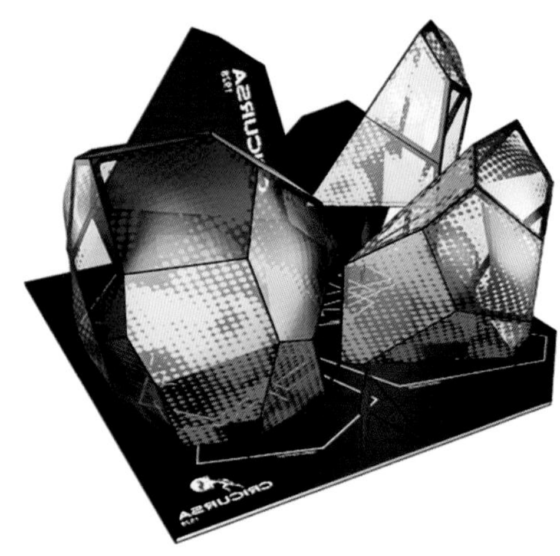

EG： 这种对于研究的兴趣与许多年轻建筑师的创新需求紧密相连。我们认为世界上有两种类型的企业：一种是热爱其行业，总想着不断学习前进；另一种则只是将一种产品投入市场，仅此而已，他们故步自封，拒绝改变。显然，大部分具有创新精神的建筑师们更愿意与第一种企业合作，他们更愿意去研究开发新产品，尝试新的技术和效果。

JT： 在20世纪90年代初期，我们将一种全新的产品投入市场，即透明的太阳能控制玻璃，我们亲自去建筑公司拜访，将产品呈现给他们。我们都知道，建筑师们，至少那些优秀的建筑师们，当你向他们展示一件产品，他们会立马提出要求，要你对产品进行一些调整和开发，以便他们用在项目中。通过这种对话，这种双方的关系，促进了创新的发展。

JF： 展位完全满足展示材料可行性的功能。建筑师对于其项目的想法是：如果这样可行，为什么不去尝试一下？

EG： 在我们的项目中，我们将规格及玻璃的曲率做到极致。移动大尺寸的玻璃，将其弯曲成两个方向，以及对于重量的考量都需要特别的机器和技术。

JT： 我们延长了生产和组装的时间，来减少错误的发生及材料的缺陷，生产过程还包括层压、蚀刻、弯曲抑或折叠，最终达成所需要的几何形状。

FF： 在展会前，我们进行了一次结构组装的测试，在参展时我们不能出现任何差错。这种严苛程度，以及直接参与了组装过程，让我们更好地了解了建筑师的设计理念及建筑的建造过程。

JF： 这一过程让我们学到了很多很重要的知识，也让我们能更有效地和建筑师沟通。我们讨论的不仅是玻璃的形状，还有其组装，这也产生了更加切实可行和快速的解决方案。

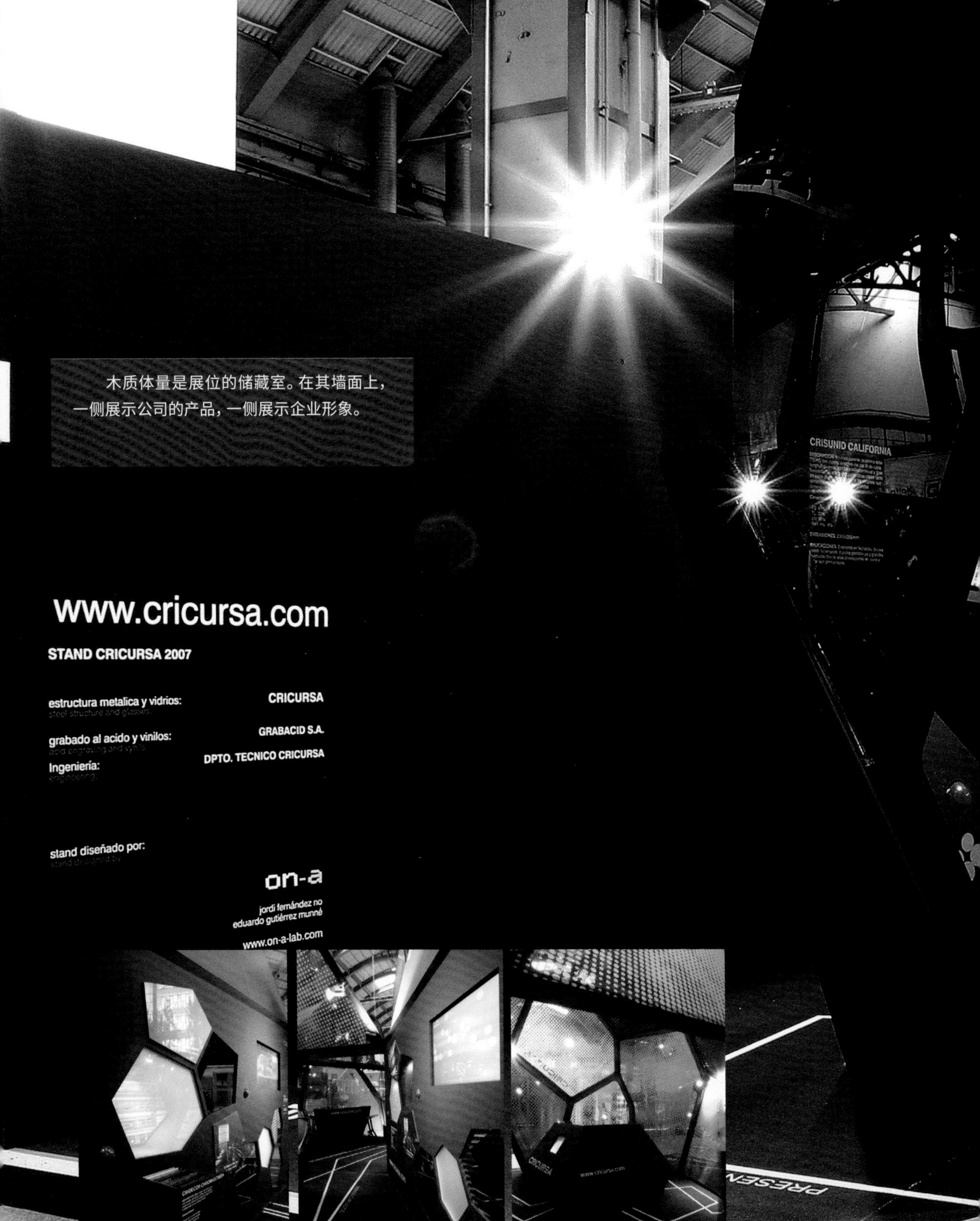

木质体量是展位的储藏室。在其墙面上，一侧展示公司的产品，一侧展示企业形象。

在企业区域，我们能看到公司的历史介绍，周围是一系列精心挑选的与各种建筑公司合作生产的代表性产品。

Valdaya Winery

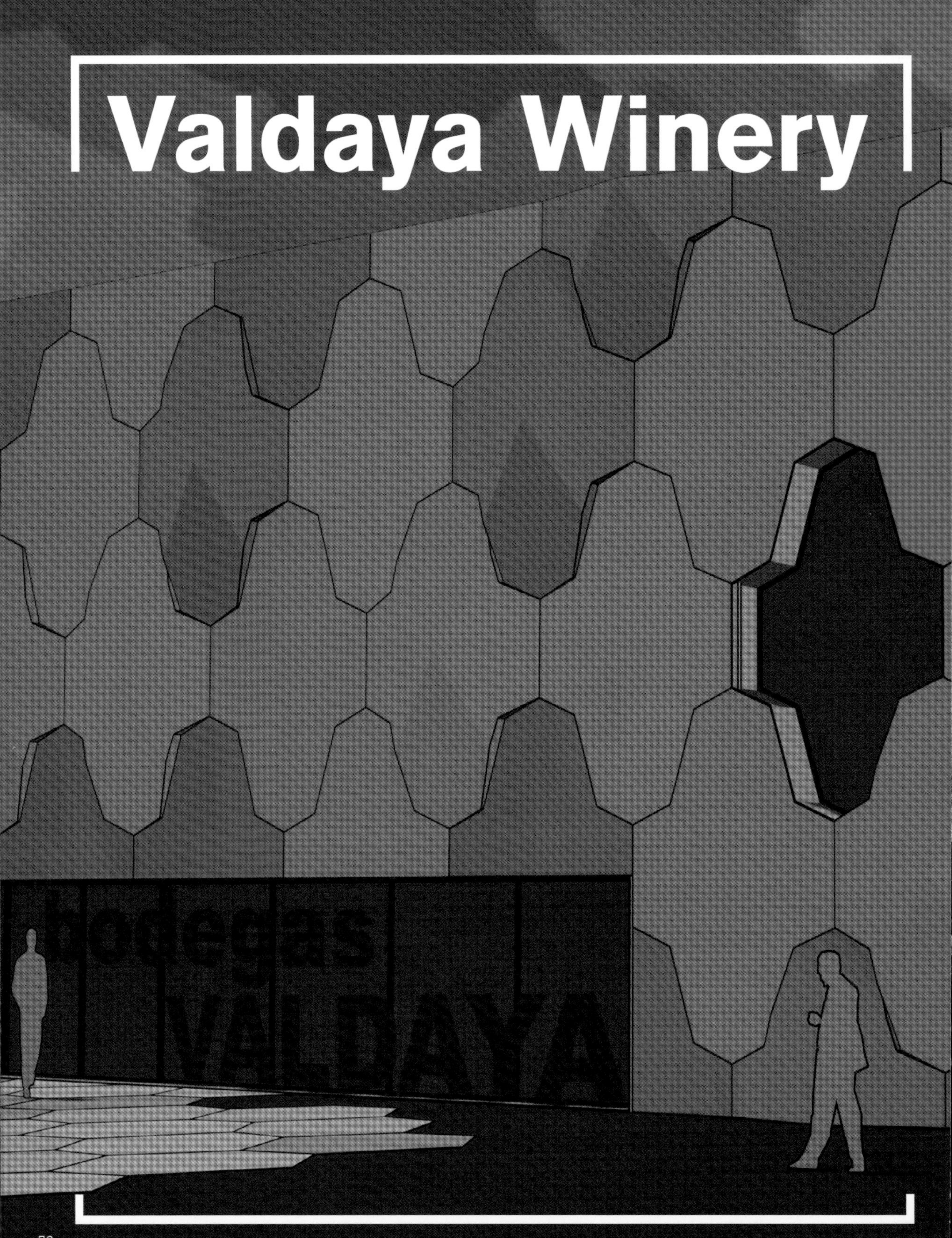

西班牙，**索蒂略**

Valdaya酒庄

本案是一间位于杜埃罗河岸地区的酒庄，设计目标是对一栋现有的酿酒用的工业建筑进行建筑结构重新设计,包括对生产、称重及管理区域重新进行结构规划，增加一个永久性的展示区域。

对于外立面的改造，设计师的想法是设计一种几何形状，既能与品牌本身相关联，又能体现其产品的形式，颜色的选用含蓄地体现了酒庄的特性。通过模块化的图案突出藤蔓的细微差别，浅浅的浮雕让墙面显得更加活泼，也使其显得更加开放，与预先定好的几何形状相得益彰。

墙面的统一感通过所用的材料得以增强，玻璃纤维增强水泥制成的几何模块，泛红的色调与现有的葡萄园中的色调相间，与覆面的可塑性形成对比，将这里打造成全新的葡萄种植和葡萄酒酿造中心。

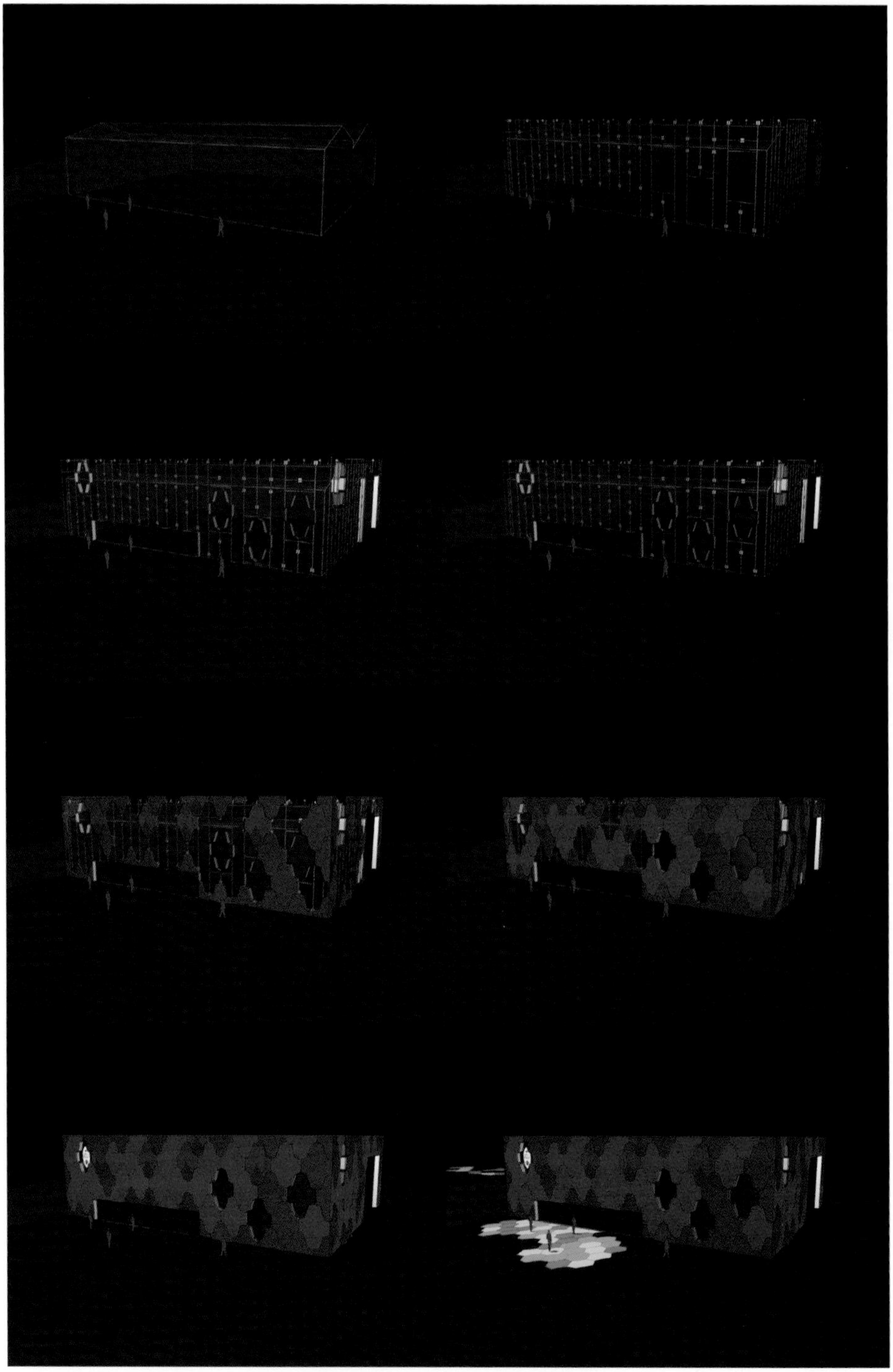

在Valdaya酒庄新覆面的组装过程中，首先进行辅助支撑结构的预设，为预制好的玻璃纤维增强水泥部件提供支撑。通过金属杆和夹板的使用，每一个立面都逐一被装上有着三种明暗层次的浅浮雕覆面。

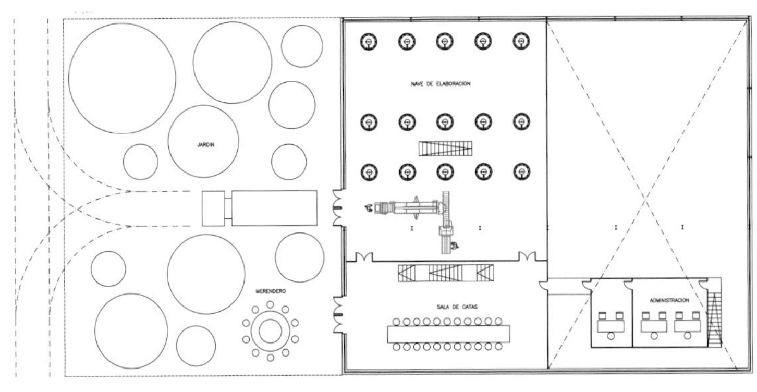

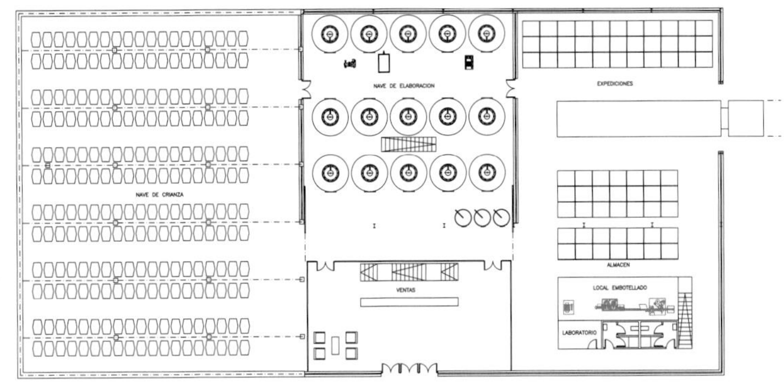

首层

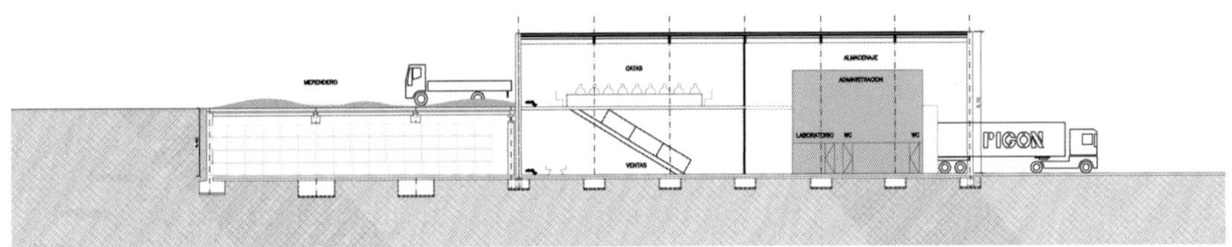

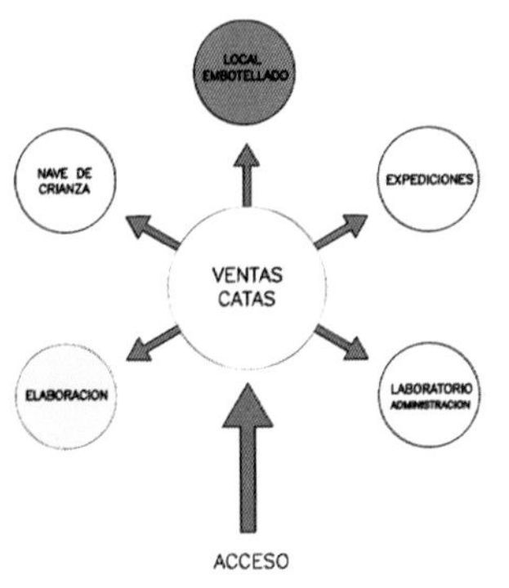

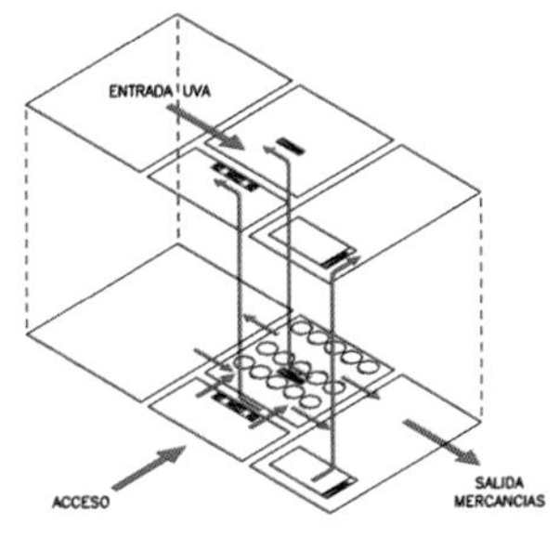

1. 入口/销售办公室
2. 商品分派
3. 葡萄入口

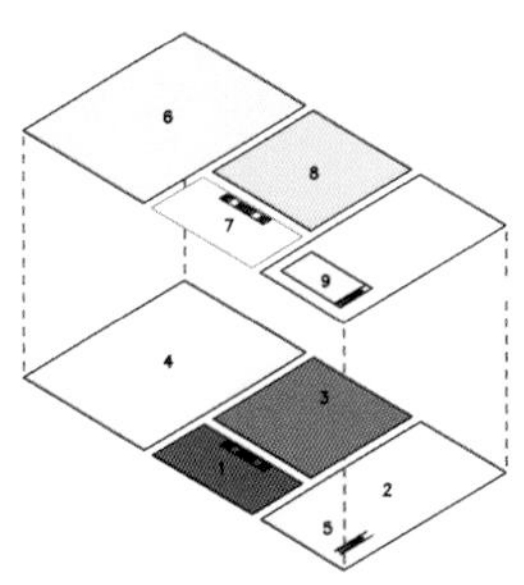

1. 入口/销售办公室
2. 分派仓库
3. 酿酒处
4. 陈年酒窖
5. 装瓶室
6. 葡萄入口
7. 品尝区
8. 葡萄挑选区
9. 行政区

交通流线分析图

Valdaya酒庄原有建筑上的新覆面使用了轻质量的玻璃纤维增强水泥、预制的平面和浮雕部件，为墙面增添了活力，力图成为新型酒庄建筑的基准。

模块化的几何结构组成了新的墙面，其设计灵感来自于葡萄酒地区，葡萄藤的颜色被应用到建筑的表面。

全新的形象是立面的模块化结构的一个附加价值，从酿酒厂到葡萄酒品牌，形成全新的标识。

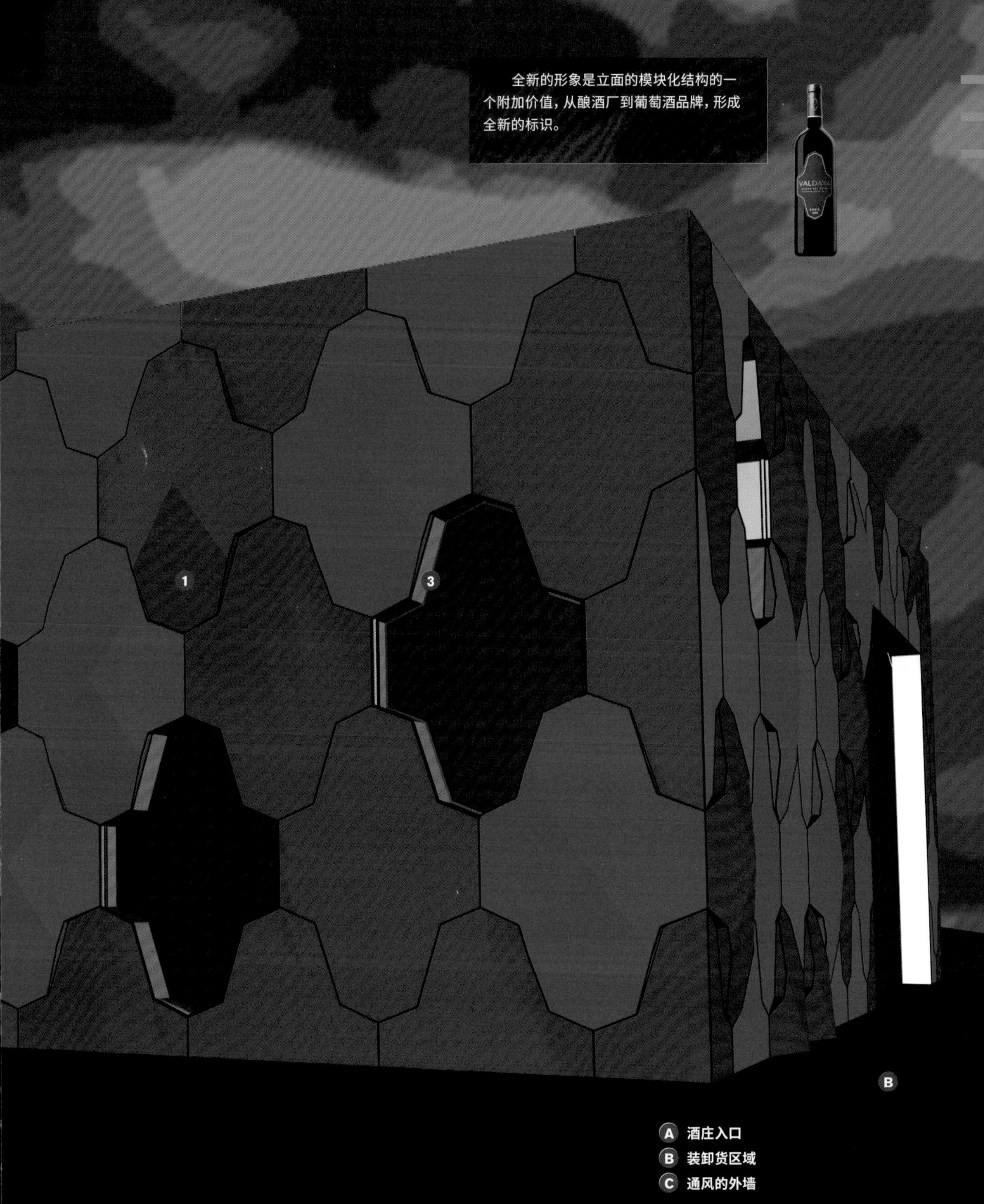

- **A 酒庄入口**
- **B 装卸货区域**
- **C 通风的外墙**

1. 预制的玻璃纤维增强水泥部件
2. 企业标志
3. 预装的木作框架

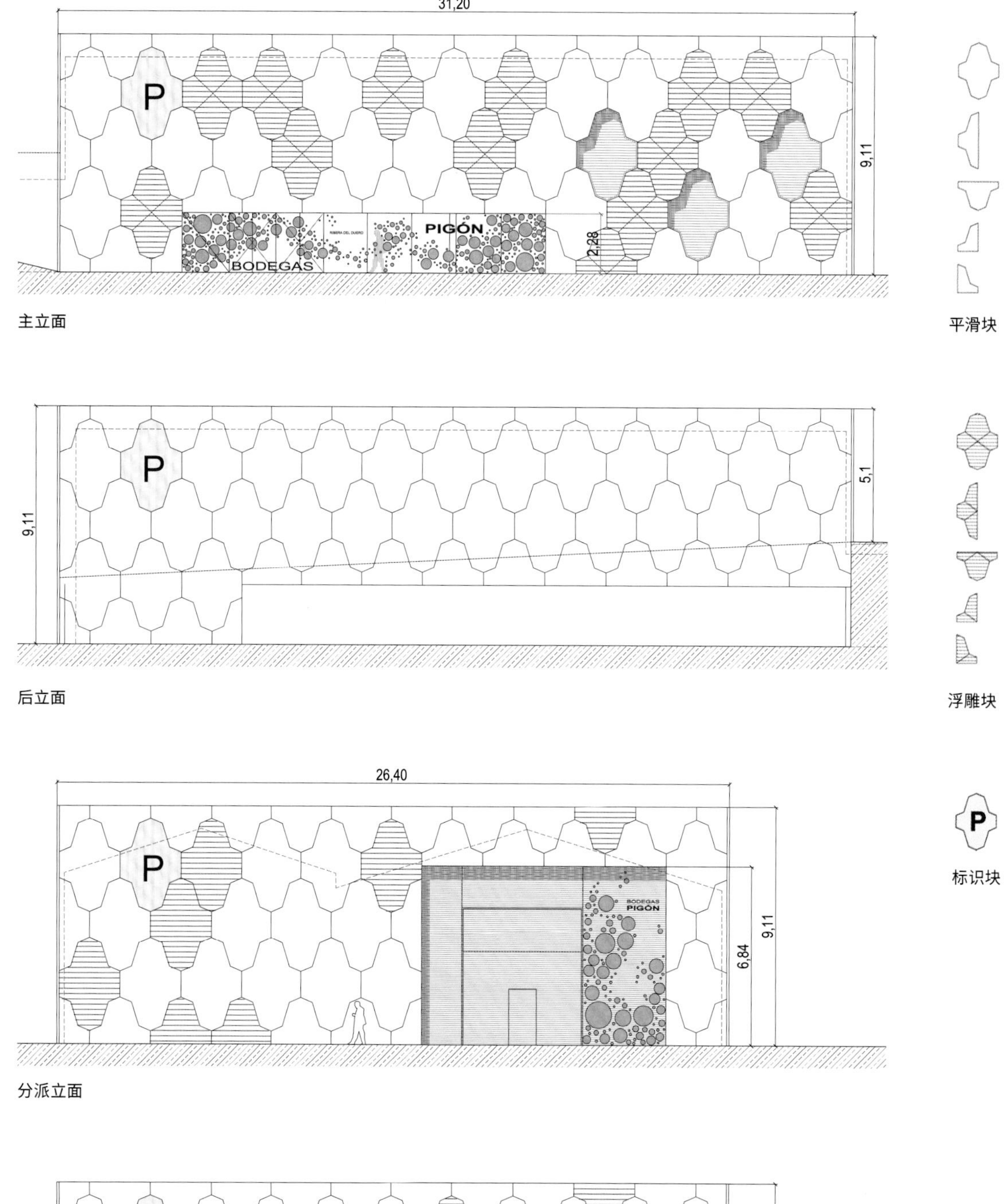

31,20
9,11
P
2,28
BODEGAS
PIGÓN
主立面
平滑块
9,11
5,1
P
后立面
浮雕块
26,40
P
BODEGAS
PIGÓN
6,84
9,11
分派立面
标识块
P
4,56
2,28
BODEGAS PIGÓN
花园立面

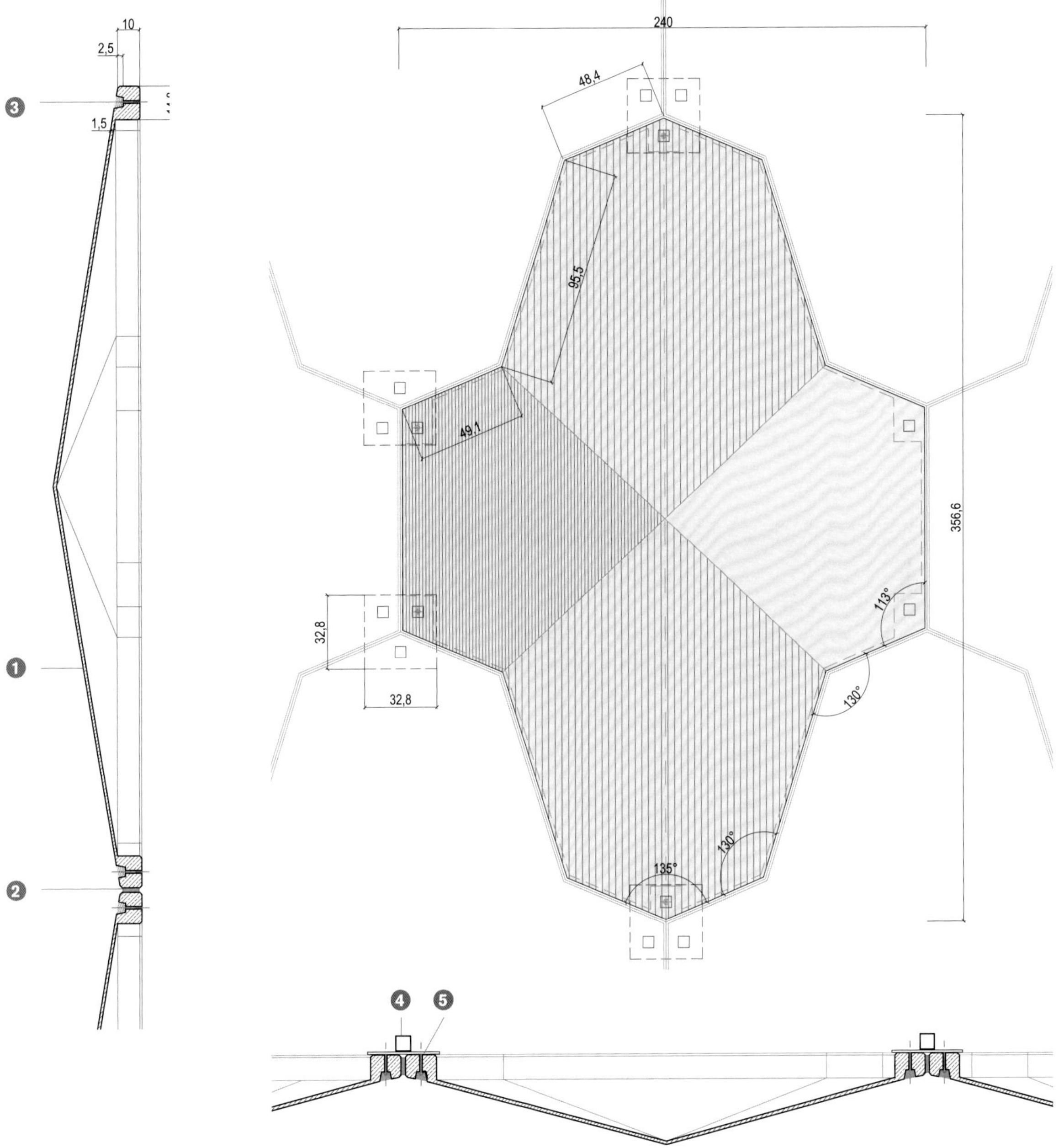

1. 玻璃纤维增强水泥部件
2. 锚固螺栓
3. 衬垫
4. 金属辅助结构
5. 锚定板

Tech Data Stand

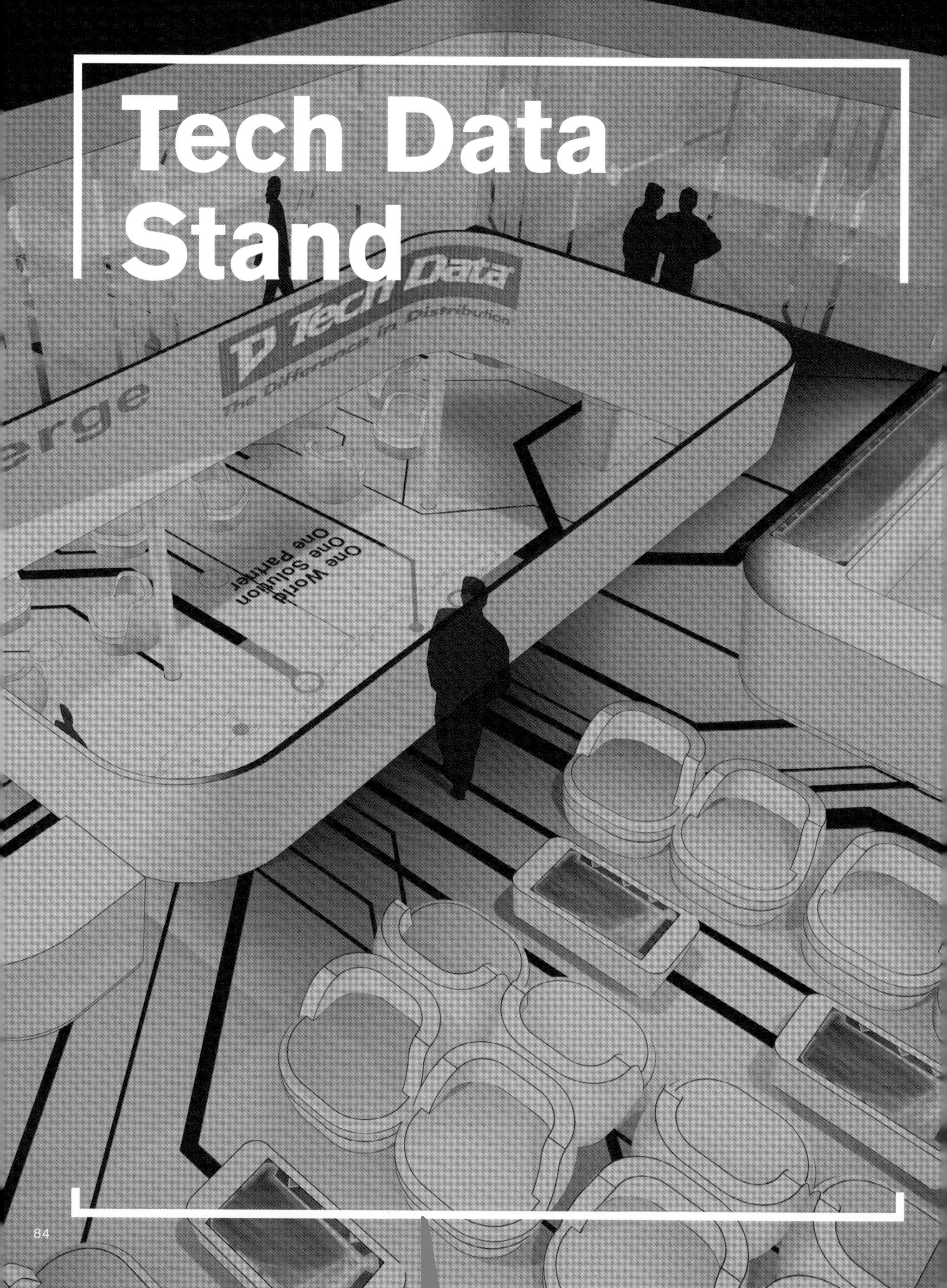

西班牙，**巴塞罗那**

技术数据公司展位

本案是为科技产品经销商——技术数据公司所设计的展位，设计目标是让人沉浸在与数字世界的交互中。不仅要让前来参观的人们注意到公司这一个整体，还要注意到公司的产品目录和技术应用。

连续的环形矩阵引导参观者们从不同的路径进入技术数据的世界。空间中充满了机场航站楼的气氛，有休息的座椅、交互式信息点和进行商业活动的区域，各区域的安排地图被绘制在空间中心处，自由出入的空间体现了极简主义的精髓。

与参观者之间连续不断的交互是这一有活力的展位空间的核心元素，通过各种移动设备的展示、显示企业目录的交互式屏幕让参观者参与其中。二楼设有会议室、VIP区域和吧台区域，这些区域簇拥在更为紧密的空间中，通过中心处中空的双层空间实现项目的连续性。从平面图上来看，设计与商业中心相符合，即技术数据全球平台。

知名通信公司在其展位上通过可视化技术展示其服务及展品目录，反映了技术数据世界的全球化。

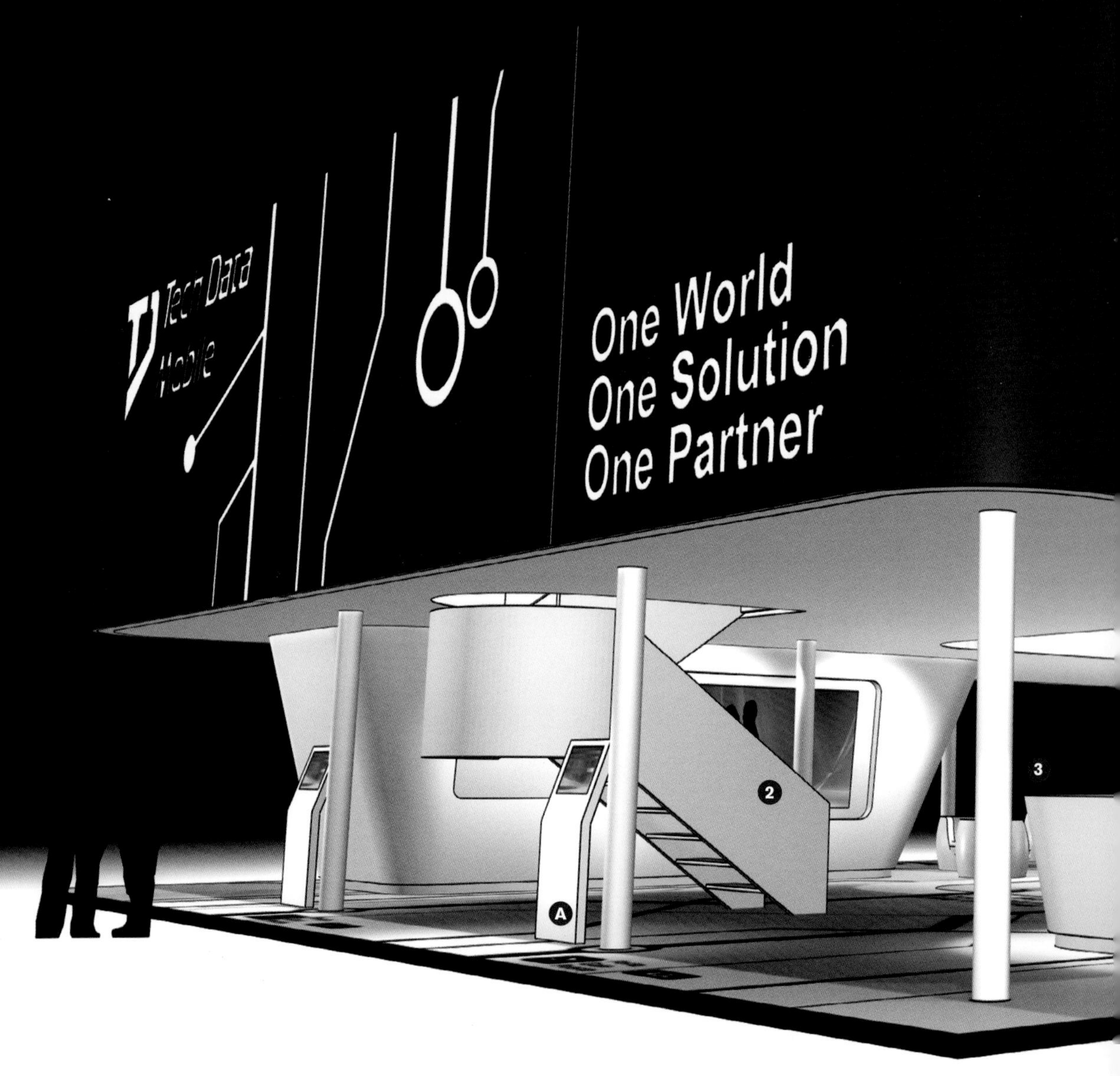

二楼的VIP区域作为商务办公区，有吧台区和会议室。

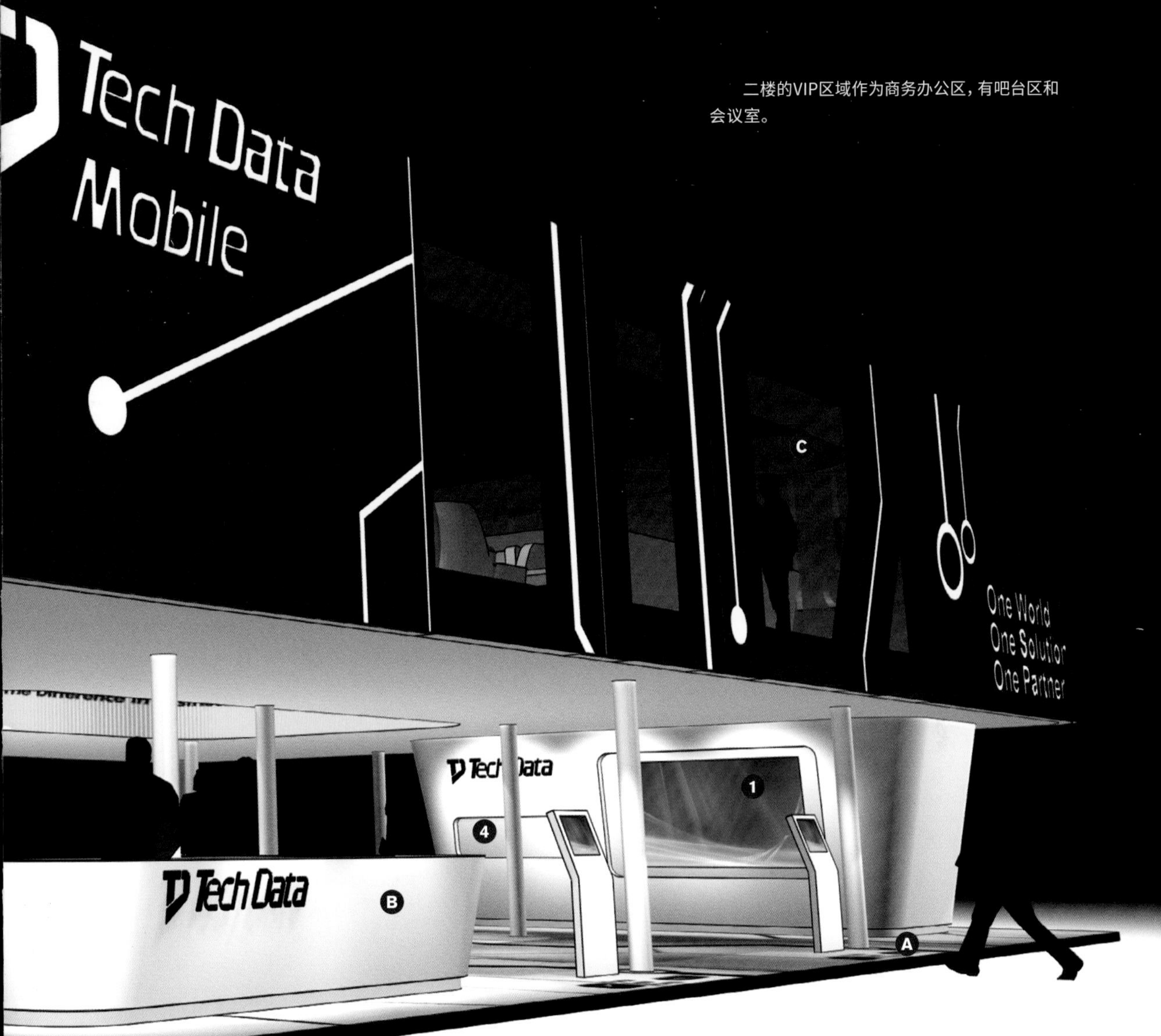

A 接待区和入口闸机

B 交互式信息点

C VIP室

1 品牌信息墙

2 二楼入口

3 休息区

4 手机/平板电脑充电点

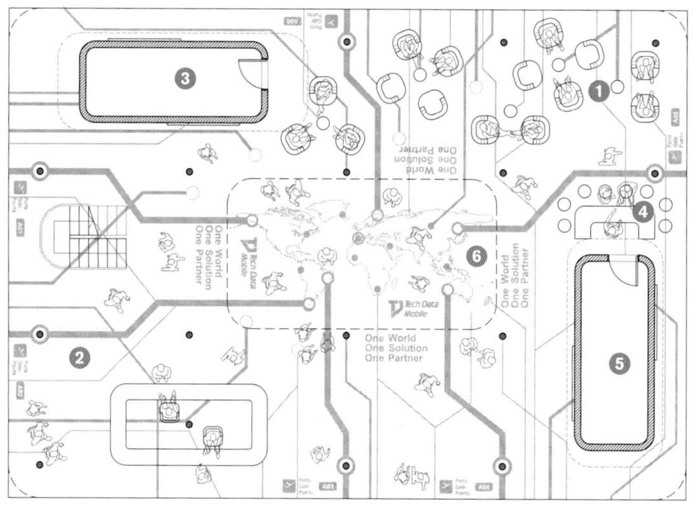

首层

1.座椅/休息区	66.25 m^2
2.接待区	48.75 m^2
3.储藏区	14.80 m^2
4.吧台区	12.00 m^2
5.厨房	14.80 m^2
6.大厅	35.90 m^2

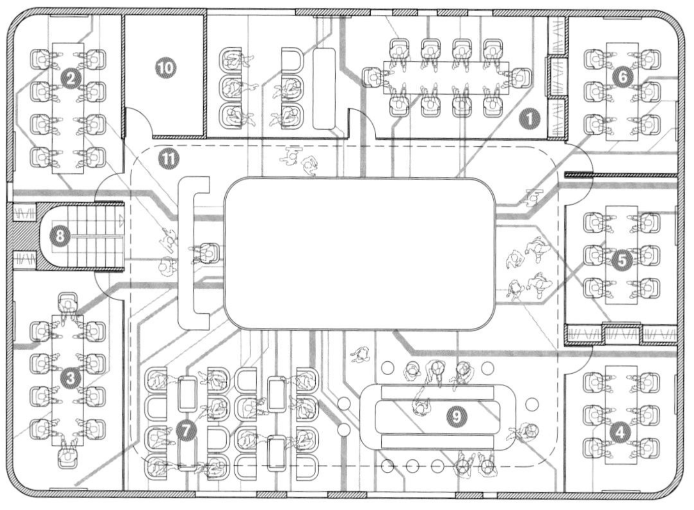

二层

1.VIP会议室	42.75 m^2
2.会议室1（8人）	20.00 m^2
3.会议室2（10人）	23.55 m^2
4.会议室3（6人）	15.75 m^2
5.会议室4（6人）	15.90 m^2
6.会议室5（6人）	16.70 m^2
7.休息区	34.65 m^2
8.楼梯	5.10 m^2
9.吧台区	34.65 m^2
10.储藏区	9.25 m^2
11.大厅	41.60 m^2

首层入口

大堂

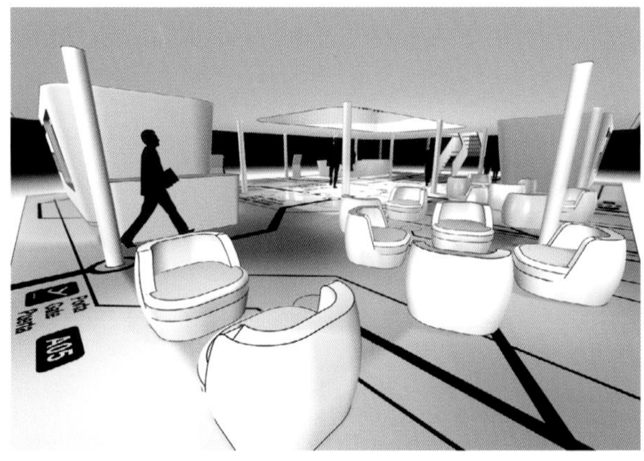

休闲区视图1

广告展示

休闲区视图2

VIP会议室

技术数据平台根据其用途被分为两层。首层有接待区，面向公众开放，二楼是会议室、吧台区域和VIP休息室。

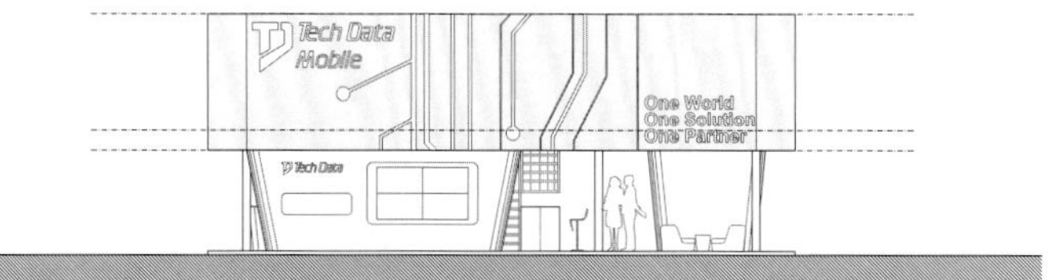

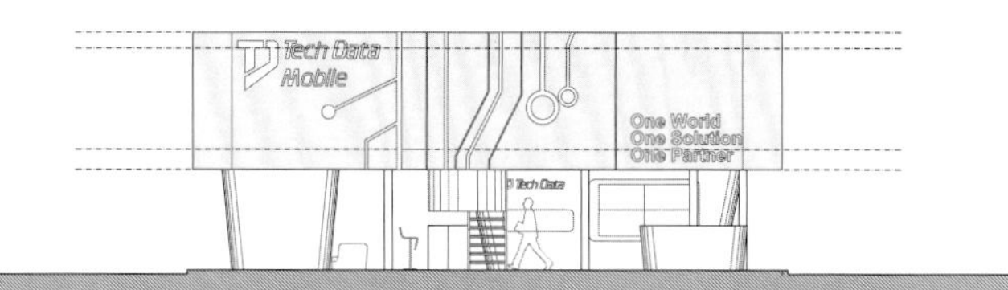

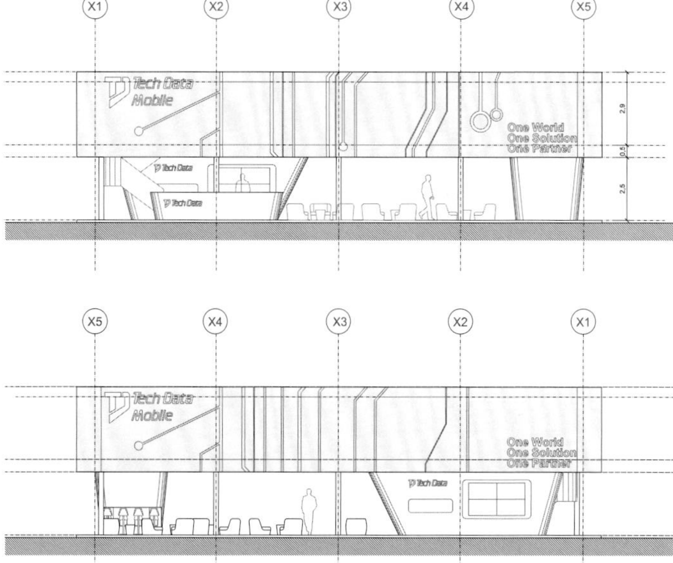

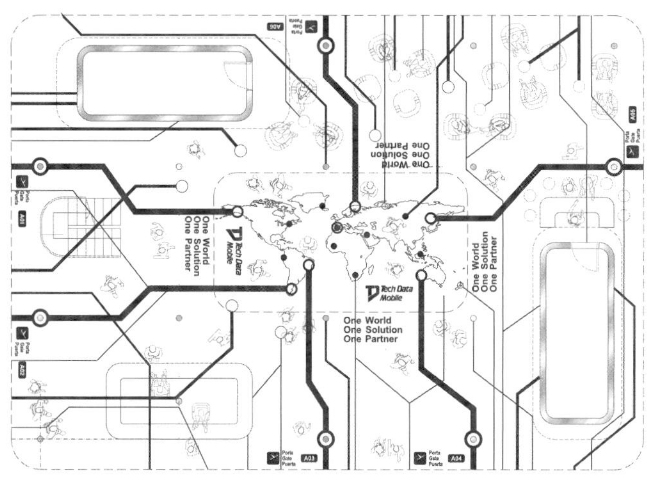

纵立面图

首层
平面设计图

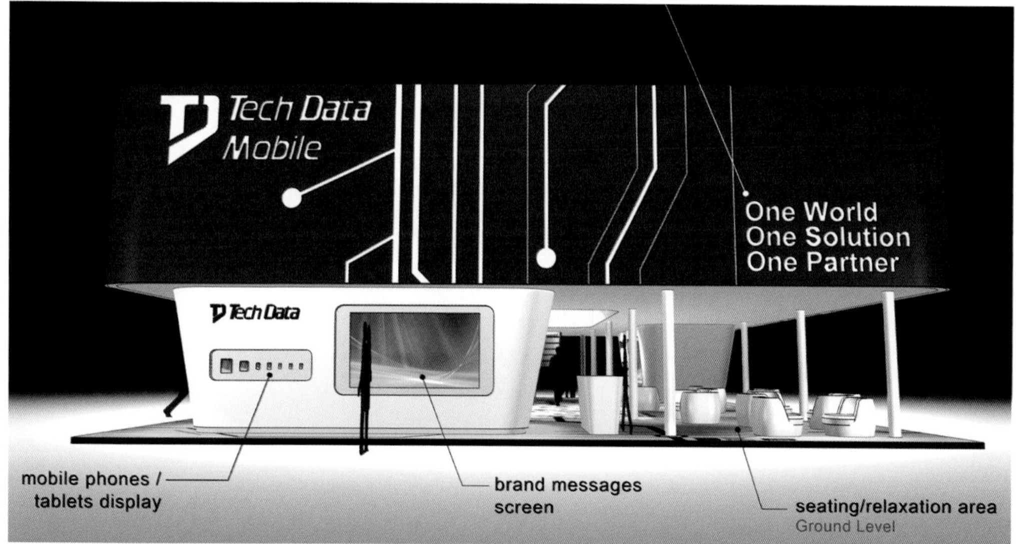
Tech Data
Mobile
One World
One Solution
One Partner
Tech Data
mobile phones / tablets display
brand messages screen
seating/relaxation area
Ground Level
右视图

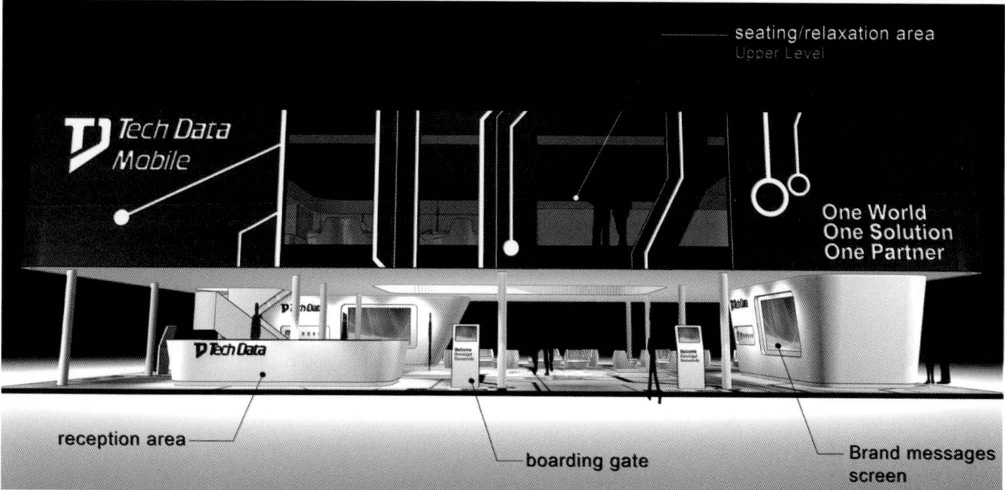
seating/relaxation area
Upper Level
Tech Data
Mobile
One World
One Solution
One Partner
Tech Data
reception area
boarding gate
Brand messages screen
前视图

Upper Level
Tech Data
Mobile
One World
One Solution
One Partner
Tech Data
Mobile/Tablet charging points
seating/relaxation area
Ground Level
brand messages screen
mobile phones/tablets display
后视图

The Green Tiger Restaurant

西班牙，**巴塞罗那**

绿色老虎餐厅

本案是一间高级酒吧餐厅。对有机主义的研究再次被应用到设计中，打造出充满奢华和娱乐氛围的空间。本案的设计目标是创造一个全新的品牌形象，使其能够运用到将来的连锁店中且又能体现企业形象。

根据这一既定的设计目标，设计师在室内营造出一种氛围，白天提供健康食品，夜幕降临后则变成一个酒吧。一眼望去，能看出空间的设计灵感来自于斯堪的纳维亚风格设计，其形态、运用的材料和展现出的不断变化的动感，是有机建筑理念的具体展现。

沿着空间的几何形态，设计师创造出一个立体的木质洞穴，顺着纵向的通道，覆以一层层的折叠木板。通道的另一侧是一面连续的绿植墙，体现了企业的商业形象，也成为未来分店的企业形象标识。

在本案中，我们更多地吸收了大自然的灵感启发。地势从地面逐渐变化，引导我们移动到安放着环形雅座的主厅中。入口层是独立的酒吧和用餐空间，底下一层则是洗手间、厨房和储藏服务间。

纵向的空间搭配富有层次的木质覆面，设计灵感来自于大自然，将我们带入亲密且真实的有机环境中。

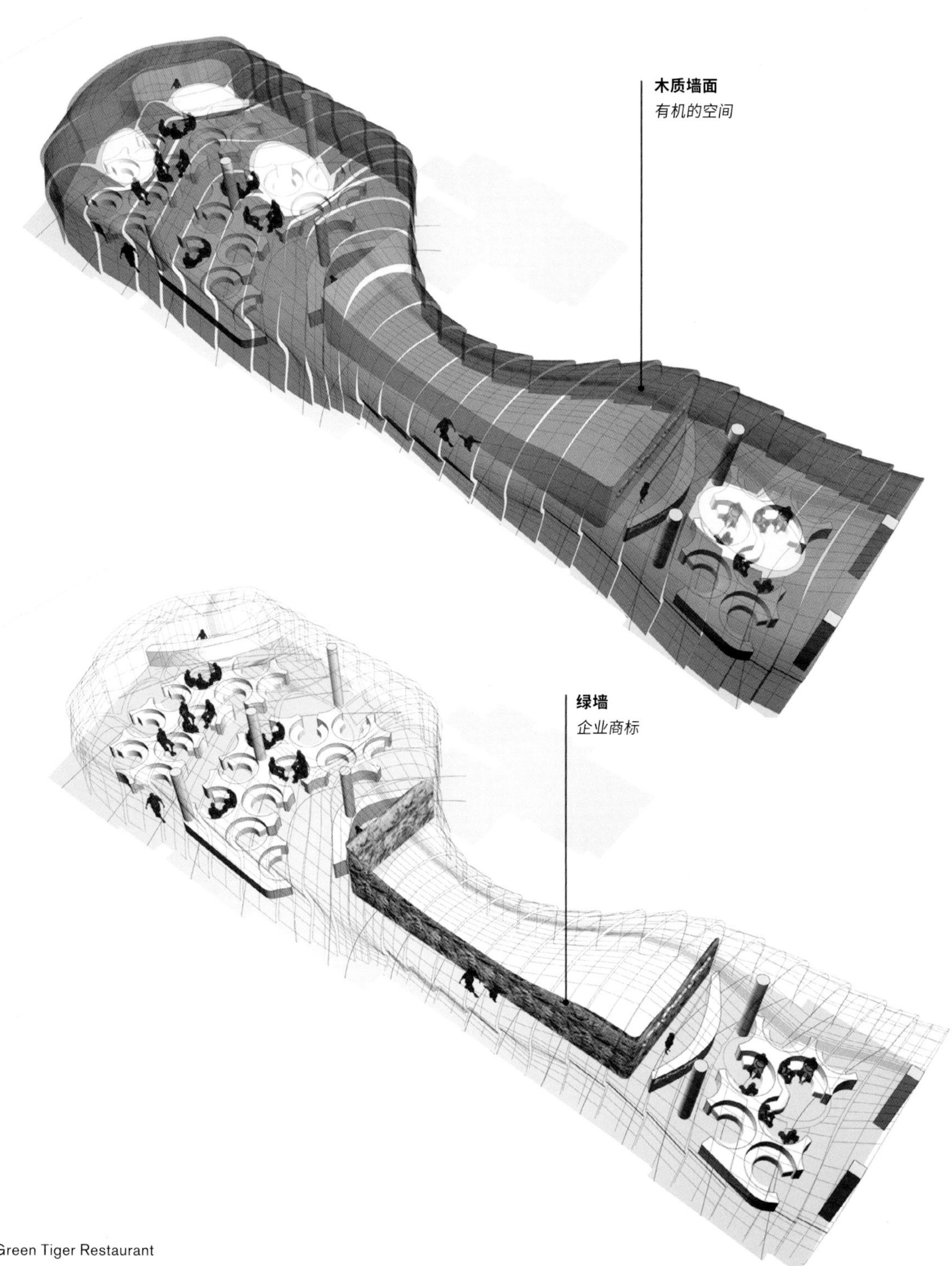

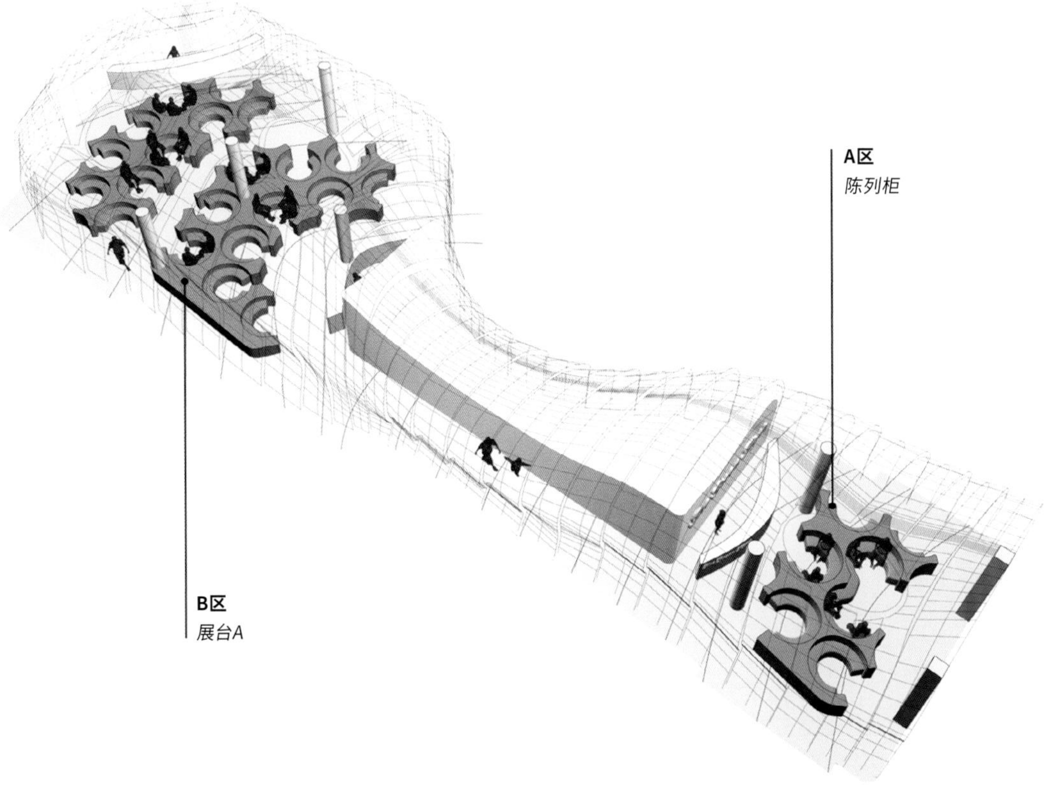

A区

陈列柜

B区

展台A

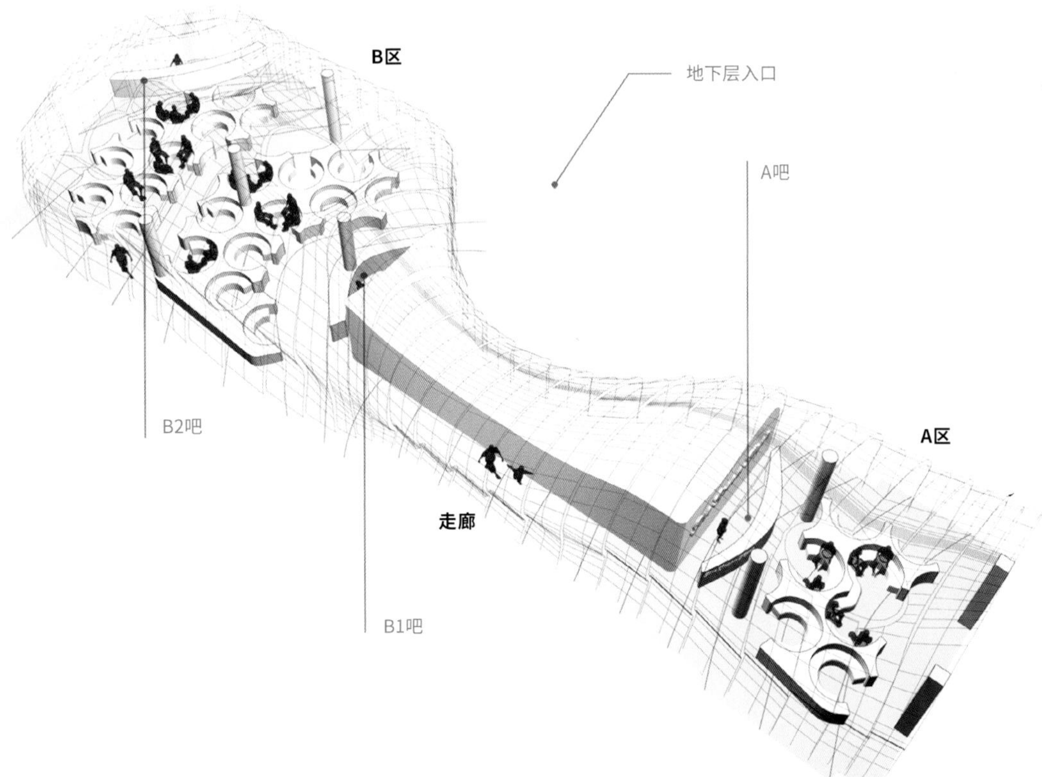

连续的胶合板墙面在室内延绵，将餐厅内每处私人空间包覆其中，位于柱形体量中的照明装置为大厅提供集中的照明。

形态、材料和不断变化的动感是建筑得以再创造的一部分，木质表层体现了这间位于巴塞罗那的新兴餐厅连锁企业不断扩展的形象。

A 酒吧
B 酒吧入口
C 鸡尾酒吧台

1 木质墙面
2 绿墙
3 顶部照明装置

在私密且亲密的氛围中，大厅笼罩在从木质覆面上延伸而成的射灯下。

Underground 地下铁

本部分主要由两个项目组成，这两个项目也是ON-A在移动交通领域最显著的成绩，具体来说，是指地铁站的开发领域。由于项目在媒体及人群中取得的巨大影响力，船坞地铁站及桑坦德雷地铁站的翻新改造成为一个标杆，为这一地区的建筑需求带来全新视角，除了丰富的设计外，更加注重使用者的感官体验。

BARCELONA

2009

2006

TMB

p.102

船坞地铁站翻修

本案是一个综合改造工程，项目的一个优势是这个地铁站的走廊和月台在同一层。利用这一优势，通过单一的表层寻求空间的连续性，用一种统一的方式解决改造前空间中存在的异质性。设计师使用了预制的玻璃纤维增强水泥部件，创造出一个能适应不同元素的连续体系，表层类似地铁车厢内部，打造出干净明亮的环境。

technology

在这种类型的项目中，很难找到先例来参考，或许是因为其复杂性，本案在建造过程中融入的设计创造了一个独特的示例，要将设计与人们每天使用的设施的无障碍和功能性结合到一起。

PANAMA CITY

RLT

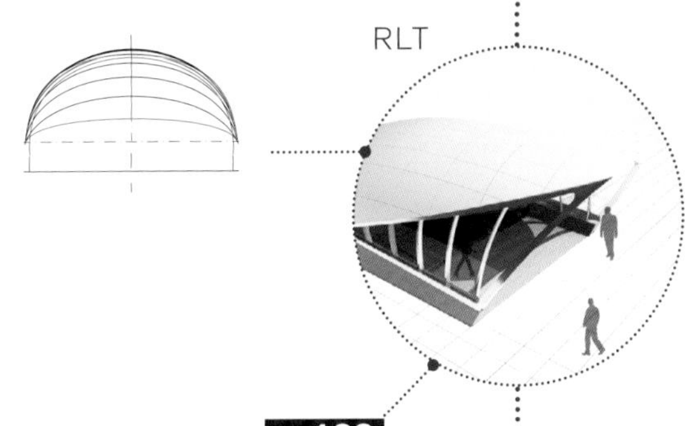

船坞地铁站和桑坦德雷地铁站的设计经各个媒体报道后得到了极大认可，并获得了Dedalo Minosse奖，该奖项是对TMB（巴塞罗那运输署）与ON-A之间合作的认可，在地铁站改造过程中，无障碍环境及创新技术的开发也是备受赞誉之举。

项目的影响力在诸多的出版物中也可见一斑，Eduardo Gutiérrez接受采访及参加在香港举行的“城市地下空间及通道会议”，还有参加由索非亚城组织的关于索非亚地铁站项目国际建筑竞标时，这些项目也都曾作为相关项目被提及。

p.132

巴拿马地铁站

巴拿马城全新的地铁网络，对于我们来说，是一次将创新理念应用到公共交通系统中的机会。在全新的地理环境中，地铁车站入口作为城市扩张的新地标，其角度非常重要。

2011

innovation

EMA

p.120

桑坦德雷地铁站翻修

桑坦德雷地铁站项目面临着全新的情况，其翻修项目包括对内部、引导标识和设施进行简明有效的更新设计。为了突出和强调对拱顶的改造，设计师在拱顶上使用了一个视听系统，站内的照明射灯照射在内弧面上，在车站内创造出不断变化的氛围。

2007

Drassanes Metro Station Renovation

西班牙，**巴塞罗那**

船坞地铁站翻修

船坞地铁站位于兰布拉大道尽头，是市内一个战略性地点，不仅因其连接着城市老城区，而且这里有着巨大的人流量，每天约有三万人通过巴塞罗那地铁出行。

经过方便残疾人出行的无障碍改造竞选，TMB（巴塞罗那运输署）决定在地铁站原有基础上进行改造。门厅、入口、引导标识、镶板、设施和地板等的更换是整体改造项目的一部分，设计不仅要考虑到技术，还要考虑到无障碍通行性。设计面临的主要制约是空间的限制，使得移动性的扩张有些困难，因此增加空间内沿线的照明非常重要。设计师开发了一种模块化的覆面，使用和住宅一样的板材和家具，取代了现有的服务设施，让使用者有一种通过旅行车车厢的感觉。

预制的高强度玻璃纤维增强水泥系统被运用在空间中，白色的材料营造出明亮的空间，同时让入口廊道和侧面站台形成视觉上的统一性。这些走道通向站内各处，地铁站标识所用颜色与月台的色调形成对比。在这些空间中，你会如同置身于几何形状的非连续性矩阵中，猩红色的色调扭曲了色调的统一性，形成了极具对比性的感官体验。这一举措，既能配合地铁站复杂的设施又能对人流进行组织规划，充分利用了走廊和月台处于同一水平面这一优势。

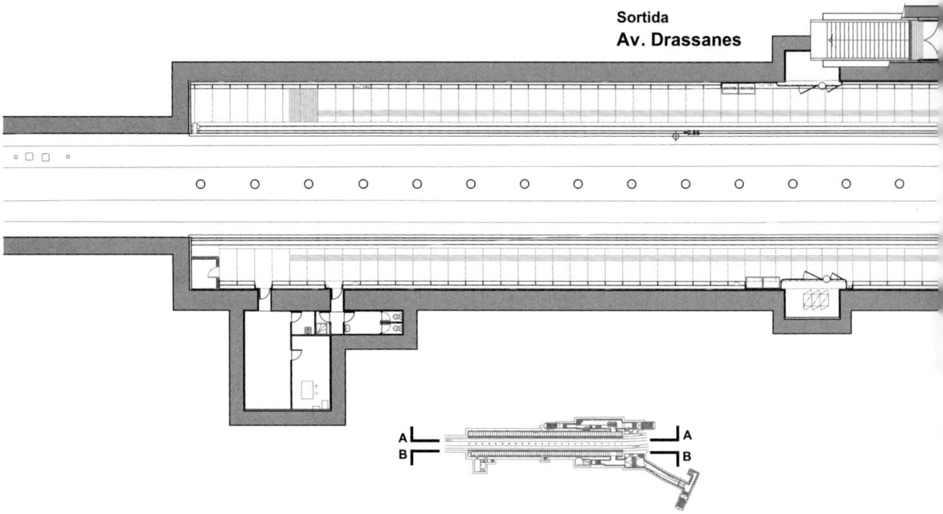
Sortida
Av. Drassanes
A
B

地铁站平面图

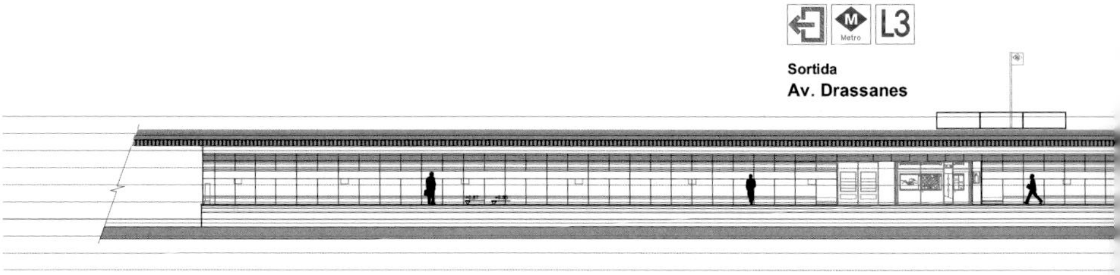
L3
Metro
Sortida
Av. Drassanes

A-A'横截面

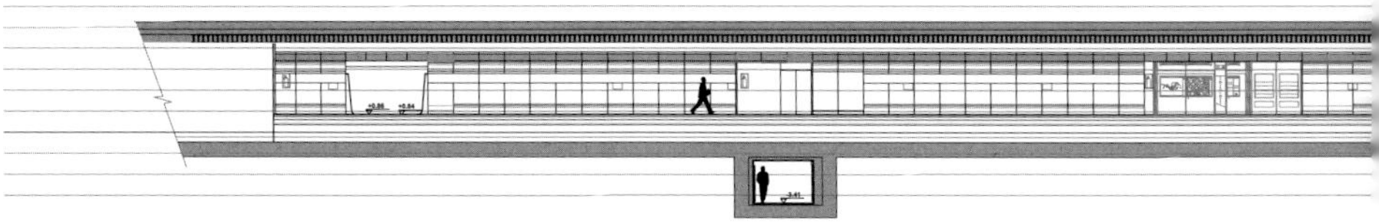

B-B'横截面

ssanes

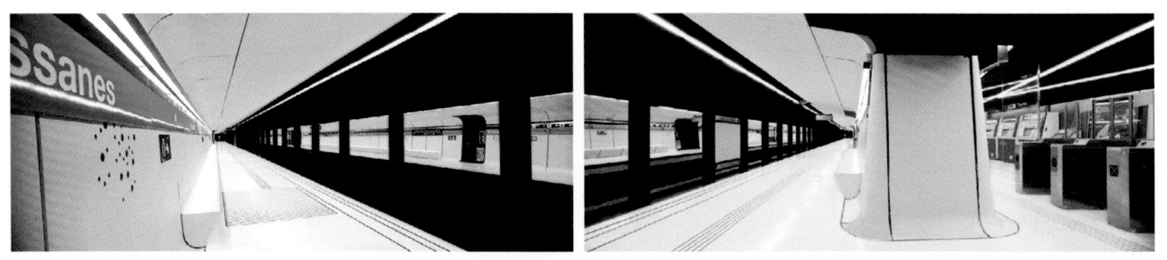

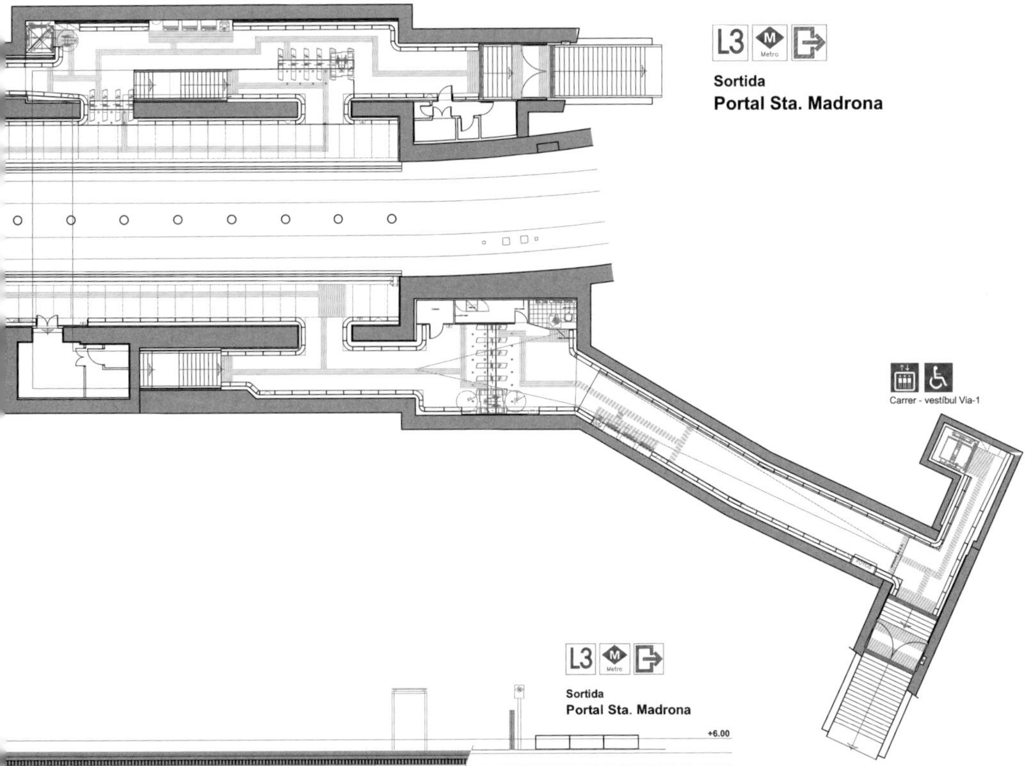

L3 Metro

Sortida

Portal Sta. Madrona

Carrer - vestíbul Via-1

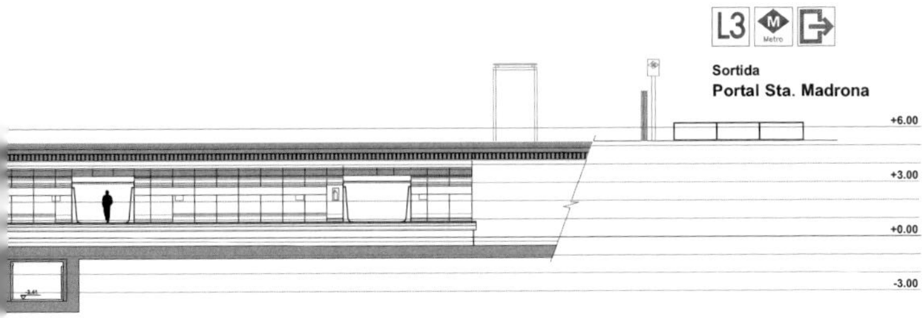

L3 Metro

Sortida

Portal Sta. Madrona

+6.00

+3.00

+0.00

-3.00

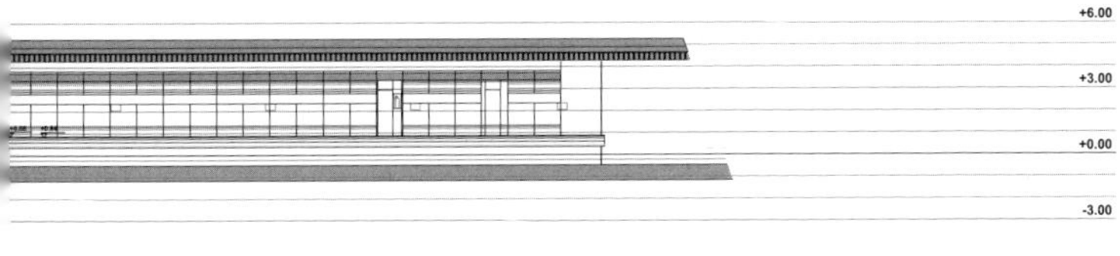

+6.00

+3.00

+0.00

-3.00

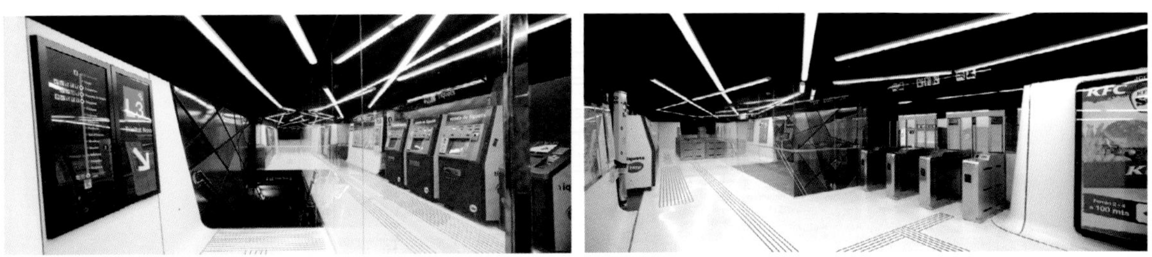

统一的内部板材饰面对站内的人工照明进行了反射。墙面与地面一体化的设计让人感觉空间整体干净明亮。

1. 竖直的玻璃纤维增强水泥部件：
   宽124cm
2. 凹型玻璃纤维增强水泥部件：
   可变角度
3. 凸型玻璃纤维增强水泥部件：
   可变角度

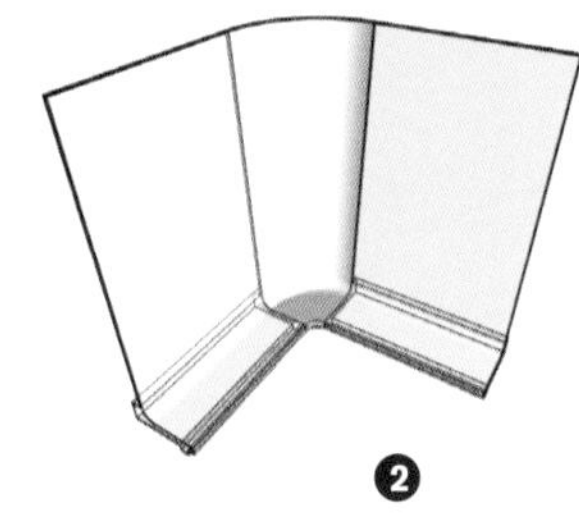

1. 连续的白色水磨石路面
2. 盲道
   红色树脂底
3. 已有的底部
4. 已有的饰面
5. 白色玻璃纤维增强水泥板材：
   宽124cm
6. 漆成黑色的石膏
7. 将玻璃纤维增强水泥板材固定
   到墙面上的L型钢结构
8. 钢板
9. 嵌入式M10螺纹杆
10. 2cm宽的黑色封条

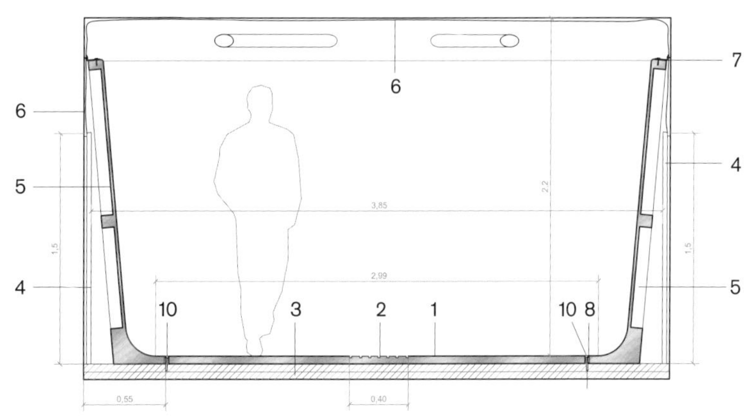

1. 竖直的玻璃纤维增强水泥部件：宽124cm
2. 竖直的白色玻璃纤维增强水泥部件：宽124cm

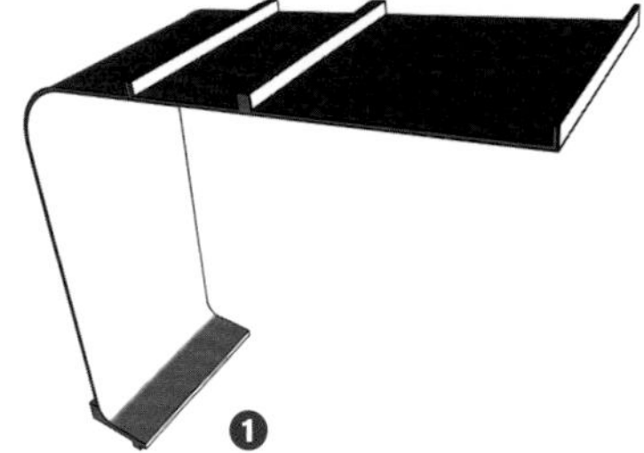

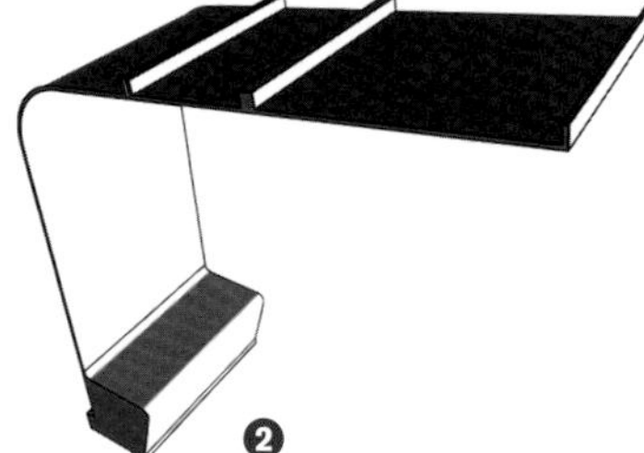

1. 连续的白色水磨石路面
2. 盲道：红色树脂底
3. 金刚砂
4. 三元乙丙橡胶
5. 钢筋混凝土
6. 玻璃纤维增强水泥固定至墙面
7. 白色玻璃纤维增强水泥部件
8. 海报照明
9. 海报
10. 将玻璃纤维增强水泥板材固定到墙面上的L型钢结构
11. 设施
12. 屋顶支撑结构
13. 天花伸缩板
14. 月台照明
15. 天花板平衡装置
16. 13mmPYL
17. 2cm宽的黑色封条

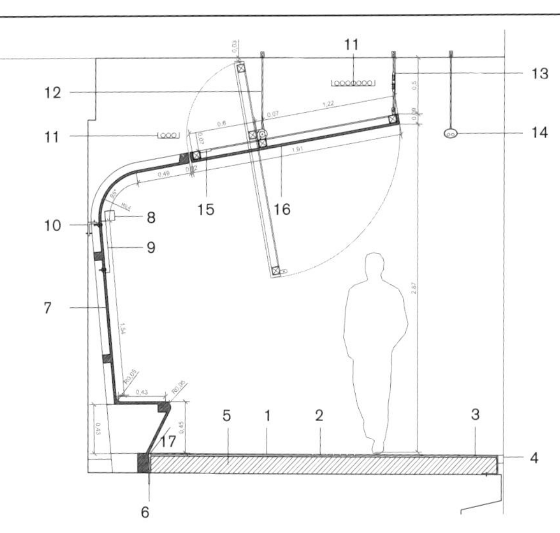

地铁站内连续的覆面营造出明亮的氛围，厢型延伸形成干净统一的饰面，符合人们对车站的使用需求。

A 月台入口走廊
B 候车区域
C 预制板材

1 白色水磨石路面
2 白色玻璃纤维增强水泥板材
3 盲人引导标识

B
3
1

连接入口和月台的走道需要全新的形象设计。不同深浅的红色赋予空间全新的沉着色调。

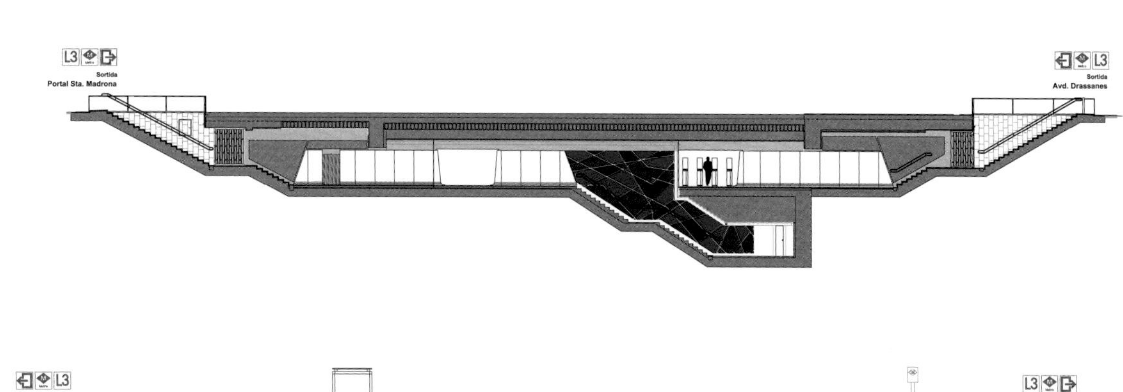

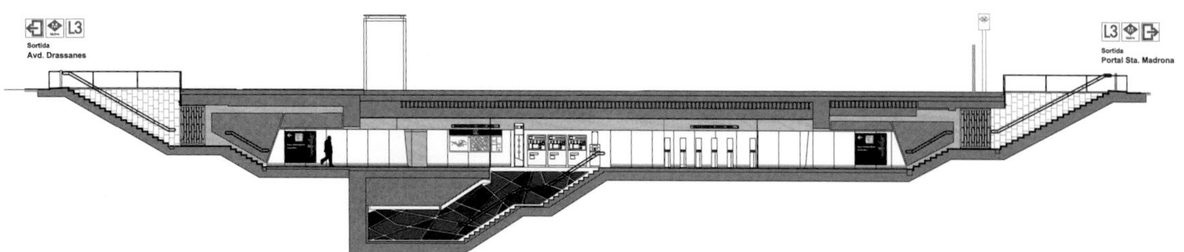

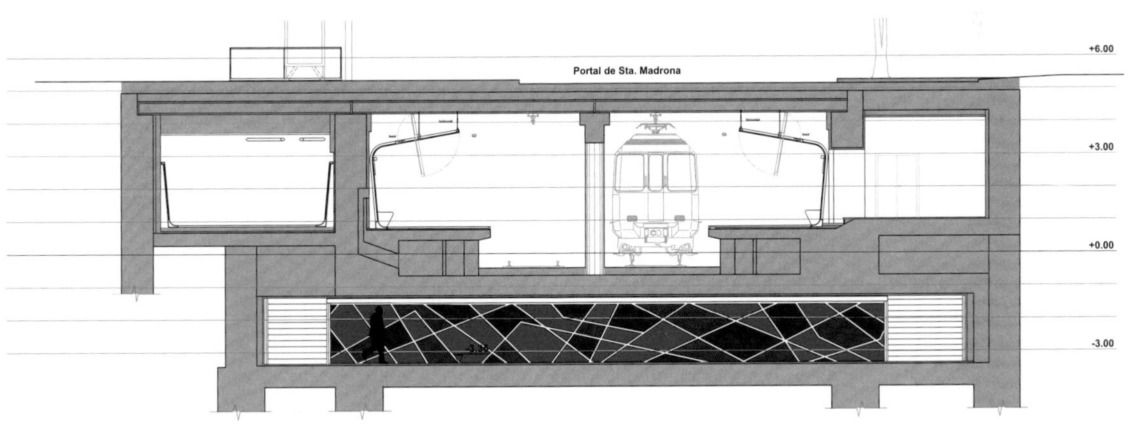

不同形状的几何网格分布在连续的墙面上，不同形状、角度和折痕的板块打断了三维空间概念，形成一些片段式区域。

金属通道楼层

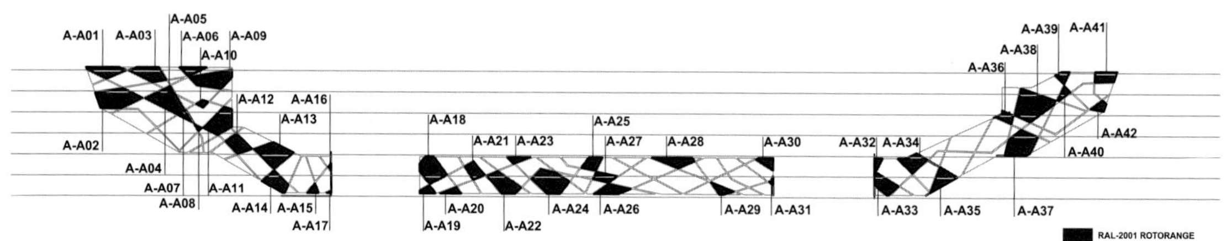

A侧立面图
总面积：21.92 m^2

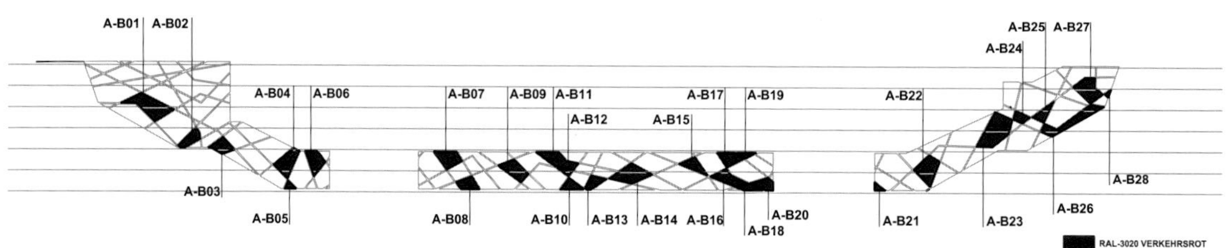

A侧立面图
总面积：14.60 m^2

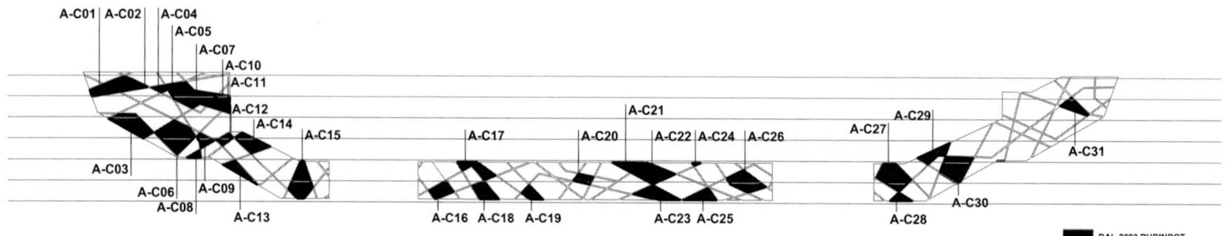

A侧立面图
总面积：19.24 m^2

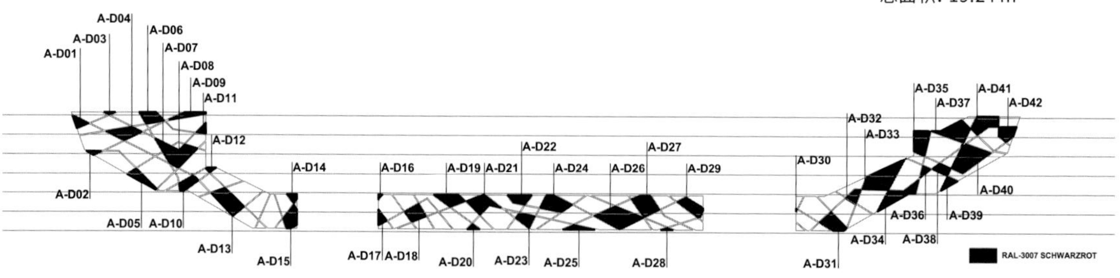

A侧立面图
总面积：21.72 m^2

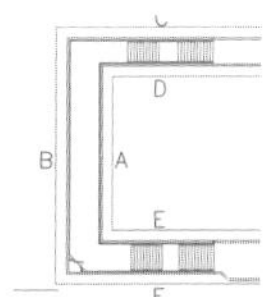

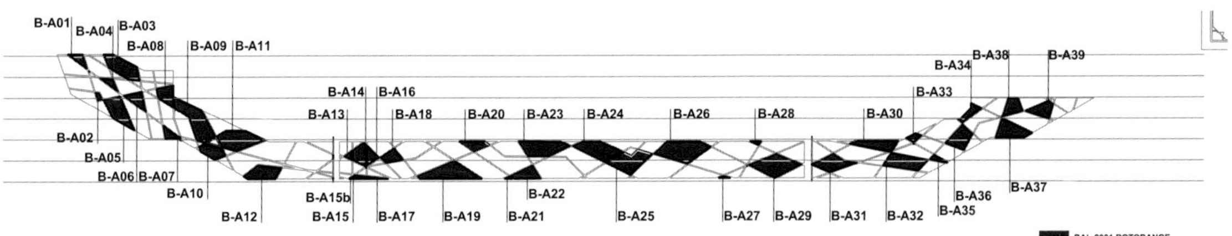

B侧立面图
总面积：8.06 m^2

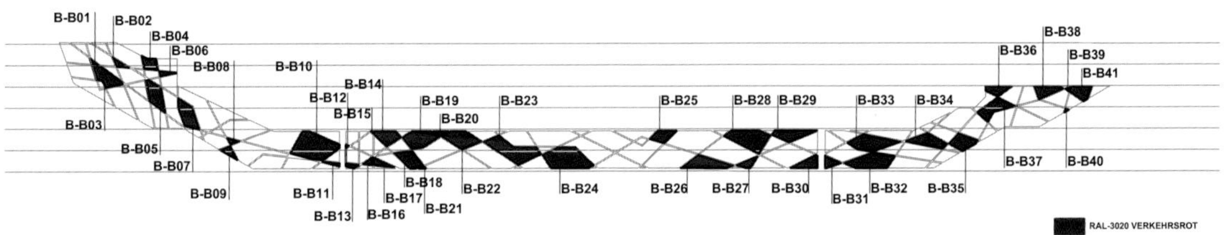

B侧立面图
总面积：14.78 m^2

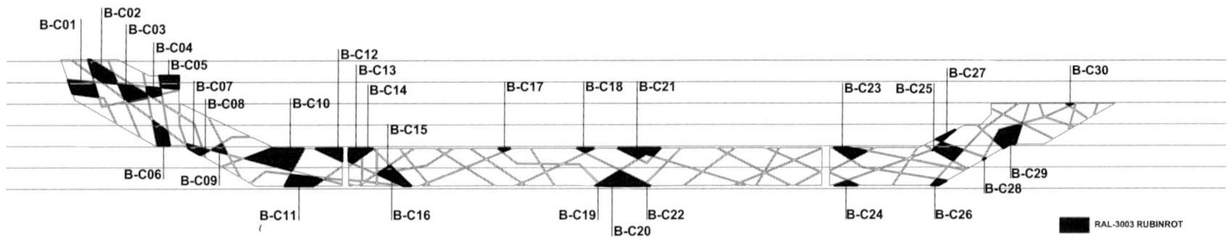

B侧立面图
总面积：8.06 m^2

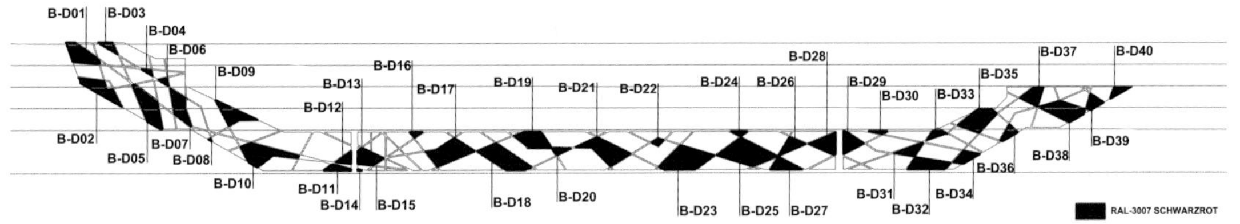

B侧立面图
总面积：13.76 m^2

VIAS
CYTECMA
JUNGHEINRICH
47114
JUNGHEINRICH

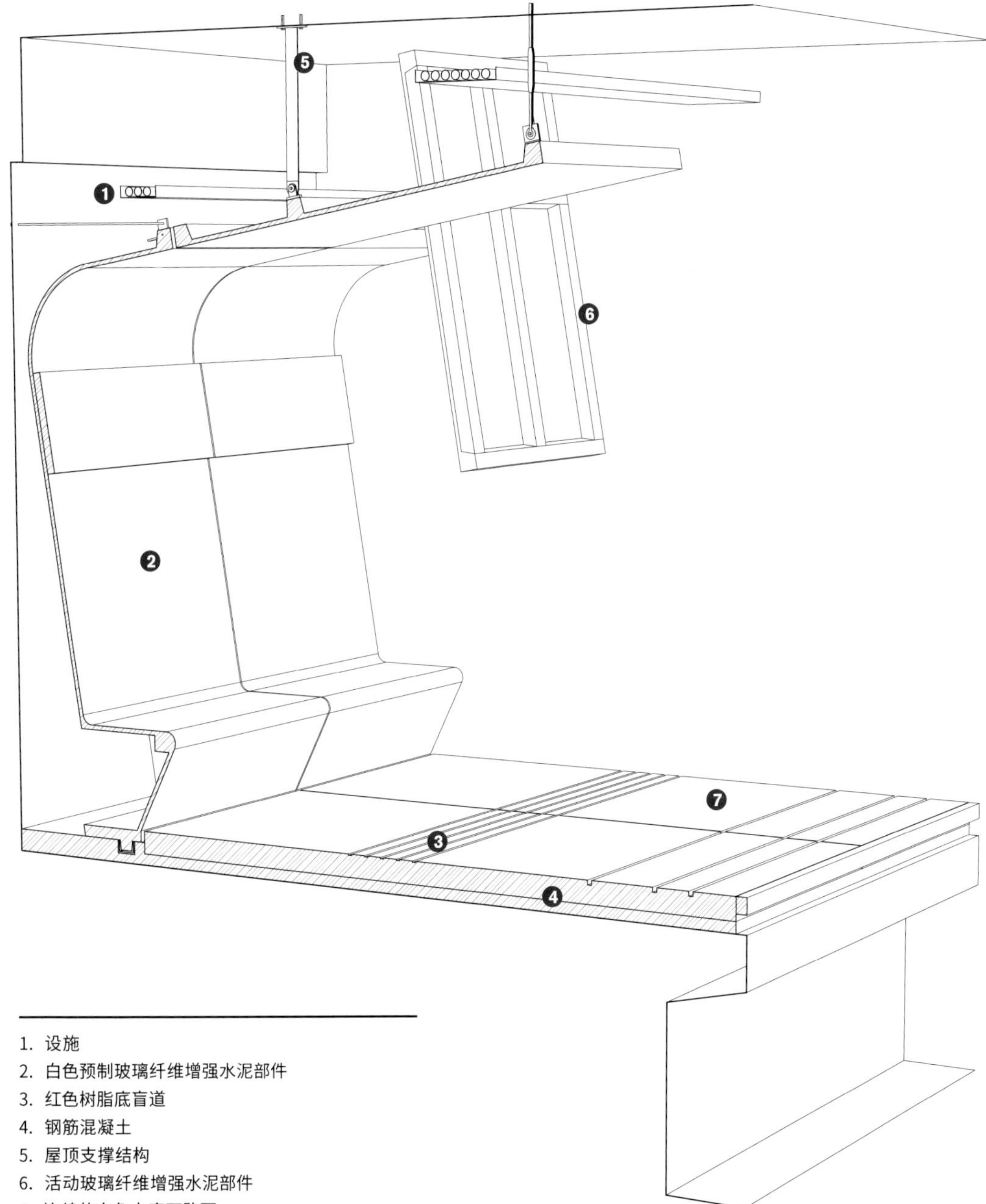

1. 设施
2. 白色预制玻璃纤维增强水泥部件
3. 红色树脂底盲道
4. 钢筋混凝土
5. 屋顶支撑结构
6. 活动玻璃纤维增强水泥部件
7. 连续的白色水磨石路面

A New design vision applied to underground stations

An interview 采访

地铁站的全新设计构想

TMB（巴塞罗那运输署）是巴塞罗那主要公共交通运营者，是城市地铁主干线上船坞地铁站改造的发起人，不仅要提供便于每个人的服务，同时还要让地铁站品质达到最高标准，成为一个有效率的空间。

获得Dedalo Minosse 这种国际性奖项意味着什么？

地铁是巴塞罗那重要的基础设施，由我们发起的船坞地铁站和桑坦德雷地铁站的改造工程获得了建筑奖对我们来说是一件大事。在选用ON-A提出的改造方案时，我们的标准是要考虑到解决车站现有的一些问题，我们的选择得到了国际性的认可，这对我们来说意义重大。

这些项目确实取得了巨大的反响。你认为这对于巴塞罗那城市运输系统的形象是否有好处？

这两个项目当然对我们的形象有所提升，我们希望突出用户的重要性，以及他们与车站的互动。这是人们每天要使用的重要交通设施，也是我们选用ON-A团队设计方案的原因，最终设计和施工工程中的很多地方都是由我们双方合作完成的。

这个奖是颁给TMB和ON-A之间的合作关系的。你们这种合作关系是怎样发展起来的？

从一开始，我们的合作就非常顺利，我们相信ON-A的团队，尽管他们还很年轻，但他们展示了他们的潜力和完成这种重要项目的能力，然而，不可否认的是，为了达到严格的安全参数要求，需要复杂的操作，在这方面还存在一些技术和监管方面的困难。

"Seeing that our choice is applauded internationally is very rewarding."

我们的选择得到了国际性的认可，这对我们来说意义重大。

改造前

改造后

从多达52个国家的350多个项目中胜出，你们得到这个奖项确实实至名归。

这个奖项坚定了我们改善服务网络的决心。船坞地铁站和桑坦德雷地铁站的改造，注重无障碍通行，同时还改善了站内整体通风。创新材料的使用改善了车站的空间品质，这也是我们要坚持改善服务网络的原因。

"The improvements have paid special attention to accessibility and the incorporation of technologies that improve the overall conditioning thereof."

"地铁站的改造尤其注重无障碍通行，同时还改善了站内整体通风。"

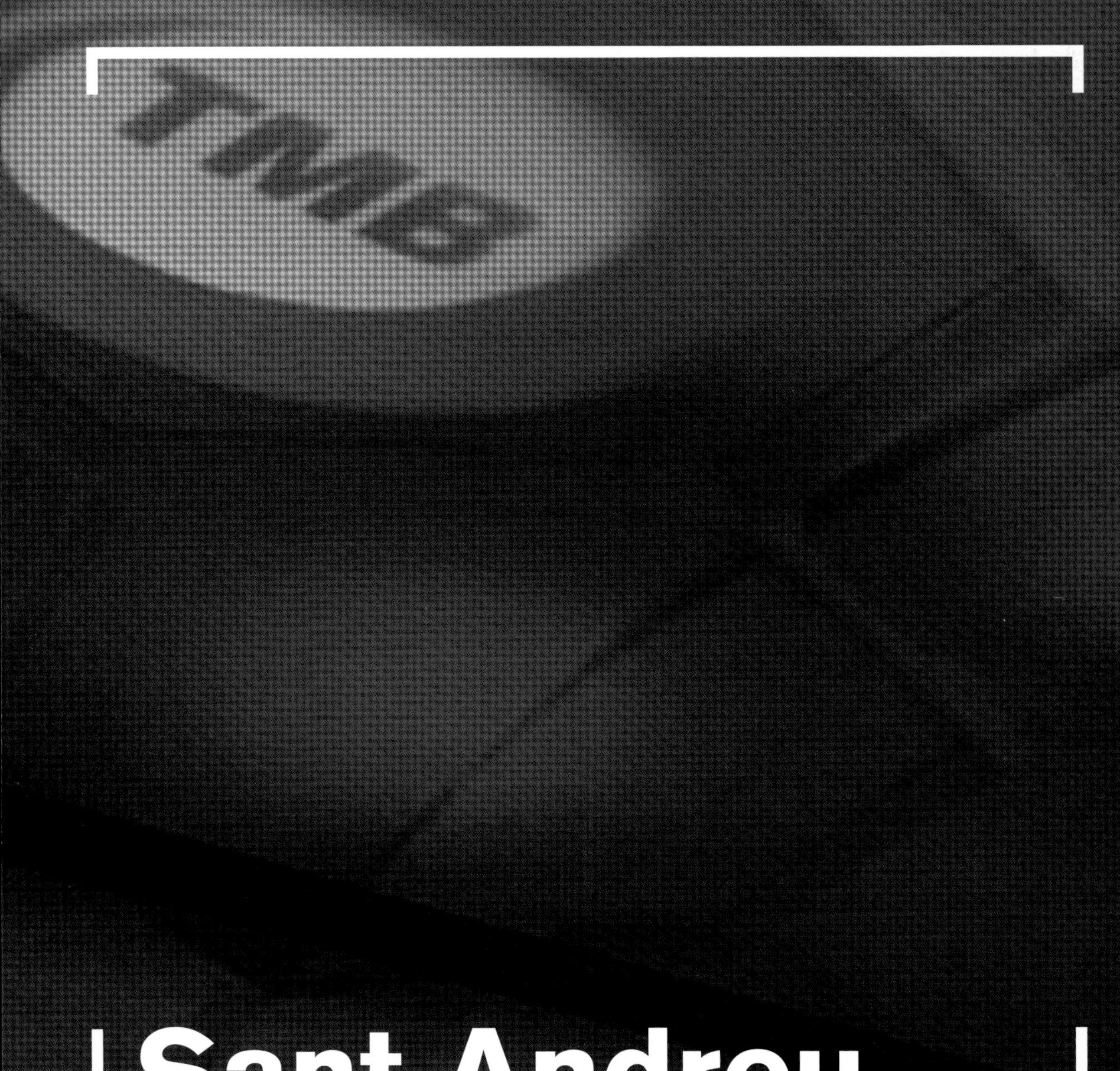

Sant Andreu Metro Station Renovation

西班牙，**巴塞罗那**

桑坦德雷地铁站翻修

对巴塞罗那地铁网络进行的第二次改造是针对一个有着完全不同特征的车站。这次改造的车站是一个大型的地下综合体，改造内容包括内部空间、原有的引导标识和设施。

改造方案的重点放在了现有空间的拱顶上，将其变成一个潜在的投影面，可以用于投放各种广告。这种商业特色同时也能打造一个不断变化的车站空间，其色调变化与列车本身频率相关联，同时用户能利用手机应用与之互动。

为了创造出更具参与性的空间，设计师释放了拱顶空间，在其上创造出六边形晶格，使用了Duralmond这种主要由杏核壳组成的生物可降解材料，不会影响安全及通信，符合TMB对于可持续发展的愿景。

80m长的纵向体量上面承载了由照明装置和投影装置组成的引导标识和展示系统，在每个六边形上投射出一系列不断变化的影像，给每天来往于此的人们带来新鲜的视觉体验。

通过这种方式，中央月台包括其视觉内容在项目完工时就能与广告投放对接。交互式空间给人舒适的体验，促使人们使用巴塞罗那地铁网络出行，能够减少二氧化碳的排放。

在空间中创造出交互式的环境，空间需要与用户进行有品质的交流，这成为设计月台这个承载信息与技术的综合体时的主要目标。

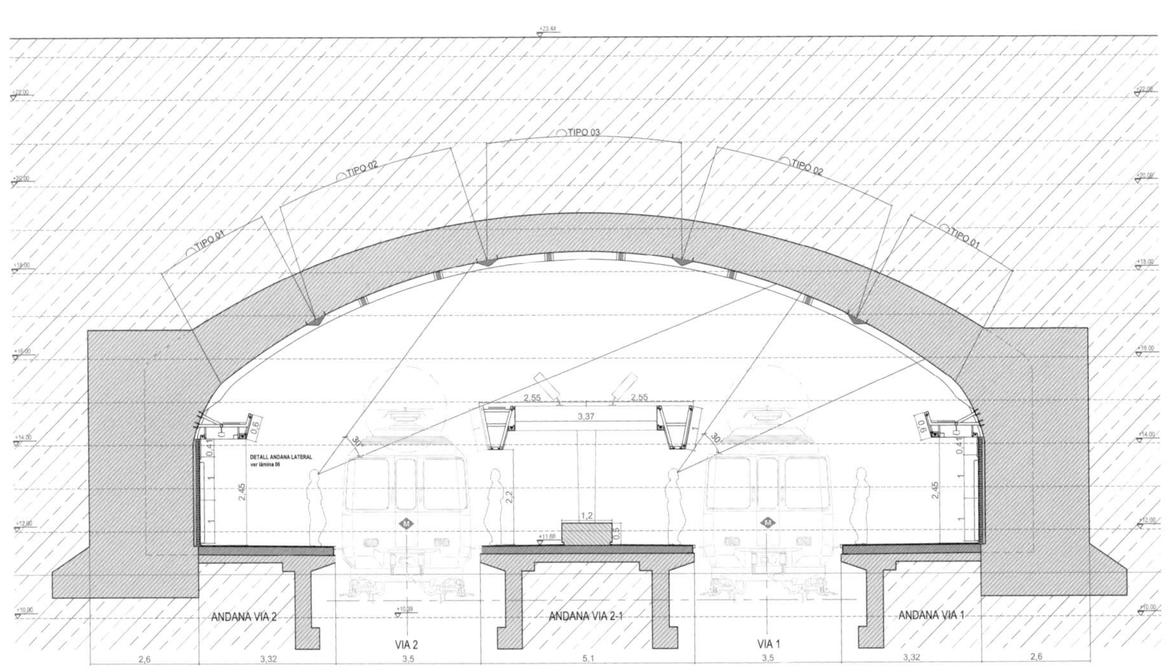

E-E'横截面

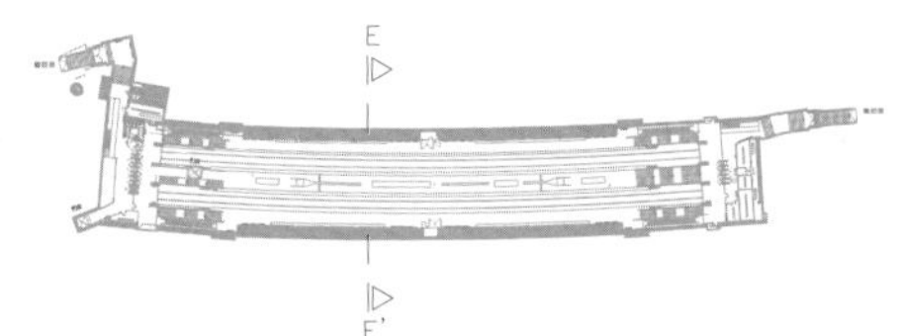

空间顶部的拱顶被用作投射屏幕，月台成为观看信息的观察点。由六边形的几何形状组合成的屏幕上，播放着TMB的宣传影像，向人们宣扬着乘坐公共交通出行的低碳环保。

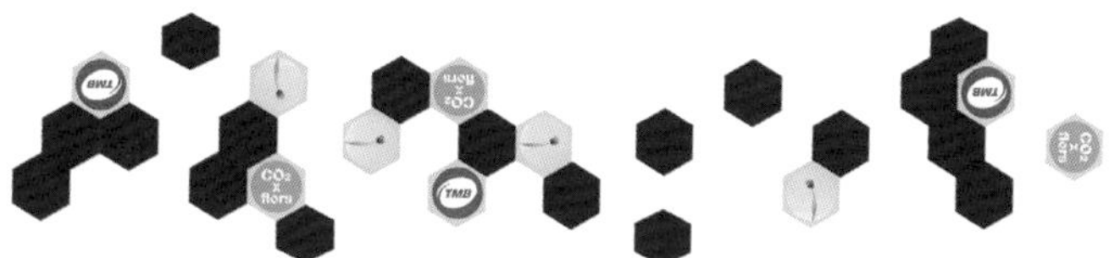

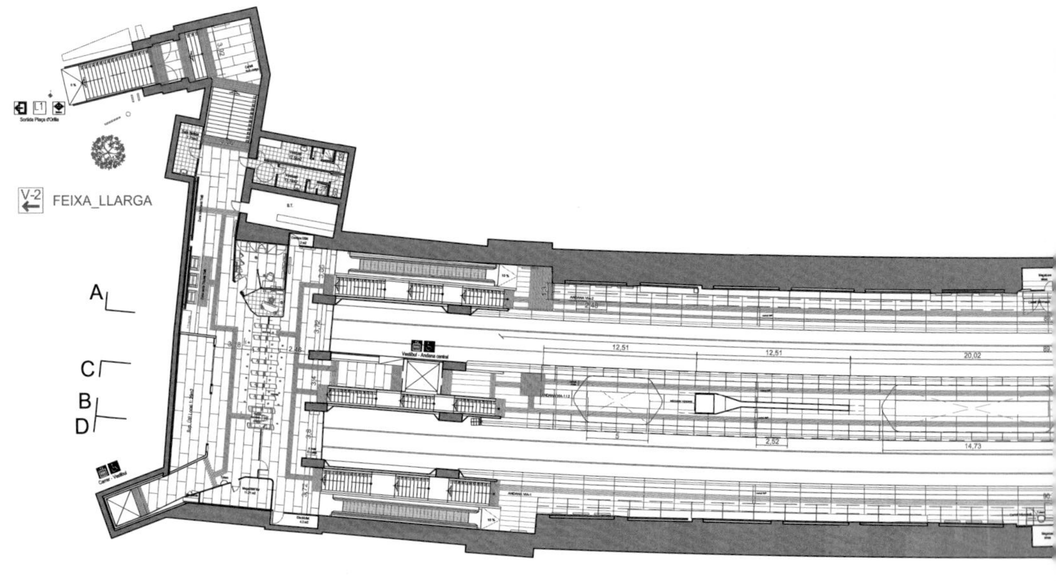

V1站台平面图

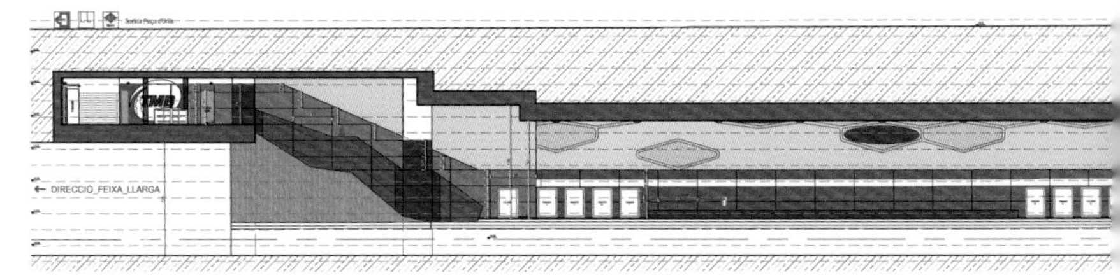

A-A'纵立面图

车站的纵向布局使得不同的投影能分开投射到足够细长的屏幕上，色调与TMB的广告宣传相搭配。

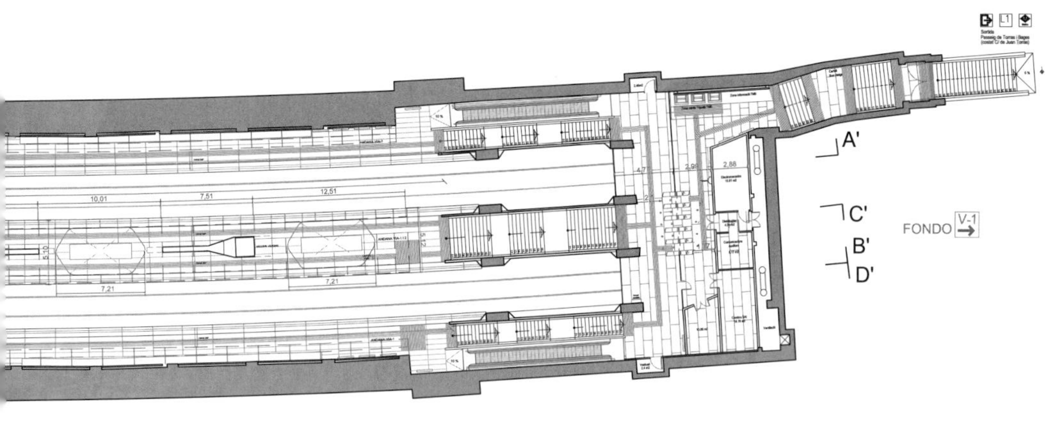
A'
C'
B'
D'
FONDO
V-1

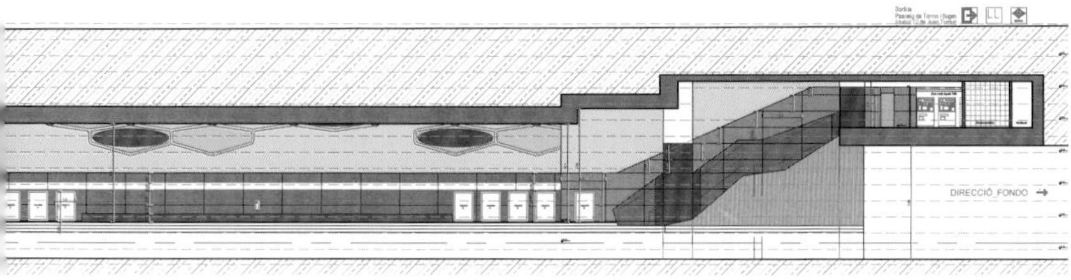
DIRECCIÓ FONDO →

Sant Andreu

L1 Fondo
Hospital
de Bellvitge
L1
Sortida Joan Torras
Sant Andreu
Sortida Pl d'Orfila
Sant Andreu
SOLUCIONS D'ESQUERRES

TMB
DIRECCIÓ_FEIXA_LLARGA

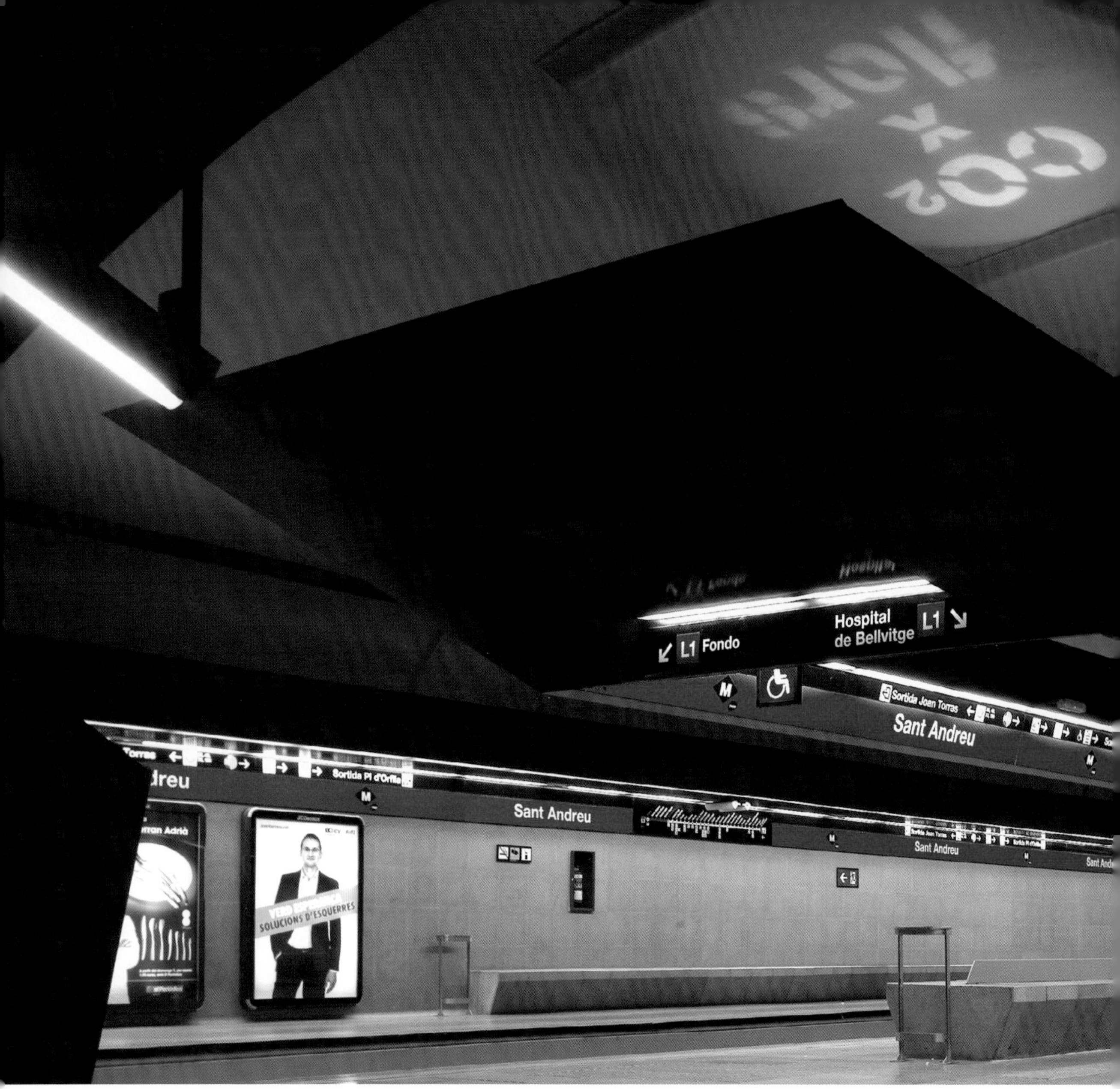

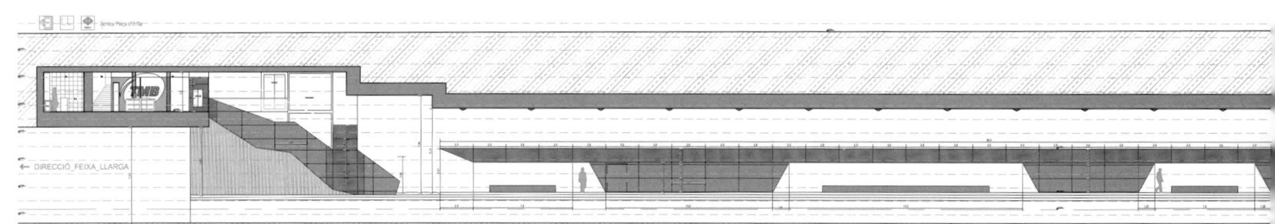

B-B'纵立面图

车站中心空间是一个悬臂结构，上面是各种信息和引导标识。复杂的结构框架，同时也承担着一定的功能性，上面安装着各种设备，可以将信息投影到拱顶上。

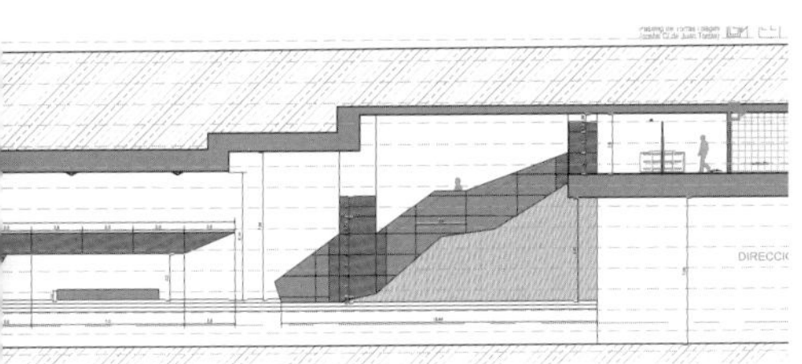

L1

从入口开始，就能看到拱顶上蜂巢似的几何编码，将地铁站的视觉及建筑特色呈现给过往的人们。

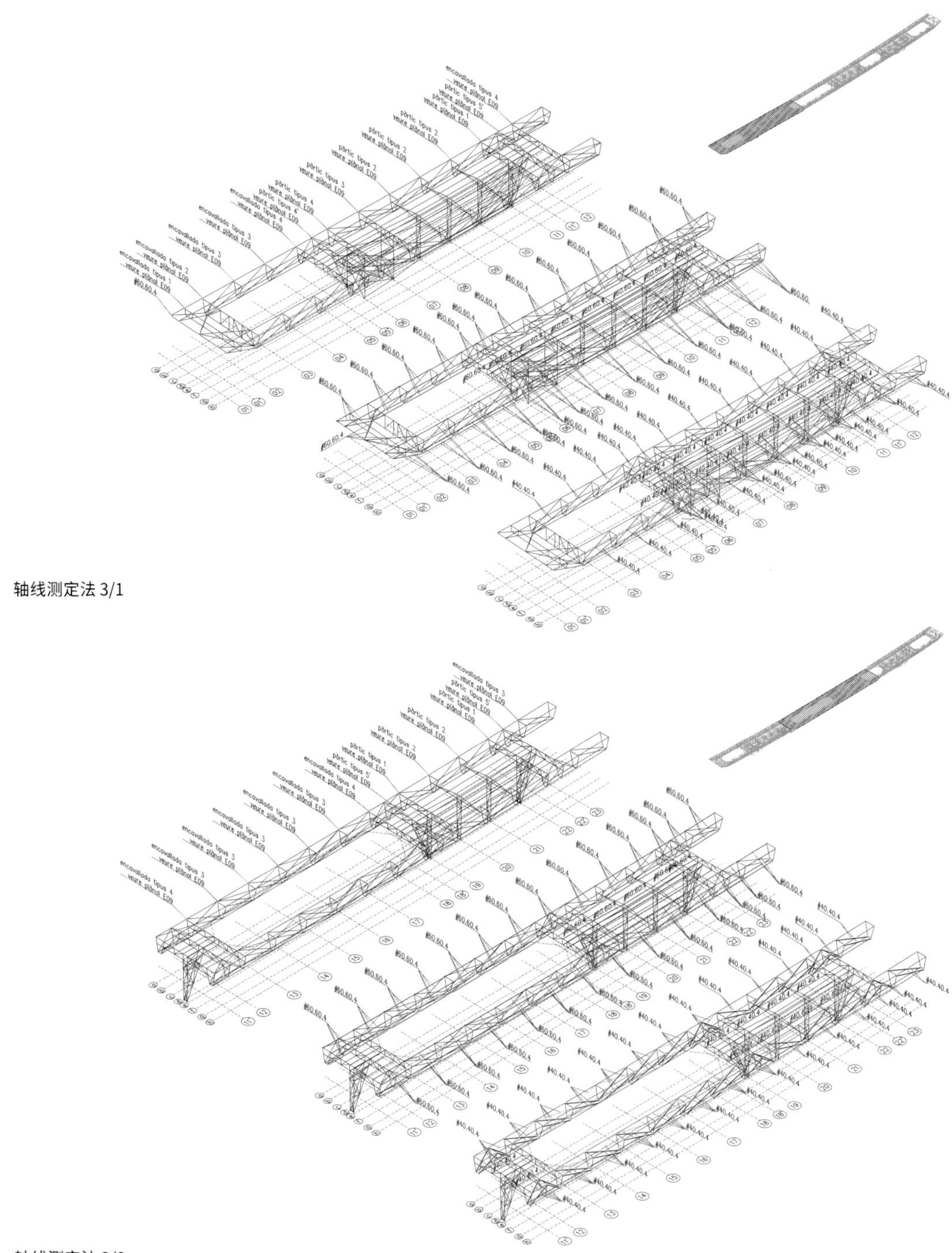

轴线测定法 3/1

轴线测定法 3/2

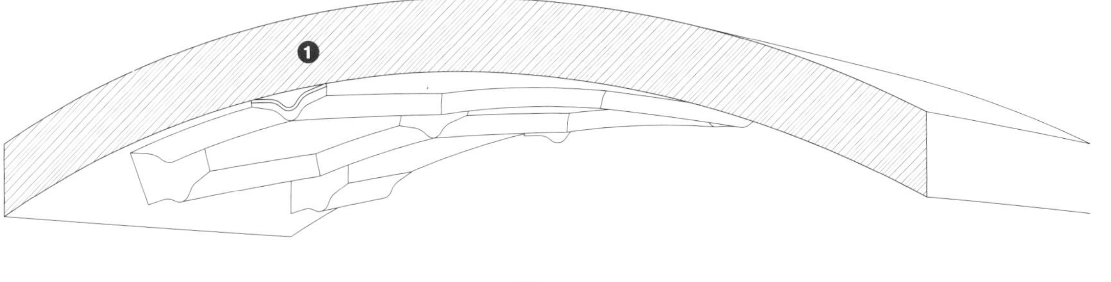

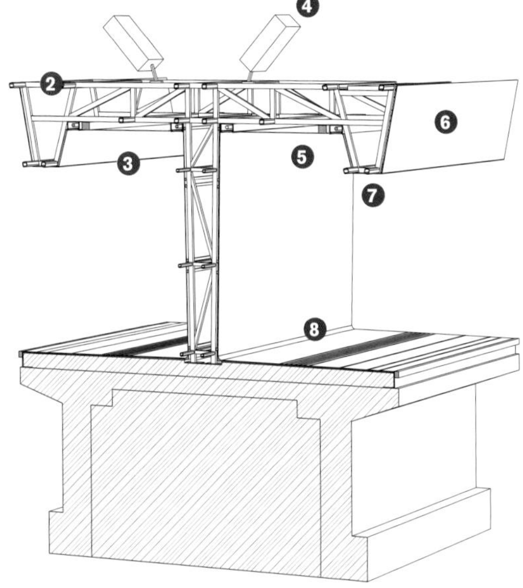

1. 固体Duralmond部件通过化学锚栓固定在拱顶上
2. 60mmx60mmx5mm镀锌管道
3. 预制的穿孔钢格栅用螺丝固定在底座上
4. 投影仪
5. 月台照明装置
6. 3mm黑色Techlam陶瓷板及1.5mm铝板支架
7. 60mmx60mmx5mm镀锌管道
8. 6mm黑色Techlam陶瓷板路面

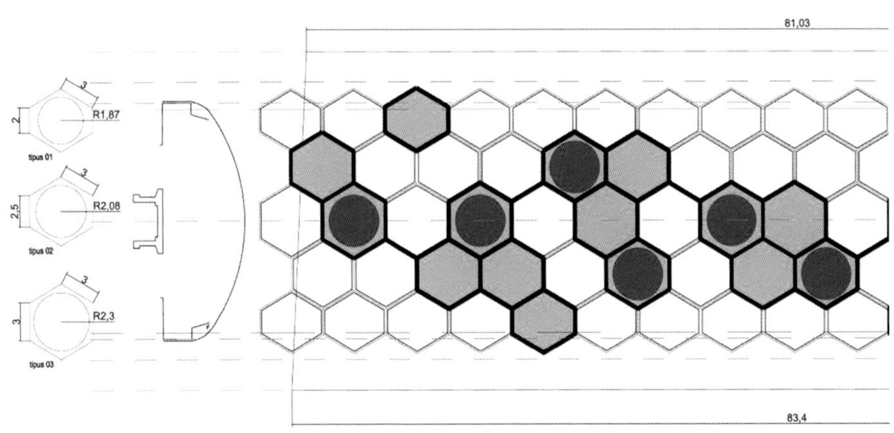

拱顶部署

Panama's Metro Stations

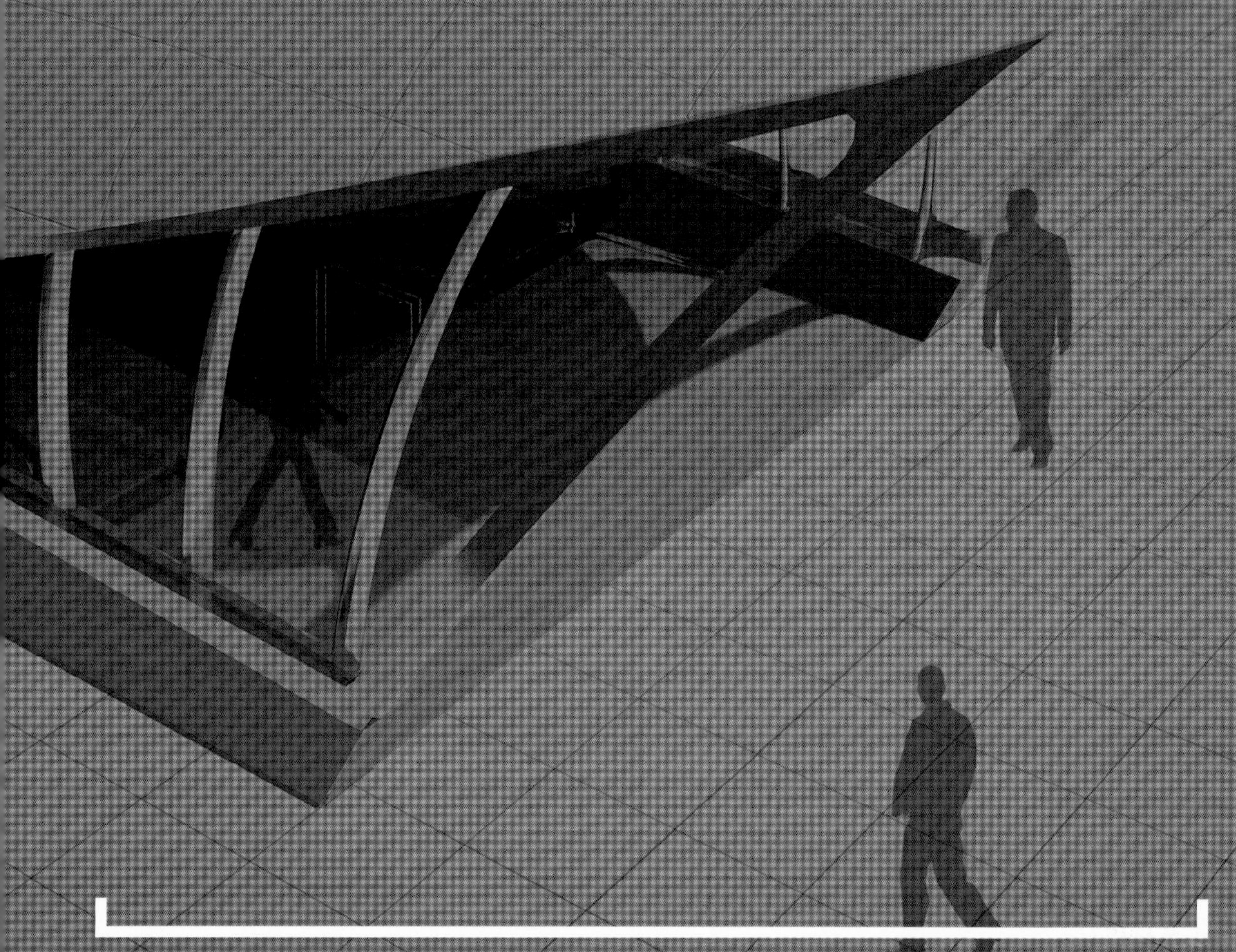

巴拿马共和国，**巴拿马城**

巴拿马地铁站

巴拿马城为其新的地铁网络举行了严格的国际竞标，是由政府组织的。ON-A选择对轻轨系统的第一部分进行设计开发。

竞赛包括预赛和地铁站最终设计，组成全新的交通运输轨道网络；项目是国家规划的一部分，打算在都市区域开发一个集成各种交通运输方式的系统。

中心地区公共交通系统的演变旨在促进经济、社会和城市的发展，通过可持续性设计保证该地区的环境质量。项目的设计要求是开发一种原型能满足环保的需求以及其使用者的视觉需要，围绕同轴结构建造，沿着地面上的走道标识，形成一种由抛物线和椭圆组成的几何结构。

设计试图将这一交通运输系统的活力和速度特征传达出来，除了其几何形态以外，还有其有机的本质。设计还试图融入自然的环境中，地铁站入口的保护设施是一个凸出的拱形玻璃。总体方案在通往新网络的十个战略点都进行了景观设计。

关于未来的巴拿马地铁，在城市交通运输系统下，规划了通往各个车站的轨道网络，处于不同的城市环境中。提案的特征是其几何形态能适应不同的环境，入口处基于参数形成的覆层，用两块巨大的玻璃表层形成穹顶，为游客提供遮蔽。

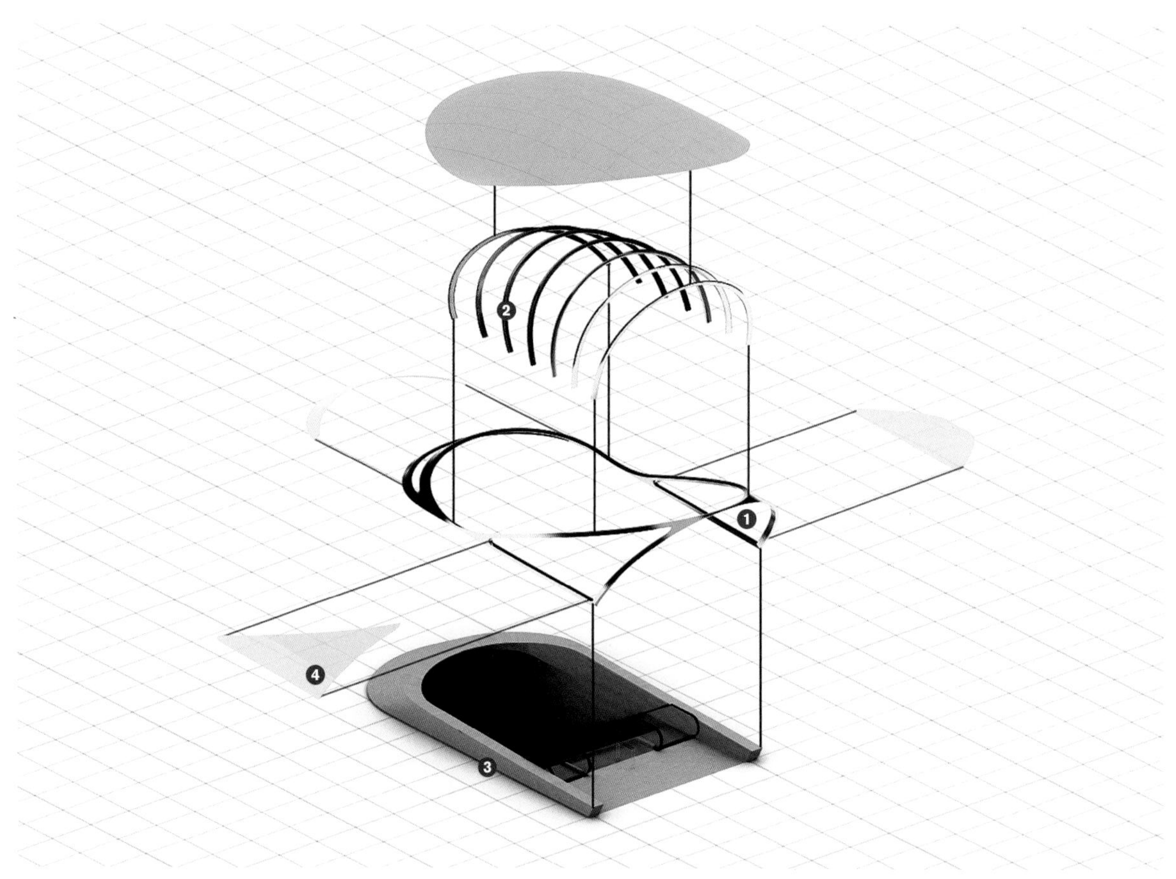

1. 铝制顶棚
2. 顶棚结构
3. 不锈钢边框结构
4. 8mm+8mm聚乙烯醇缩丁醛玻璃

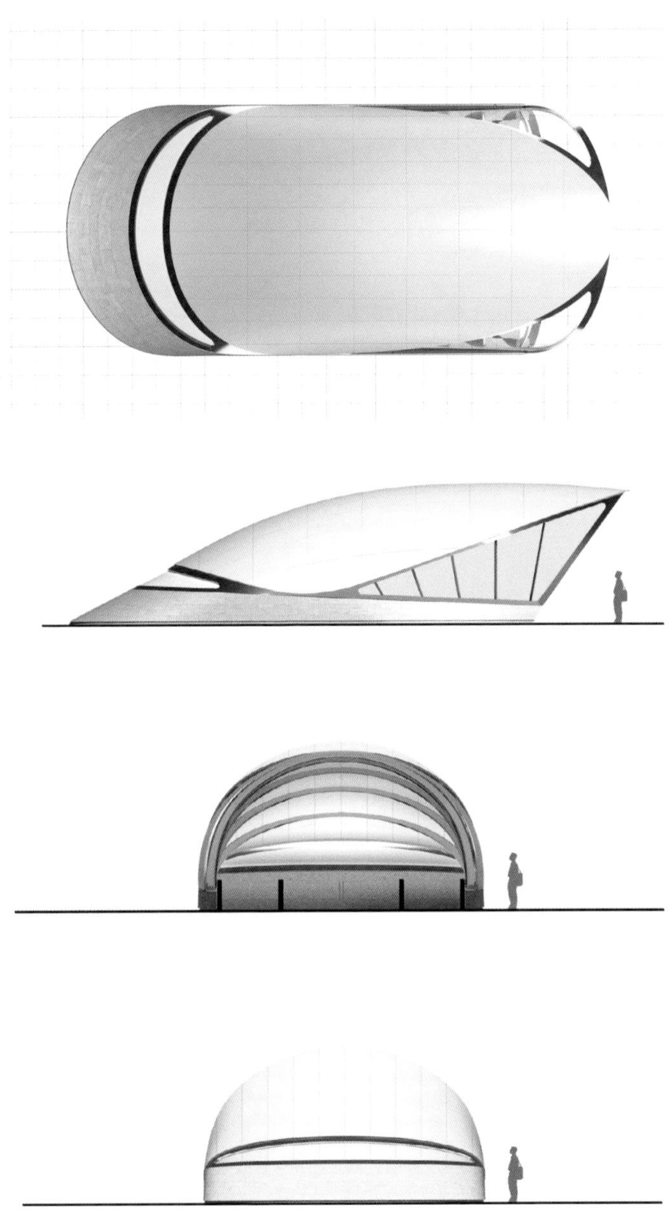

抱着创造一个开放式结构的构想，一个形象化设计最终成形了，其几何结构让人联想到海洋世界，且设计灵活能适配所有站台。

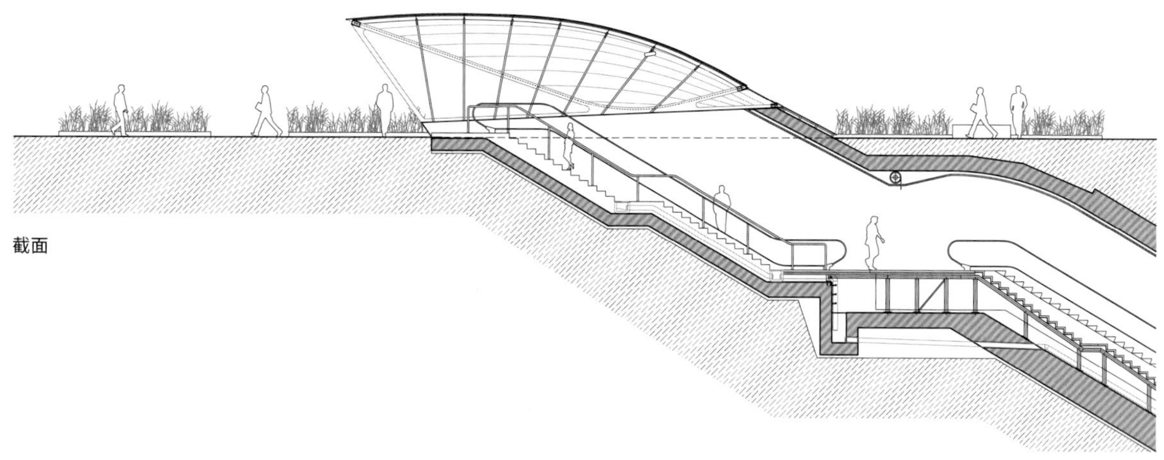

截面

作为车站出口的延长部分，这一结构的几何形状源于切面图的参数设计，使得顶棚能够很好配合原有的结构和每个站台的情况，在考虑到长度、深度和密度标准的条件下对空间进行优化。

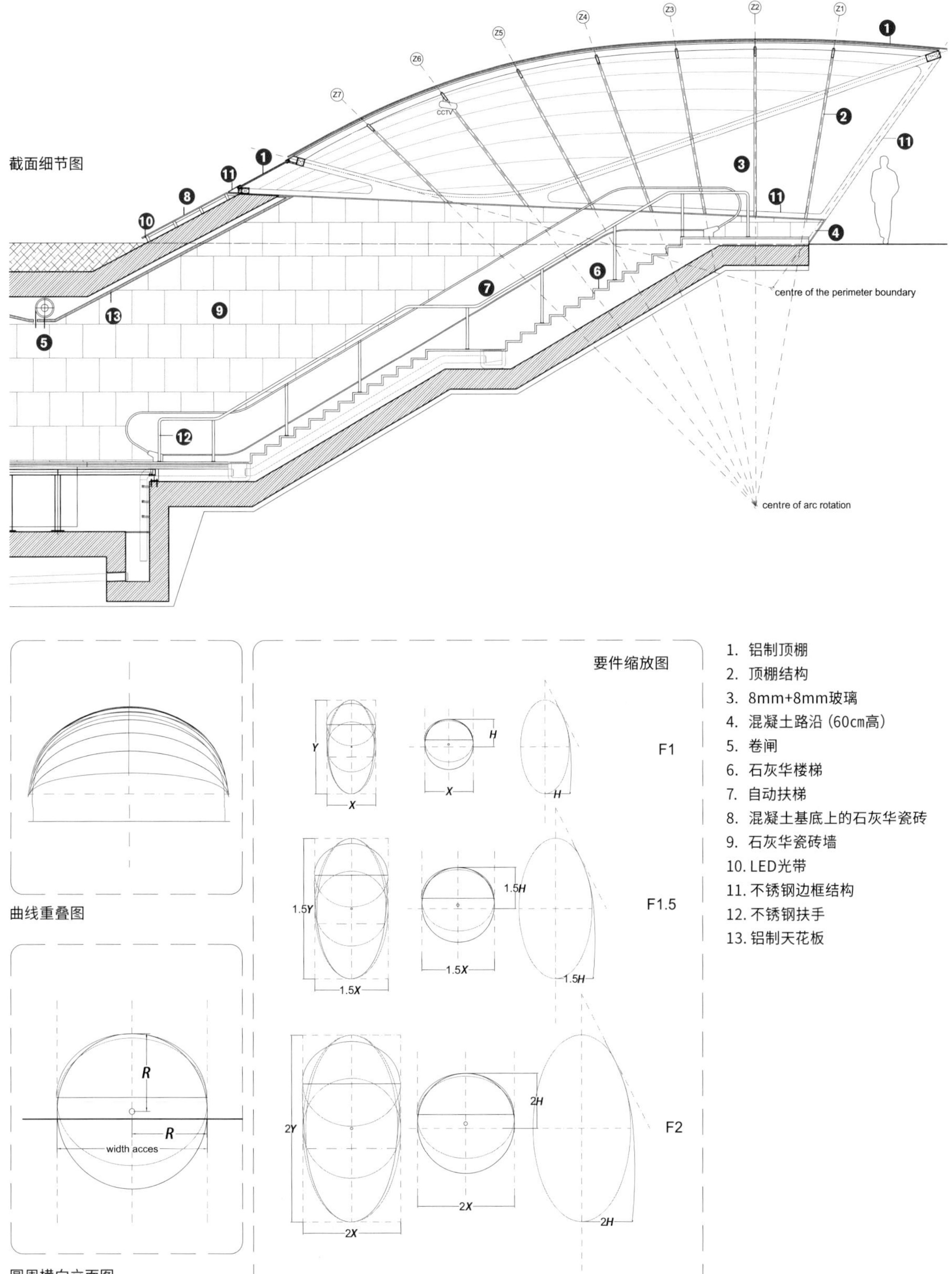

1. 铝制顶棚
2. 顶棚结构
3. 8mm+8mm玻璃
4. 混凝土路沿（60cm高）
5. 卷闸
6. 石灰华楼梯
7. 自动扶梯
8. 混凝土基底上的石灰华瓷砖
9. 石灰华瓷砖墙
10. LED光带
11. 不锈钢边框结构
12. 不锈钢扶手
13. 铝制天花板

巴拿马地铁网络的原型是一种保护性结构，设计灵感来自于自然界中复杂的几何结构。

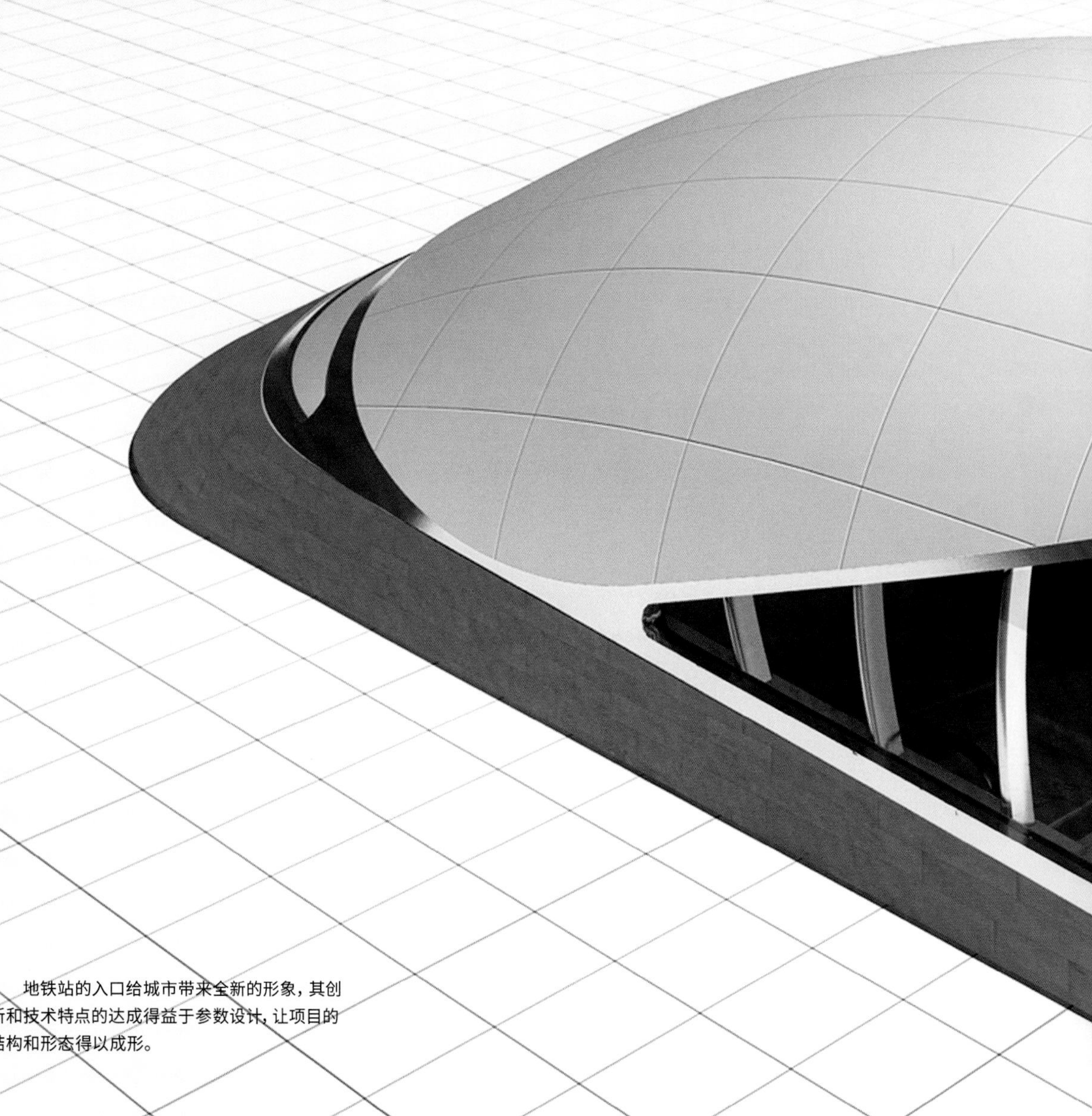

地铁站的入口给城市带来全新的形象，其创新和技术特点的达成得益于参数设计，让项目的结构和形态得以成形。

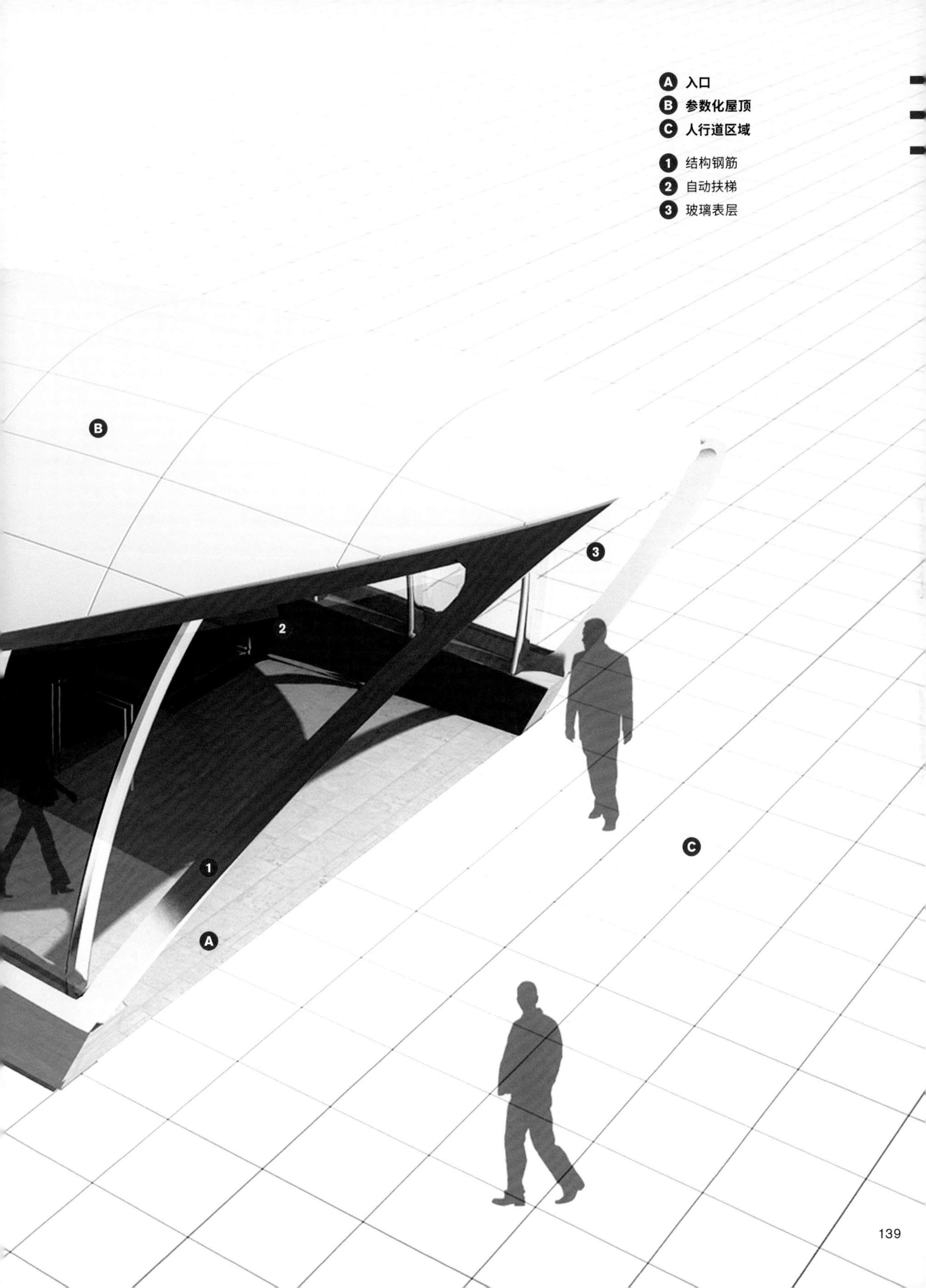
A 入口
B 参数化屋顶
C 人行道区域
1 结构钢筋
2 自动扶梯
3 玻璃表层
B
3
2
1
C
A

Reuse 再利用

这部分内容主要由城市空间和历史性建筑的复原组成，对不同的建筑和遗迹进行改造修复的过程中应用了新方法。在复原的理念指引下，我们得到了许多修复独特装置和建筑的机会，不仅是对历史性建筑的修复和对文化遗产价值领域的研究，同时还在满足概念和功能需求的前提下，将其优点进行创新和提升，使其适应现在的时代。通过完成一系列不同设置背景和品质需求的项目，ON-A在这一领域变得更加专业。

TARRAGONA

RST

p.142

宗教学校的翻修

本部分开始于宗教学校的翻修项目，是对一栋历史性建筑的修复，一个综合性的修复项目，对现有项目在两个阶段进行不同尺度的干预方法。

2012

2013

PPG

P. 188

Glòries广场藤架结构

本部分最后一个项目是在巴塞罗那Glòries广场的一个试点项目，改造基于物质化的概念，以一种灵活的藤架形式来改善原有空间，使其成为市内一个全新的供人们会面交流的场所。

PMT

2011

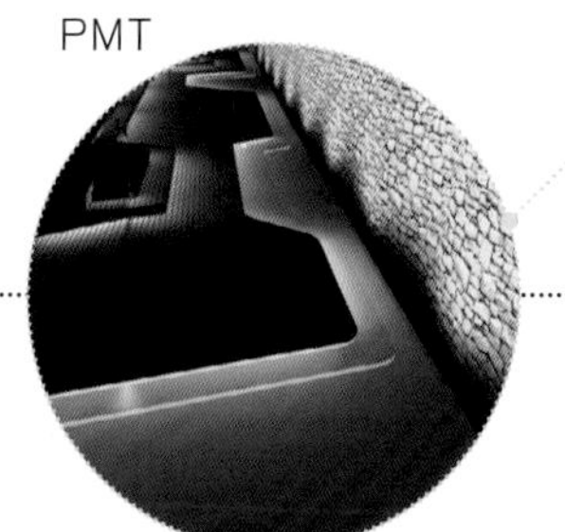

P. 158

主教花园停车场和广场设计

本案所创作的公共空间毗邻塔拉戈纳城市内现有的罗马墙，设计提案考虑到了这个老城镇需要一个停车场的现实需求。

2015

JMT

JMA

JMV

P. 164

地中海运动会总体规划设计

本案是对Campclar运动综合体的结构改建，为2017年地中海运动会庆典做准备，包括两种情况下的规划设计，其一是在运动会召开期间，另外一个则是运动会结束后，要创造出一个合一的大型运动公园。

BARCELONA

因此，这个项目展示了在不同城市、历史和社会环境下的灵活性举措，每个项目都根据其功能和历史环境而具有独特性。建筑构架和公共空间都需要考虑到可持续发展和节能，以及其耐久性。

Pontifical Seminary Renovation

西班牙，**塔拉戈纳**

宗教学校的翻修

宗教学校的翻修项目包括对这栋可追溯到19世纪的历史遗迹综合建筑不同部分的改造和翻修。设计考虑了项目各种不同的需求和调整，包括考虑到建筑之前的用途，方案需要更有文化气息的处理方式。其中一些涉及复杂的措施，因为要考虑到建筑先前的一些特征，旨在丰富和突出现有空间，增强原有设施的文化遗产气息。

最重要的空间包括圣保罗小礼堂，它位于一间修道院内。这是一个以保护为主的空间，需要舒适性，全年都能在此举行文化活动。同时，罗马墙被整合到一系列多用途的礼堂和会议空间中，改造方案还规划出功能室及大主教代表办公室。

改造还包括一些特殊空间，包括礼堂和历史图书馆，设计理念要尊重建筑品质，同时让公众更多地参与到修道院的历史和文化遗产中。这种全新的开放性是通过最现代化的施工技术来达成的，我们可以清晰地看到为圣保罗小礼堂修建的屋顶，有机的结构矩阵设计呈现出独特的几何形态。用高强度塑料薄膜制成的天窗使得日光能够照射进来。

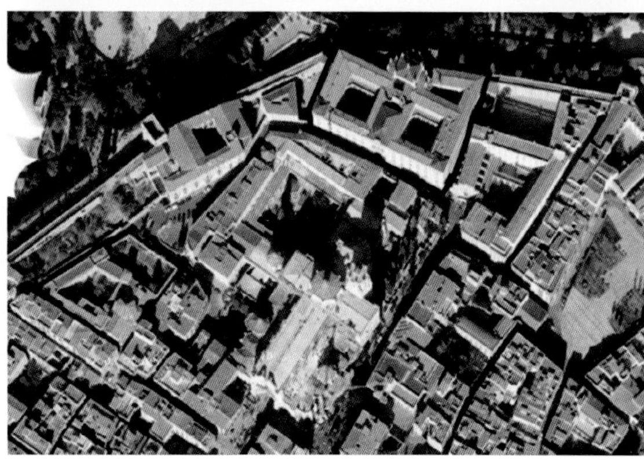

在历史的氛围中，全新的改造打造出多功能的综合设施，保留了历史性建筑的原有风味，同时用最好的技术和设计营造出一种全新的感官体验，达到建筑与科技、艺术、宗教和历史的统一。

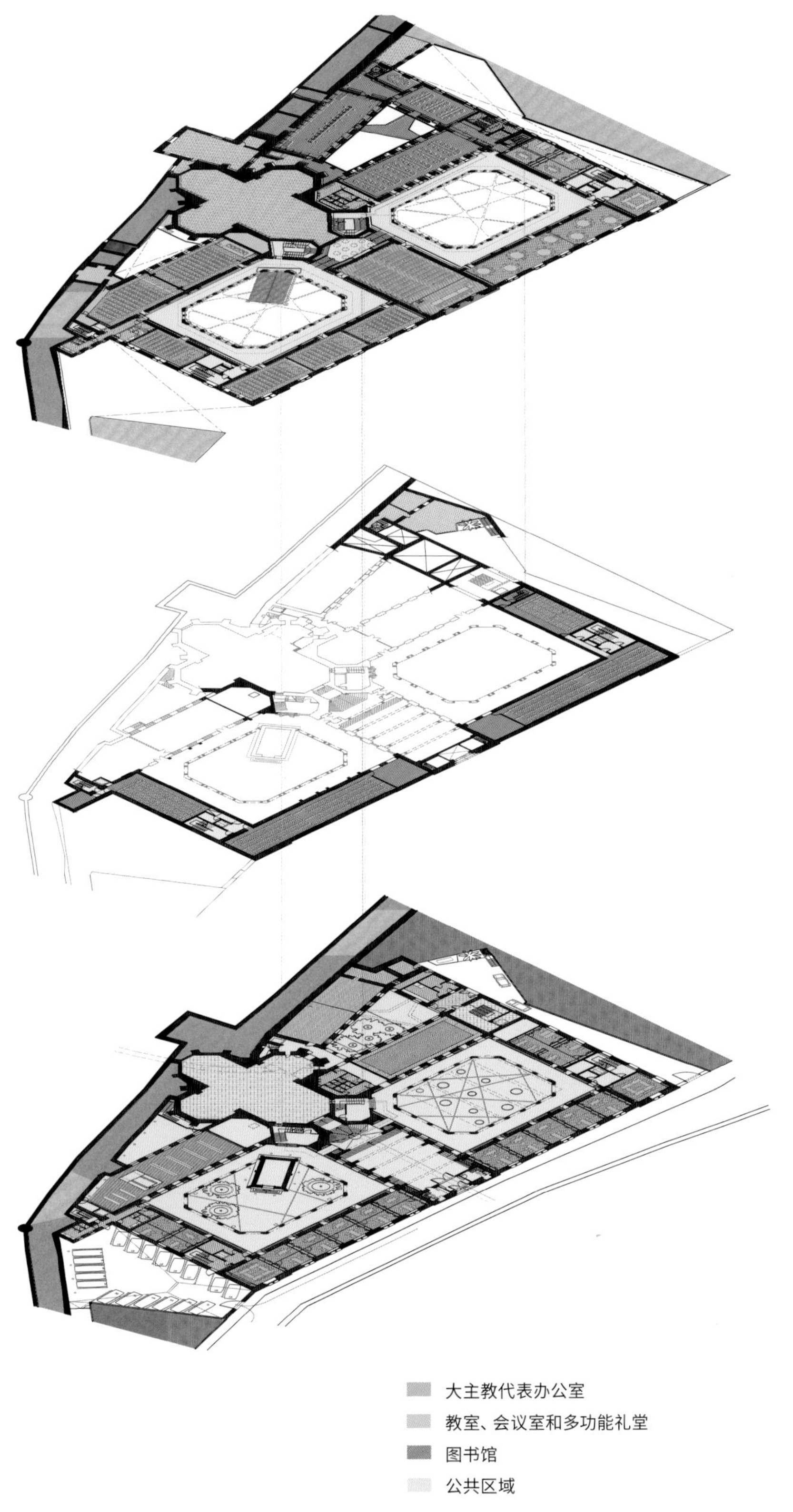

大主教代表办公室

教室、会议室和多功能礼堂

图书馆

公共区域

塔拉戈纳宗教学校作为一个全新的文化空间面向公众开放，围绕其房间的修复和随后为了配合一些用途进行的改造，令这个历史性建筑的伟大文化遗产价值得以保存。

圣保罗修道院及其小礼堂的历史能追溯到13世纪，设计师打造了一个全新的屋顶来对其进行保护，重建的结构特色是现代和历史的结合。

1
3
A
A 圣保罗小礼堂
B 修道院
C 屋顶改造
1 金属结构
2 锌屋顶
3 ETFE薄膜
4 PYL表层

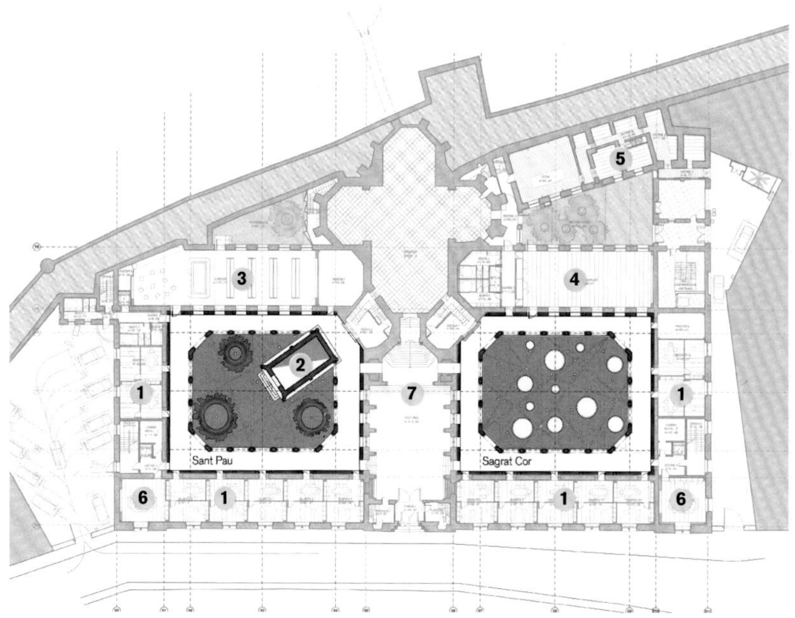

首层

1. 大主教代表办公室
2. 圣保罗小礼堂
3. 书店
4. 多功能室
5. 自助餐厅
6. 会议室
7. 礼堂

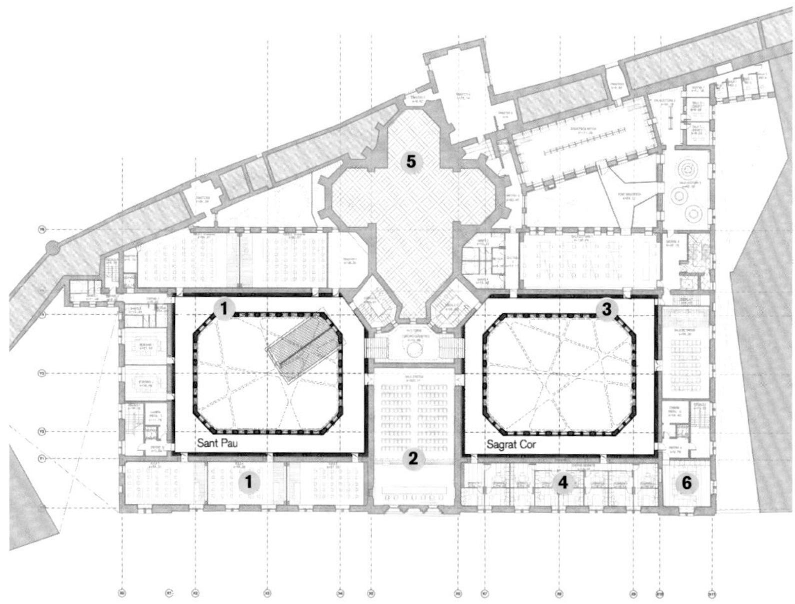

二楼

1. 教室
2. 玛格纳礼堂
3. 图书馆
4. 多功能室
5. 后殿走道
6. 会议室

本案是两种建筑语言的结合，通过全新的施工技术将教会传统与现代化过程相结合，打造出真正独特的设计，丰富了空间价值。

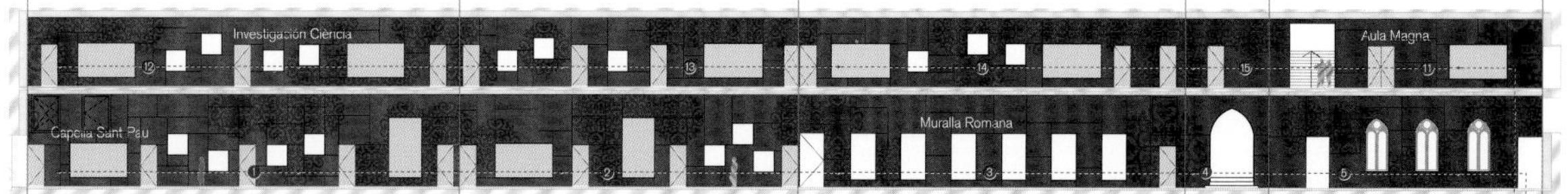

圣保罗修道院立面图

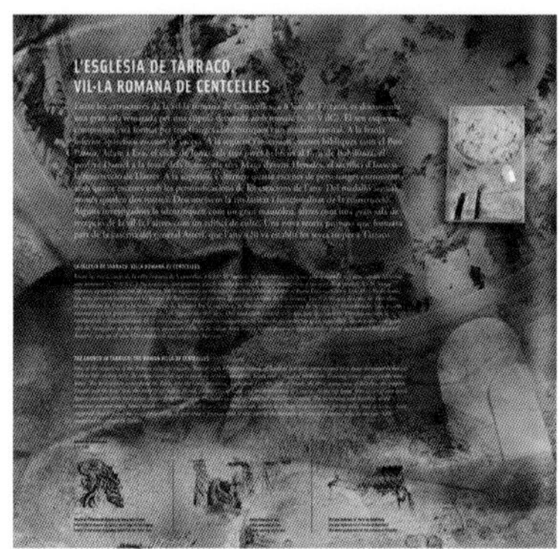

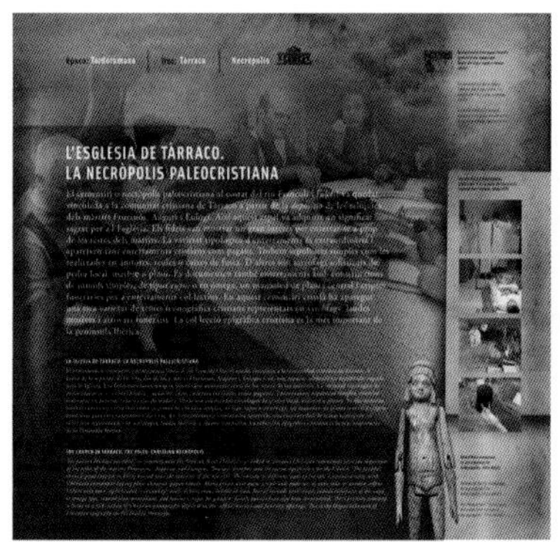

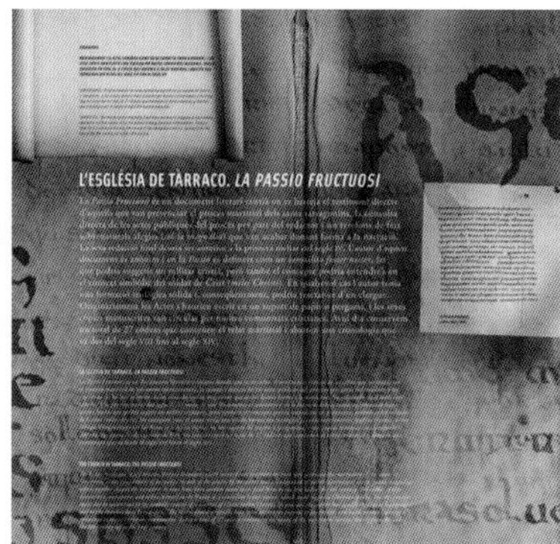

两个修道院中安装了展览装置，按照年份展开了一段旅程，不仅展示了原有建筑精神方面的历史和发展，还有为了保存这一历史遗迹所进行的建筑改造。

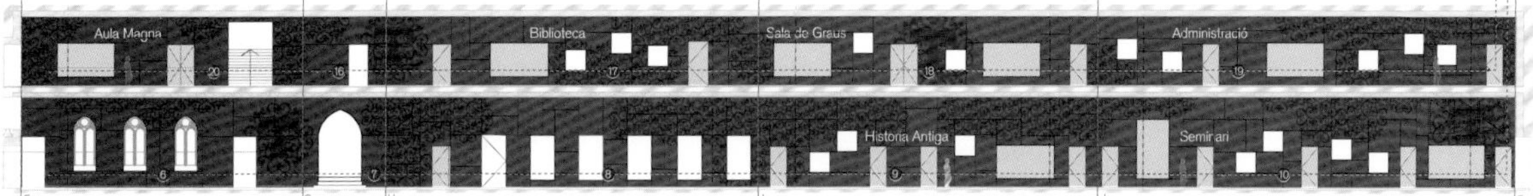
Aula Magna
Biblioteca
Sala de Graus
Administració
Historia Antiga
Seminari

圣心修道院立面图

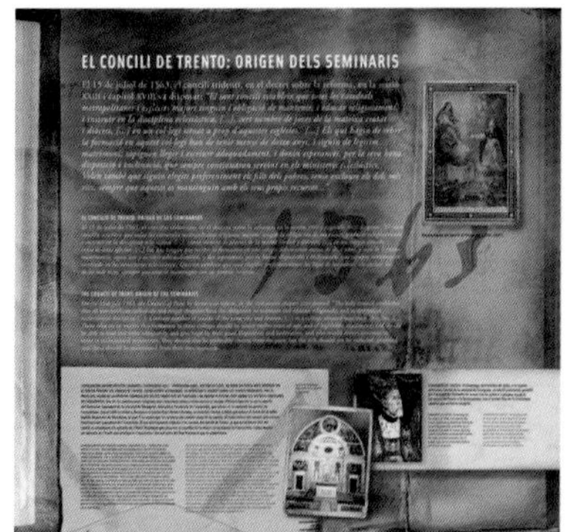
EL CONCILI DE TRENTO: ORIGEN DELS SEMINARIS

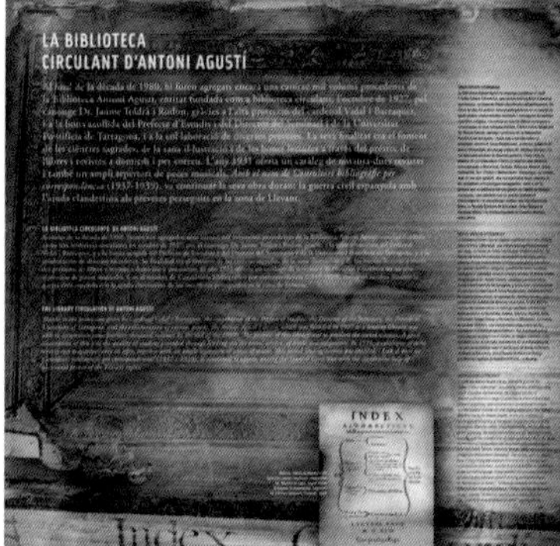
LA BIBLIOTECA
CIRCULANT D'ANTONI AGUSTÍ
INDEX

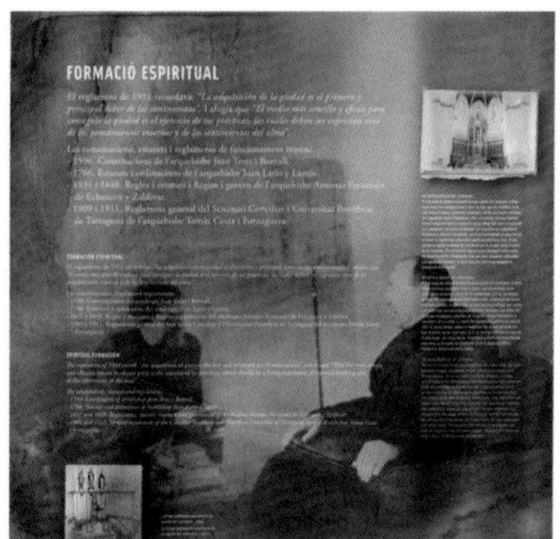
FORMACIÓ ESPIRITUAL

LA BIBLIOTECA
DEL SEMINARI
HISTÒRIA

UN ESTIL DE VIDA

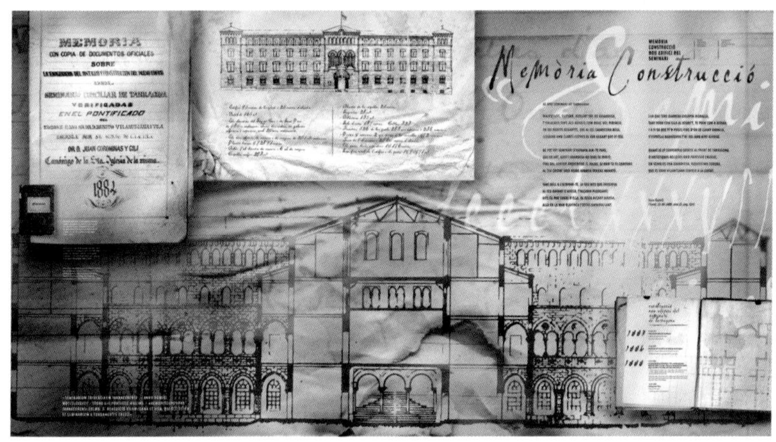
MEMORIA
Memòria Construcció

LA VIDA AL SEMINARI

礼堂

第二阶段的改造更具有针对性，主要是根据研讨会的项目日程需求改造了空间，改造尊重了原有的室内设计语言，除了教室和多功能室这些空间，因为其对于声乐和家具的需求需要更加专业的改造。

教室

多功能室

圣保罗修道院屋顶的建造过程包括将辅助金属结构锚固在锌板和防水木板组装而成的覆面上，预制的光线状天窗是由ETFE薄膜制成的。

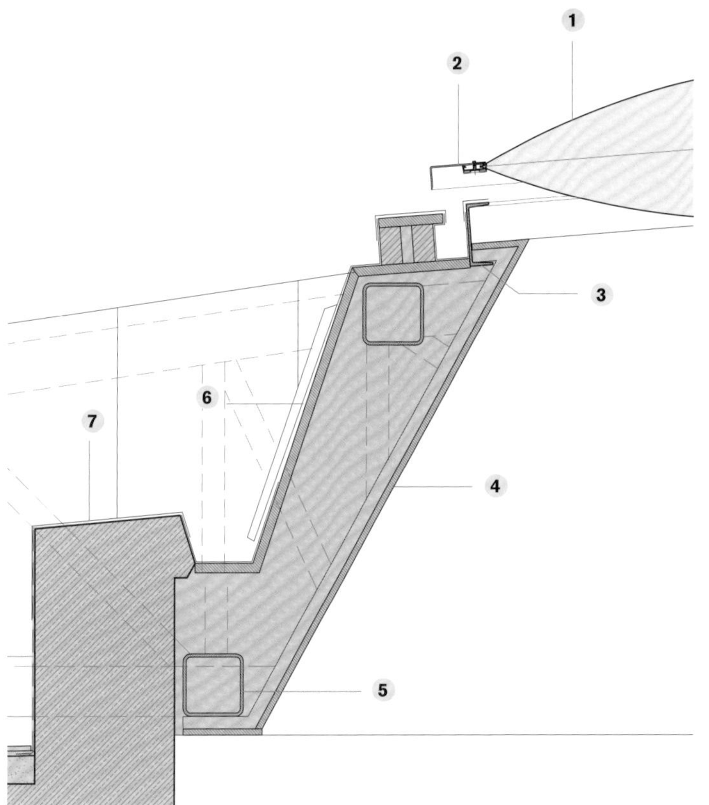

1. ETFE薄膜
2. 锌板
3. 木板
4. 钢结构
5. 复合石膏板表层
6. 现有的墙面
7. “蛋杯” 保护层

图书馆室内空间

图书馆庭院的改造包括创造了一个入口，墙面被装衬上精心安排的酚醛树脂板材，突出空间的垂直性。

Parking lot and square in the Garden of the Archbishop

西班牙，**塔拉戈纳**

主教花园停车场和广场设计

本案的设计目标是建造一个地下停车场，同时对主教花园的广场进行设计改造，项目地点位于塔拉戈纳老城区毗邻主教宫殿。停车场面积约为2700m²，被分成两层，将拥有100个停车位。

这个项目的独特性在于体现了其所在地点的环境，一堵罗马墙划定了项目场所的边界，成为项目概念化过程中的主要设计参数。原有建筑的历史价值丰富了这个开放的公共空间，以一种近乎地形学的方式进行结构化，引人注目。服务主体通过一个纵向的看台凸出来，形成一次视觉之旅，同时框定一些场景，在其轨道中，可欣赏墙面形成的背景。一个纵向的水景观框定了边界，模糊了真实的界限，与晶格一起形成一个综合体，通过这一改造增加了建筑的价值。

项目的改造增强了原建筑的视觉丰富度，不仅体现在建筑立面本身，还在水景观营造出的意境上，让建筑重拾昔日作为战略要地的历史意义。

本案位于塔拉戈纳老城区。对流动性、停车区域和公共建筑进行的初步分析显示这一区域缺少停车空间。

目前这一地区迫切需要进行改造，新增一些公共空间，对现有的罗马墙进行强化。

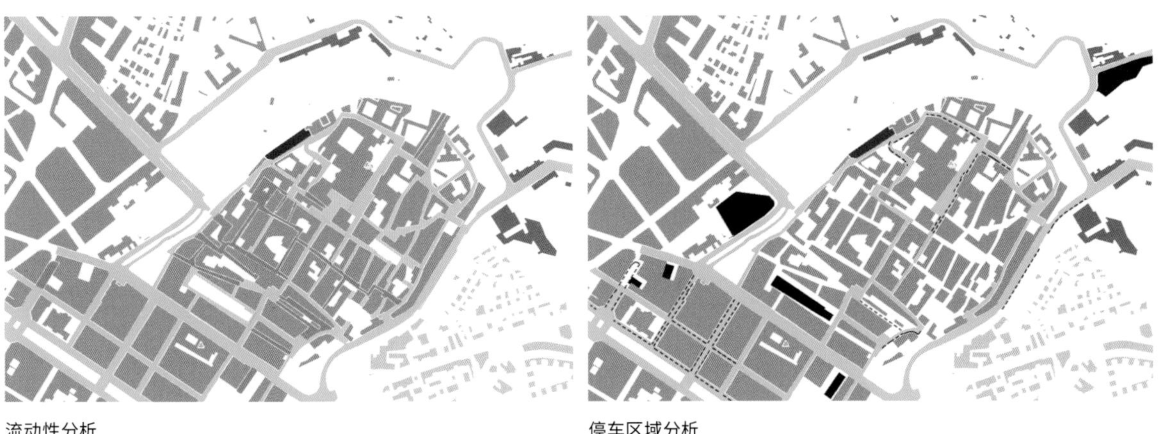

流动性分析

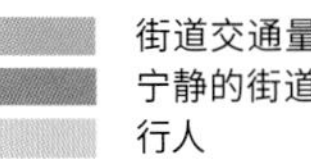

街道交通量
宁静的街道
行人

停车区域分析

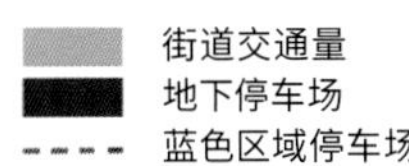

街道交通量
地下停车场
蓝色区域停车场

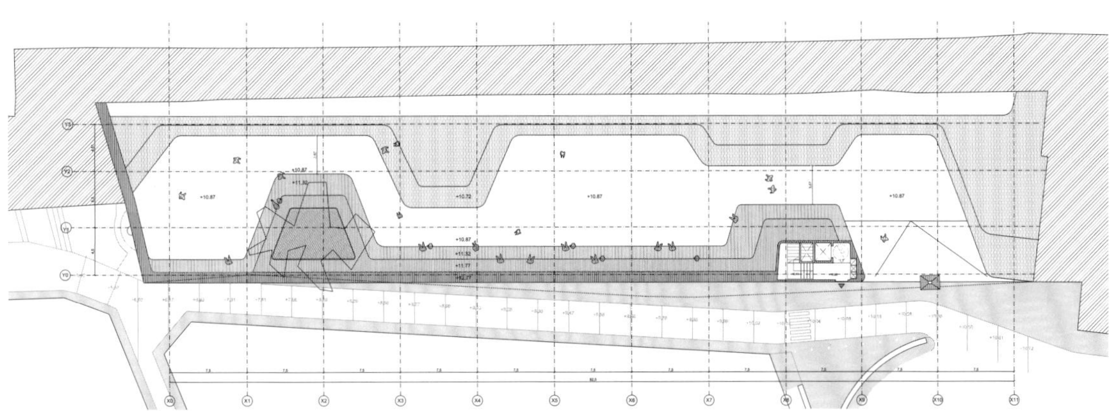

主教花园地面层

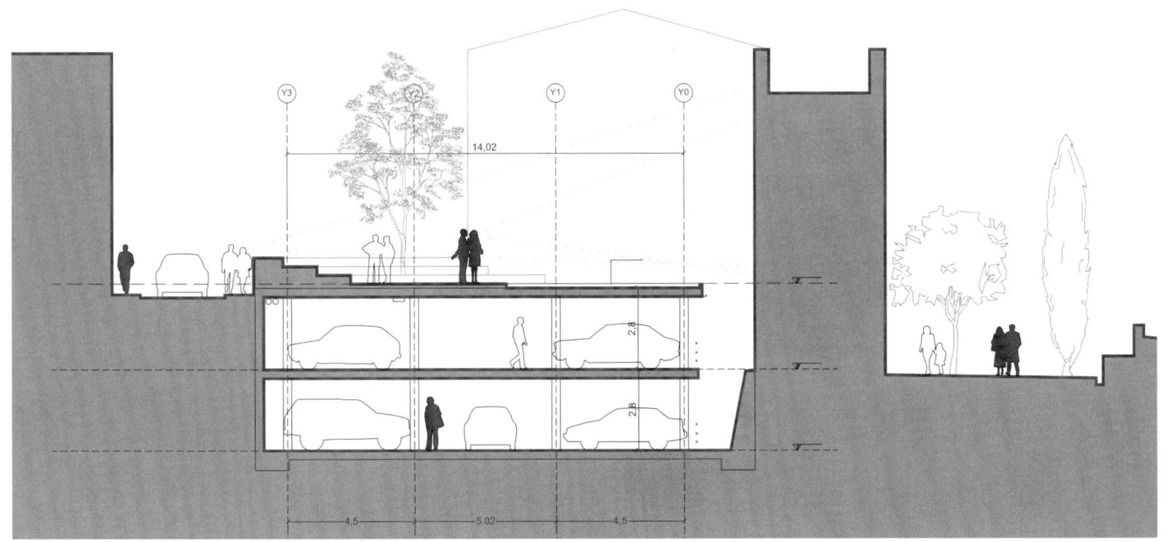

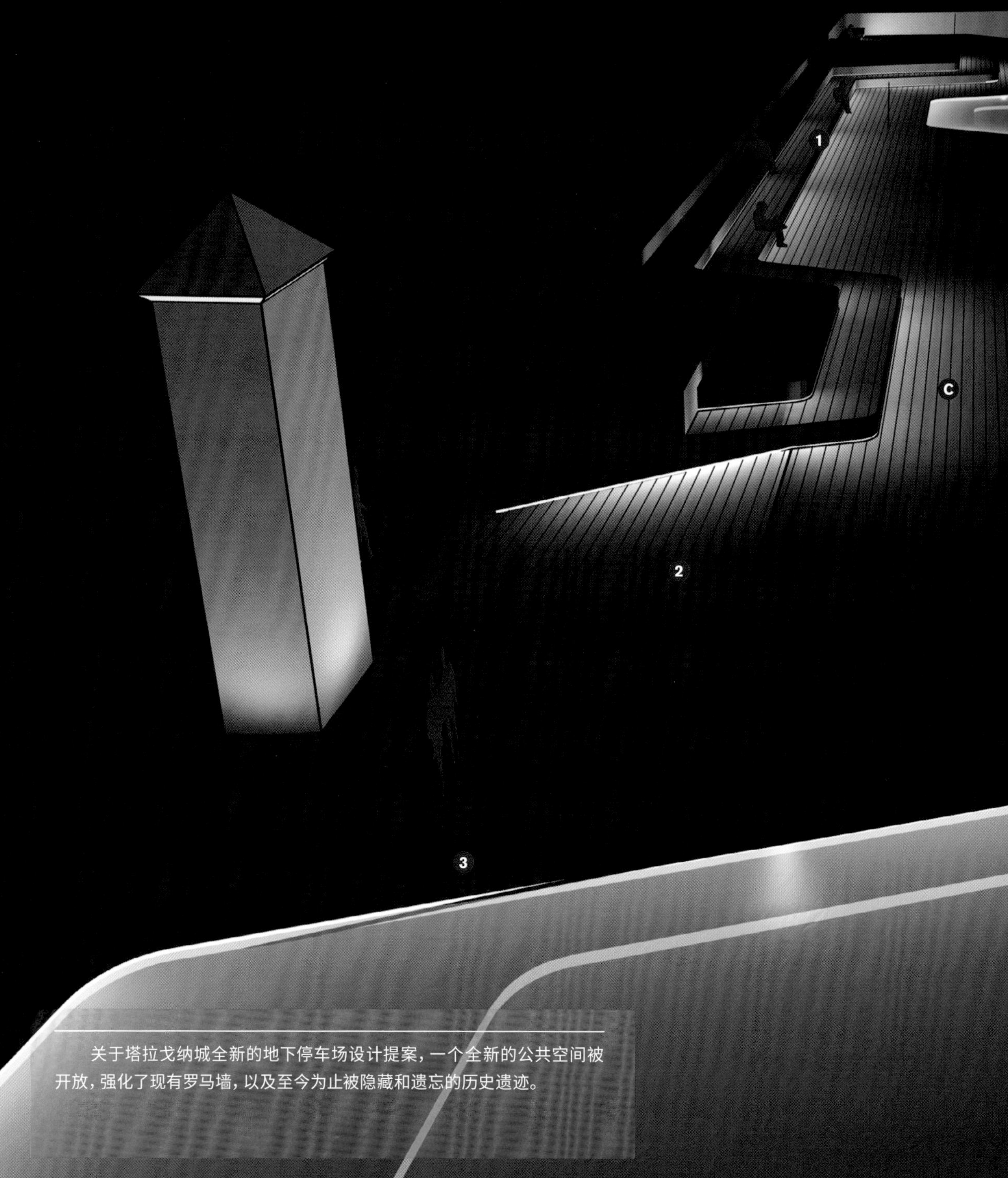

关于塔拉戈纳城全新的地下停车场设计提案，一个全新的公共空间被开放，强化了现有罗马墙，以及至今为止被隐藏和遗忘的历史遗迹。

B
A
A 罗马墙
B 水景观
C 步行和停车区域
1 看台
2 木质平台
3 入口区域

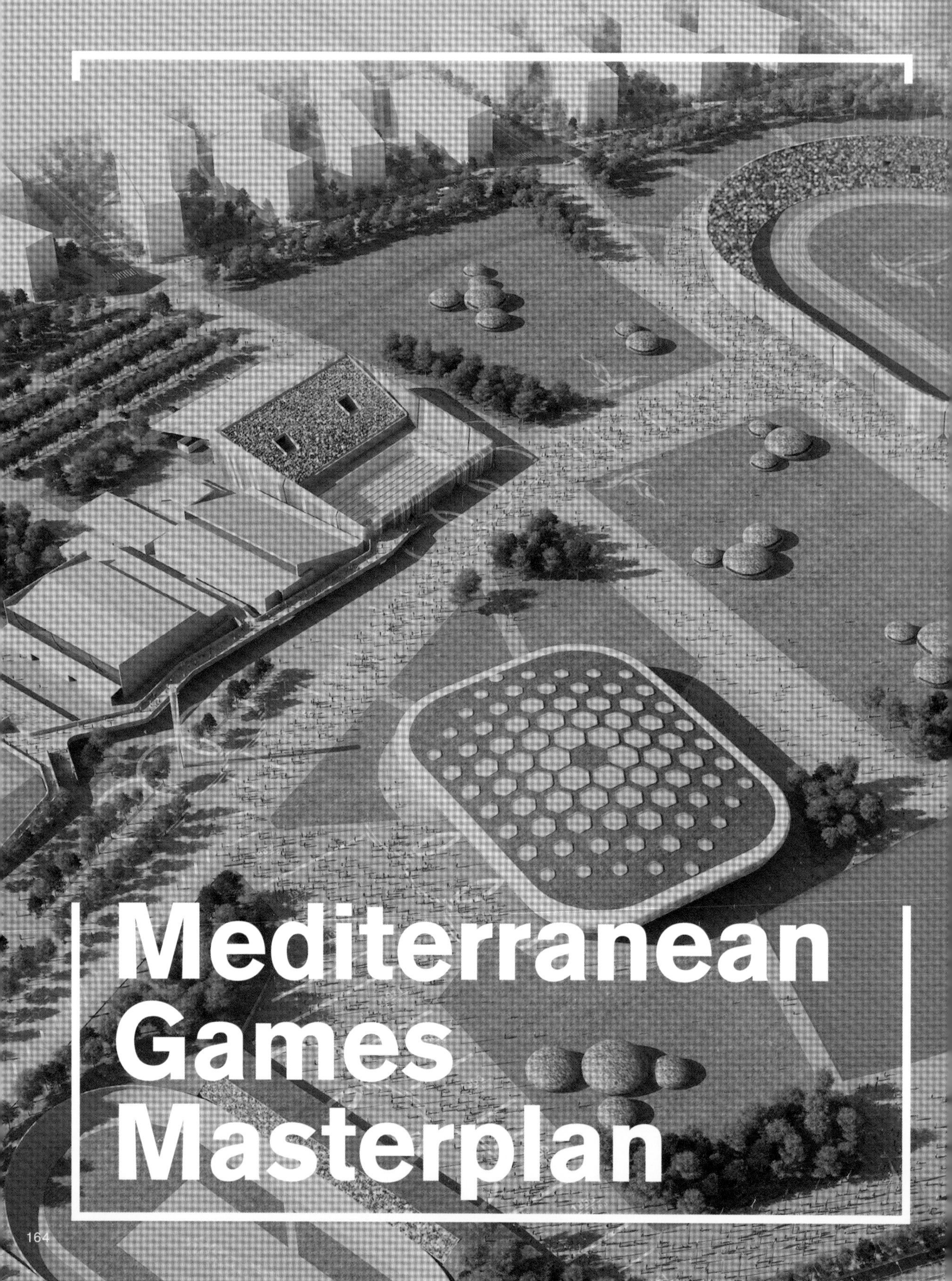

Mediterranean Games Masterplan

西班牙，**塔拉戈纳**

地中海运动会总体规划设计

2017年夏天，塔拉戈纳将举行第18届地中海运动会，这是由地中海周边国家一起举行的运动盛会，这次运动会将在Campclar地区的运动综合体中举行，旨在利用那里现有的一些设施。另外一点是希望打破毗邻的Torreforta和Bonavista地区之间的边界，通过创造出一大片绿地增加氧气，同时将目前还被围起来隔开的这两个地区连接起来，并与现有基础设施分隔开来。

对这个巨大的综合体的质疑是关于运动会后会闲置的问题，设计要解决这一问题，使其成为对当地社区有用的场所。因此，田径体育馆、多功能馆、游泳池、自行车赛车场、热身赛跑道等从最开始就规划好，随后都可以用于其他普通活动。田径体育馆在比赛期间用作竞赛场所，赛后将成为配备了一个大公园和跑步区域的橄榄球场。

这个项目计划根据现有设施的功能和特点进行改造利用，使其具有可持续性，这好过重新建造新的永久性建筑。

作为运动区域的主干，一条宽阔的大道连接所有设施，并通往户外连接跑道、看台和泳池的空中走道。

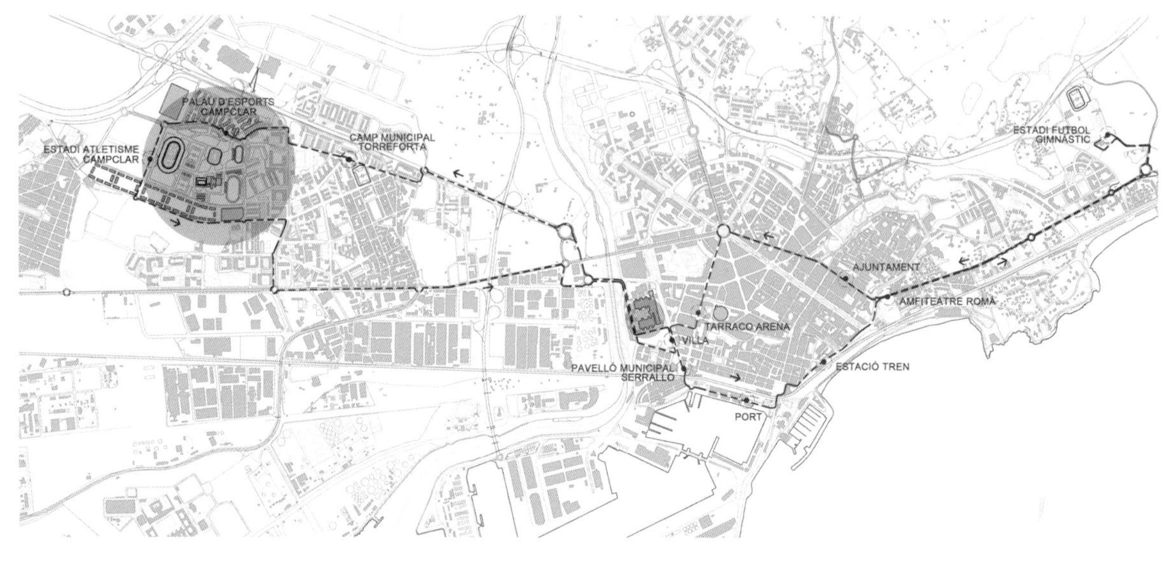

运动综合体位于城市新扩展区域的中心地带，目前独立于两个实体之间。本案的一个设计目标是刺激周边住宅区域之间的互动，设计师对现有设施进行了两个阶段的改造，还增加了绿地。

2017 年地中海运动会总体规划设计

1. 田径体育馆
2. 运动礼堂
3. 自行车赛车场
4. 热身赛跑道
5. 水上运动中心
6. 泳池顶
7. 走道

8. 休闲区域
9. 运动员入口
10. 地中海广场
11. 赛场大道
12. 媒体区域
13. 体育场入口
14. 官方停车场
15. 吉祥物展示
16. 主入口

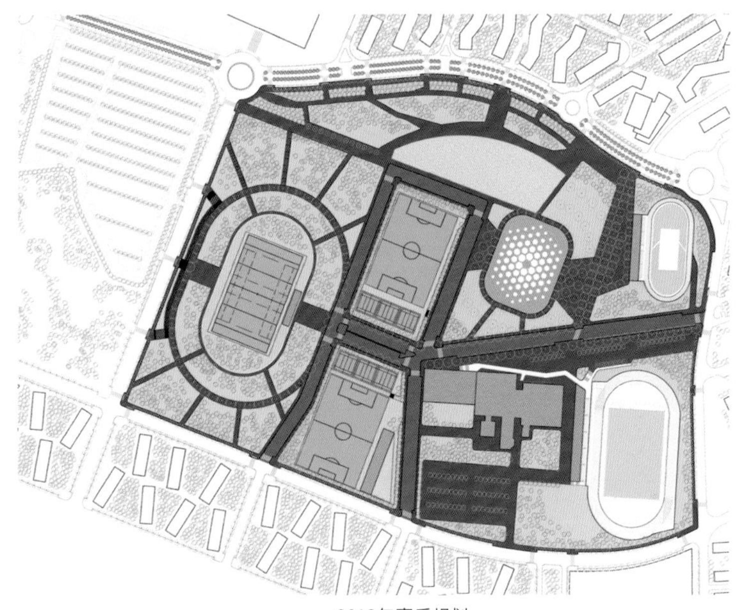

2018年赛后规划

奥林匹克游泳池将被建在Campclar市政厅旁，赛后将对公众开放。田径赛道、看台和泳池将通过一个室外走道连接起来。

A 田径体育馆
B 多功能馆
C 泳池

1 运动区域入口
2 宜家邻里公园
3 热身赛跑道
4 自行车赛车场
5 休息区域

田径体育馆仅在比赛期间使用，赛后将变成配备了一个大公园和跑步区域的橄榄球场。

多功能馆是唯一一个在赛后还保持原样的设施。

A
C
TARRAGONA 2017
TARRAGONA 2017
TARRAGONA 2017
1
3

Campclar运动区域将成为地中海运动会的中枢。

赛场大道连接各个体育场馆，将成为Campclar运动区域的主干路。

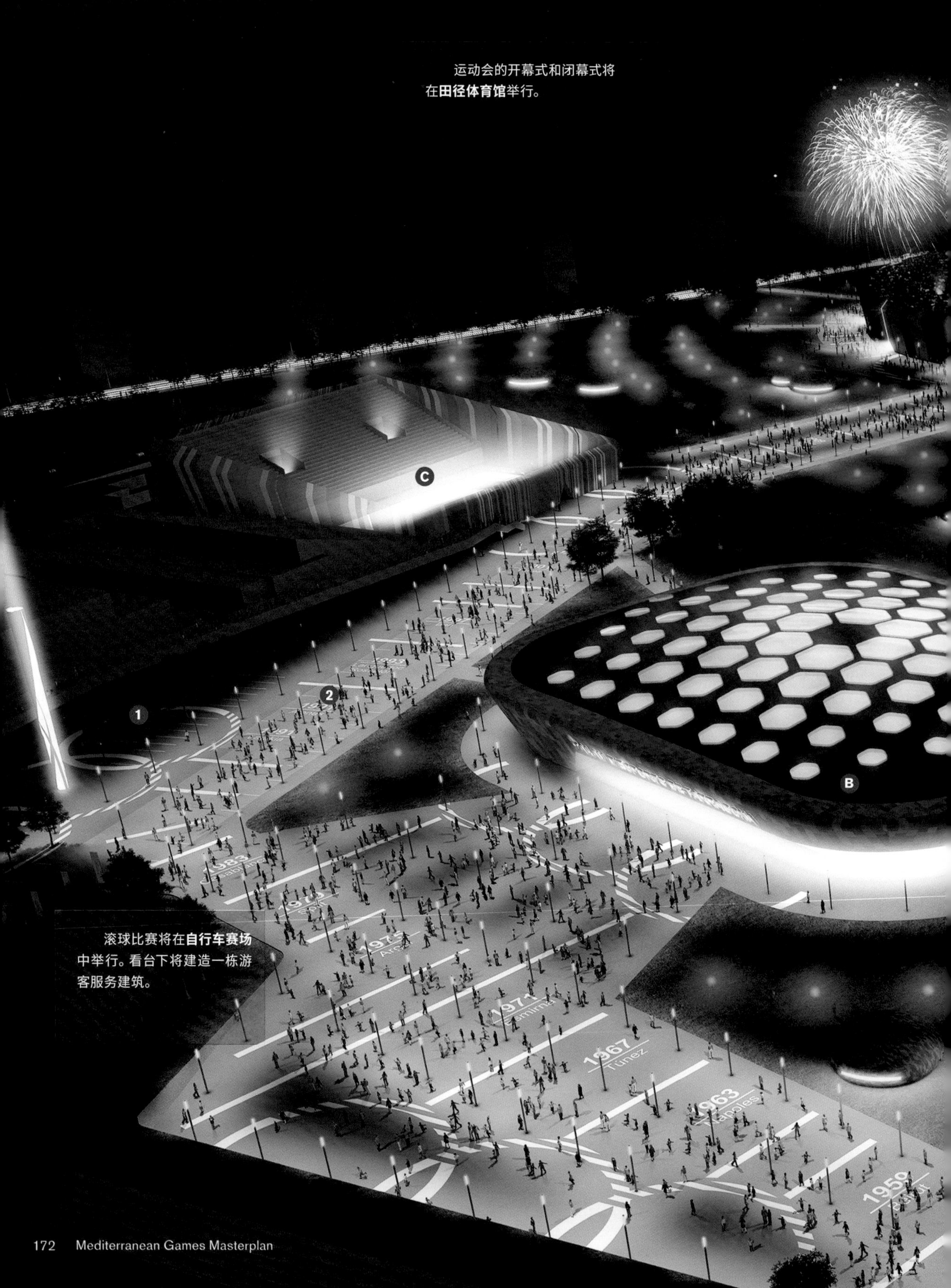

运动会的开幕式和闭幕式将在**田径体育馆**举行。

滚球比赛将在**自行车赛场**中举行。看台下将建造一栋游客服务建筑。

运动会期间，篮球比赛将在**多功能馆**中进行，多功能馆是唯一一个在赛后还保持原样的设施。

4
A
1951
2017
Tarragona

A 田径体育馆
B 多功能馆
C 泳池
1 吉祥物
2 赛场大道
3 休息区域
4 竞赛区域入口
2013
2005
2001
1997
1993

A 多功能赛道
B 可伸缩平台
C 1楼看台
D 2楼看台

1 绿色屋顶
2 ETFE覆面

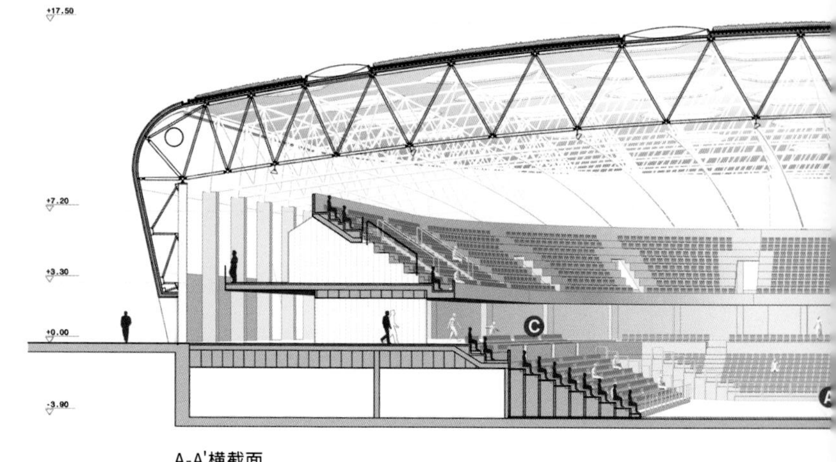

A-A'横截面

首层（入口）

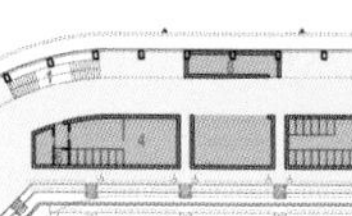

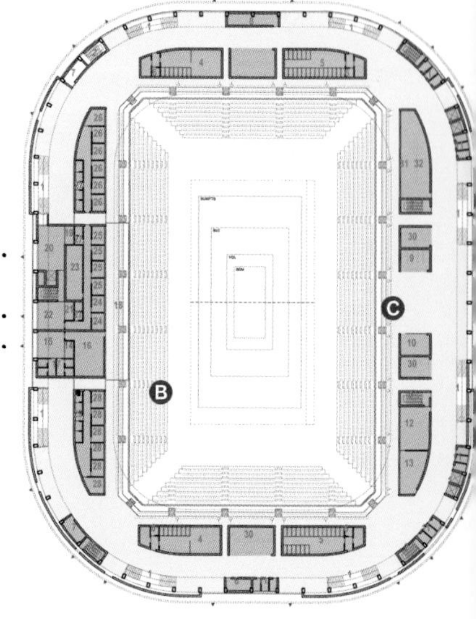

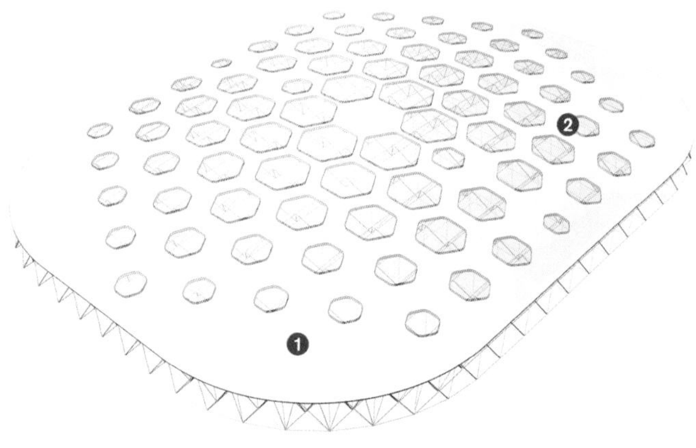

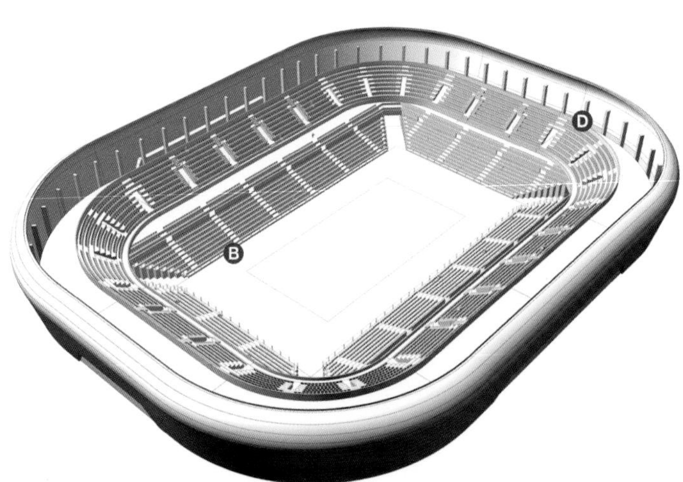

区域图

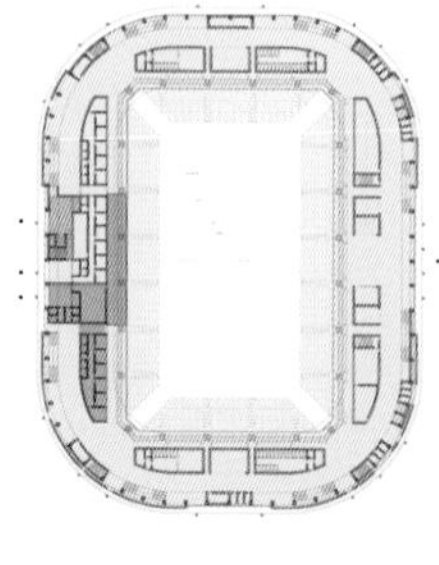

PB

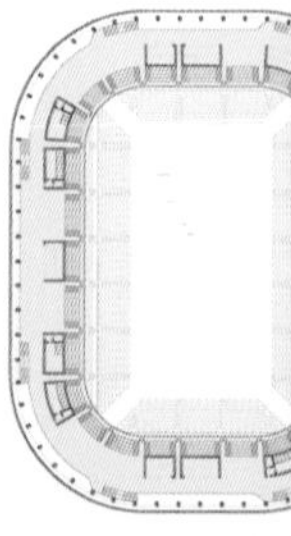

P1

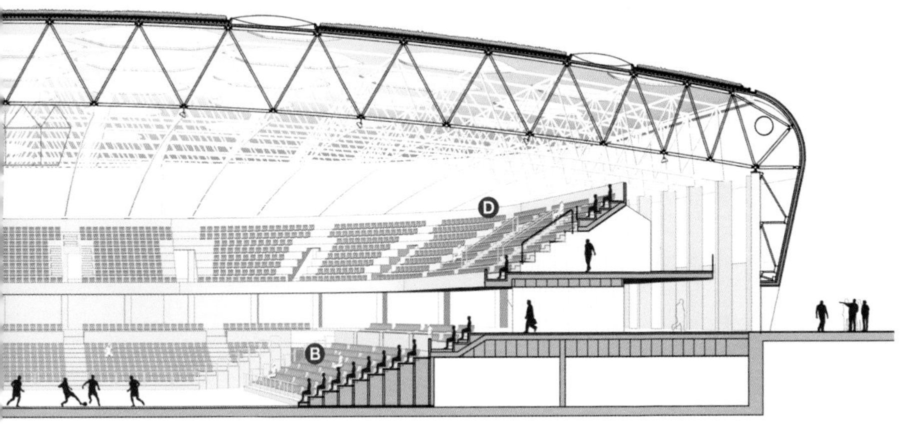

二楼（二楼看台）

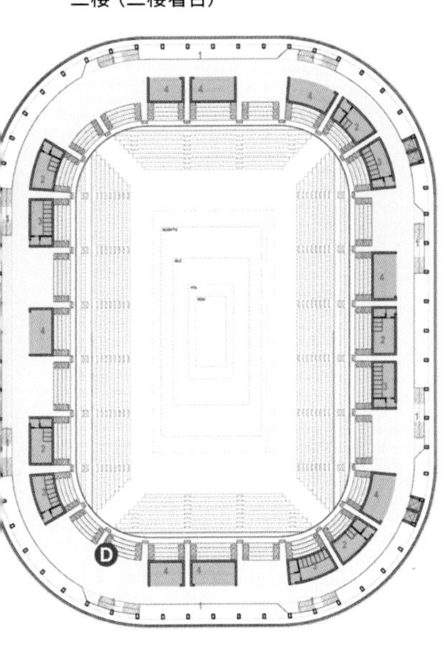

跑道层（看台）

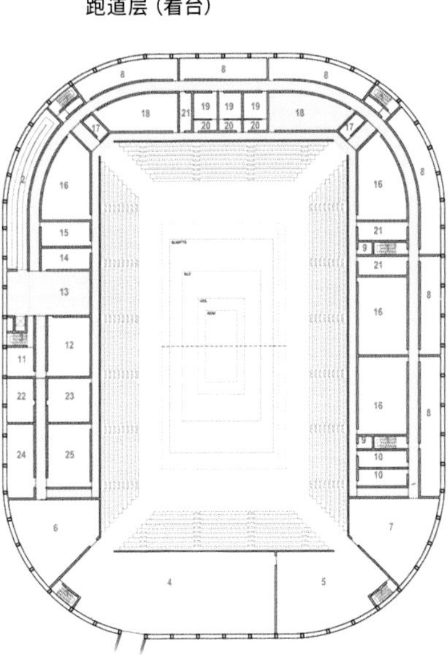

人流动线图

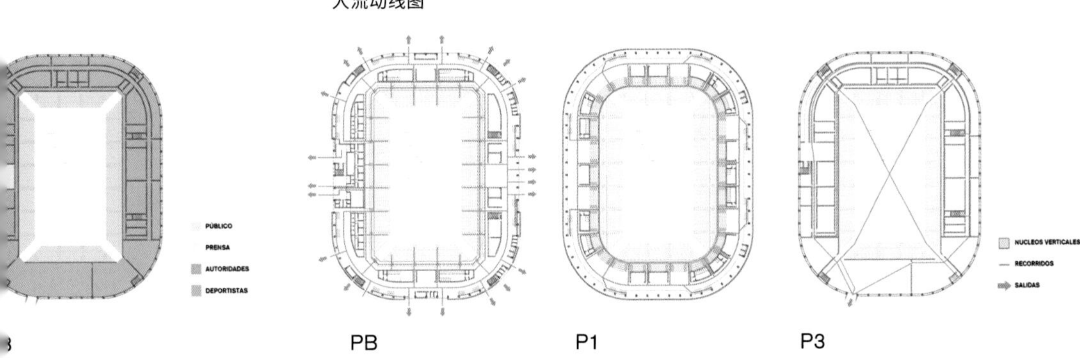

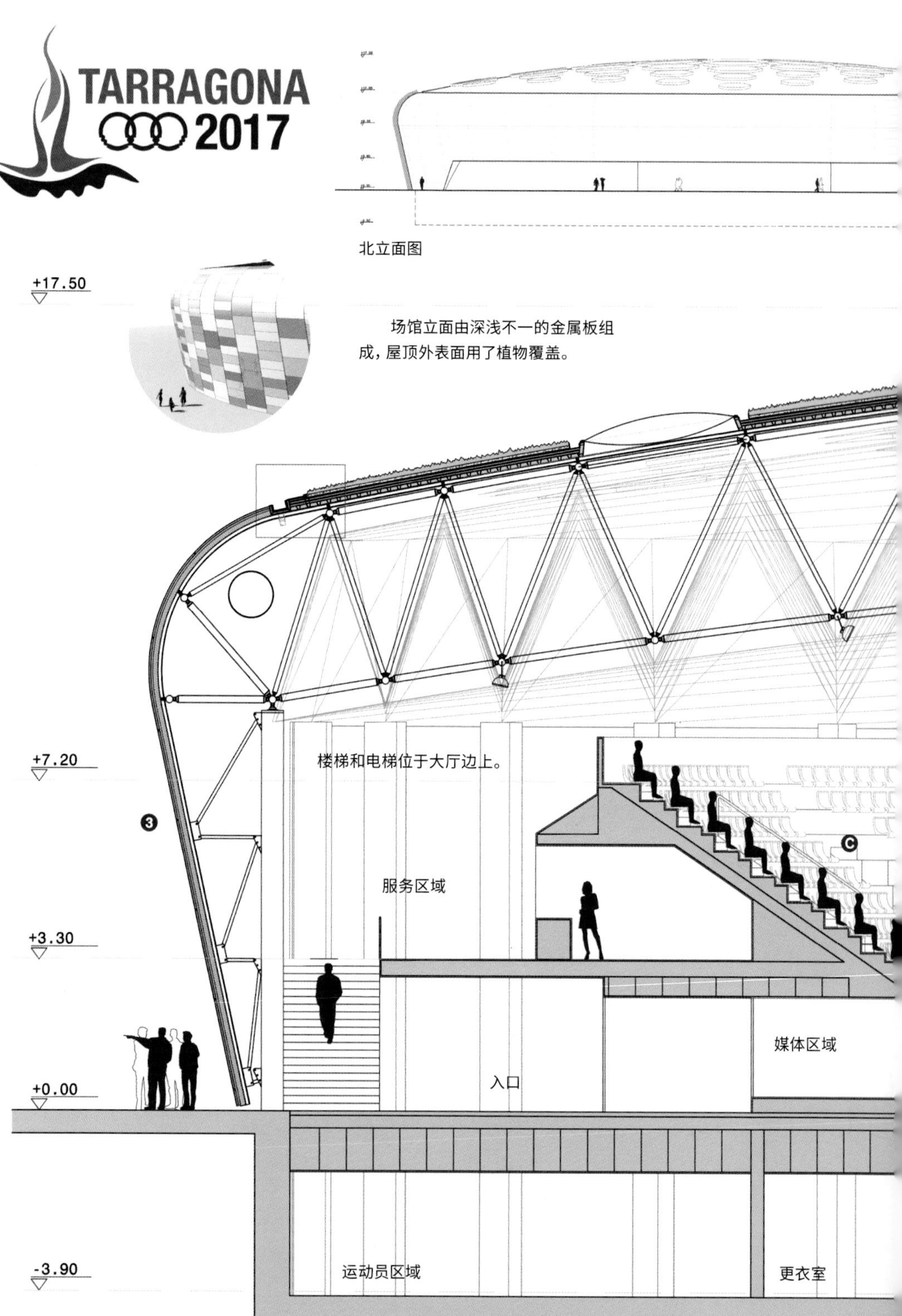

北立面图

场馆立面由深浅不一的金属板组成，屋顶外表面用了植物覆盖。

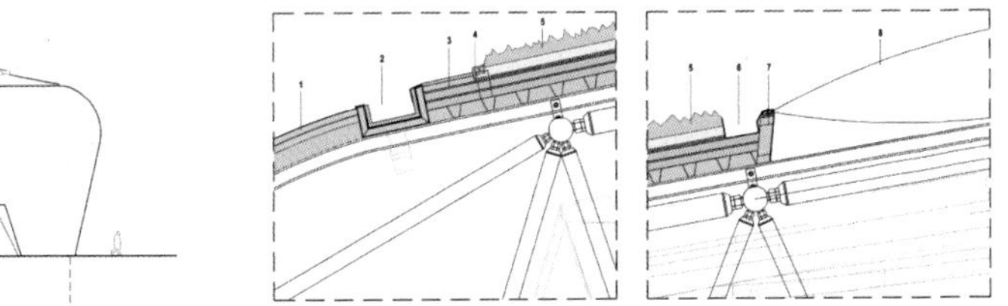

1. Acabat façana tipus
Alucobond
Sistema d'anclatge
Aïllament llana de roca
5cm+5cm
2. Canaló de desaigüe
perimetral
Làmina impermeable
3. Xapa metall ica de coronació
Doble aïllament llana de roca
5cm+5cm
Làmina impermeable
Chapa grecada
4. Peça subjecció de terres
5. Masa vegetal 10cm
Terra vegetal 6cm
Làmina antipunxonament
Doble aïllament llana de roca
5cm+5cm
Làmina impermeable
Chapa grecada
6. Canaló circular
recollida aigües
Contenció terres
7. Sistema carpinteria lluemari
8. Lluemari làmina tipus ETFE

屋顶细节

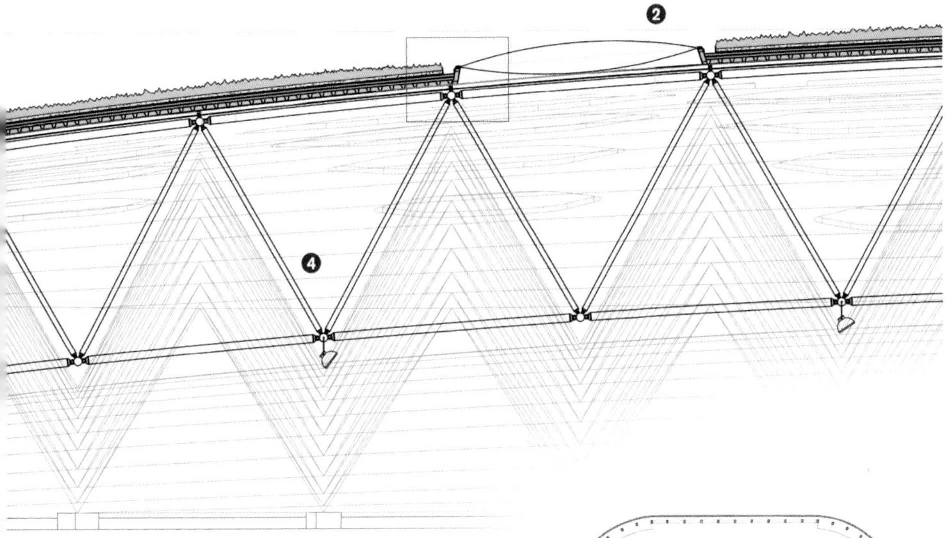

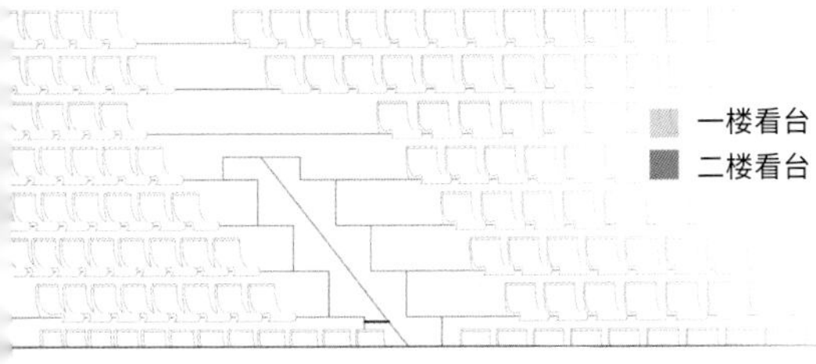

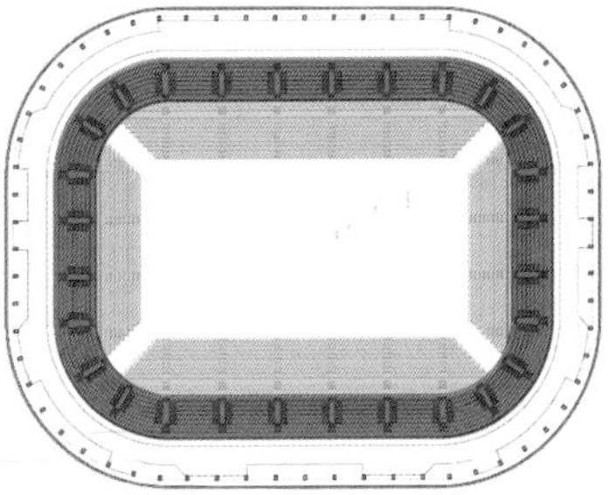

一楼看台

二楼看台

一楼看台的可伸缩平台可灵活调节跑道区域的面积，以适应各种体育及非体育活动，例如演唱会、会议和集会。

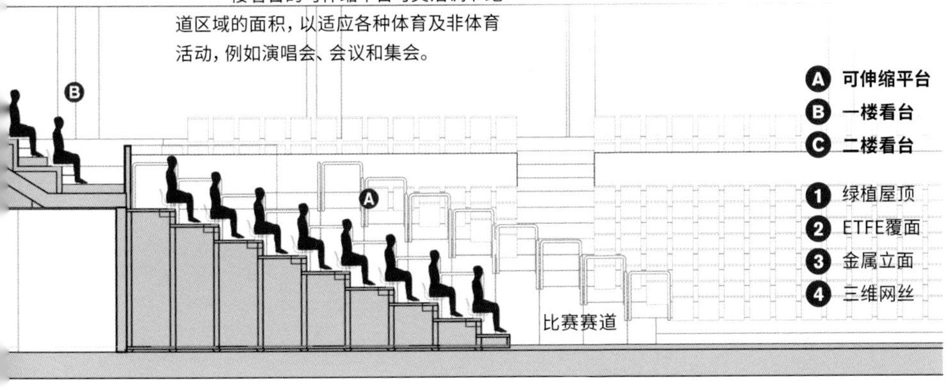

A 可伸缩平台

B 一楼看台

C 二楼看台

1 绿植屋顶

2 ETFE覆面

3 金属立面

4 三维网丝

比赛赛道

运动馆的屋顶结构是一个立体的格栅，附着在场馆周边的柱子上。外层是绿植覆面和太阳能控制天窗，将自然光引入场馆内。

一楼看台80%是由可伸缩的平台组成，适合举行各种活动，使场馆成为一个多功能的建筑。

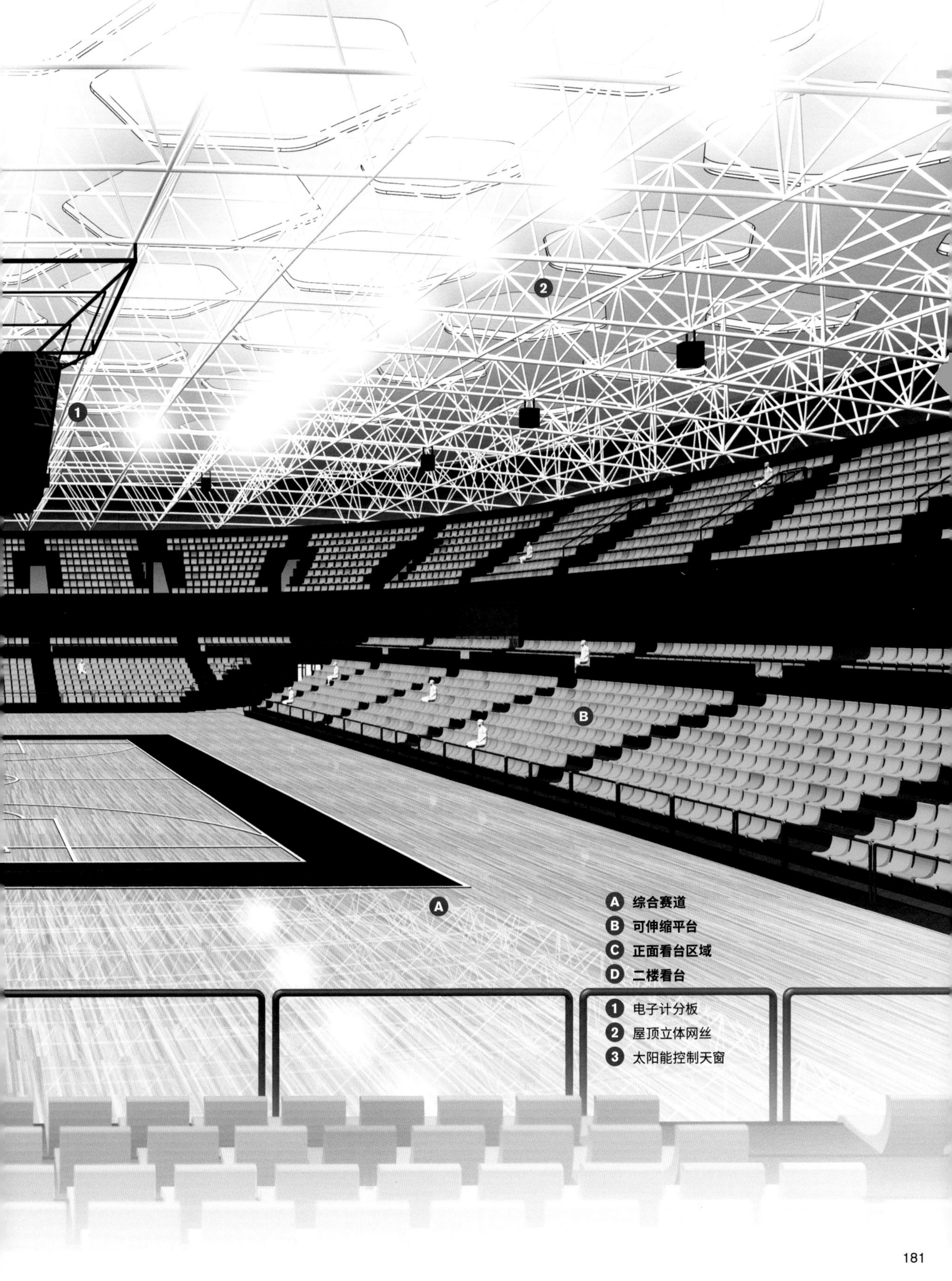
A 综合赛道
B 可伸缩平台
C 正面看台区域
D 二楼看台
1 电子计分板
2 屋顶立体网丝
3 太阳能控制天窗

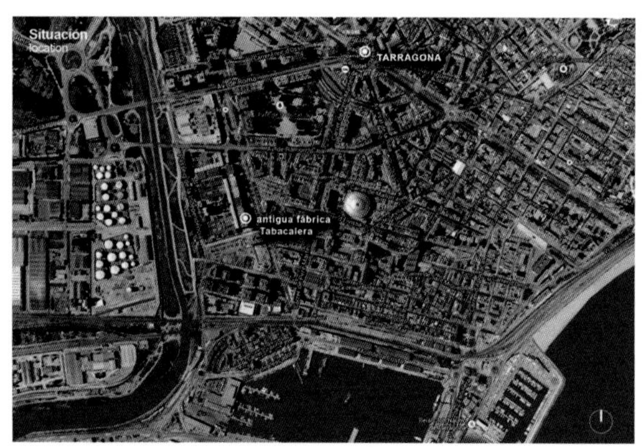

第18届地中海运动会将于2017年夏季在塔拉戈纳举行，需要准备能容纳4000名运动员的空间。为此，塔拉戈纳市政府提议对Tabacalera这个现已不再使用的旧工厂进行改造再利用，使这栋位于城市战略性位置的历史性建筑重新焕发生机。在对建筑进行改造的过程中，要保留其原有特征，开发出一种灵活的模块系统来满足使用者的需求。

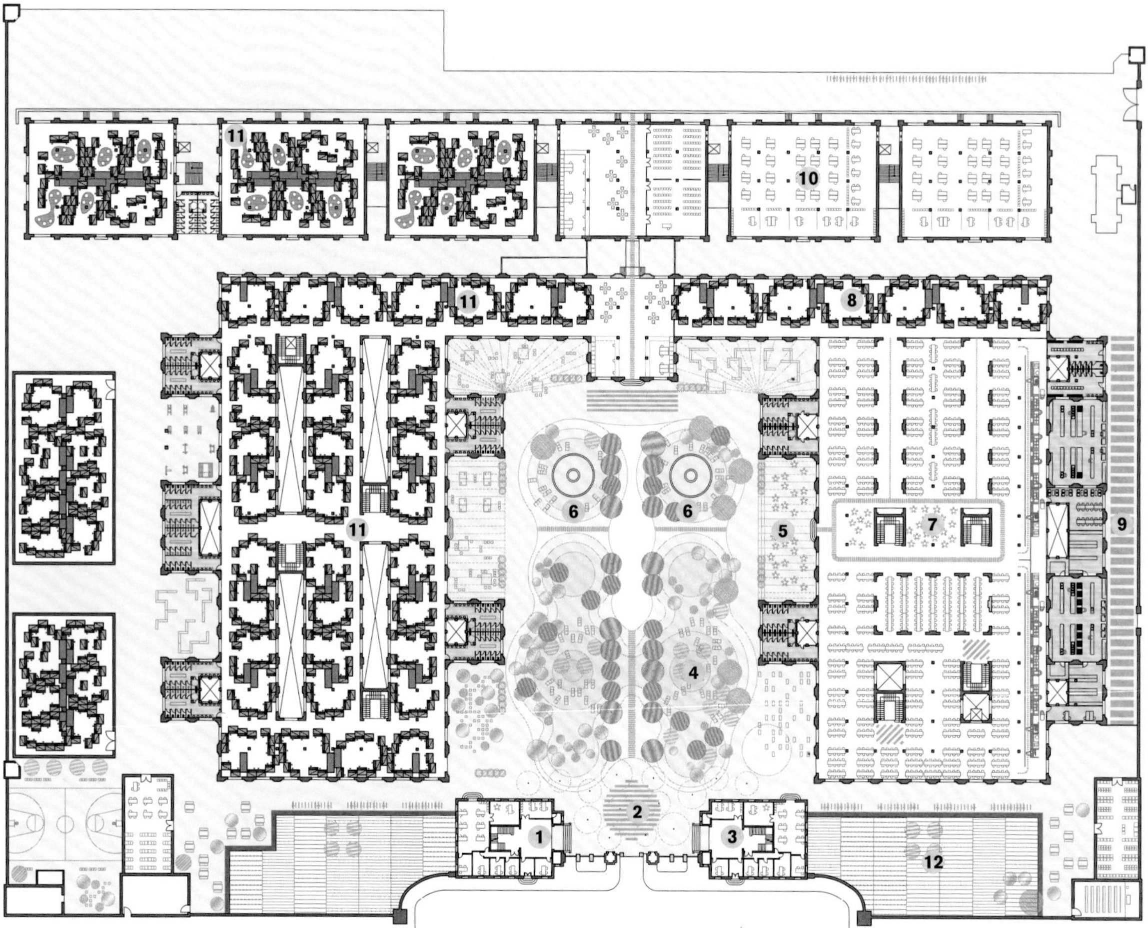

1. 认证处
2. 集合点
3. 旅行社
4. 森林
5. 户外用餐区
6. 沙滩区域
7. 餐厅
8. 自助餐厅
9. 服务区
10. 办公室
11. 住房区域
12. 花园

住宅综合体规划了集中的休闲空间，矩阵式的住宅模块有四个卫生设备单元。

A 古老的Tabacalera工厂
B 活动区
C 住宅区入口

1 街道公共设施
2 城市景观建议
3 花园

ICA DE TABACOS
A
3

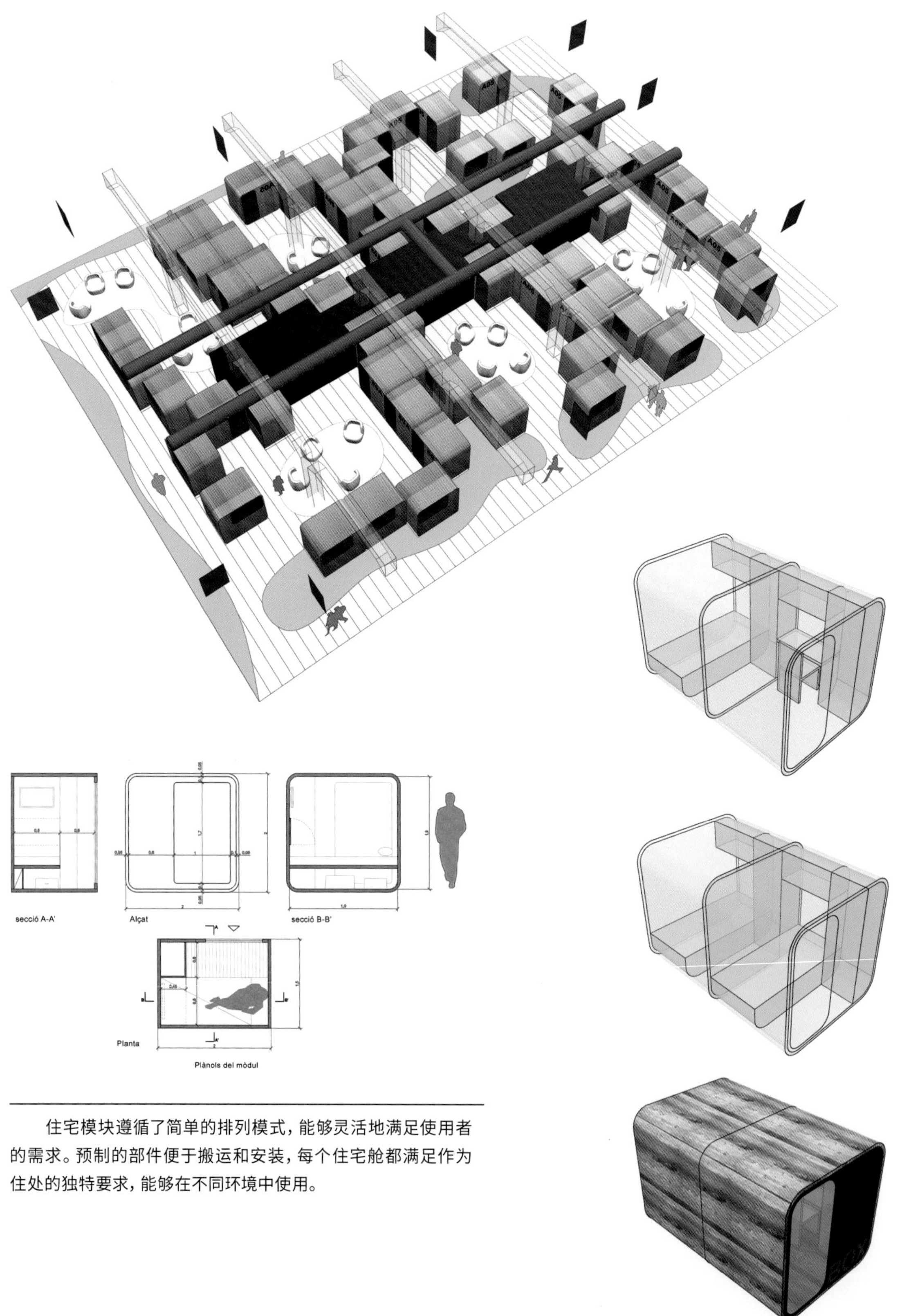

住宅模块遵循了简单的排列模式，能够灵活地满足使用者的需求。预制的部件便于搬运和安装，每个住宅舱都满足作为住处的独特要求，能够在不同环境中使用。

TARRAGONA 2017
Oficines
Sortida
Cafeteria
Zona relax
Sectors A-D P1
ITÀLIA
Italia
Italy
A05

TARRAGONA 2017
Oficines
Sortida
Cafeteria
Zona relax
Sectors A-D P1
A05
TURQUIA
Turquía
Turkey

Pergola Glòries Square

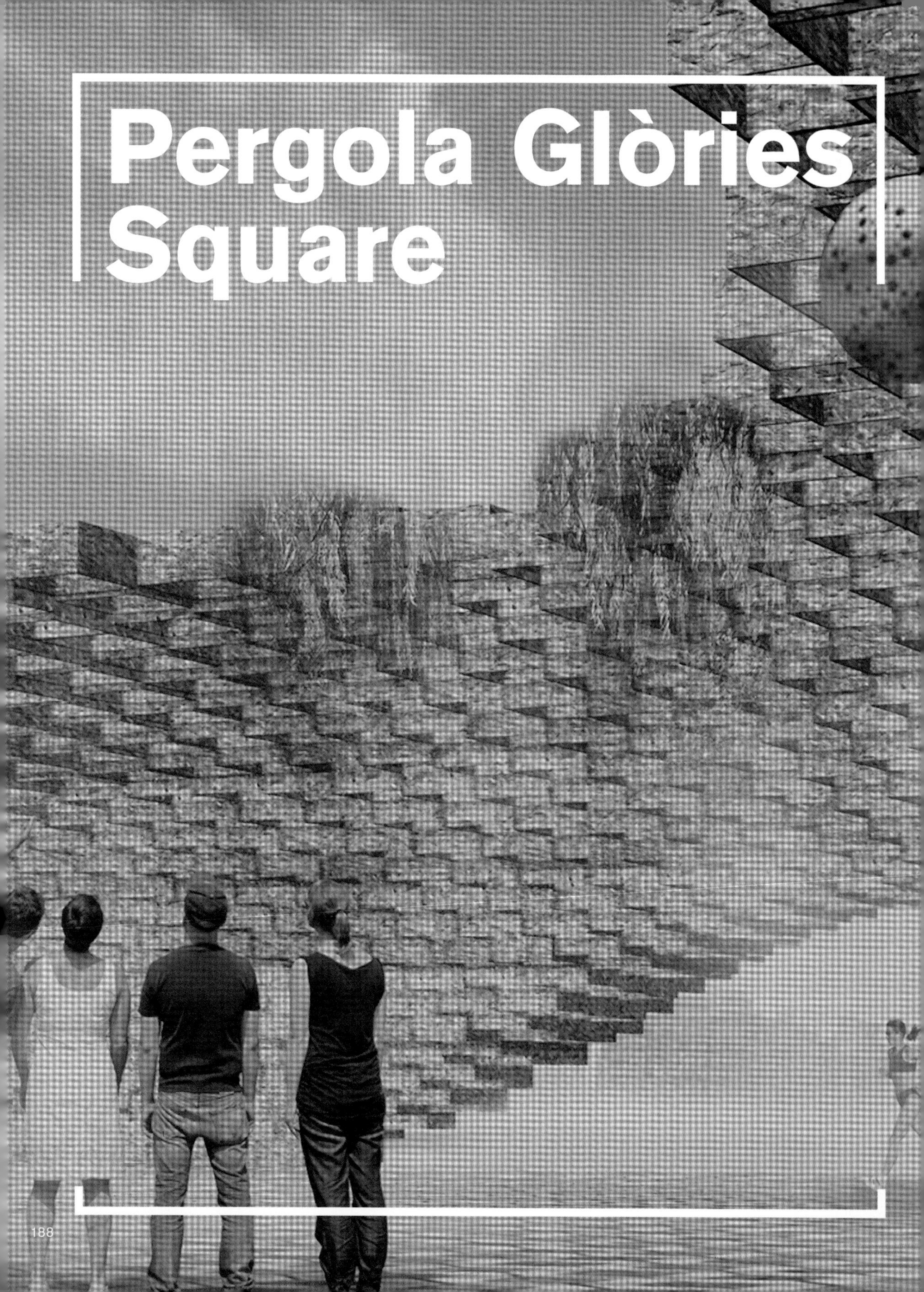

西班牙，**巴塞罗那**

Glòries广场藤架结构

Glòries广场公共空间的改造计划，首先要在被城市主干道格兰维亚大道改道的区域临时开发一个空间。这里地理位置绝佳，周围环绕着巴塞罗那设计博物馆、跳蚤市场，而且靠近地铁出站口，提案要在此处创造一个适合举行各种活动的全新场所。

为此，要形成一个可以重复利用的结构来满足设计过程中的各种参数。其中一点是可持续性，使用了可重复利用的材料纤维板；另外，太阳能板集成的系统，将其变成一个巧妙的自给自足的装置，除此之外，还有利用几何结构和植物覆盖满足遮阳的基本需求。

最终形成的是一个交互式的藤架结构，配合场地的几何形态。模块化的格栅可以提供保护，形成平行的景致，考虑了朝向、距离和之前的日间人流量等参数，可以用于各种活动；作为一个短暂的体系，保证了其未来能用于各种休闲活动。

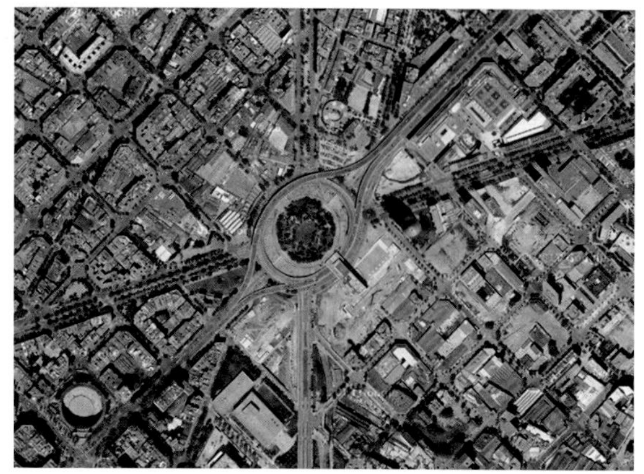

本案位于城市一条主干道上，有着大量的人流和车流量。在这一战略性位置上，具有强烈视觉效果的元素代表了城市规划大变身的开端。

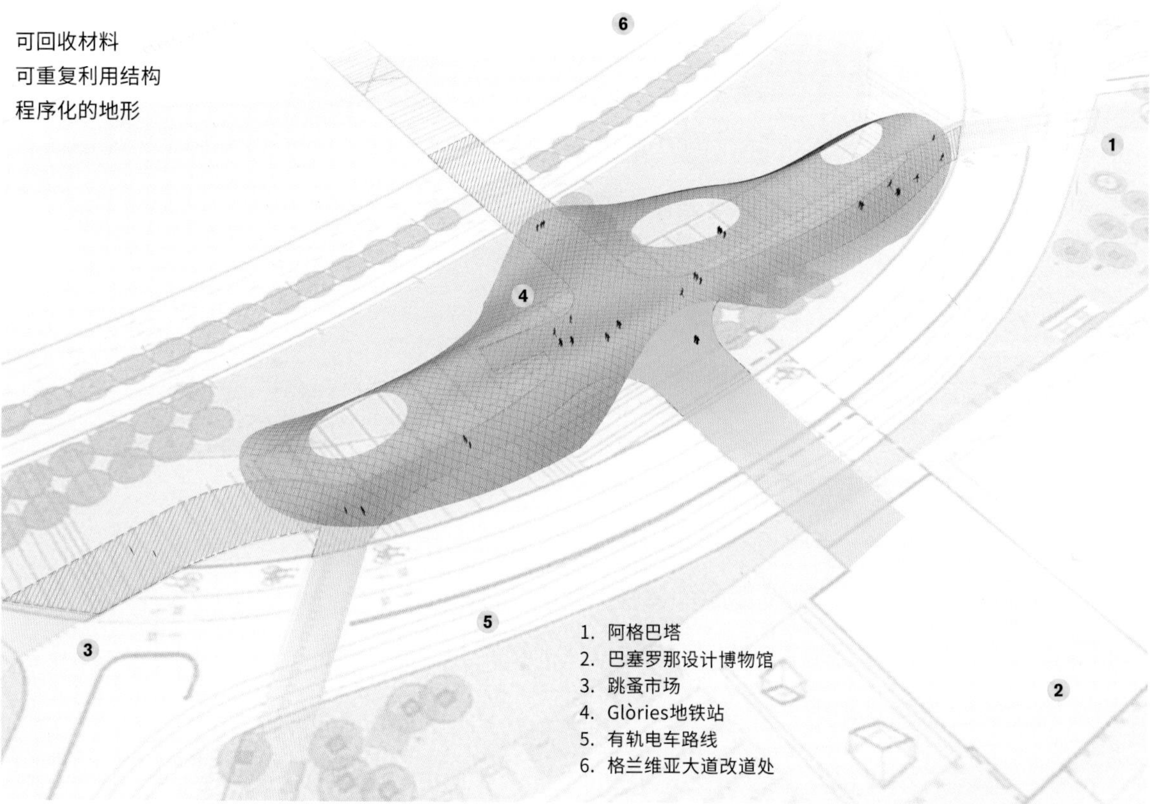

可回收材料
可重复利用结构
程序化的地形
6
1
4
5
3
2
1. 阿格巴塔
2. 巴塞罗那设计博物馆
3. 跳蚤市场
4. Glòries地铁站
5. 有轨电车路线
6. 格兰维亚大道改道处

指引用户的藤架（可回收重复利用的藤架)在遮阳的同时，还能拦阻来自街道上的噪声，营造绿色的公共空间。

结构布局坐北朝南，最大化地利用太阳能。

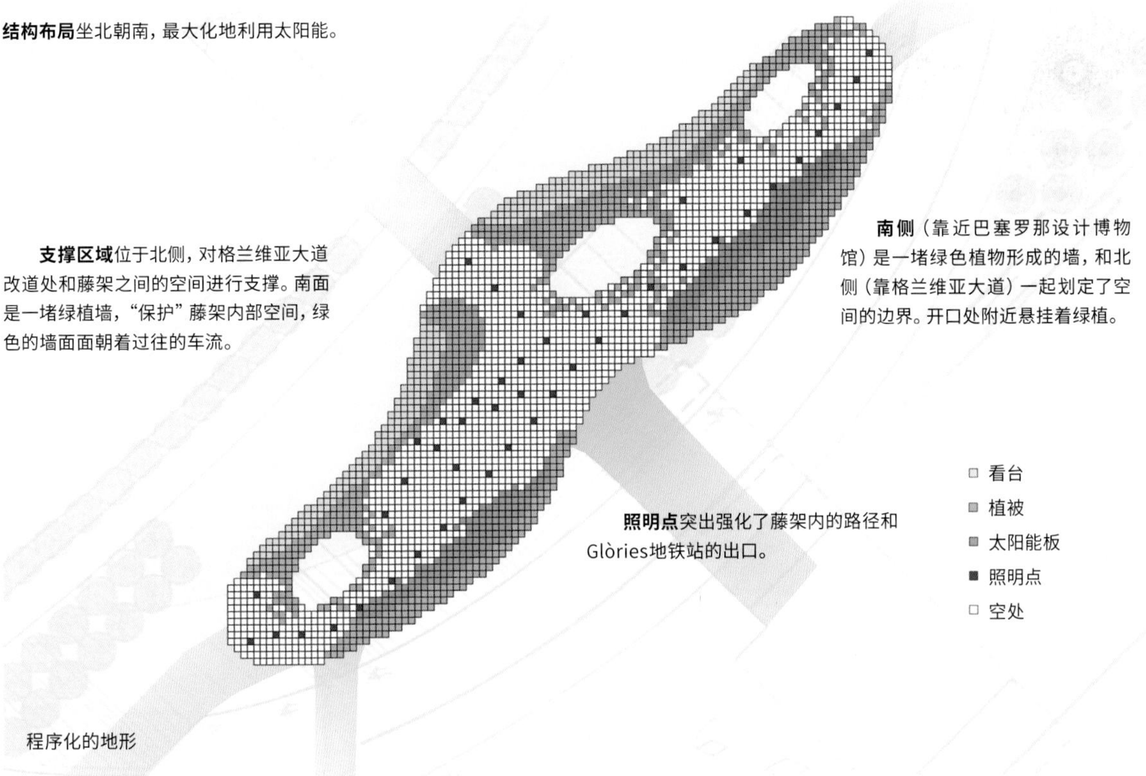

支撑区域位于北侧，对格兰维亚大道改道处和藤架之间的空间进行支撑。南面是一堵绿植墙，“保护”藤架内部空间，绿色的墙面面朝着过往的车流。

南侧（靠近巴塞罗那设计博物馆）是一堵绿色植物形成的墙，和北侧（靠格兰维亚大道）一起划定了空间的边界。开口处附近悬挂着绿植。

照明点突出强化了藤架内的路径和Glòries地铁站的出口。

- 看台
- 植被
- 太阳能板
- 照明点
- 空处

程序化的地形

可回收材料

定向刨花板

定向木质刨花板，防潮。

由于其极好的物理体现和可操作性，以及这些刨花板的朝向，OSB是特别适用于该建筑结构的材料。

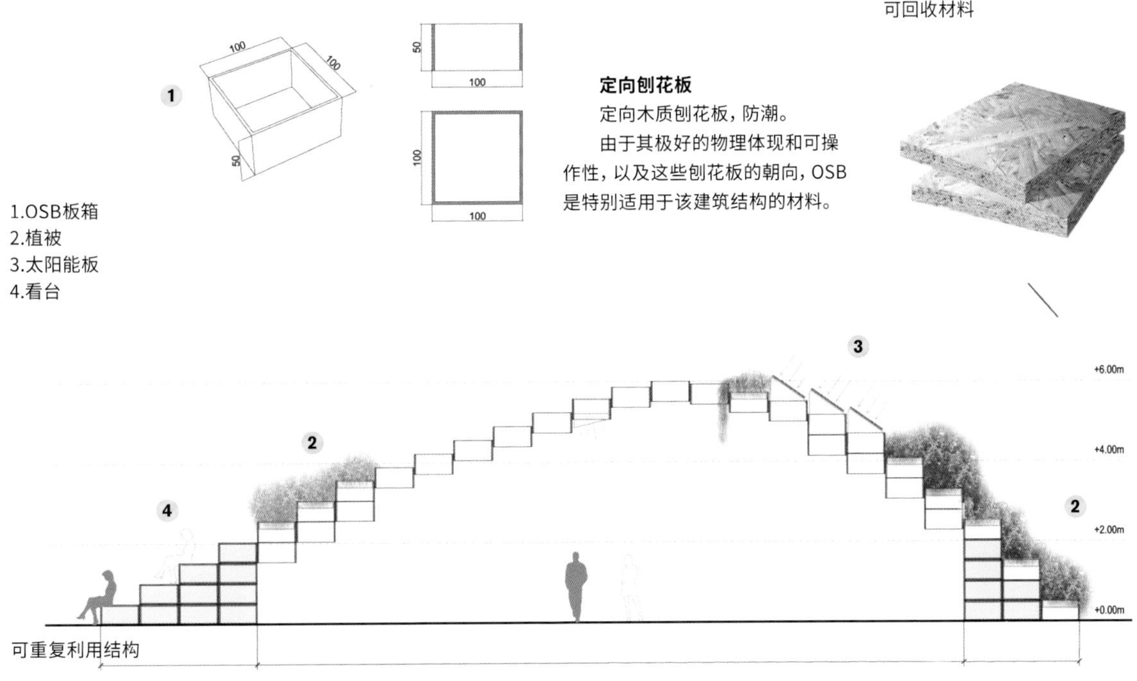

1.OSB板箱
2.植被
3.太阳能板
4.看台

可重复利用结构

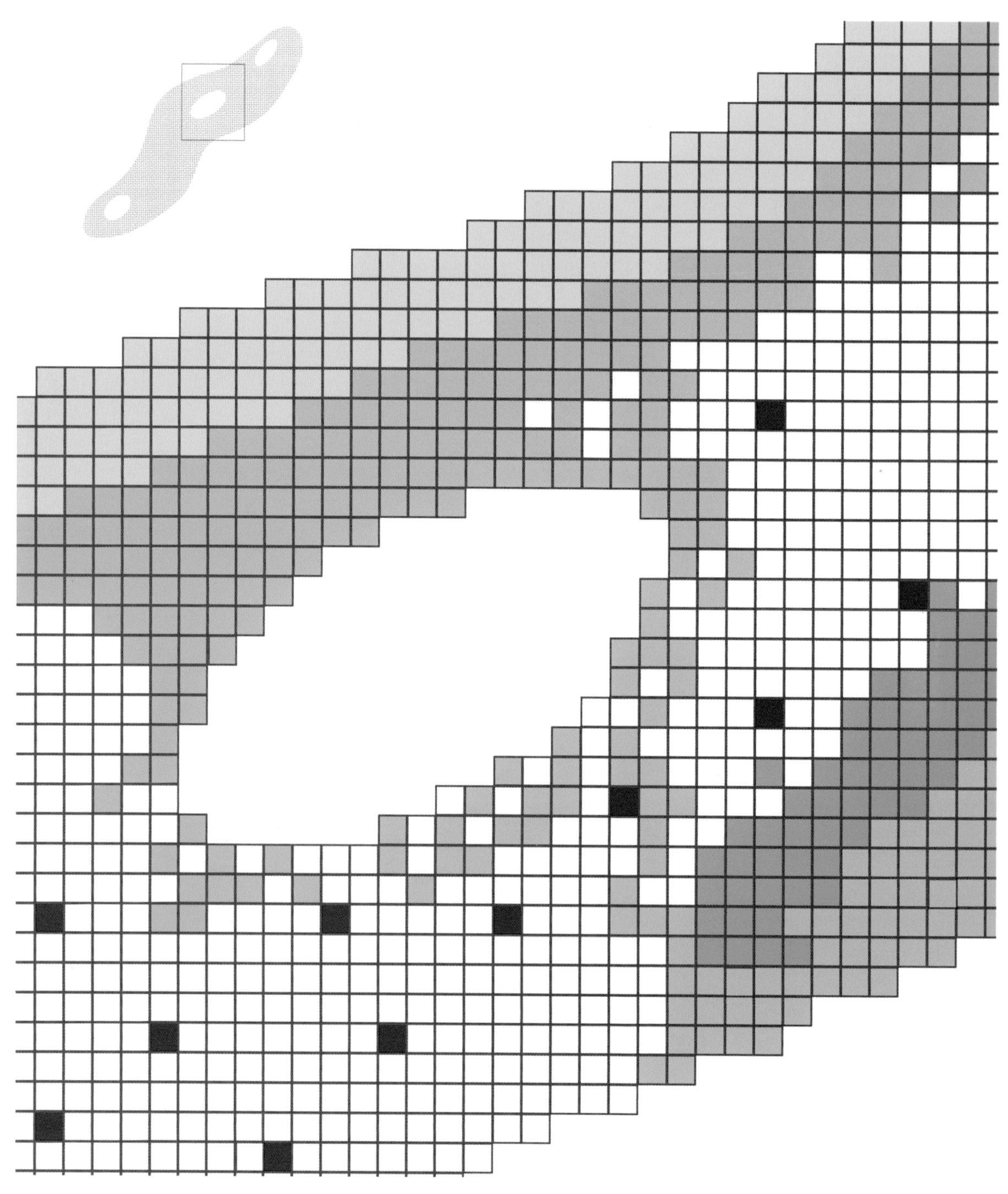

平面布局图是一个规律的正交直线网状的几何形状，结构形态上的毯状编码有利于形成真正有效的模块化系统，其功能广泛，不仅仅只是用作遮阳。

看台

1. OSB板箱
2. 看台填充物

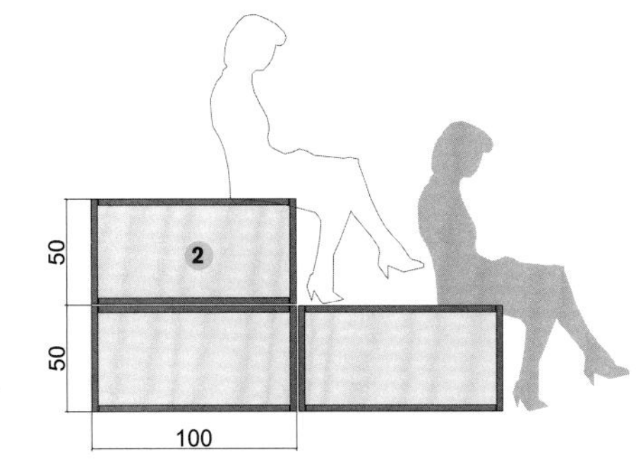

植被

1. OSB板箱
3. 测试
4. 植被土壤
5. 植被

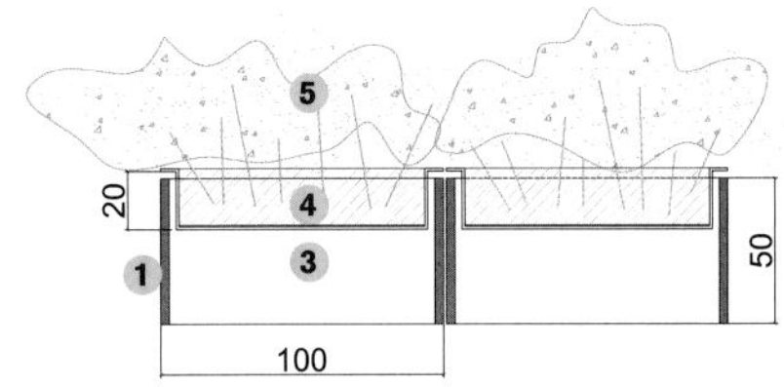

太阳能光伏板

1. OSB板箱
6. 支撑结构
7. 太阳能光伏板

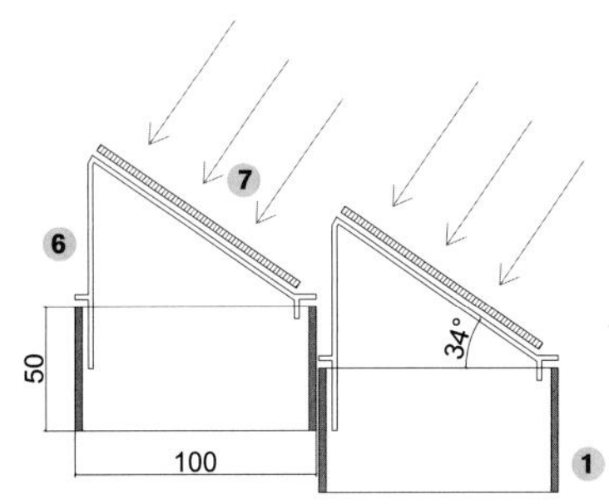

照明点

1. OSB板箱
6. 支撑结构
8. 照明设施

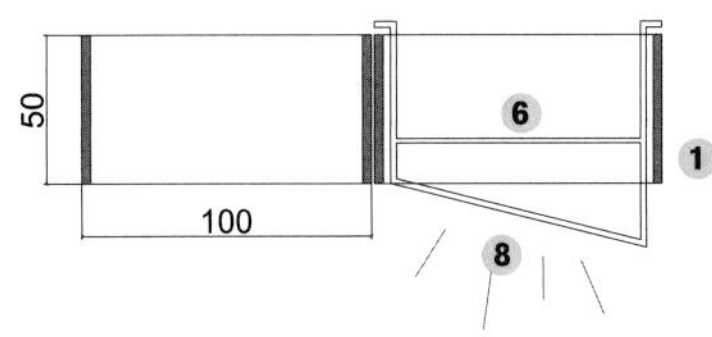

利用结构化系统设计而成的可重复利用和回收的藤架结构，用来指引和保护使用者；几何形状的模块化形态便于吸收日光，日常可用作看台和会面的场所。

A 阿格巴塔
B 对角线大道
C CMT办公室

1 照明设施
2 悬挂的植物
3 OSB纸板箱

城市中处于战略性位置的一个空余空间被赋予全新的氛围和用途，是城市在不断发展过程中，对公共空间进行改造的一个节点。

Thinking in Public

公共空间的思考

“公共空间的思考”这部分内容涵盖了一系列的项目，包括竞赛和研究期间的。它们的相似之处在于项目的复杂性，与城市设施相关联，活动半径逐渐扩张，与公众的交互作用更加密切。

这些项目旨在开发新的建筑类型，功能的多样性与当前的场地条件相互作用，代表了对环境的强化和意识形态的重新传播，以及符合不断增长的各种公民的社会观和价值观。这是为大众设计的建筑，作为机遇和改变的生成者，对于项目所在地及城市转型的需求，承担着更大的责任。

laboratory

2011

IBIZA

ESI

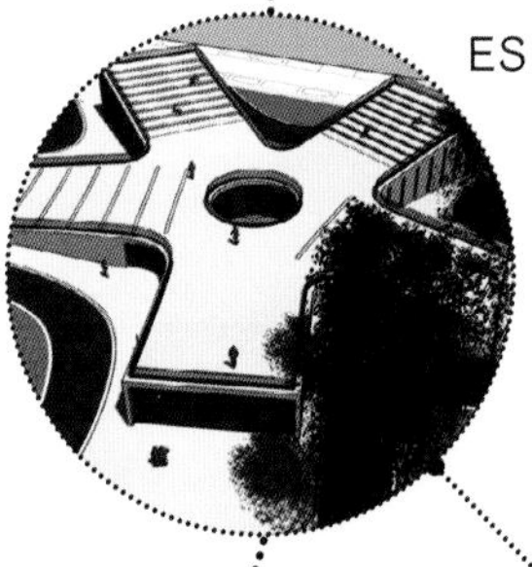

2010

ROSES

ECR

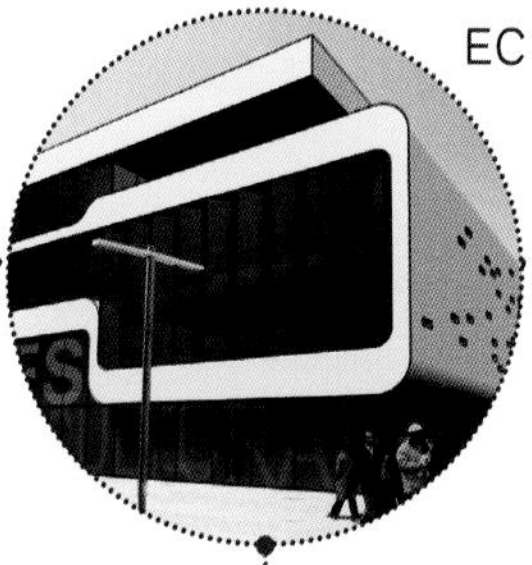

p.224

社会文化中心 伊比沙岛

为伊比沙岛设计的一个案例旨在为市民提供一个会面的场所，可以用作图书馆、展览中心和文化中心，相应的公共空间符合城市的本来面貌。

p.232

文化空间 罗塞斯

为了创造出活跃的不断变化的建筑，同时具有可持续性设计而成的一个项目，其内在和技术方面的表现突出，以一种动态的方式与用户互动，学习和意识到一些有效的举措来减少碳排放。

REGENSBURG

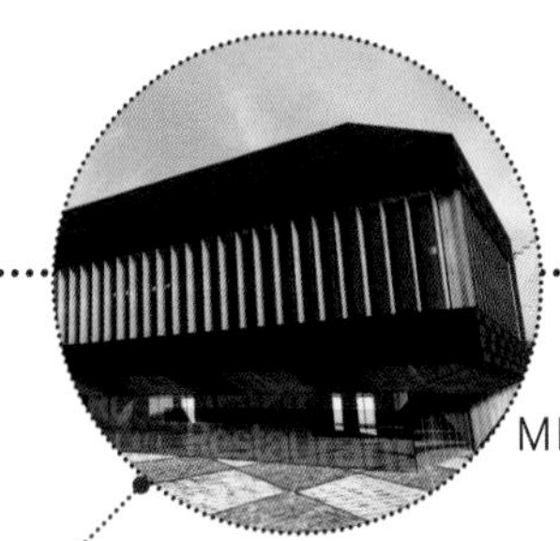

2013

MHR

p.216

巴伐利亚历史博物馆

本案是为德国雷根斯堡市设计的一个博物馆项目，公共空间的创造要与现有的设施相结合的做法将会持续下去，因为都市公共空间在将来会发挥更大的作用。

REUS

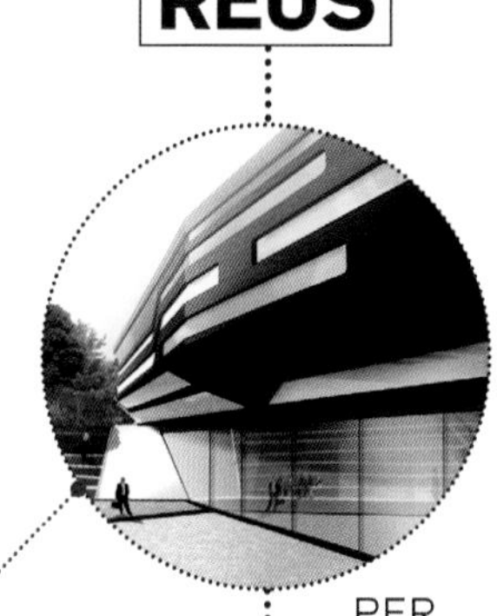

p.208

商业办公室

这种方式还能在雷乌斯市的展示王宫及办公楼的设计中看到，广场和公寓丰富了入口和周围的环境，对于间隙空间的探寻保证了其在环境中不同规模的存在。

PFR

2007

CCR

p.198

购物中心

本案是一个购物中心设计，毗邻现有的城市公园，让来此的人们能享受到美丽的自然景观。

两个社会文化项目完整了这一旅程。罗塞斯和伊比沙岛社区中心，通过使用可再生能源收集系统来达到可持续发展和降低二氧化碳排放的目标，功能性和社会职责在渐增的多样性和复杂应用的集成中扮演了重要角色。

Shopping Centre

西班牙，**雷乌斯**

购物中心

本案位于雷乌斯市，是为参加竞赛而出的一个设计方案，目标是在一个独特的场地设计一个购物中心。场地毗邻市内一个大型绿肺区域，将这两个实体与多样化的休闲和娱乐概念结合在一起是设计的一个决定性参数。

雷乌斯当时的经济实力促进了项目的实施，项目与现有公园之间产生的连续性发挥了重要作用。创造出一个休闲娱乐的城市空间的目标通过毗邻的绿地区域得以实现。

项目建筑面积为86000m²，涵盖一系列就餐和休闲设施。项目所用的形态和材料，以及设计理念是为了配合场地状况，寻求一种形态使其更加现代和技术化。最终形成的是一个不断活动的物体，呈现出一种蜿蜒的流线形剪影、全新的建造工艺和轻盈的外层覆面，带蓝色的金属表层上有着大大的开口，展示了室内的空间，中心巨大的椭圆形穹顶充当着天窗的角色。

与之平行的入口广场通往圣乔治花园，公共空间的连续性通过一个棚架得以实现，为人群汇聚点的大看台提供遮蔽，这个综合体通过其复杂性传达了城市先进和创新的精神。

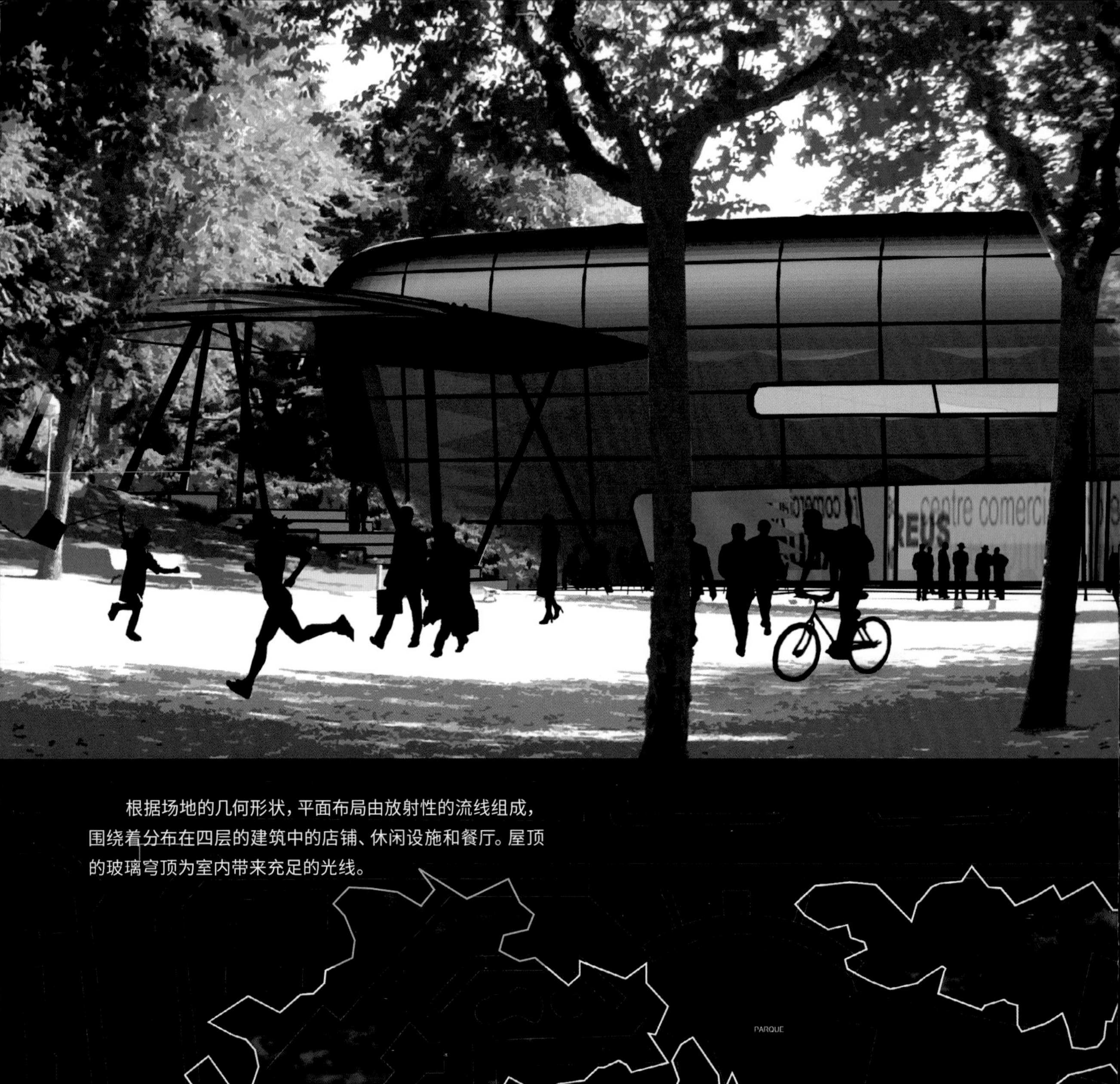

根据场地的几何形状，平面布局由放射性的流线组成，围绕着分布在四层的建筑中的店铺、休闲设施和餐厅。屋顶的玻璃穹顶为室内带来充足的光线。

+25.00
+20.00
+15.00
+10.00
+5.00

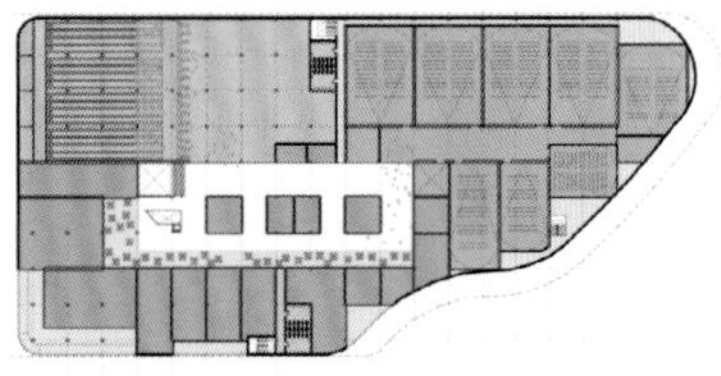

1

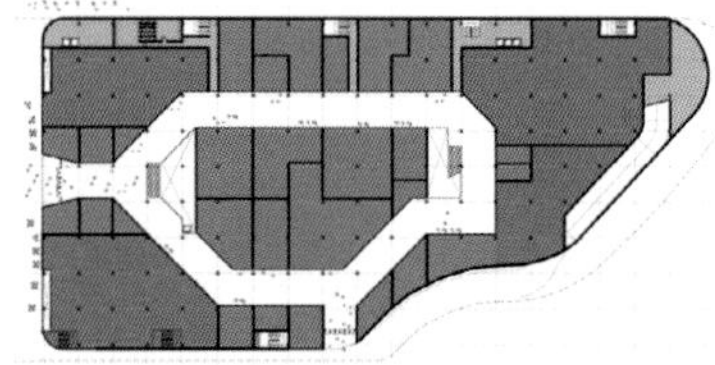

2

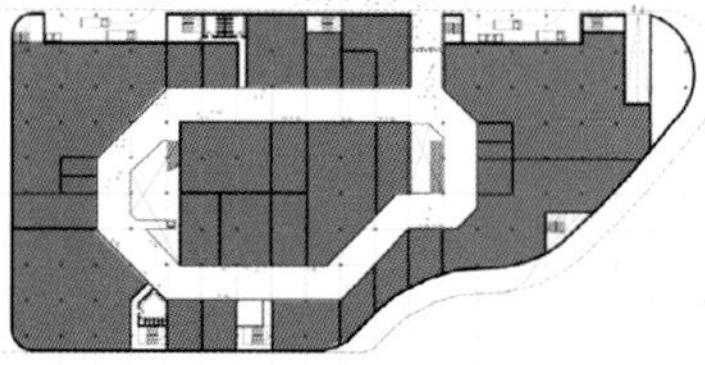

3

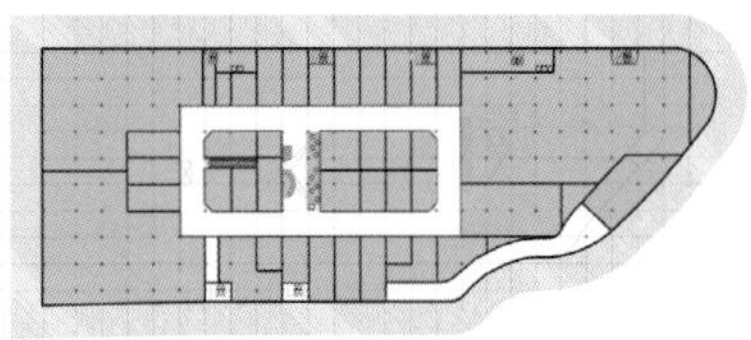

4

5

1. 三楼——休闲
2. 二楼——时尚
3. 一楼——时尚
4. 地下室1
   食品
5. 地下室2
   停车场

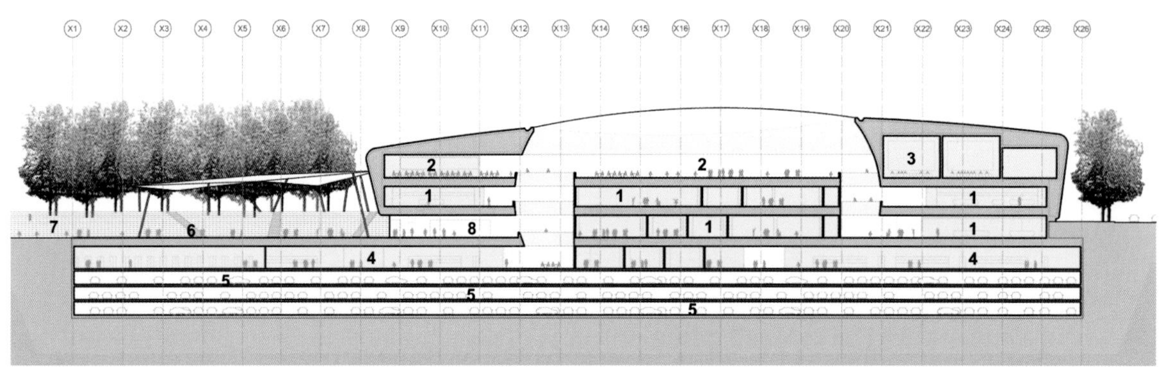

纵立面图

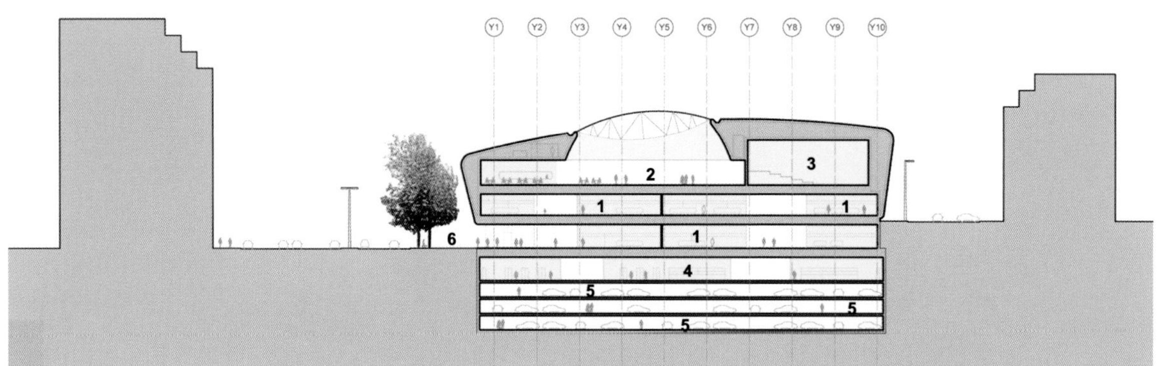

横截面

1. 时尚店面
2. 餐饮区域
3. 电影院
4. 食品区域
5. 停车场
6. 侧入口

centre comercial
REUS

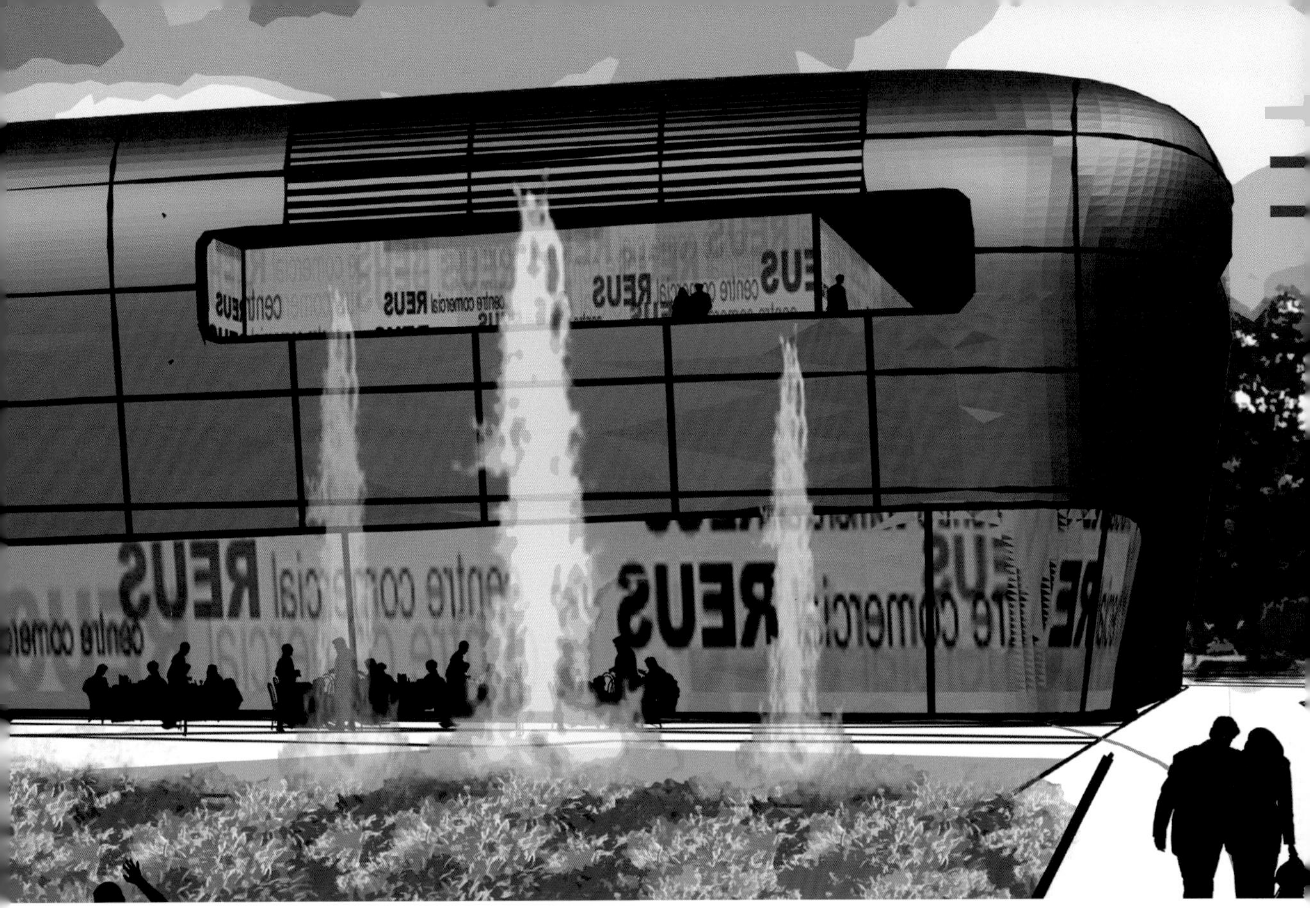
centre comercial REUS

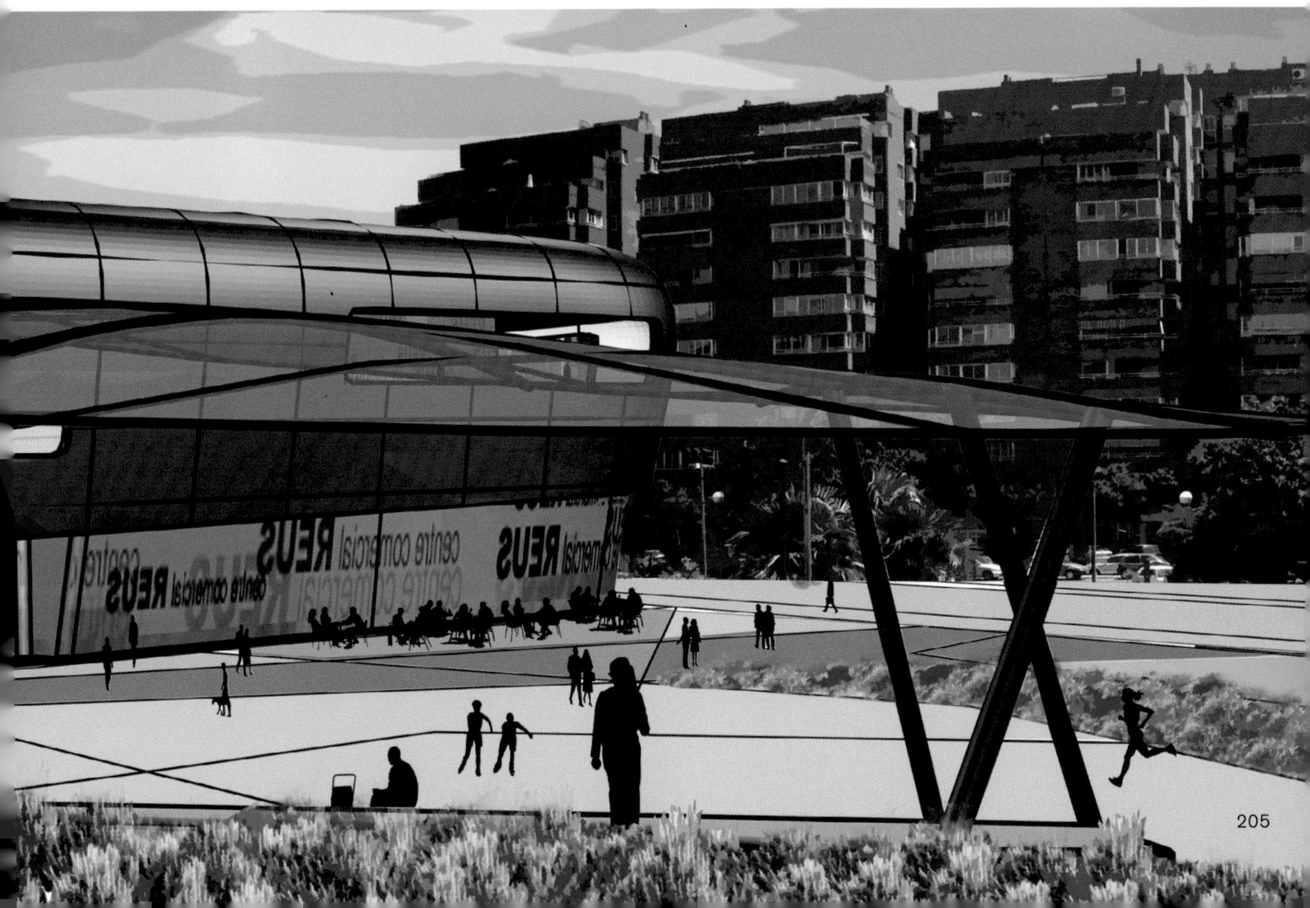
centre comercial REUS

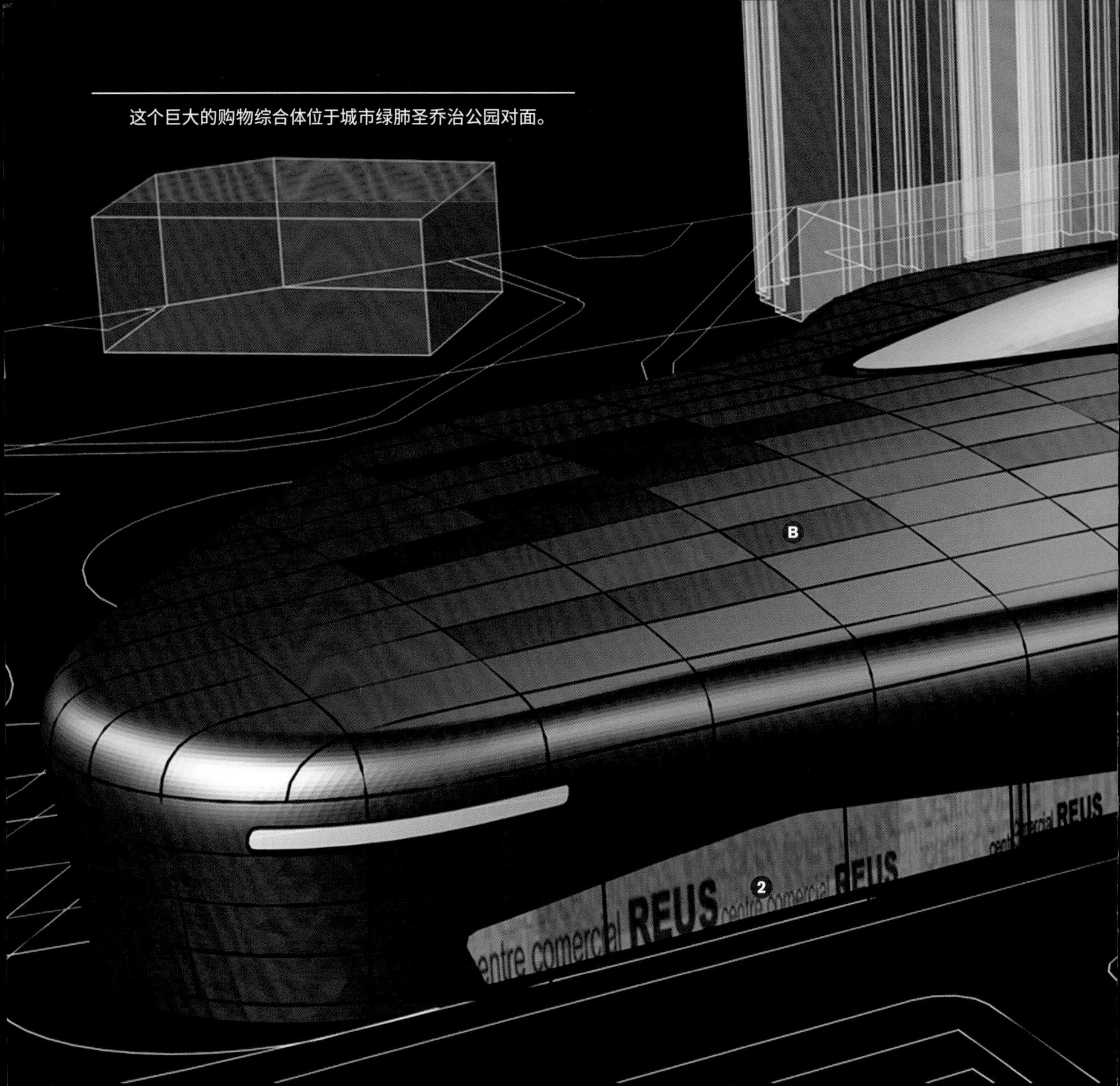

这个巨大的购物综合体位于城市绿肺圣乔治公园对面。

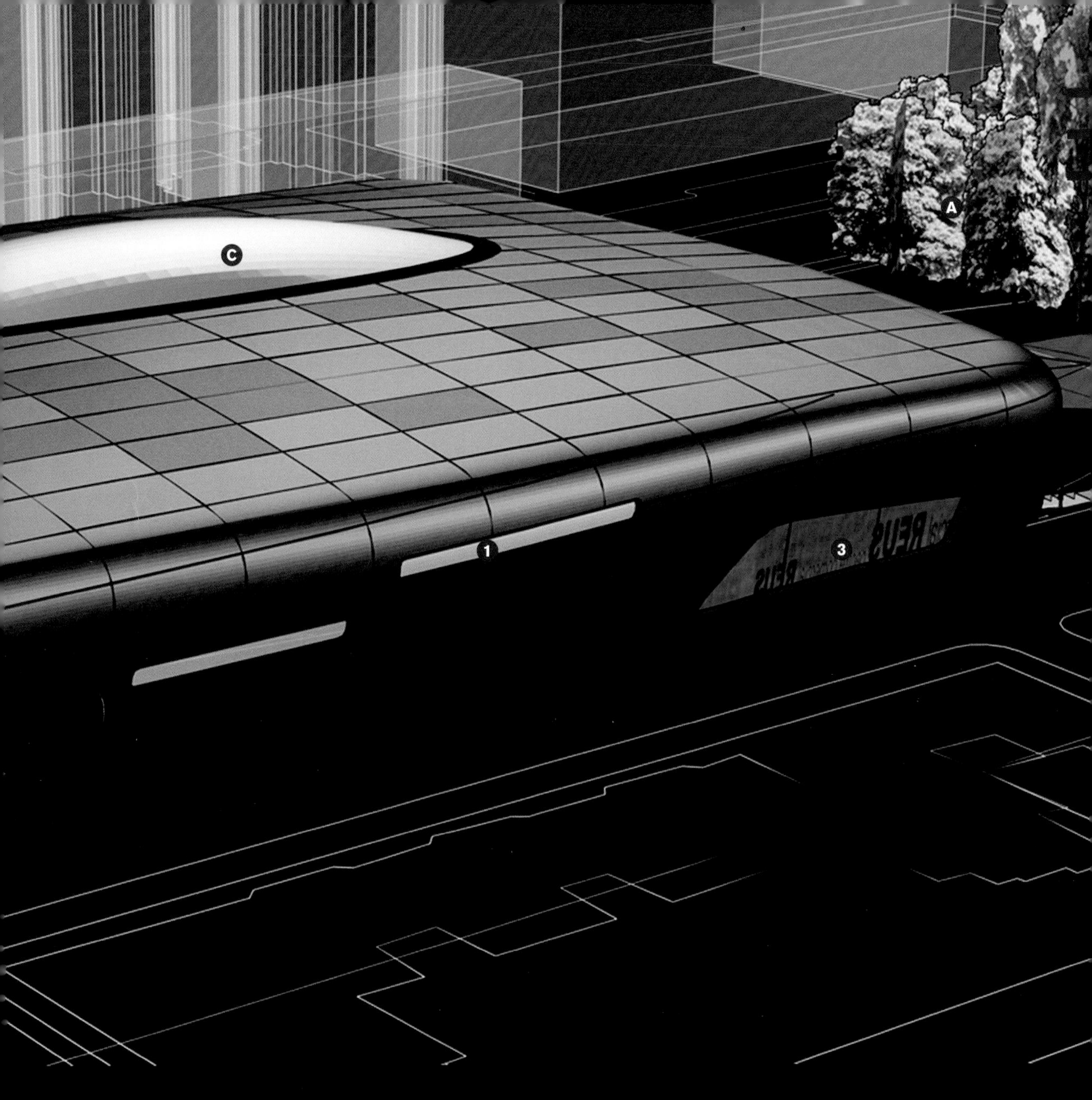

本案体量紧凑，被设计成斗篷样的覆面呈现出连续性的光滑轮廓，其上的网格模糊了项目的规模和力量感，与屋顶上太阳能光伏板组成的轻质铝立面系统相呼应。

A 圣乔治公园
B 太阳能光伏板
C 穹顶天窗

1 餐饮区域
2 入口大厅
3 店铺

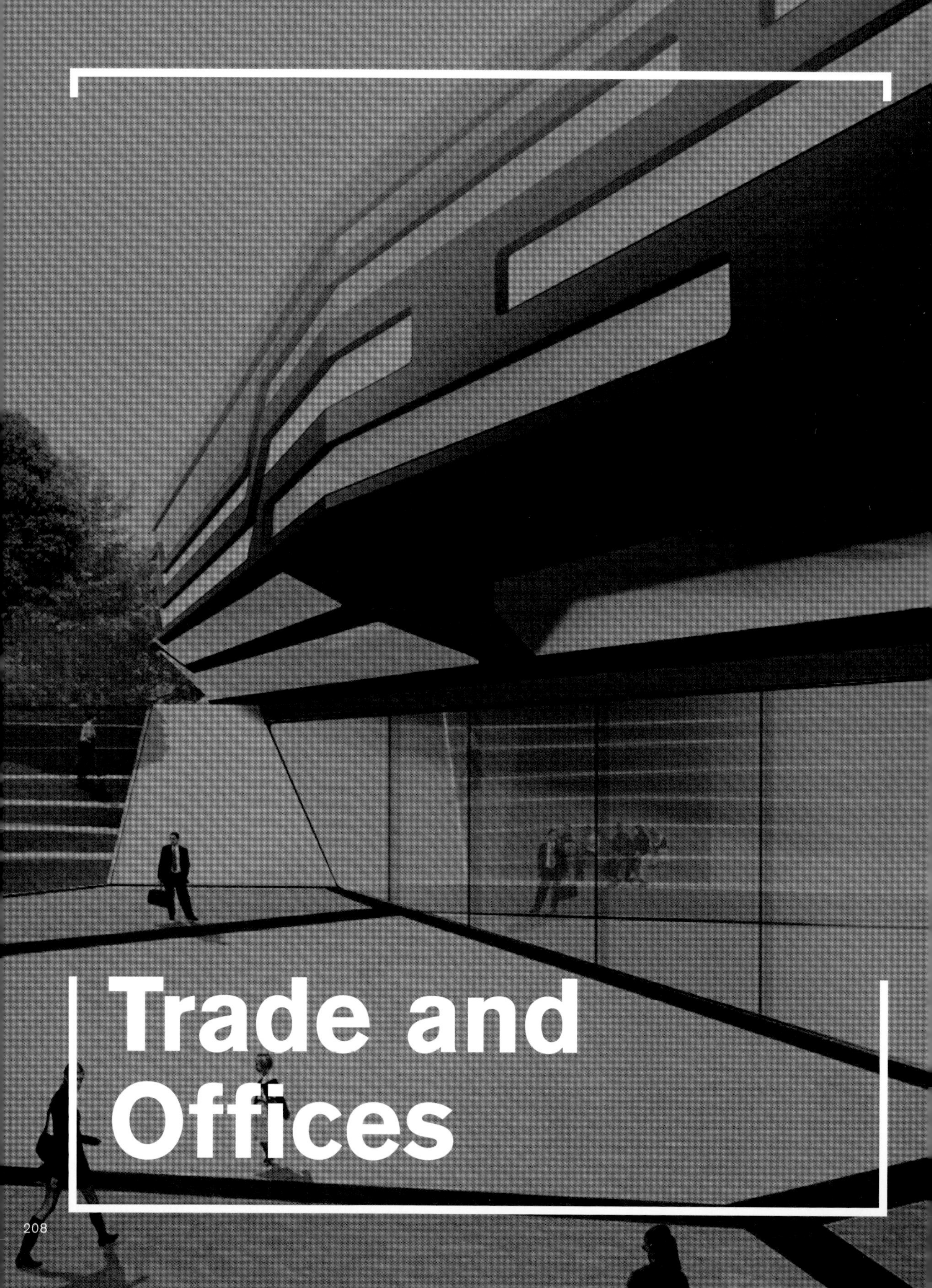

Trade and Offices

西班牙，**雷乌斯**

商业办公室

Tecnoparc项目来自一项设计竞赛，我们设计了一栋可用于举行各种活动的多功能建筑。设计方案包括展示大厅和会议中心，其设施和房间设计可用于各类贸易和促销活动。

该方案还计划为电子科技公司和城市商会提供办公平台。为此，我们搭建出可灵活运用的多功能建筑，使其能在不规则的平台上容纳多功能的空间，包括室内花园和天窗。

建筑的整体覆面充满了科技的触感，线性的阵列开口与已有的回路一起形成复杂的网络，形成有趣的纵形立面，内部的几何形状与公众入口点相配合。

最终的成品是一个紧凑的建筑物，开口朝向巨大的入口广场，是举行本市各种展会的最佳场所。该建筑占地面积小，以留出充足的可以让人们进行直接互动的公共空间。

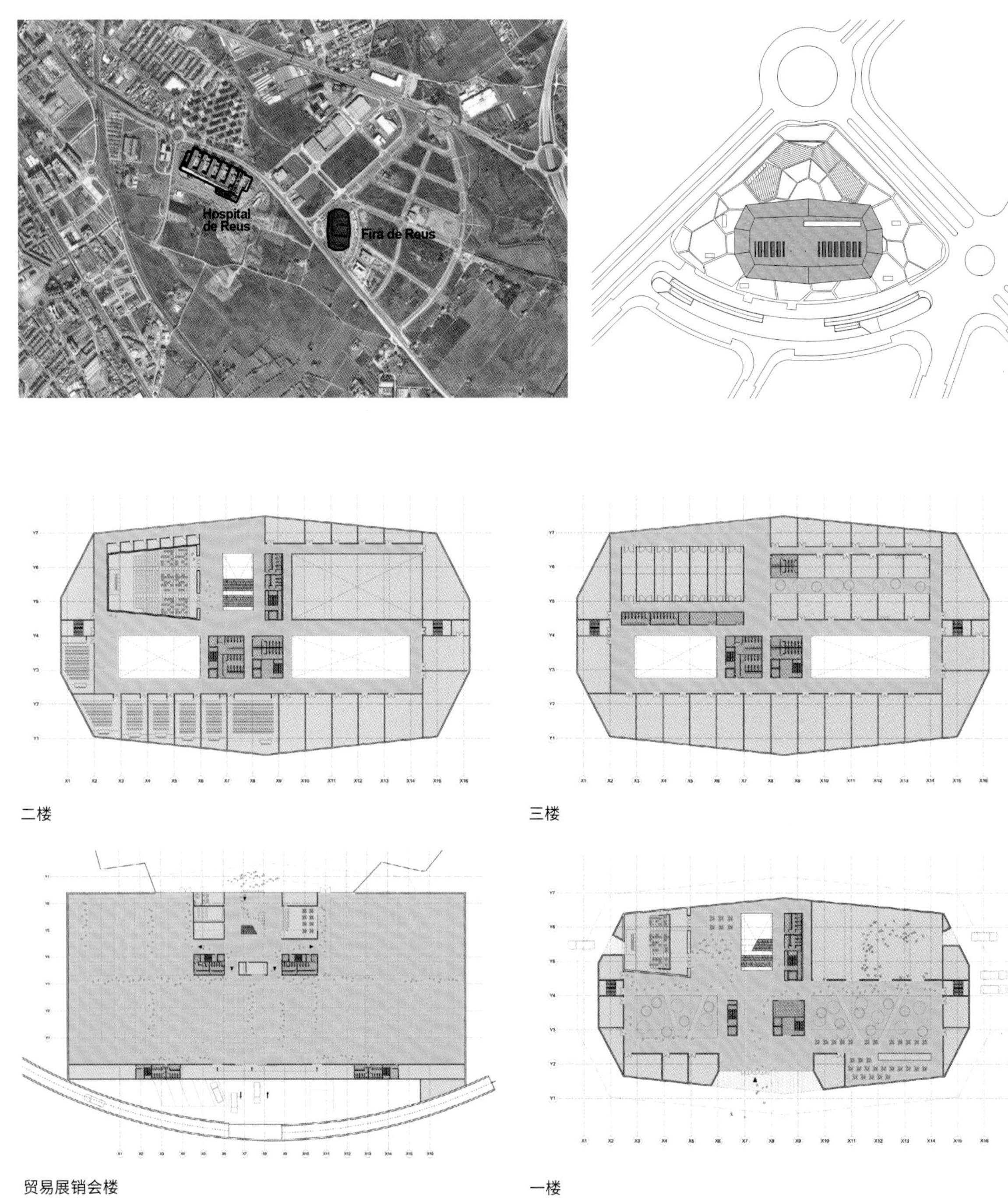

二楼

三楼

贸易展销会楼

一楼

两个占双层楼空间的室内绿植庭院划分出教室、办公室、多功能室和影音室等主要区域的边界。

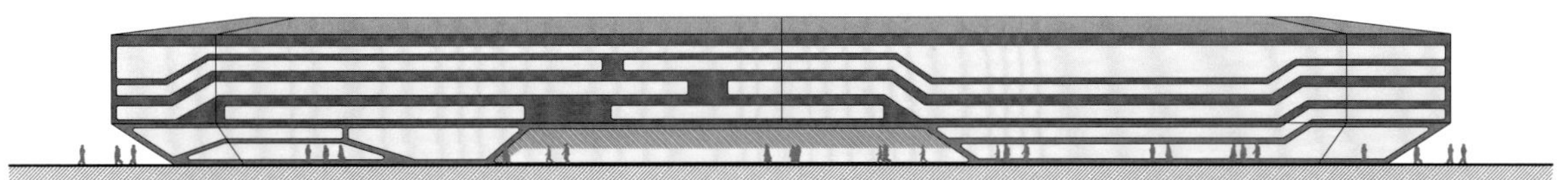

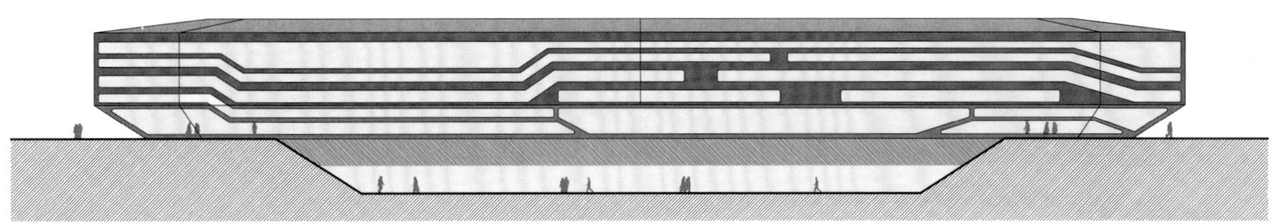

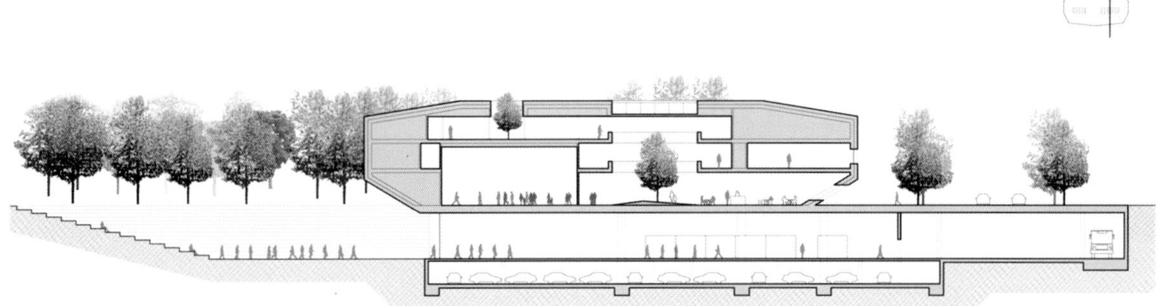

横截面

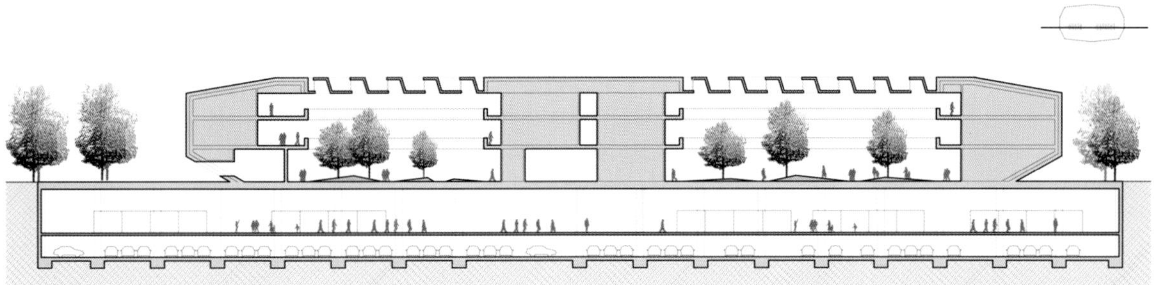

纵截面

覆面对应了建筑周边的纵向开口。环形的几何网络结构折向入口区域、景观区域和建筑主体深处。

建筑有着独特的外立面，让你一进入贸易展销会区，通过创造出的巨大的阶梯式广场，就能体会到里面那些公司的特征。

A 贸易展销会入口广场
B 展位
C 停车场

1 大堂和信息点
2 多功能室
3 办公室

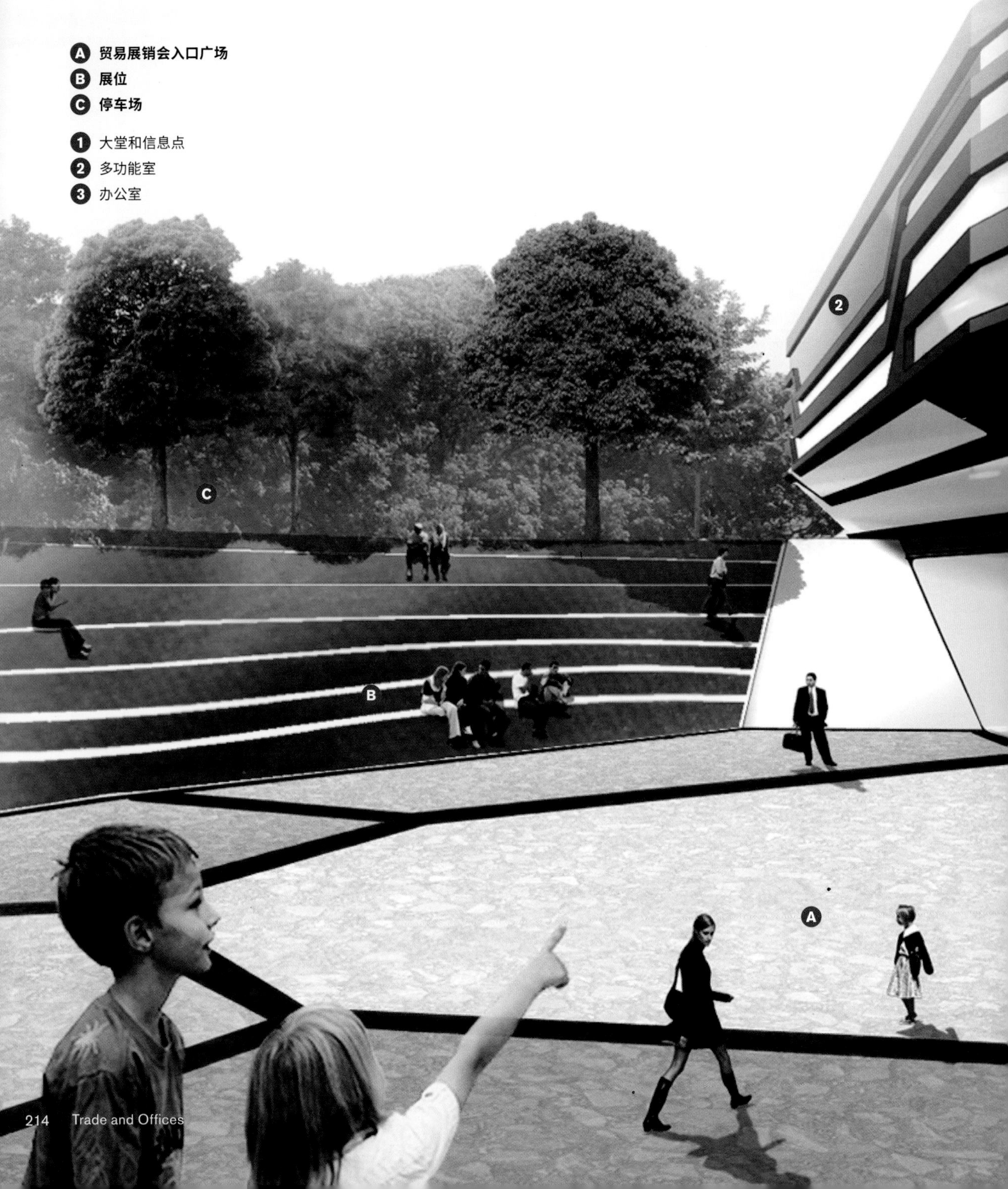

3
1

Bavarian History Museum

德国，**雷根斯堡**

巴伐利亚历史博物馆

本案位于德国雷根斯堡，是一个坐落在多瑙河岸的巴伐利亚历史博物馆。在城市和河流之间，巴伐利亚旗帜上的几何体量脱颖而出。

最初的方案中，城市与河流之间是通过一个公共空间联系起来的，当然博物馆也包括在内，通过一系列室内庭院和平台让游人一览城市景观。在这个整体项目中，除了展示空间外，建筑内还有图书馆、媒体图书馆、餐厅和礼品商店，四层楼的空间总面积达7500m^2。

人行道面向入口广场，在建筑内形成多条路线，能看到展示区域，并且直接面对着城市最具代表性的景致——多瑙河、大教堂和旧城镇，起保护作用的立式格栅有遮阳的作用。

巴伐利亚旗帜上的菱形几何形状被应用到人行道和博物馆立面上，其形态和色调形成爆炸性的外观，意在直观地体现这个具有代表性和功能性的建筑的内在和特征。

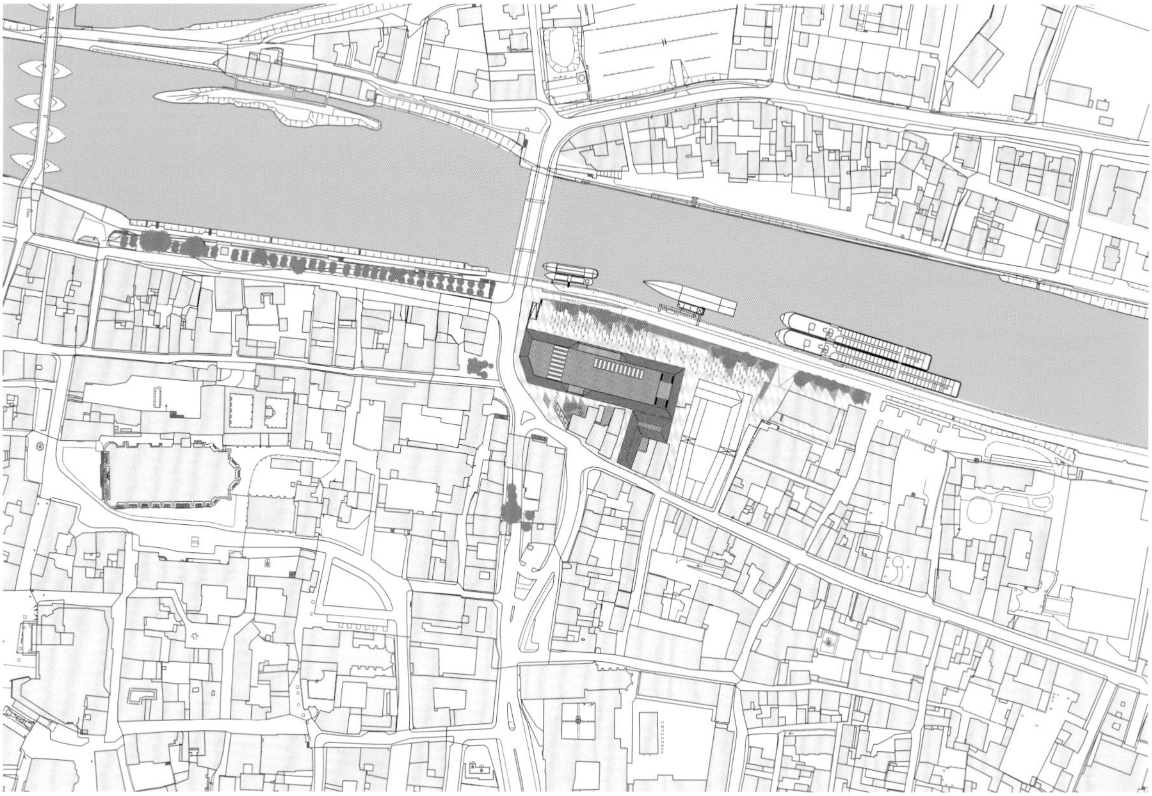

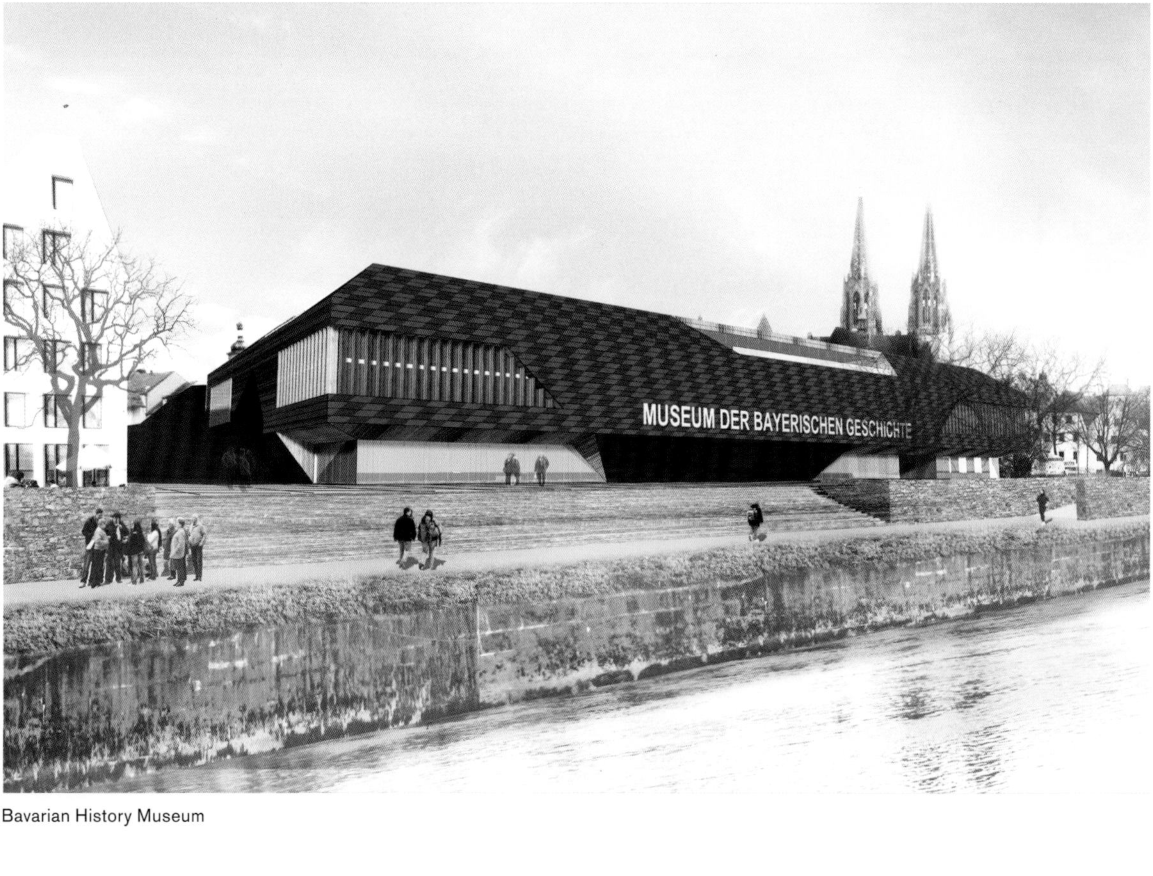
MUSEUM DER BAYERISCHEN GESCHICHTE

城市规划体现了对连接不同实体的区域现有规划的连续性。一条走道将博物馆的日常活动路径与该地区的旅游和商业活动带来的行人流联系到一起。

图表

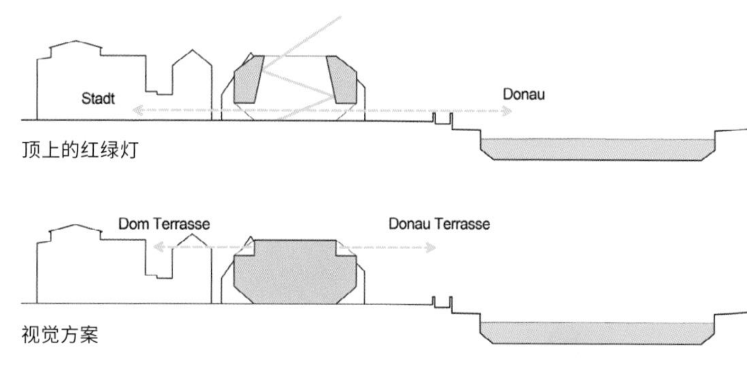

顶上的红绿灯

视觉方案

入口
服务
博物馆
巴伐利亚
附加建筑物

三楼

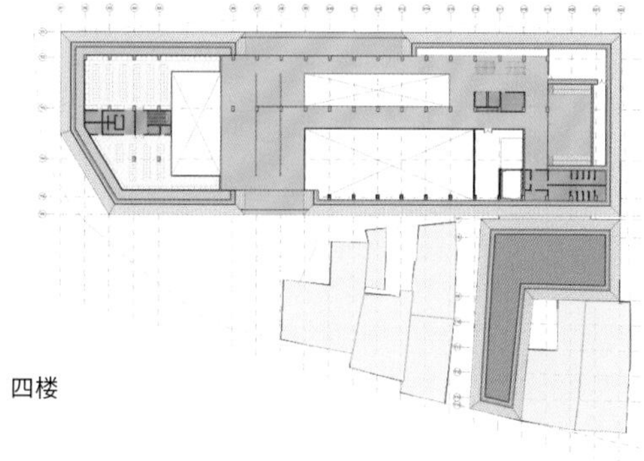

四楼

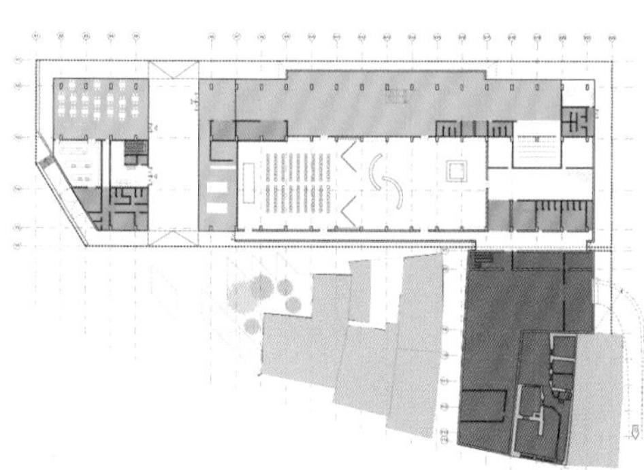

一楼

二楼

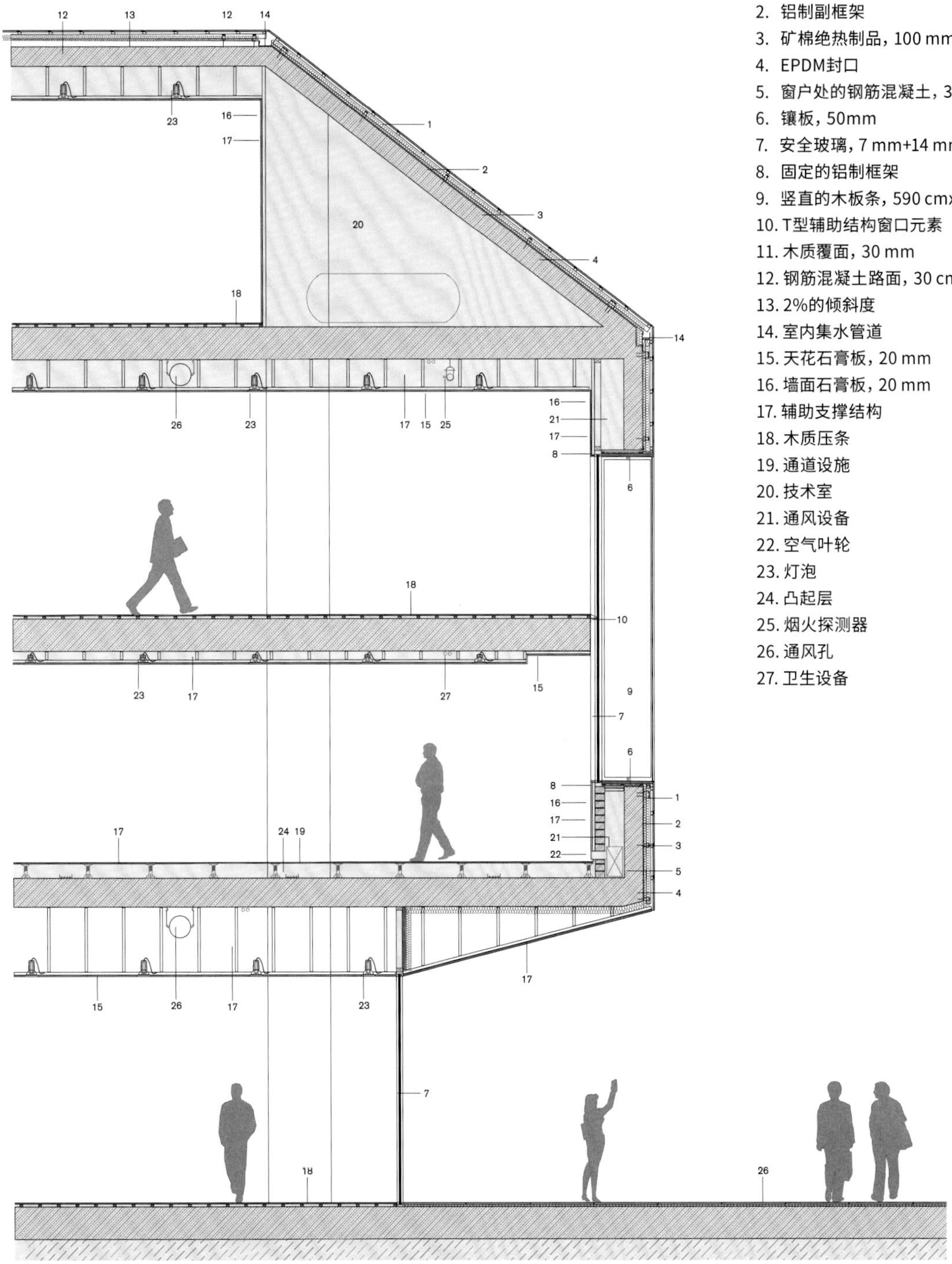

1. 双色石头，50 cmx50 cmx2.5 cm
2. 铝制副框架
3. 矿棉绝热制品，100 mm
4. EPDM封口
5. 窗户处的钢筋混凝土，300 mm
6. 镶板，50mm
7. 安全玻璃，7 mm+14 mm+7 mm
8. 固定的铝制框架
9. 竖直的木板条，590 cmx75 cmx5 cm
10. T型辅助结构窗口元素
11. 木质覆面，30 mm
12. 钢筋混凝土路面，30 cm
13. 2%的倾斜度
14. 室内集水管道
15. 天花石膏板，20 mm
16. 墙面石膏板，20 mm
17. 辅助支撑结构
18. 木质压条
19. 通道设施
20. 技术室
21. 通风设备
22. 空气叶轮
23. 灯泡
24. 凸起层
25. 烟火探测器
26. 通风孔
27. 卫生设备

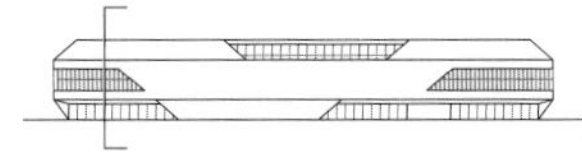

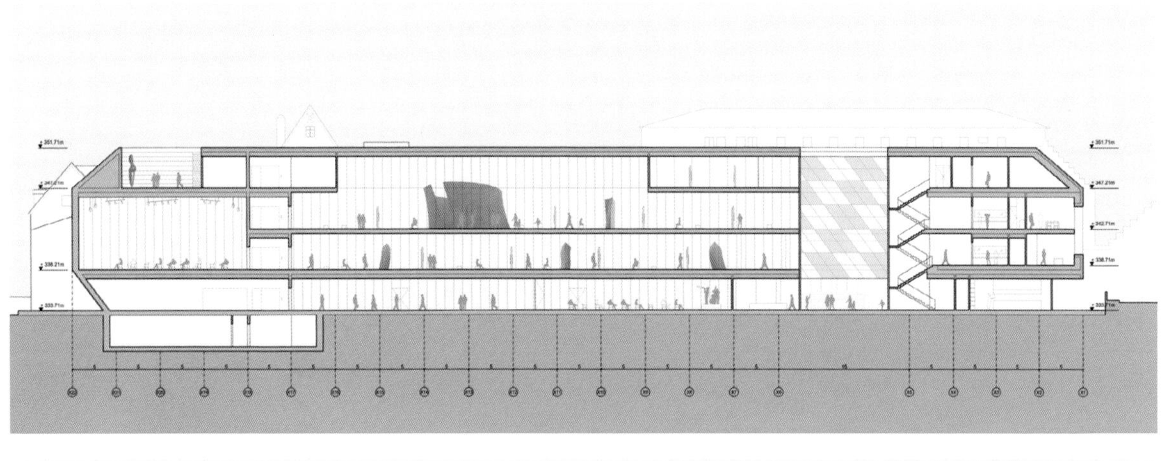

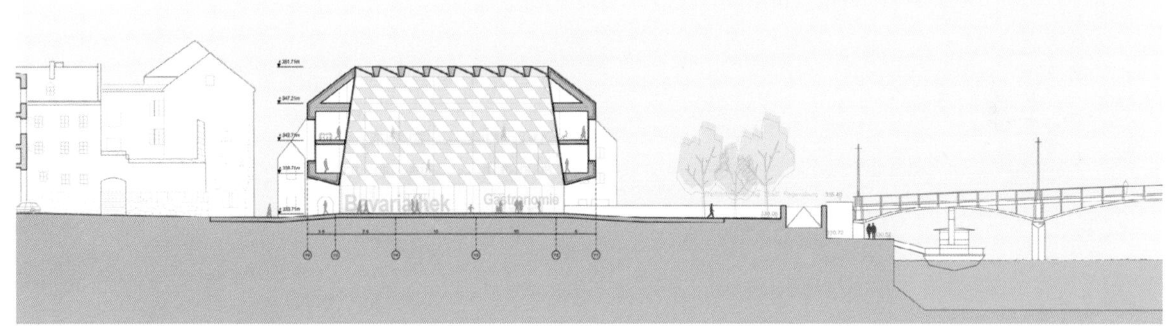

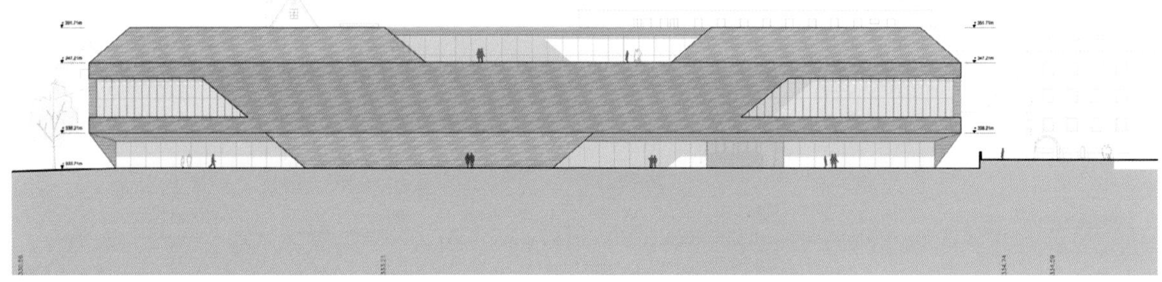

纵立面

该方案研究了如何利用路径和环路将博物馆内的活动联系起来。通过在一些战略性的点上安排空缺形成双层高的空间，让上层与下层楼层之间形成一种连续性和视觉上的互动性。同样地，屋顶上的平台让游客能感受到周边丰富的环境和多瑙河优美的景致。

本案是一个博物馆建筑，讲述了巴伐利亚的历史。建筑内同时还有展示空间、图书馆、媒体图书馆、自助餐厅和店铺。

墙面上的开口不仅是为了给室内带来光照，同时还能让里面的人欣赏到城市独特的景观。

A 博物馆
B 多媒体图书馆
C 餐馆

1 建筑入口
2 天然石块立面
3 俯瞰多瑙河的平台
4 公共广场

立面和广场的人行道都是由两种色调的菱形图案组成的，让人联想到巴伐利亚旗帜上的几何形状。

Sociocultural Centre

西班牙，**伊比沙岛**

社会文化中心

本案是伊比沙岛的一栋全新建筑的规划，项目所在的地理位置决定了其将成为新的中心。关于耶稣社会文化中心，设计理念是创造出市民日常会面的场所，其中，除了室内空间，我们还考虑到了其室外空间的运用，计划使用其来举办音乐会、戏剧表演和其他户外活动。

因此，设计师在屋顶设计了一个巨大的公共空间，广场上的人流形成连续的形态，星形平面布局的空间中有一个图书馆、一个礼堂和展示大厅，可通过同一个中心入口进入。建筑与周边建筑色调一致，厚重的墙面组成线形结构，通过深处的开口与室内形成明暗对比。

项目以一种全球化的视野，创造了一个都市空间，以多功能的建筑服务公众，并以一种有活力且有效的方式融入周边的环境中——连接的人行道分布在各个角落，绿植景观赏心悦目。

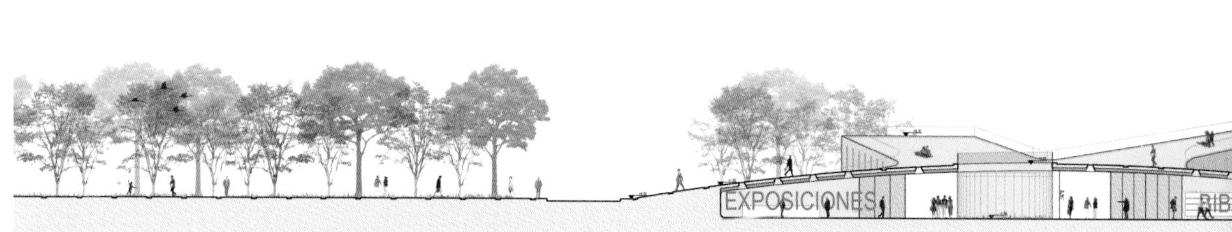

A-A' 纵截面

设计方案通过独特的主体结构布局将周边所有的绿植区域结合到一起，在建筑各区域间形成连贯的人行道，配合空间各种活动之间的互动。

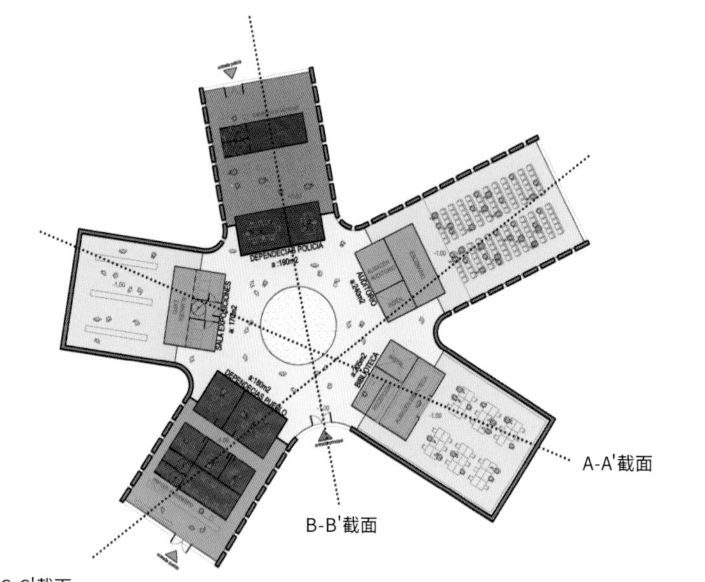

门厅和环路	275 m²
礼堂	240 m²
图书馆	205 m²
展示厅	170 m²
警务区	190 m²
公众区	180 m²
总面积	1260 m²

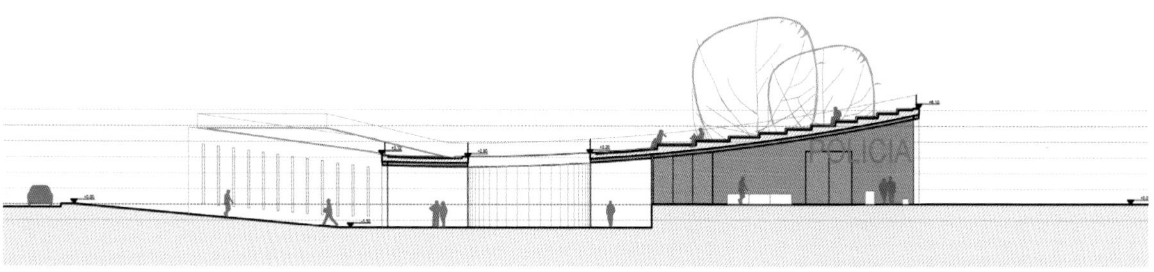

A-A'截面

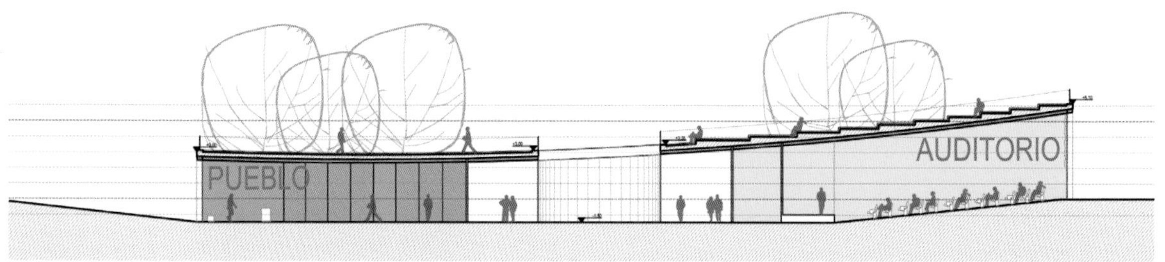

B-B' 截面

C-C'截面

礼堂

图书馆

建筑由五个模块围绕中心组合而成，中心作为一个大堂，可通往展示厅、礼堂和图书馆，屋顶可以用于举行户外文化活动。

2
C
3

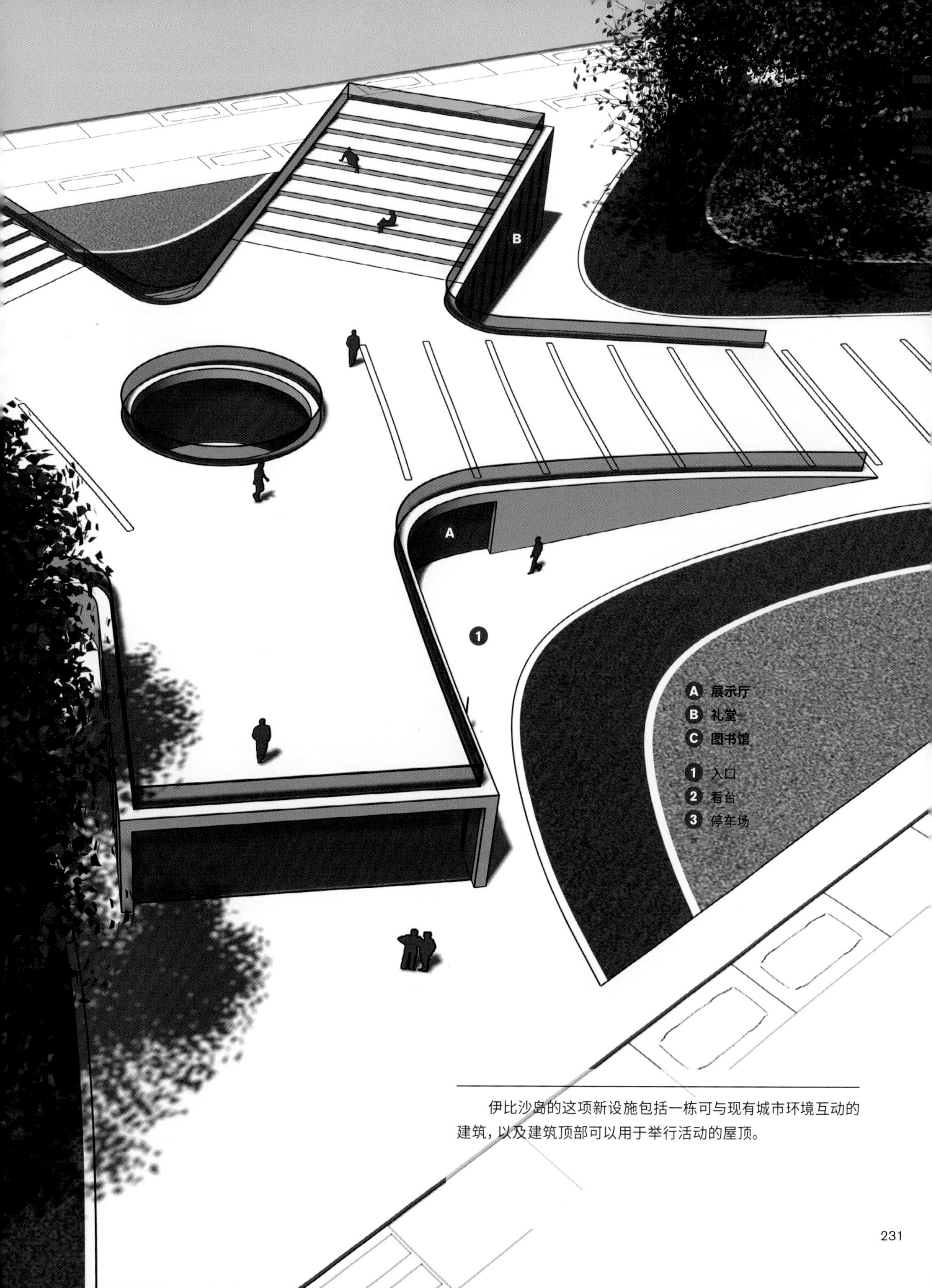

伊比沙岛的这项新设施包括一栋可与现有城市环境互动的建筑，以及建筑顶部可以用于举行活动的屋顶。

Cultural Space

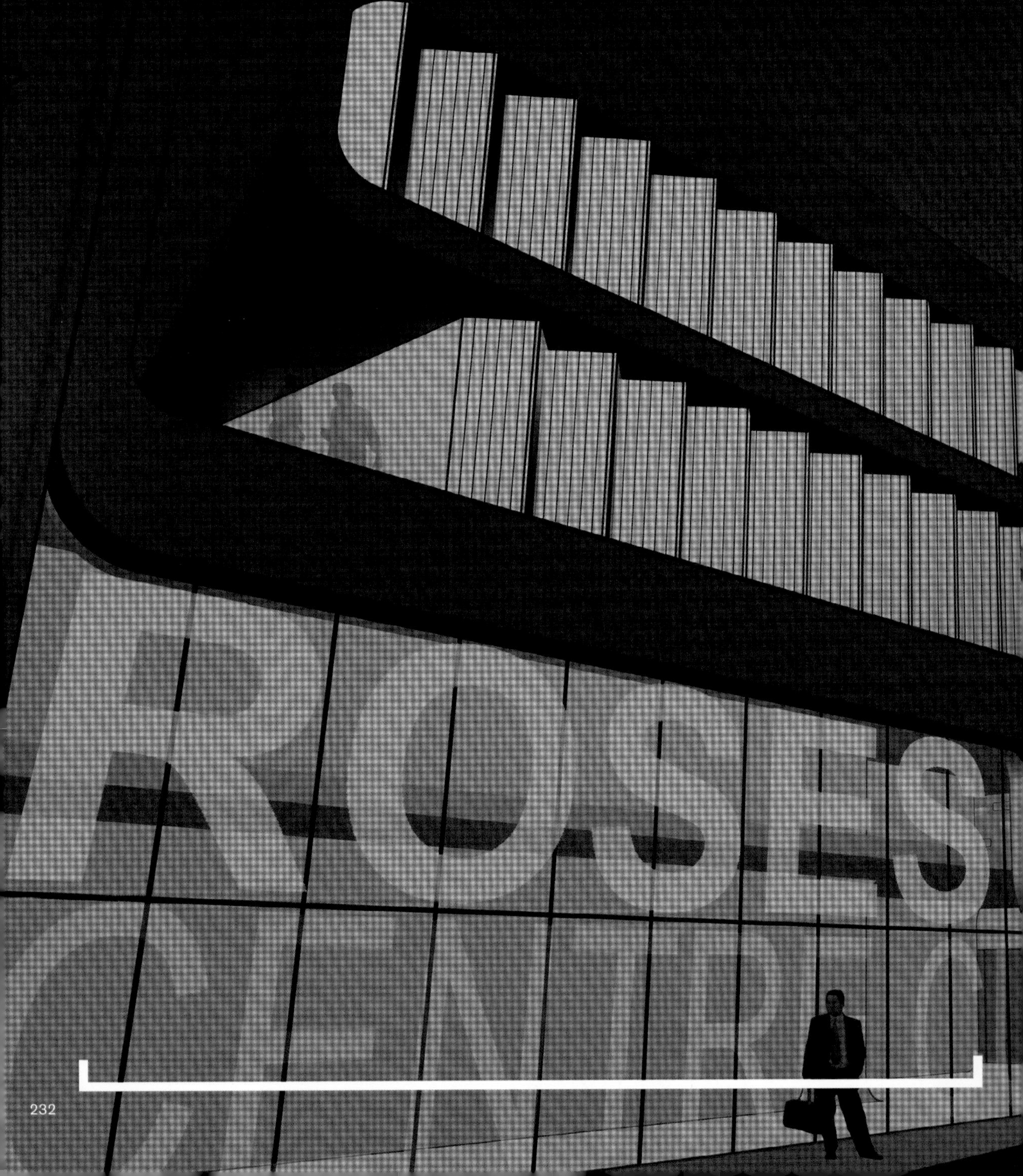

西班牙，**罗塞斯**

文化空间

本案的设计目标是在罗塞斯建造一个全新的文化中心，创造出一个真正的可持续建筑。它是一个由多功能室、办公室、艺术工坊和学习室组成的公共设施，可以用于举行各种活动的一个多功能的综合体，并且能够自给自足，节能环保。

方案的一部分是在顶部形成一个可再生太阳能收集系统、雨水收集装置和一个屋顶花园，这套有效的收集系统收集的雨水可用于灌溉屋顶花园，以及用于建筑的维护和清洁。

这种可持续发展的策略不仅体现在建筑内部运作中，同时还能将这种全新的环保意识传达给其使用者。设计目标的达成不仅在于其收集系统，还在于其覆层。例如，垂直花园的设计，其视觉影响以一种节能环保的形式将建筑的特征具象化。

ROS
CENT

CULTURAL

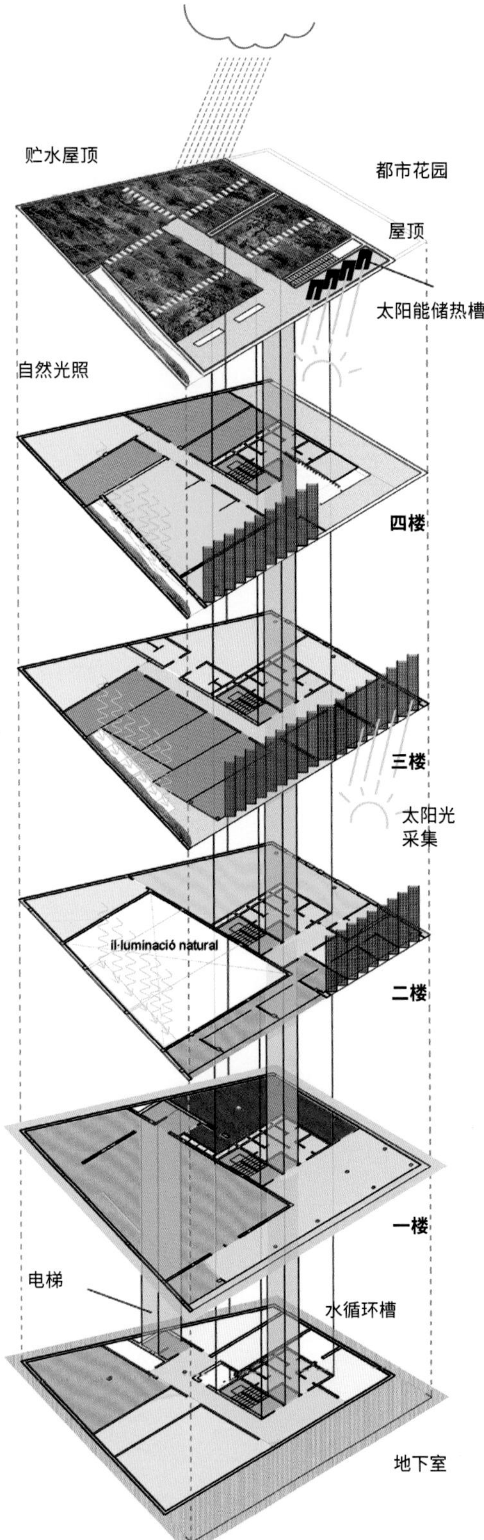

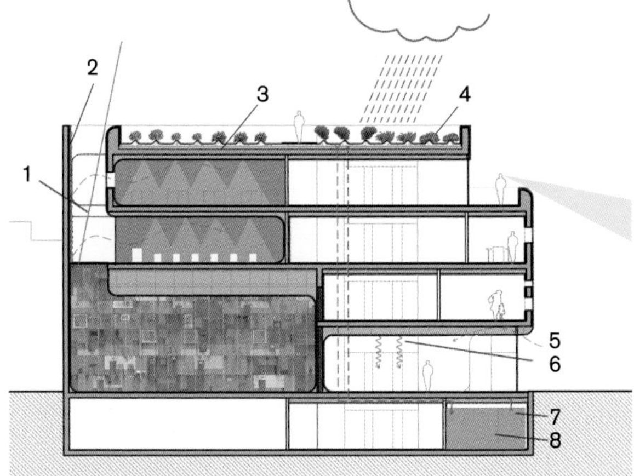

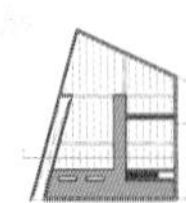

1. 自然光通过内部庭院
2. 景观墙
3. 贮水屋顶
4. 都市花园
5. 室内温度调节帘
6. 气候控制系统输水管道
7. 水箱
8. 污水循环

- 大堂、环路及服务
- 排演设施
- SUF空间
- 设备
- 餐厅
- 儿童区域
- 办公室
- 教室
- 研讨室和阅读室
- 年轻人区域和学习室
- 会议室

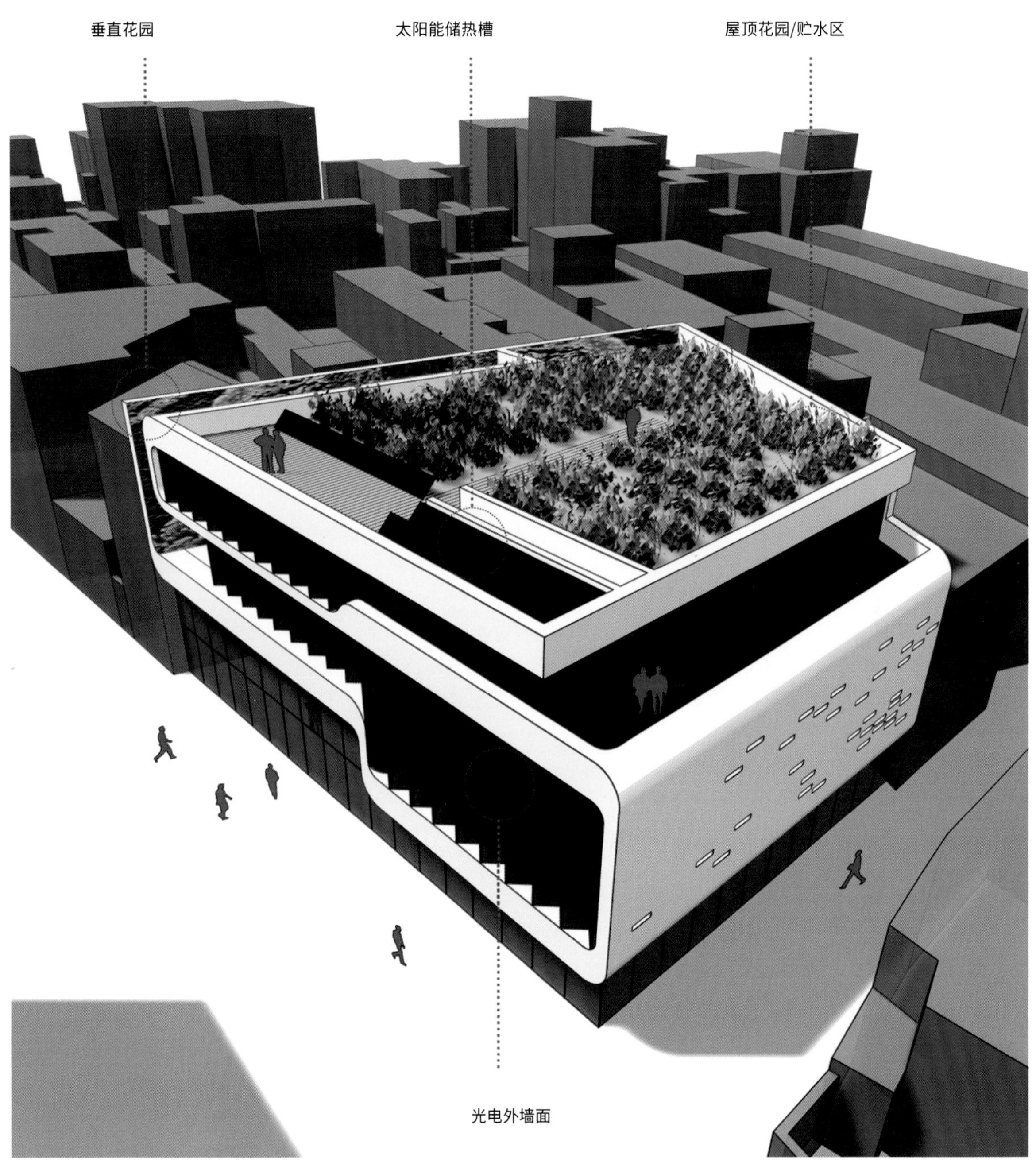

空间汇集了多种人际关系和社会信息结构，人与建筑建立了亲密的联系，资源的转换和建筑技术的应用是在可持续发展理念下形成的。

一项全新的城市设施，通过其覆面、屋顶、可再生能源收集和储存系统推动环保意识的普及。

A 大堂和接待处
B 研讨室和阅读室
C 学习室
1 太阳能收集
2 垂直花园
3 绿植屋顶，即都市花园
3
1
B
A
BAR SUR
Riera
Giniolers
TELEFON

Thinking in Housing

住宅空间的思考

本章节是对单个家庭住宅和住宅楼领域的设计研究，这也是最为广泛地被研究和探索的建筑类型，项目涵盖各种位置、方案和环境。我们希望探究每种环境的局限性及其已有的特征，使其与独特的设计方案完美结合，赋予项目多样的特征。

COLLECTIVE HOUSING

VUZ

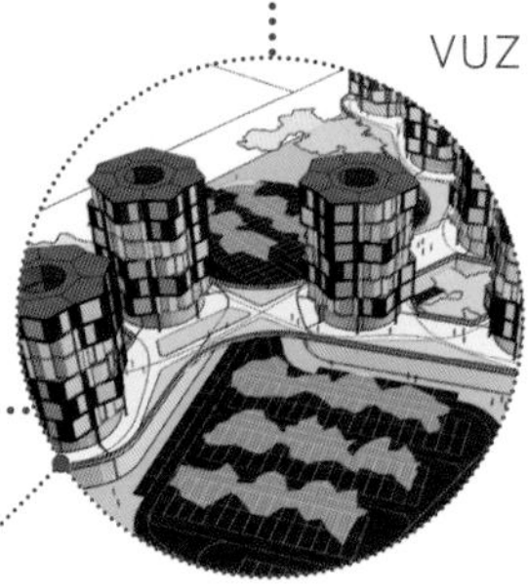

p.242

学生宿舍

萨拉戈萨一所大学的宿舍楼向我们展示了复杂项目的有序性和层次性，大型的休闲平台与住宅楼块交互。

VPH

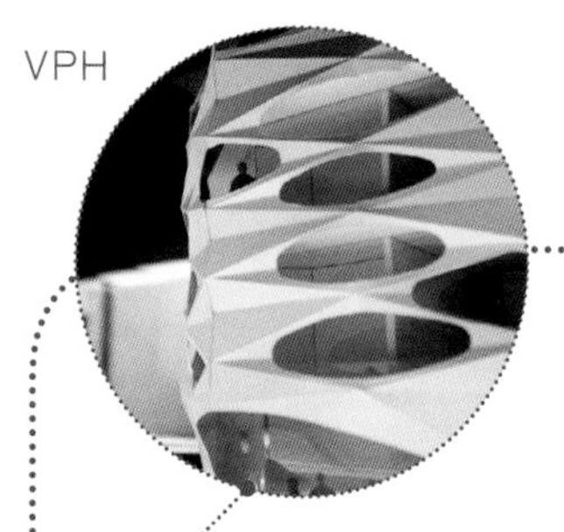

p.250

多户住宅楼

本案是巴塞罗那小型住宅楼中的一个独特的项目。巨大的折叠状几何形态给这一地区统一的建筑类型带来全新的特色。

laboratory

p.256

住宅楼

本案位于圣保罗，设计目标是建造一个奢华的住宅大楼，用巨大的悬臂式结构构成建筑外立面，远眺主城区。

CTL

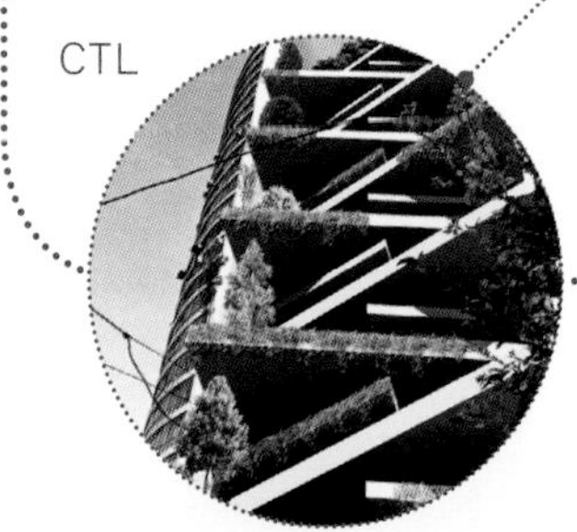

TMP

p.264

风车塔

本案位于巴塞罗那郊区的一片森林中，靠近一个大型的高尔夫球场，由7栋住宅楼组成的综合体融入自然环境中，独特的平台设计组合出变化的几何形态。

SINGLE-FAMILY HOUSE

E12

p.274 **城市新发展**

卡马尔镇议会规划的全新城市扩张项目，计划在毗邻现有住宅区的滨海区域新建一个景致优美的能容纳超过3000户居民的住宅区。

VGM

p.284 **0810家庭住宅**

本案是位于滨海区的一栋家庭住宅，围绕着中间的楼梯井错落有致地排列有着变化的几何形态的三层空间，面朝周围的景致。设计充分利用了不同朝向的平台设计，与房子中的主要空间联系在了一起。

p.292 **1002家庭住宅**

本案是位于自然公园附近的住宅项目，设计方案充分利用了场地的朝向和独特景观。通过有趣的螺旋形斜坡设置将住宅的主要空间安置在庭院四周，与周围的环境集成在一起。

VHV

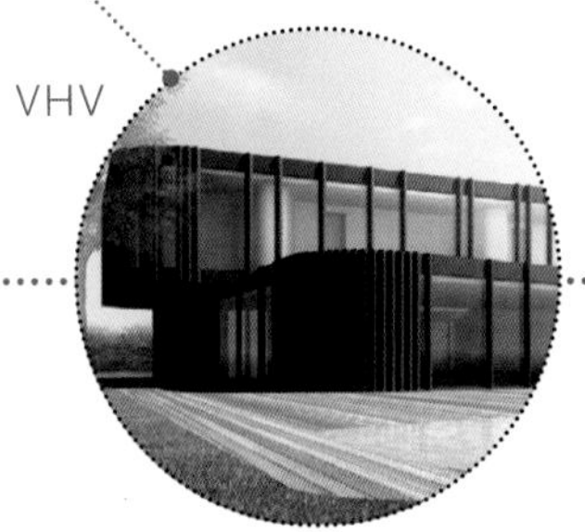

VRA

p.302 **1409家庭住宅**

本案位于巴塞罗那郊区，是铁路线边上的一个细长的场地。设计目标是创造出一个线形的体量，配备阳台和游泳池，并充分利用场地周围出色的景致。

VVP

p.314 **1510家庭住宅**

本案有着独特的建筑形态，俯瞰远处的自然景致，设计配合了场地高低不平的地形，充分利用这种斜度将住宅的主要空间与巨大的观景平台联系在一起。

Student Housing

西班牙，**萨拉戈萨**

学生宿舍

本案是为萨拉戈萨市规划的全新的大学宿舍综合体建筑，设计理念是形成一个巨大的平台，在平台上分别划分出公共区域、入口和休闲区域。根据铰接式体量的策略，设计计划在12栋住宅楼组成的住宅综合体之间建造三个桥接广场，形成一个放射状的垂直核心体系。里面有通往四种房型的入口中庭，与每栋住宅楼直接相连。这种体系重复应用在每三栋住宅楼一组组成的四组模块中，共用的绿植中心区域为停车场提供自然光和通风。

关于社区方面，具体表现在一楼包含了商店、步行区域，以及配备了与街道平行的停车区域的游客入口。二楼的公共区域在宽敞的平台上，环绕着绿植区域、休闲区域、洗衣店、多功能室和娱乐区域，将综合体中各栋住宅楼连接在一起。根据这些参数，为了让使用者区分这四种住宅楼类型，在每栋楼的外立面上使用了具有代表性的颜色，这项措施有效地展示了项目的结构体系，同时以一种系统、高效的组织逻辑增强居住者之间的亲密感。

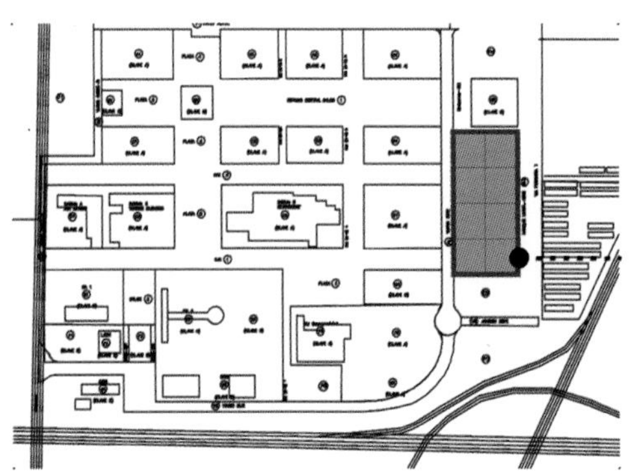

总平面图

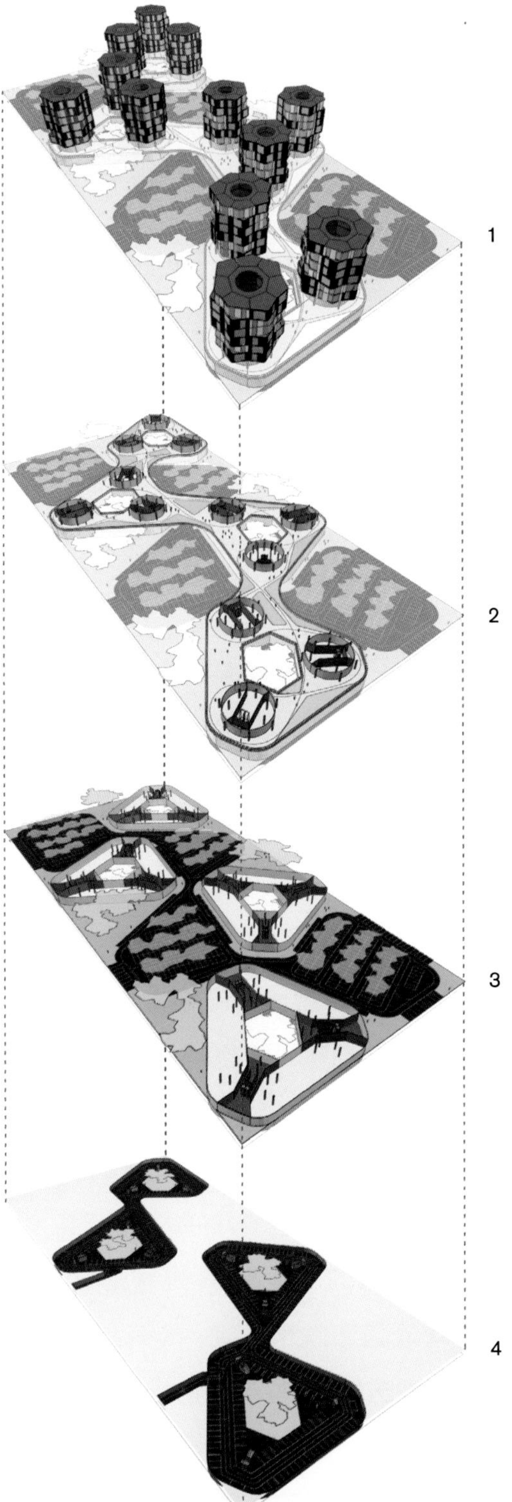

1. **三至八楼**
   公寓
   （私人区域）

2. **二楼**
   公共区域，楼群和平台
   （半私人区域）

3. **一楼**
   商店、停车场和步行区域
   （公共区域）

4. **地下室**
   地下停车场，楼群
   （私人区域）

二楼

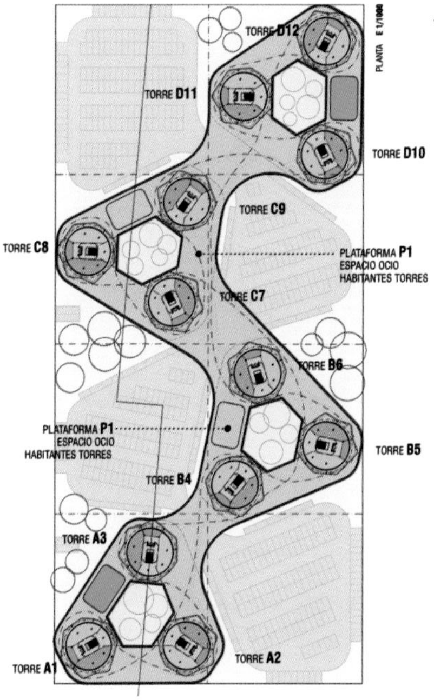

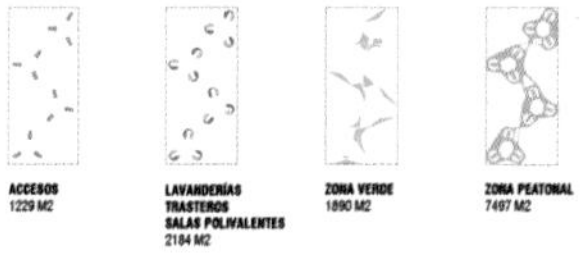

三至八楼

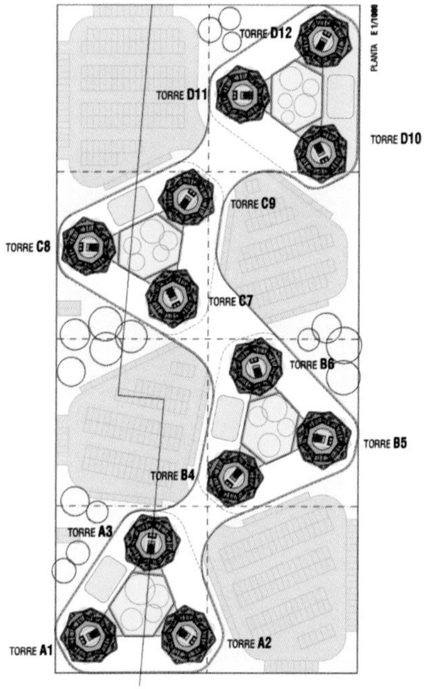

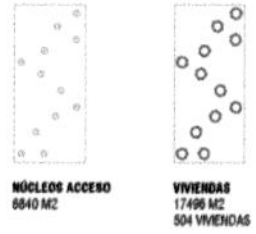

地下室

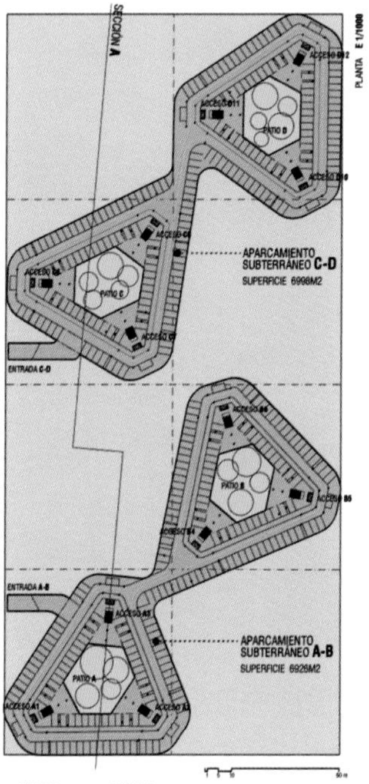

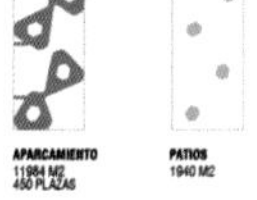

一楼

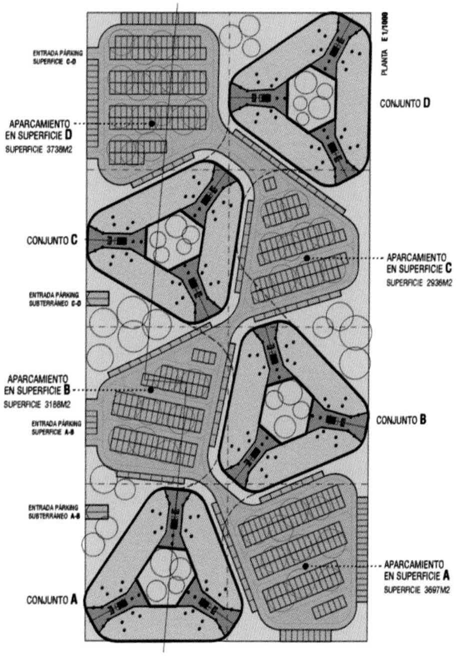

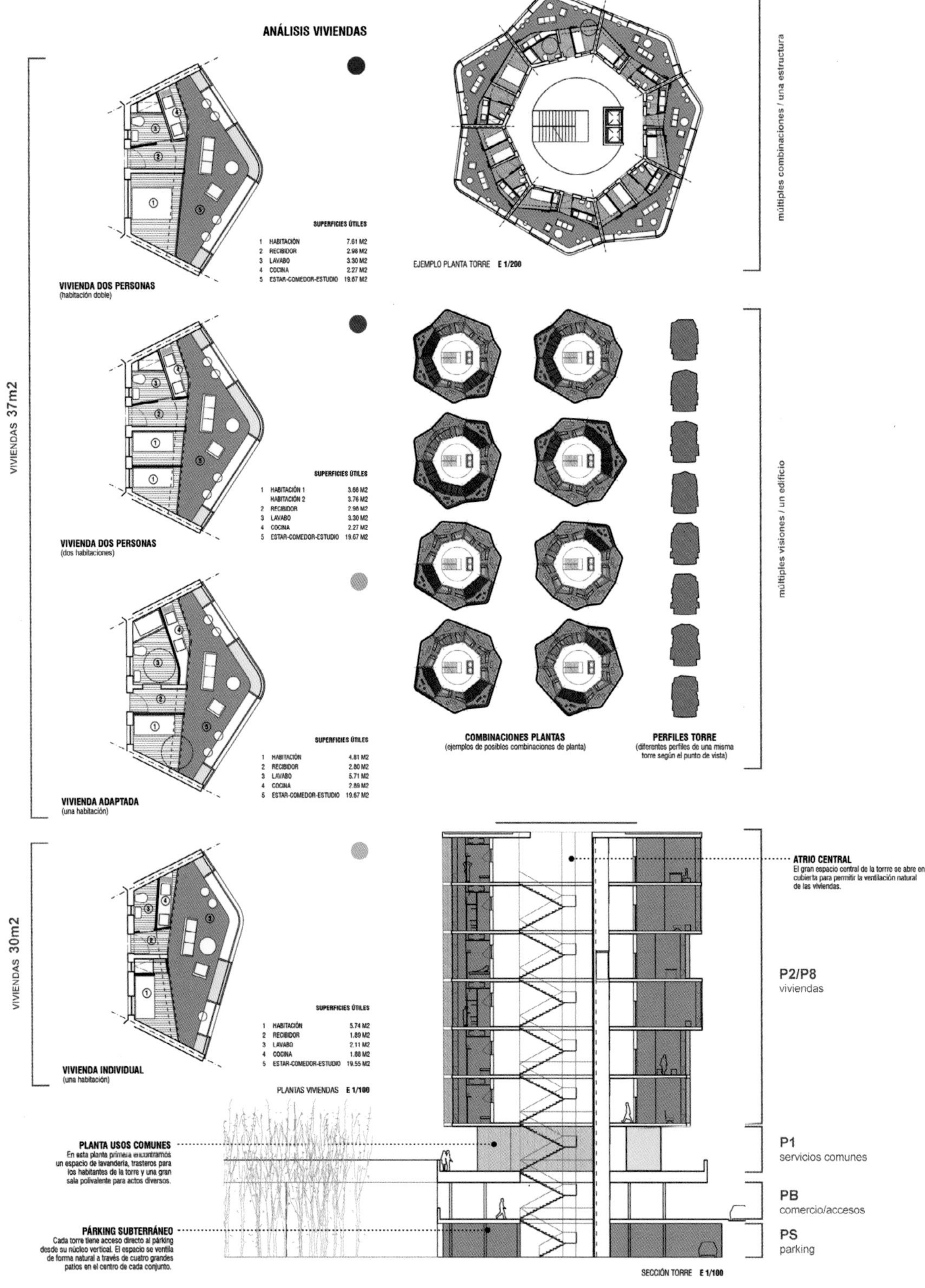
ANÁLISIS VIVIENDAS
VIVIENDAS 37m2
SUPERFICIES ÚTILES
1 HABITACIÓN 7.61 M2
2 RECIBIDOR 2.98 M2
3 LAVABO 3.30 M2
4 COCINA 2.27 M2
5 ESTAR-COMEDOR-ESTUDIO 19.67 M2
VIVIENDA DOS PERSONAS
(habitación doble)
SUPERFICIES ÚTILES
1 HABITACIÓN 1 3.66 M2
HABITACIÓN 2 3.76 M2
2 RECIBIDOR 2.98 M2
3 LAVABO 3.30 M2
4 COCINA 2.27 M2
5 ESTAR-COMEDOR-ESTUDIO 19.67 M2
VIVIENDA DOS PERSONAS
(dos habitaciones)
SUPERFICIES ÚTILES
1 HABITACIÓN 4.81 M2
2 RECIBIDOR 2.80 M2
3 LAVABO 5.71 M2
4 COCINA 2.89 M2
5 ESTAR-COMEDOR-ESTUDIO 19.67 M2
VIVIENDA ADAPTADA
(una habitación)
VIVIENDAS 30m2
SUPERFICIES ÚTILES
1 HABITACIÓN 5.74 M2
2 RECIBIDOR 1.89 M2
3 LAVABO 2.11 M2
4 COCINA 1.88 M2
5 ESTAR-COMEDOR-ESTUDIO 19.55 M2
VIVIENDA INDIVIDUAL
(una habitación)
PLANTAS VIVIENDAS E 1/100
EJEMPLO PLANTA TORRE E 1/200
múltiples combinaciones / una estructura
COMBINACIONES PLANTAS
(ejemplos de posibles combinaciones de planta)
PERFILES TORRE
(diferentes perfiles de una misma torre según el punto de vista)
múltiples visiones / un edificio
ATRIO CENTRAL
El gran espacio central de la torrre se abre en cubierta para permitir la ventilación natural de las viviendas.
P2/P8
viviendas
P1
servicios comunes
PB
comercio/accesos
PS
parking
PLANTA USOS COMUNES
En esta planta primera encontramos un espacio de lavandería, trasteros para los habitantes de la torre y una gran sala polivalente para actos diversos.
PÁRKING SUBTERRÁNEO
Cada torre tiene acceso directo al párking desde su núcleo vertical. El espacio se ventila de forma natural a través de cuatro grandes patios en el centro de cada conjunto.
SECCIÓN TORRE E 1/100

RESTAURANTE

A1
COPISTERIA

这12栋建筑包括四种类型的住宅，根据外墙面上不同的颜色来区分，通过共用的休闲平台联系在一起。体量之间通过单独的配置交互影响，保证了整个大学住宅综合体各个入口区域的连续性。

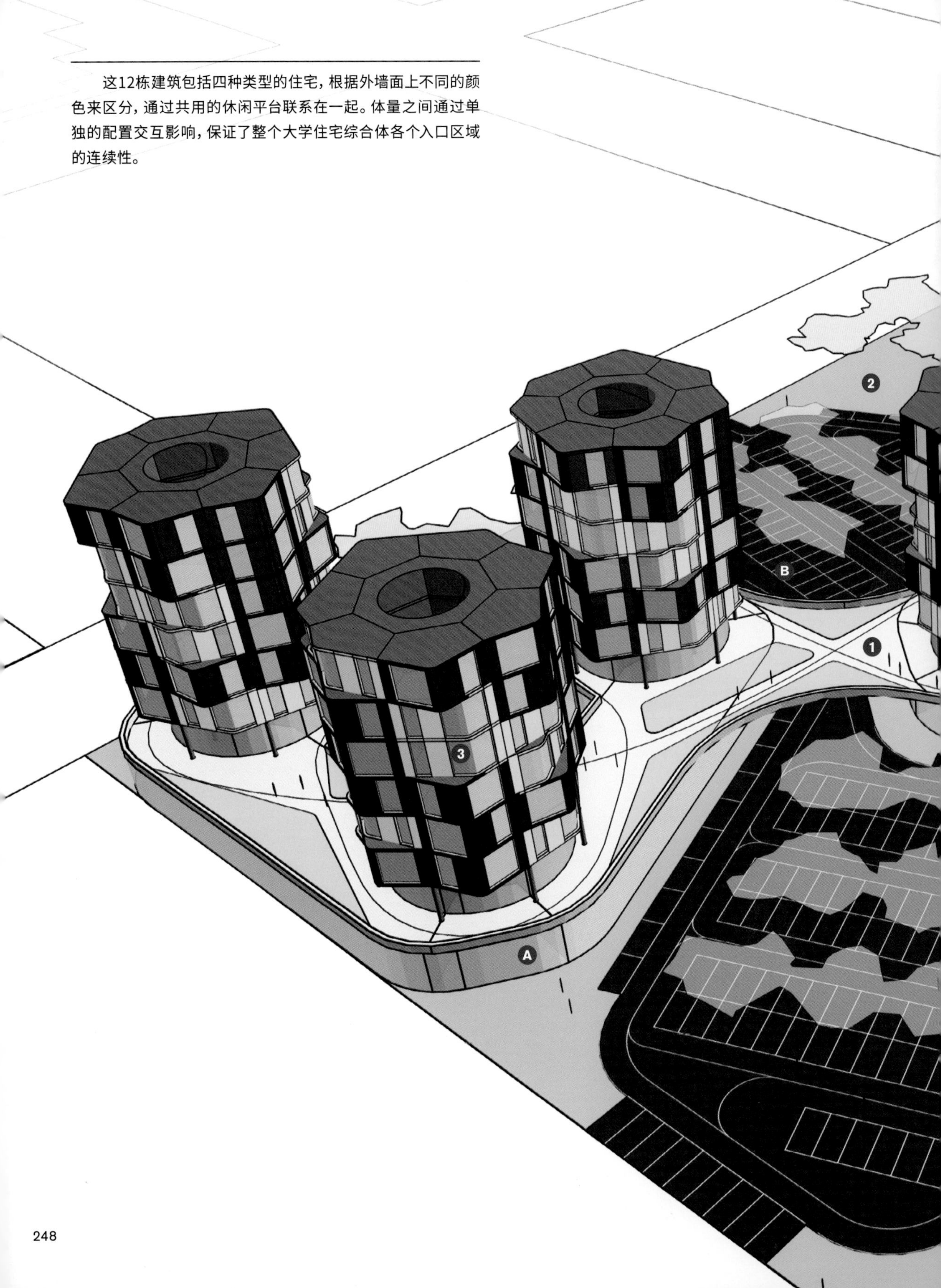

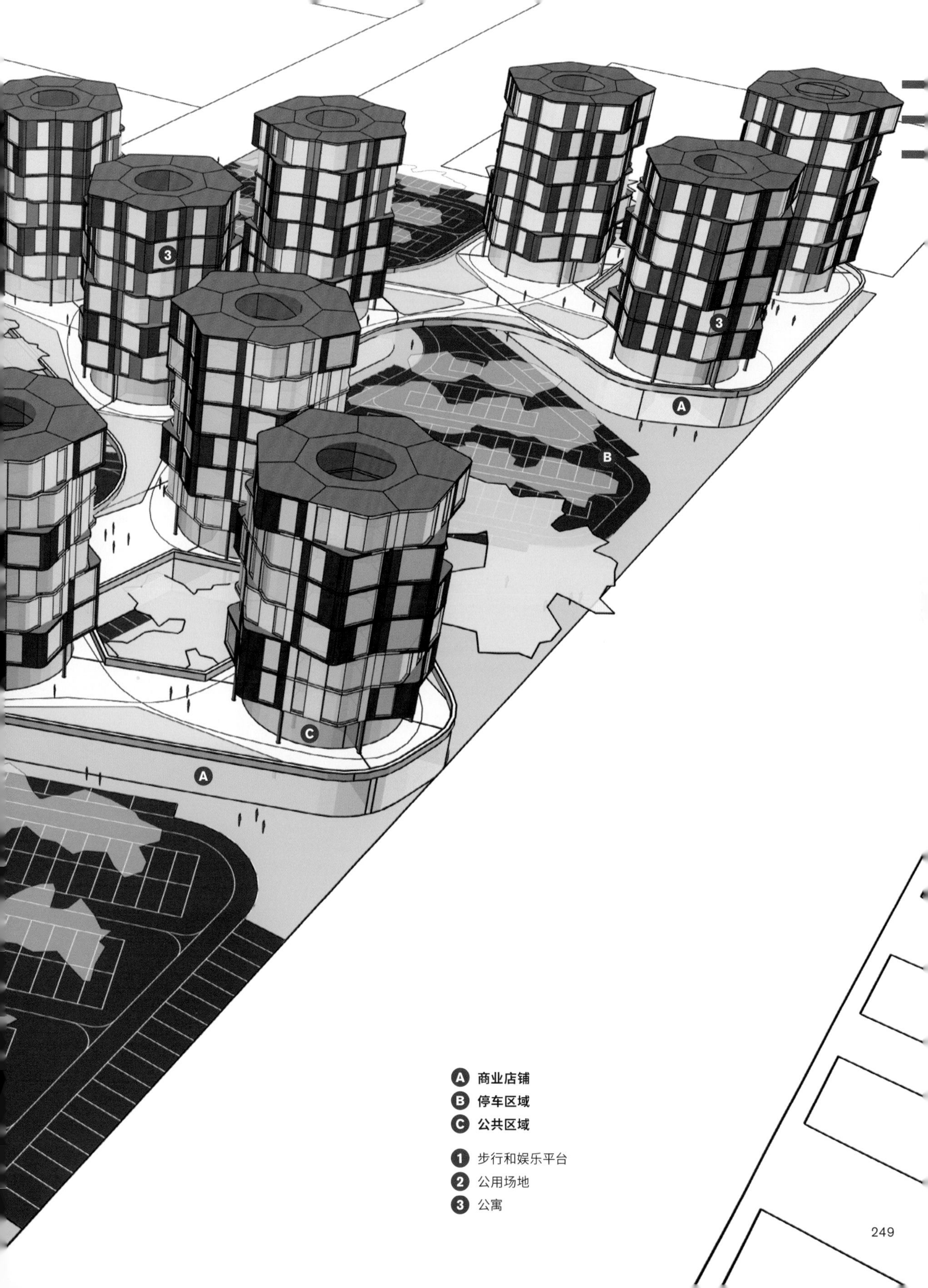
3
3
A
B
C
A
A 商业店铺
B 停车区域
C 公共区域
1 步行和娱乐平台
2 公用场地
3 公寓

Multifamily Building

西班牙，**奥斯皮塔莱特—德略布雷加特**

多户住宅楼

本案位于Collblanc附近，是一栋多户住宅楼，设计遵循了该地区特有的斜切几何形态。建筑一楼是商铺和入口，外加标准的两层楼空间分成的两间公寓，公寓内的起居及日间活动区域都位于建筑正立面。

边界处是一个阳台，通过墙面上的菱形网眼俯瞰街道区域，墙面这一有机系统的几何形态类似折纸艺术中的皱褶。不规则的形态形成有活力、有变化的外墙覆层，在提供遮蔽的同时，保证了视线的通透性。

屋顶上是一个巨大的阳台，墙面再次为住户提供了一定的私密性。建筑外墙这种雕刻般的效果旨在为该地区的建筑注入一种创新的美学风格，简单而有内涵。

屋顶

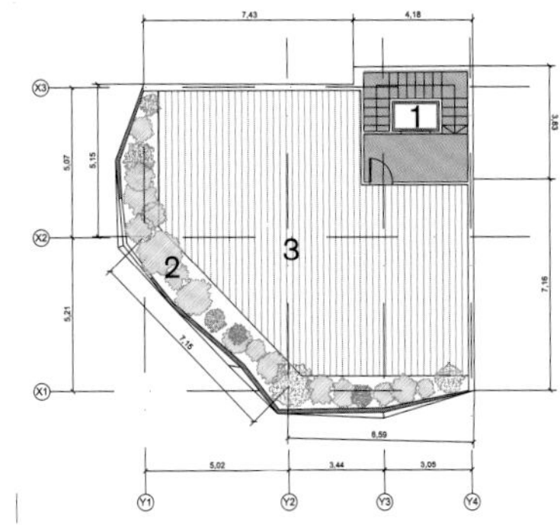

二楼和三楼

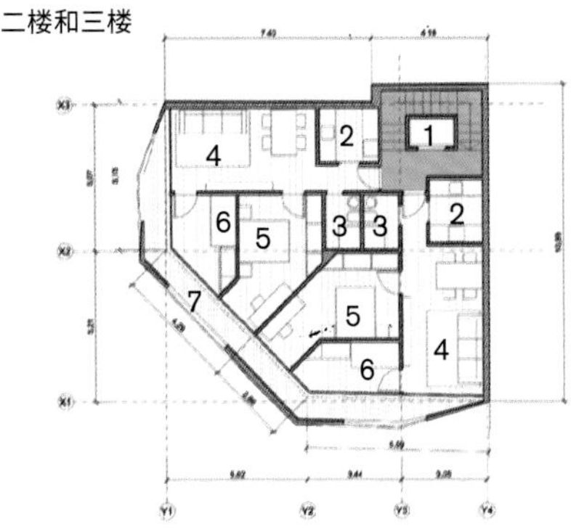

一楼

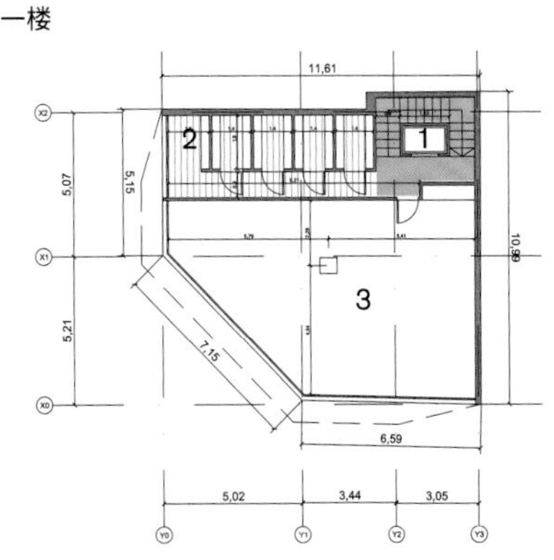

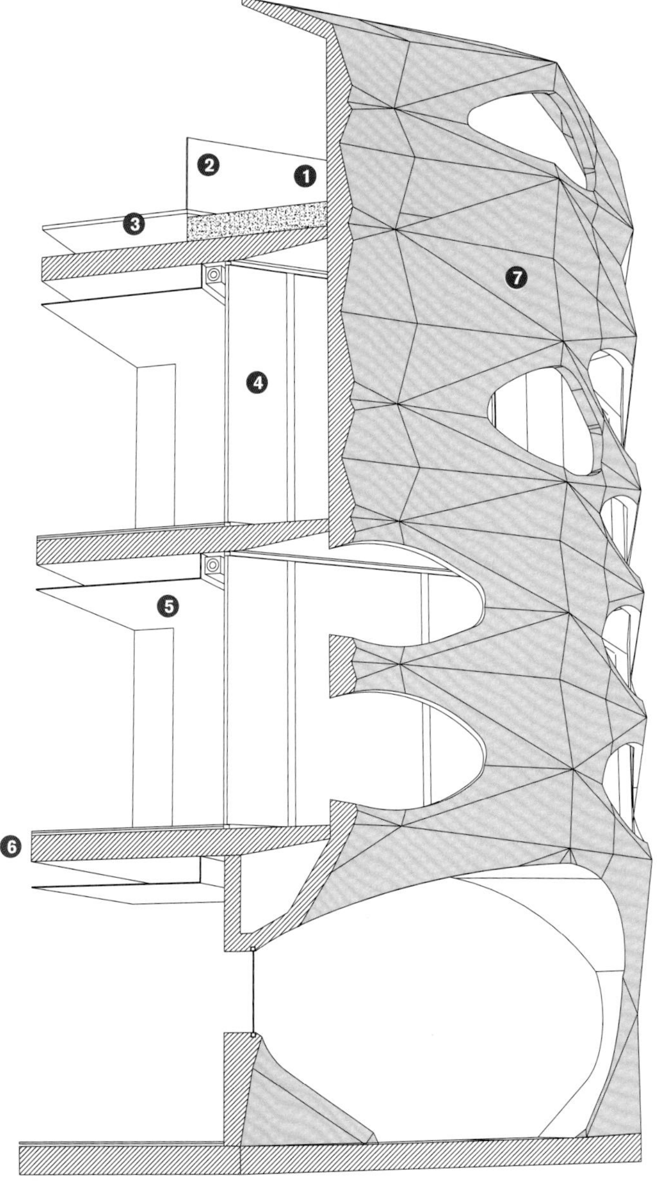

屋顶
1. 楼梯井
2. 公用场地
3. 阳台

二楼和三楼
1. 核心
2. 厨房
3. 洗手间
4. 客厅
5. 卧室1
6. 卧室2
7. 阳台

一楼
1. 核心
2. 储藏室
3. 商铺

1. 边界花园
2. 边界扶手2 mm x 8 mm夹层安全玻璃
3. 带木质地板的阳台
4. 双层玻璃滑动门
5. 12.5 mm PYL假天花板
6. 隔热木地板位于30cm的钢筋混凝土上
7. 铝制立面及隐藏的附件系统

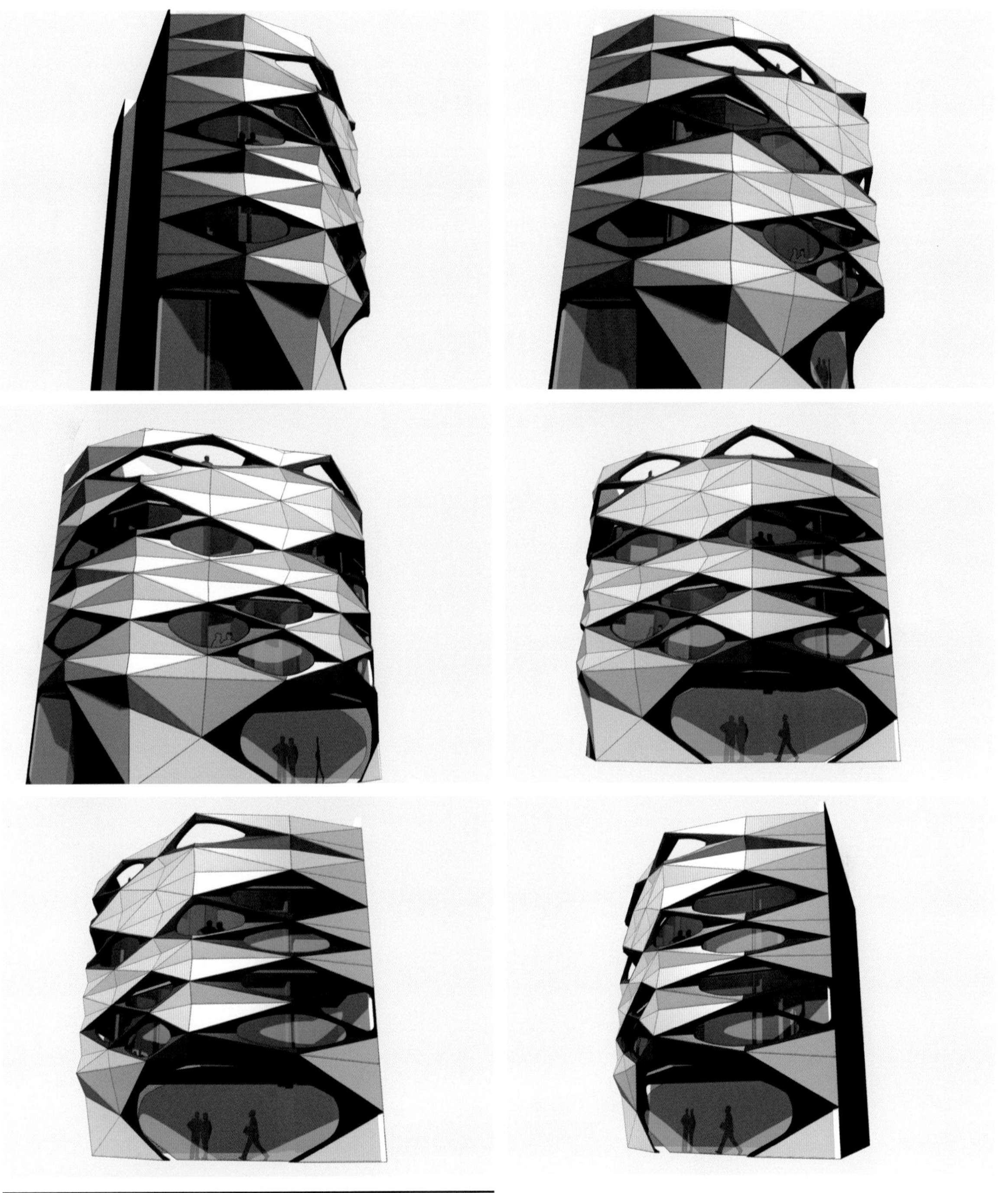

墙面上皱褶的构成是通过折点的几何控制来形成一种同步的平面，模糊了斜切的楼层。

本案位于巴塞罗那市内一片统一的环境中，设计目标是在该区域创造出一个全新的里程碑式的建筑。多重折叠的外墙赋予这栋小小的居民楼有机的特征，轻质量的覆面为屋顶的泳池和阳台提供必要的私密性。

A 商业店铺
B 公寓
C 屋顶花园平台

1 公寓入口
2 通风的墙面
3 边界阳台

C
2
B
3
1
A

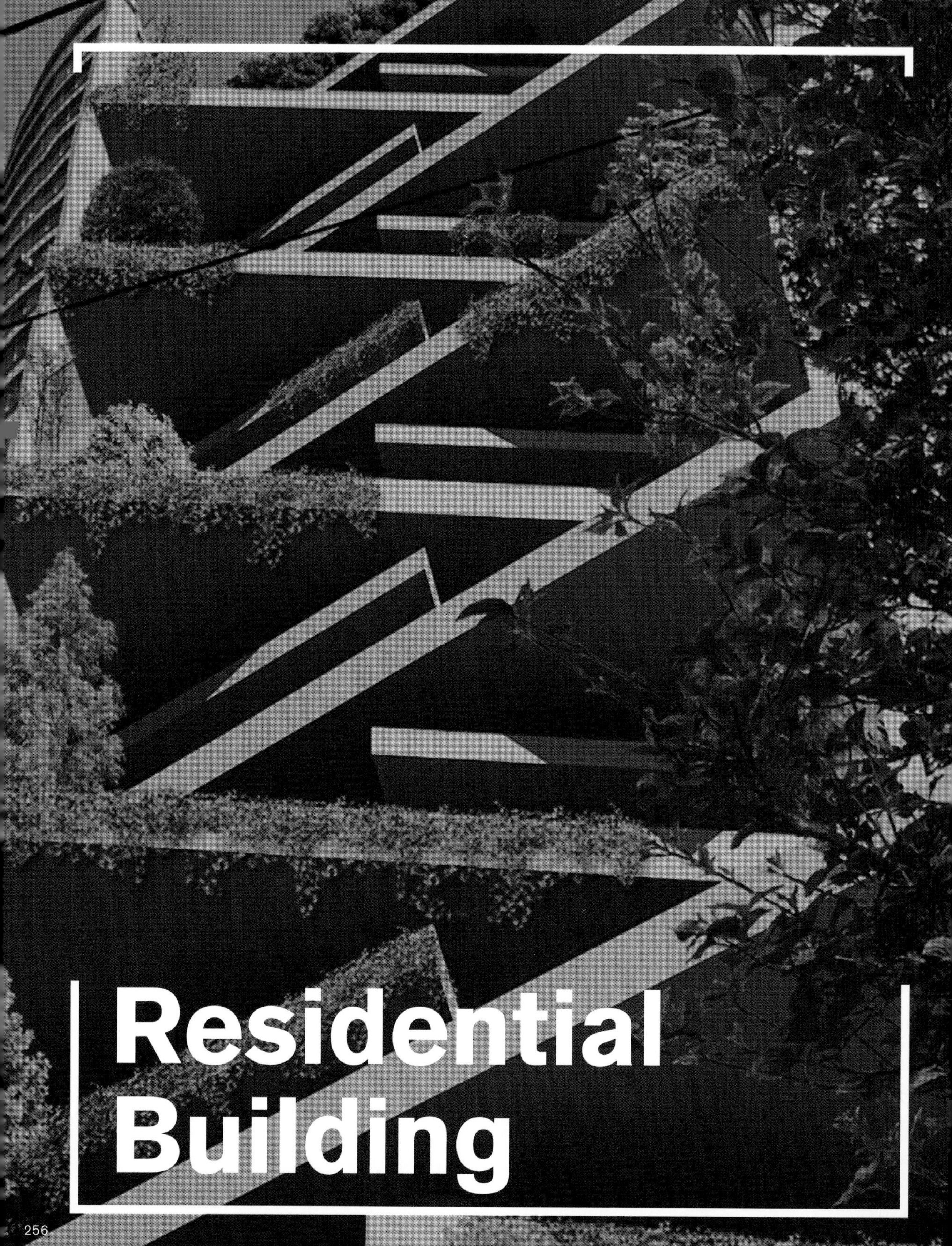

Residential Building

巴西，**圣保罗**

住宅楼

本案是为圣保罗市中心两栋楼中间的狭长区域设计的一栋奢华的住宅楼。在这一限定区域内，要创造出一栋有着花园阳台和休闲泳池的复式户型的住宅楼。

5间带阳台和花园的复式公寓形成有着不规则墙面的高层住宅楼。巨大的悬臂式结构交错设置，遮挡夏日阳光的同时，在阳台和室内投射出大大的阴影。

每套公寓呈复式规划，二楼配备了与主露台相连的大面积社交区域。一楼也有着相同的布局，但社交区域面积较小，不均等地分布在主人房和其余的四间房内。位于屋顶的公共区域，有一个巨大的阳台、休息区域及阅读区域，通过一个单一的核心与每间公寓直接相连。最终形成的主墙面是一系列种植着绿植的几何边界，一个个片段构成的垂直花园俯瞰着城区，与周边现有的紧凑建筑形成对比。

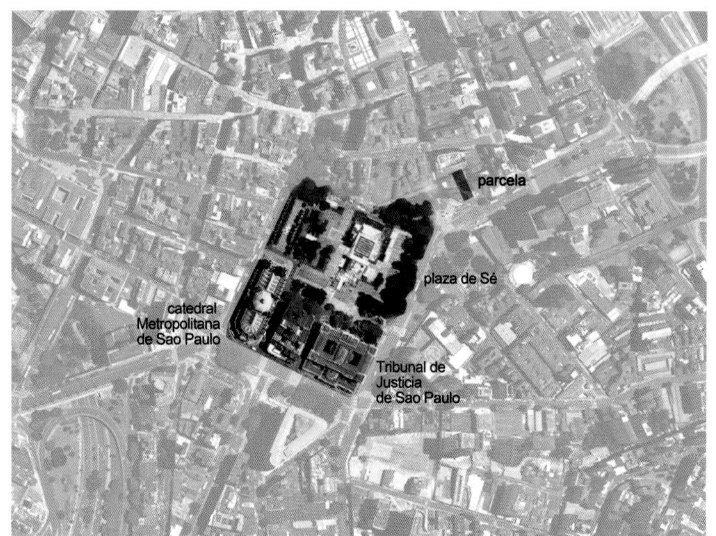

本案位于圣保罗，靠近法院及大教堂，计划建造一个有着独特外观的建筑，赋予这一区域全新的建筑特征。每间复式公寓前面都配备有阳台、泳池和花园区域。

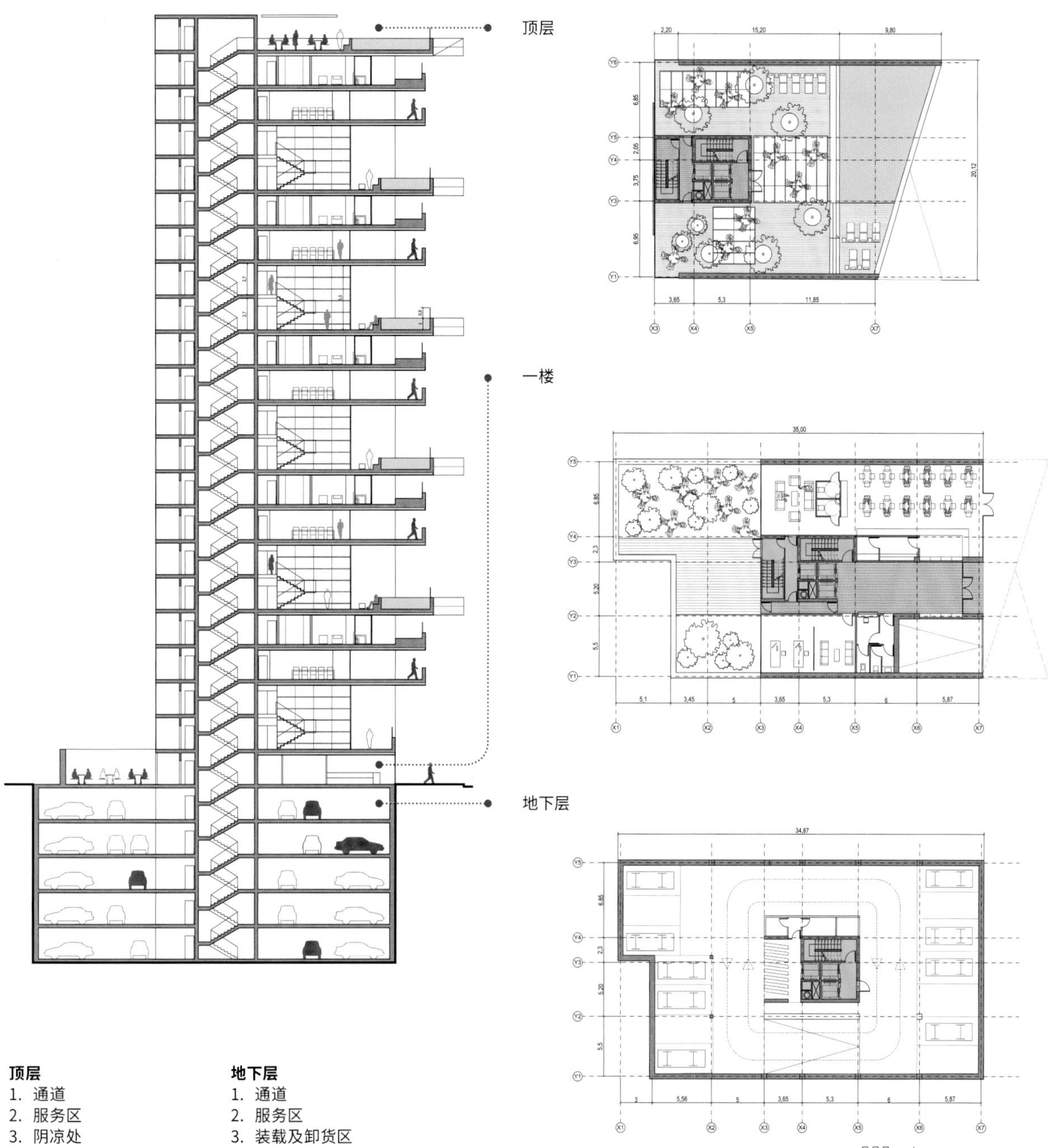

顶层

1. 通道
2. 服务区
3. 阴凉处
4. 日晒区域
5. 泳池

一楼

1. 入口大厅
2. 餐厅
3. 通道
4. 行政区
5. 社区区域
6. 停车场入口

地下层

1. 通道
2. 服务区
3. 装载及卸货区
4. 环路
5. 停车场
6. 斜坡

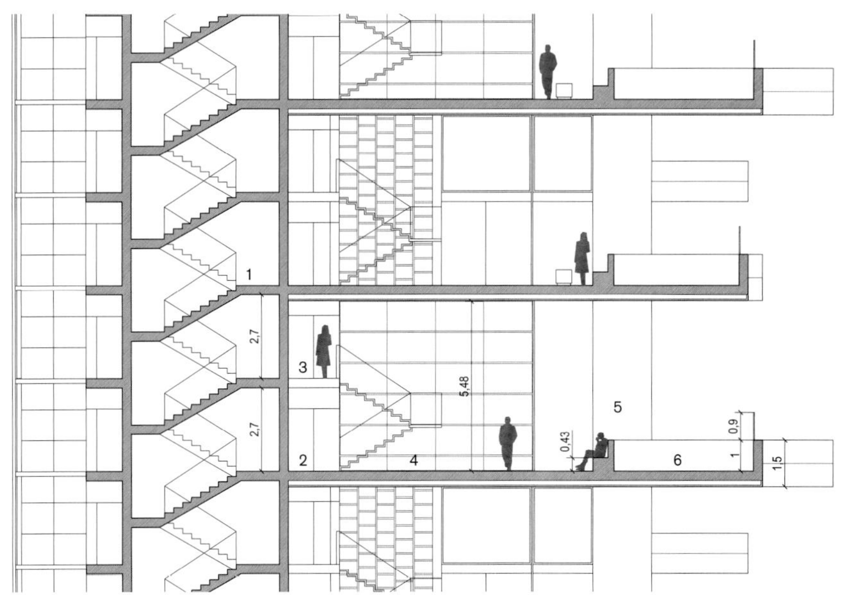

房屋截面图

1. 通道
2. 楼梯平台
3. 楼梯平台及卧室
4. 双层楼高的客厅
5. 阳台
6. 花园区域

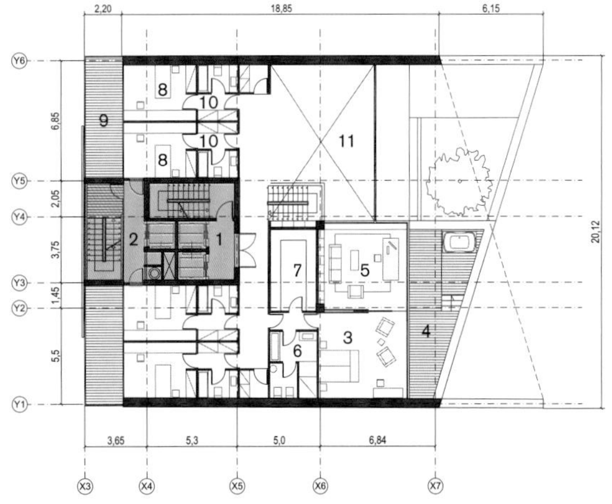

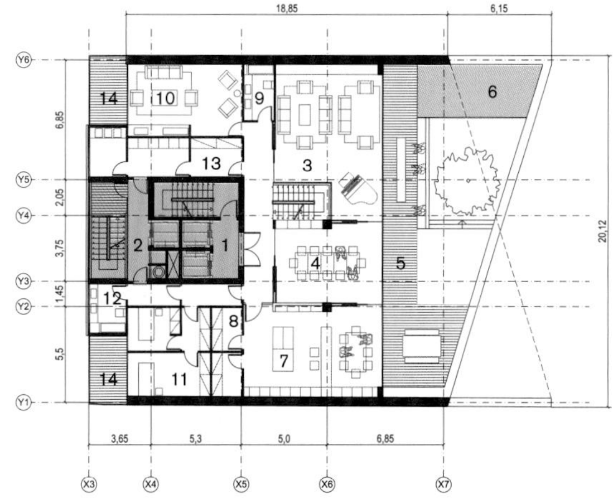

复式公寓

二楼

1.通道
2.服务区
3.主卧
4.配备按摩浴缸的阳台
5.办公室
6.主卫
7.更衣室
8.卧室
9.阳台
10.卫生间兼更衣室
11.双层楼高的客厅

一楼

1.通道
2.服务区
3.双层楼高的客厅
4.餐厅
5.阳台和花园
6.泳池
7.厨房兼餐厅
8.餐具室
9.卫生间
10.家庭房
11.客卧
12.客卫
13.洗衣房
14.阳台

本案位于圣保罗一个狭长的场地，是一栋以垂直方向排列的五间豪华复式公寓，有着大大的花园，三角形悬臂式结构组成建筑的外墙面。

A 社交阳台
B 主卧阳台
C 屋顶社区区域

1 悬臂结构
2 现有的建筑
3 花园区域

C
A
B
A

Windmill Towers

西班牙，**巴塞罗那**

风车塔

本案是在一个低层居住区域规划的住宅综合体项目，是一个由七栋住宅楼组成的线形系统。楼层围绕其各自的轴心排列，阳台和花园围绕着中心旋绕，俯瞰周边区域杰出的景致。

在这一区域巨大的原始森林中，这些建筑按照线形结构排列，通过在中央区域设置人行道及地下机动车入口，将各栋塔楼联系起来，力争减少视觉及空间的影响。同时，将社区区域设置在塔楼顶部，减少了对土地的占用，屋顶还设置了泳池、日晒区域及太阳能收集系统。

根据每个住宅模块的综合规划，每栋塔楼中的四间复式公寓围绕着同一个中央核心建造，日间活动区域及休息区域位于顶楼。每间公寓都有私人阳台，以及沿着边界设置的花园。

这些设计不仅确保了项目不那么具有侵略性，同时让这个多户住宅楼能达到和单户住宅一样的使用面积，以及在绿色区域占有率方面的优势。

本案位于巴塞罗那郊区一片自然森林中，计划建造一个全新的住宅综合体，旨在通过其几何形态效仿这一地区的自然环境，并用电池阵型排列的塔楼打破平面的一致性。

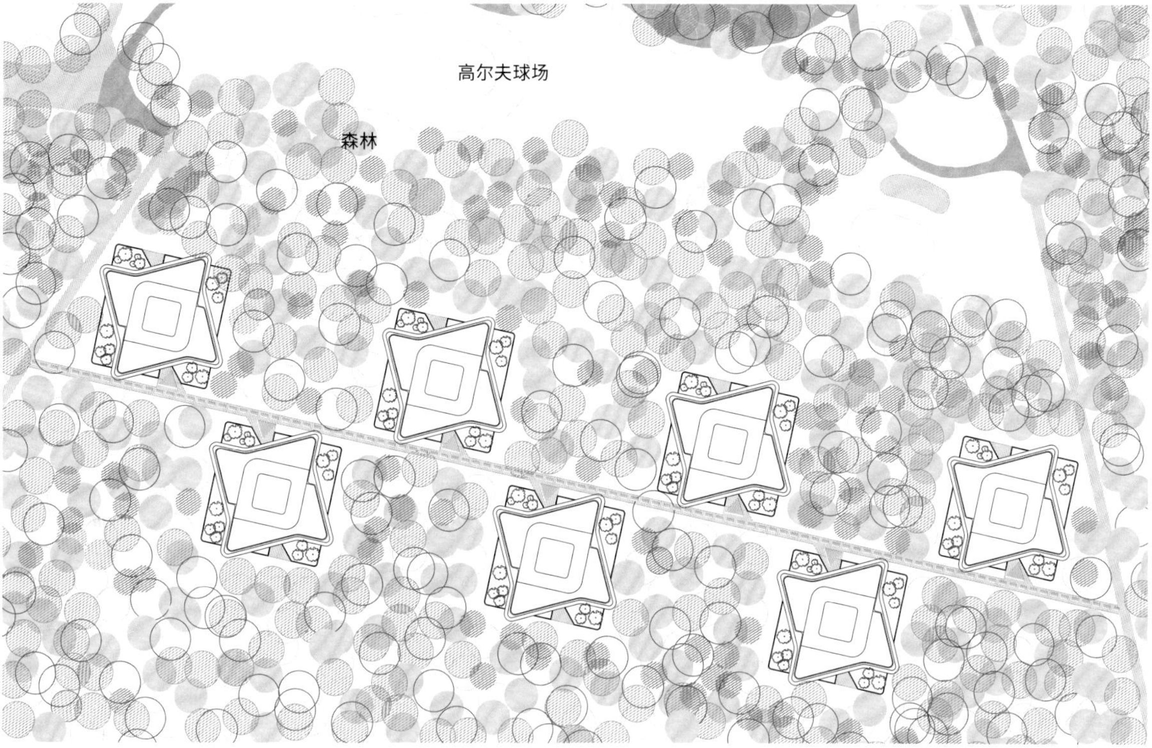

高尔夫球场

森林

人行路线

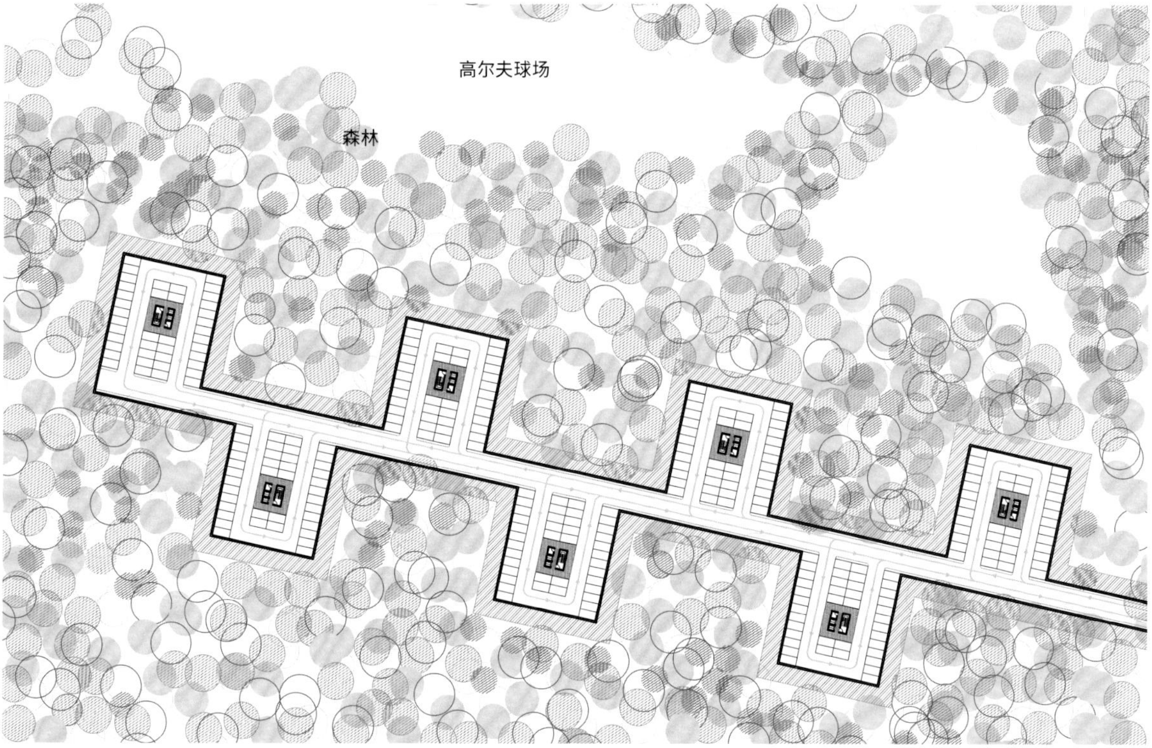

高尔夫球场

森林

机动车通路（地下停车场）

为了保持项目所在地原有的特色，这七栋住宅塔楼建造在同一个入口平台上，塔楼内每间公寓都配备有大大的阳台，俯瞰周围的自然景致。

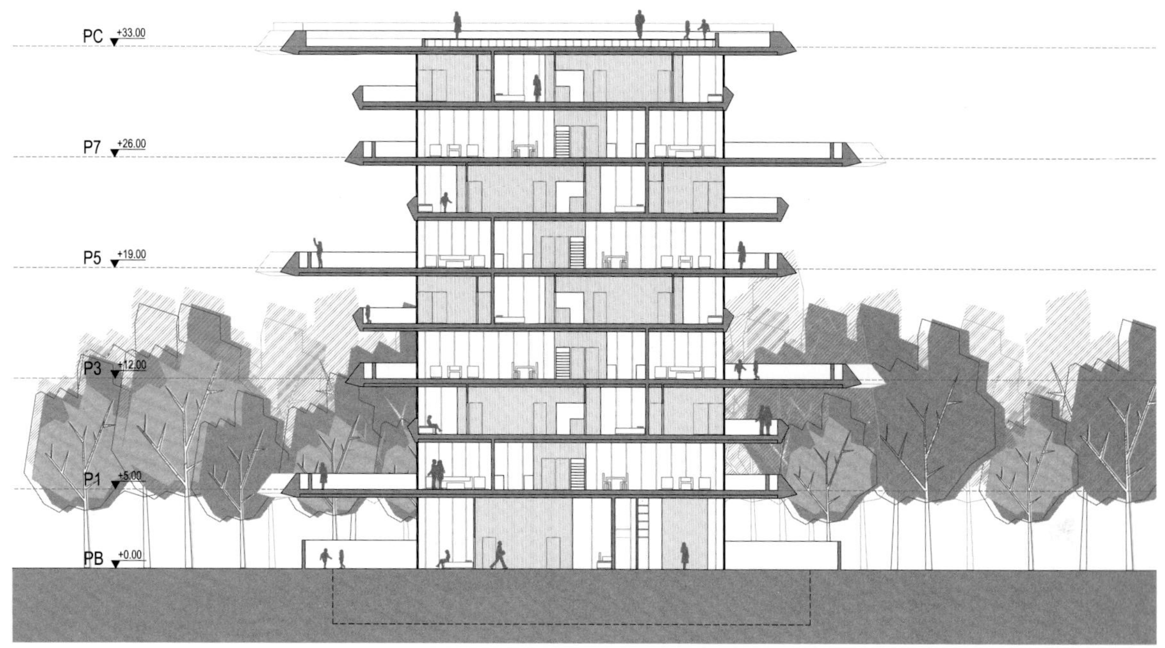

截面图

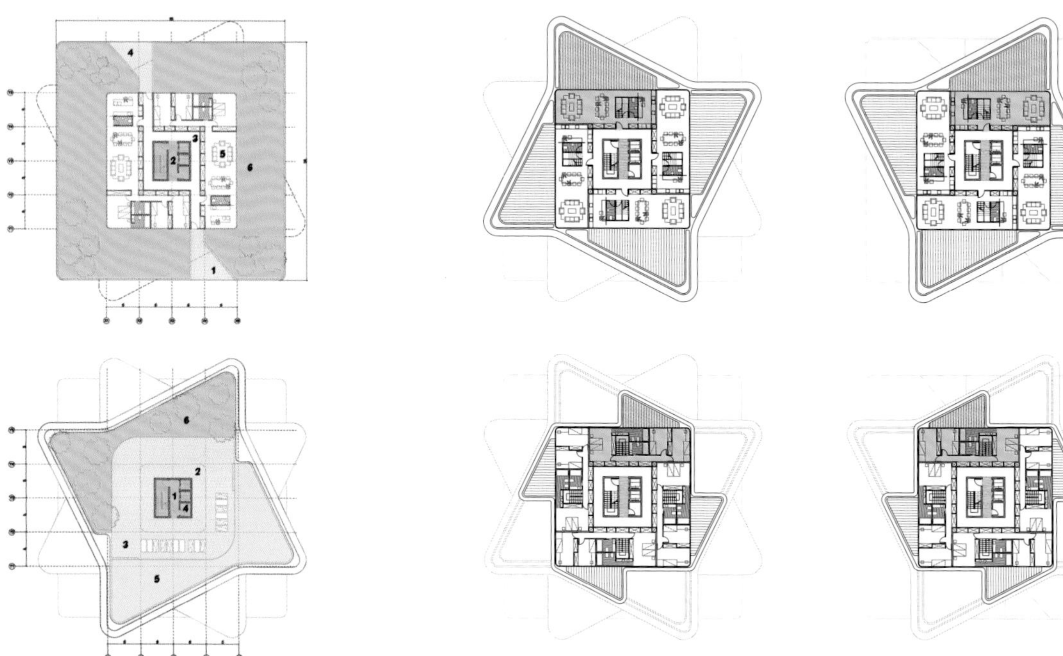

一楼

1. 塔楼入口
2. 通道
3. 公寓入口
4. 森林入口
5. 公寓
6. 花园

屋顶

1. 通道
2. 屋顶区域
3. 阳台
4. 浴室
5. 泳池
6. 花园

B户型复式公寓

F3，F4
155㎡公寓
95㎡阳台

阳台的轮转使得悬臂从塔楼核心处交替伸展出来，同时将阴影投射到室内墙面上。

花园、泳池和日晒区域的公共区域位于塔楼屋顶，这是为了尽量减少对楼层空间的占用，以及尽可能多地利用太阳光和便于欣赏森林的景致。

机动车通往停车场的道路位于地下，地上仅有人行道，每栋塔楼联系在一起。

A 泳池
B 日晒区域
C 公寓阳台

1 高尔夫球场
2 通往塔楼的人行道
3 太阳能光伏板

New Urban Growth

瑞典，**卡马尔**

城市新发展

卡马尔镇议会规划的全新城市扩张项目，计划在毗邻现有住宅区的滨海区域新建一个景致优美的能容纳超过3000户居民的住宅区。设计方案要与经济、社会、环境和文化的可持续发展相一致，城市的发展要建立在保存现有环境和降低对区域影响的基础上。

提案要立足于统计参数，因为城市的发展如果要遵循最初的规划——单户住宅，将占据现存的27%的土地。因此，为了可持续性发展和保存区域的高环境价值，这也是卡马尔的特色，提案中提出了多住户单元的住宅系统，四层楼的建筑中要有八户标准住宅，这样能将土地占用率降低到2%。

这项全新的改造目标是巩固和保护现有的景观，利用现有的道路作为连接轴心，与乡村和城市之间的平行实体相对。尽管在设计过程中应用了对环境影响最小化的标准，但还是有一些不确定的因素。考虑到未来可能发生的洪水，需要将入口道路和多住户单元提高到超过地面3m。整体规划的完成来自于这些设定好的参数，即项目的可行性。

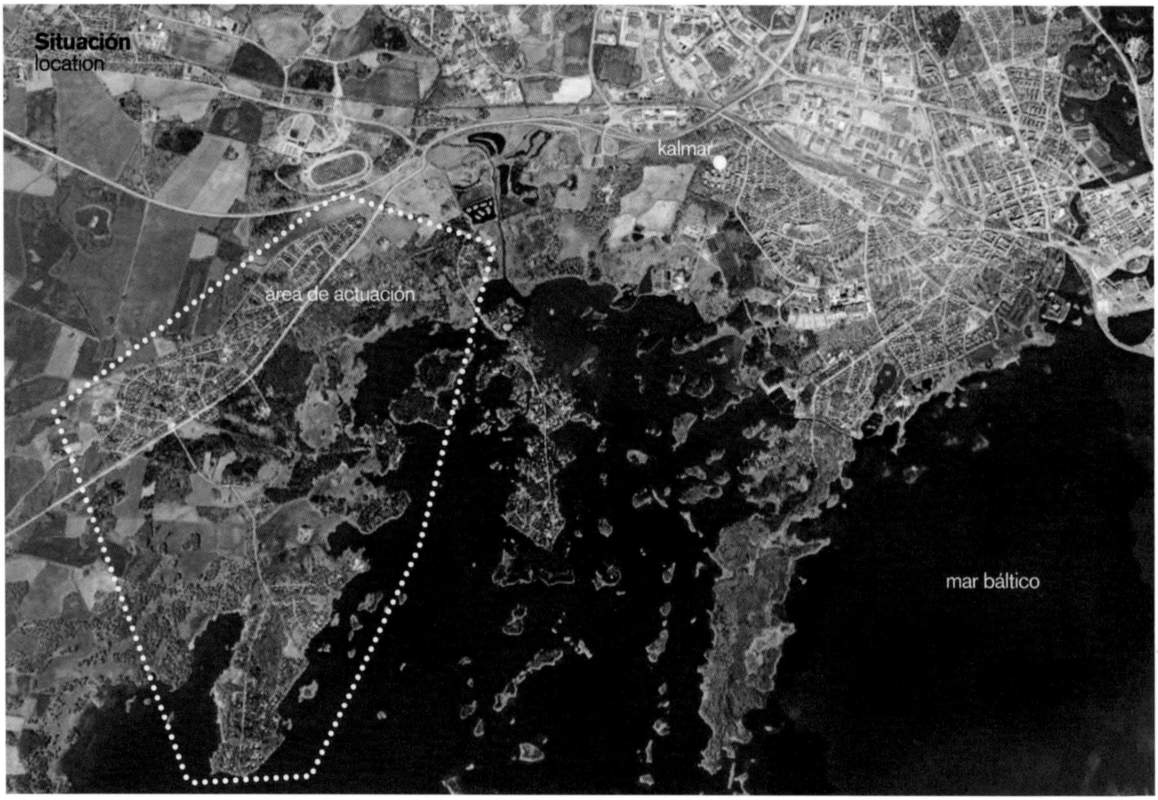

Situación
location
kalmar
área de actuación
mar báltico

26'57%
PB
SITE
127Ha
33'75Ha
4'71%
PB+2
5'92Ha
1'44%
PB +11
1'84Ha

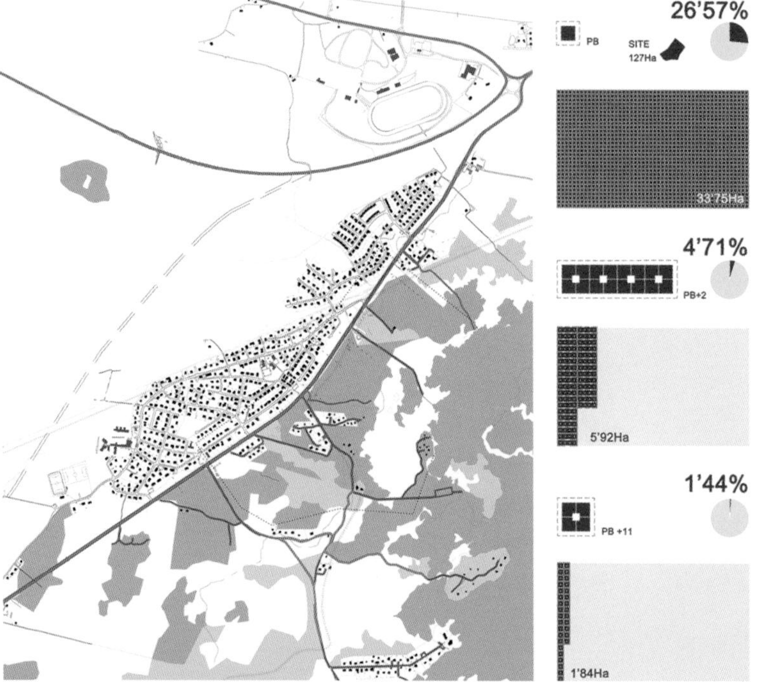

根据大量的分析和调查，并将获得的最小和最大的占地区域和提案数值进行比较，土地占用率从27%降低到了2%。

— 已有的道路
茂密的植被
植被

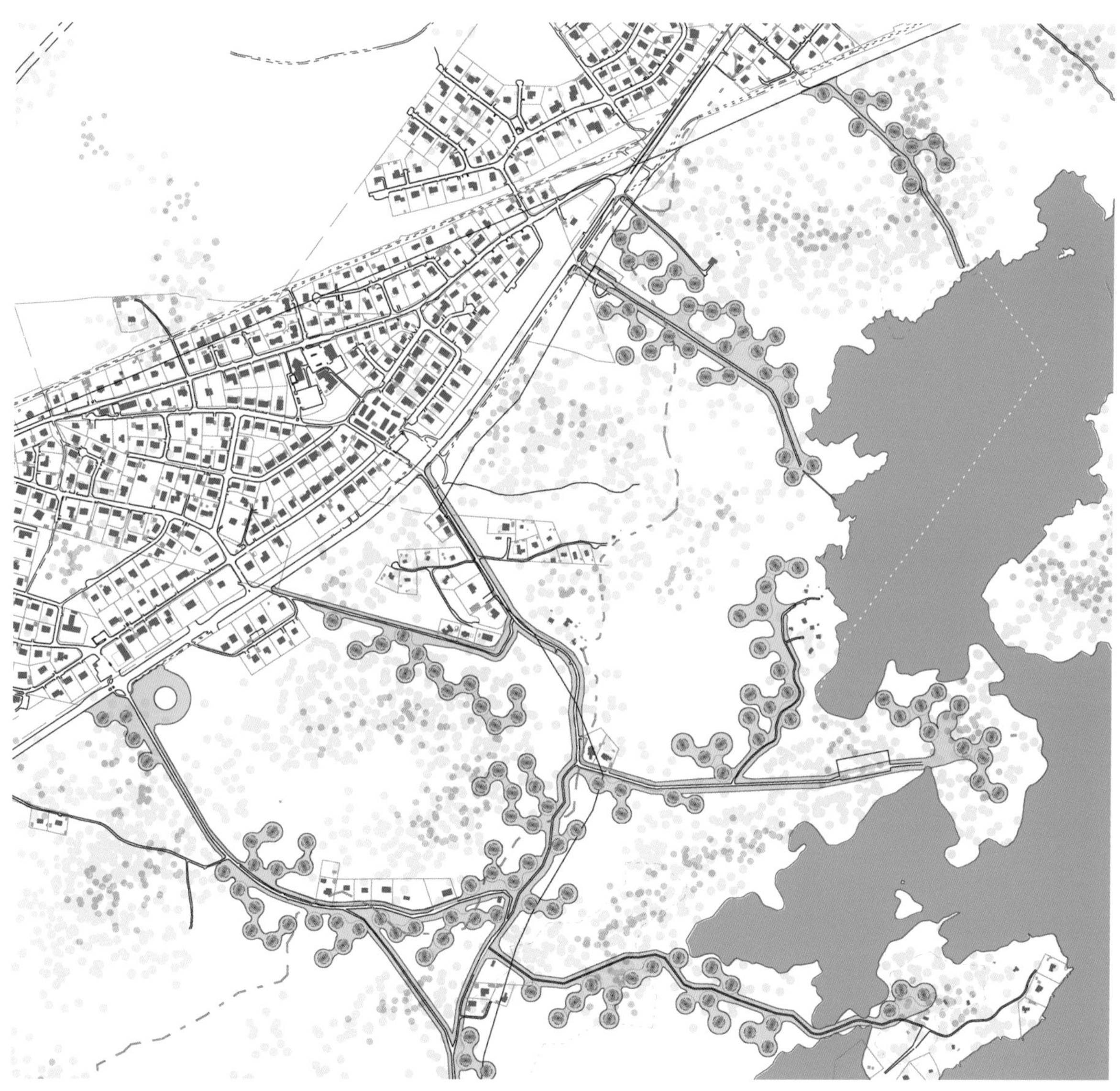

2050

土地占用率的显著减少，促进了在允许高度范围内的多住户单元住宅模块设计方案的形成，增强了现有的道路结构，对这一区域的环境和景观影响也较少。

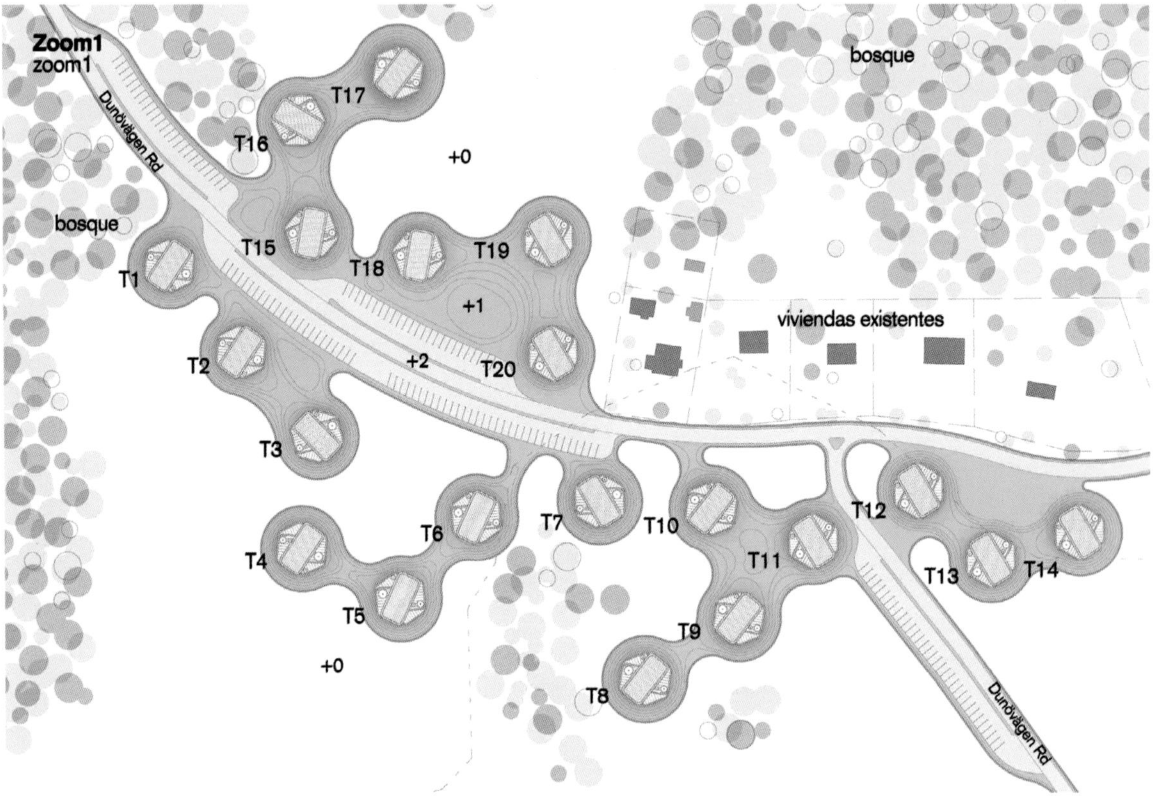

Zoom1
zoom1
bosque
Dunövägen Rd
T17
T16
+0
bosque
T15
T18
T19
T1
+1
viviendas existentes
T2
+2
T20
T3
T12
T6
T7
T10
T4
T11
T13
T14
T5
T9
+0
T8
Dunövägen Rd

A-A'截面图

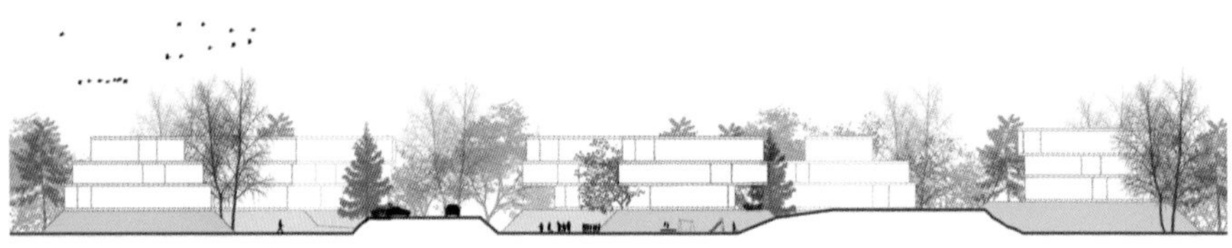

B-B'截面图

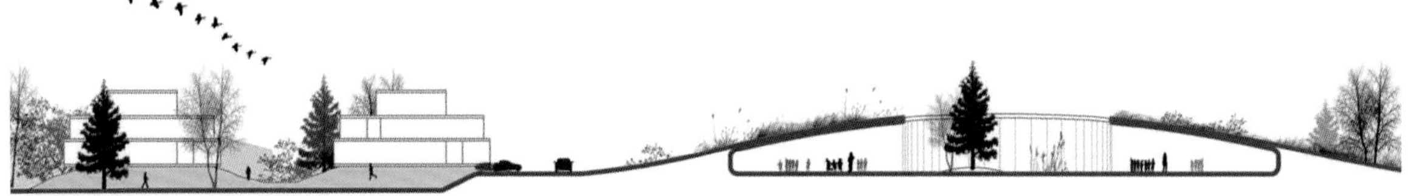

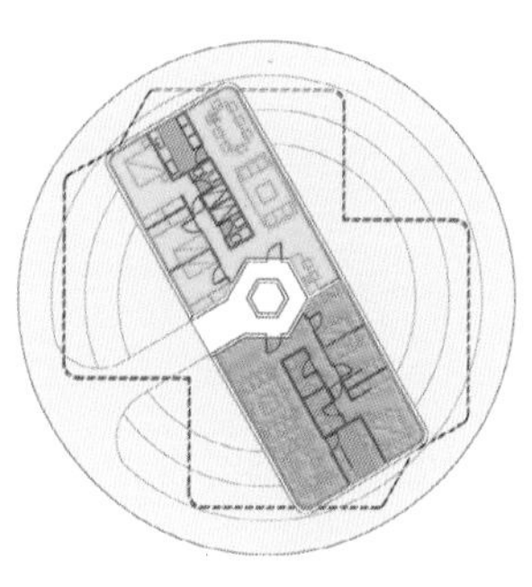

二楼

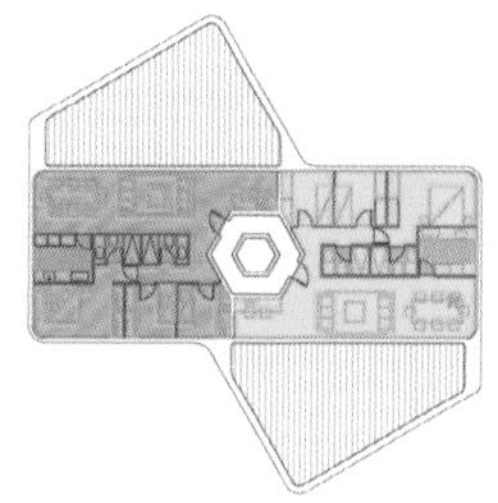

三楼

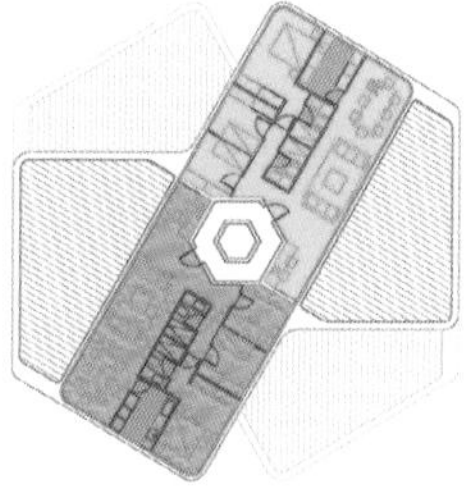

四楼

这些塔楼的建造围绕着一个垂直的轴心，每层两个标准的住宅旋绕着排列在四层楼的建筑中。屋顶被当作巨大的阳台，能全面欣赏到周围的景观。

A-A'截面图

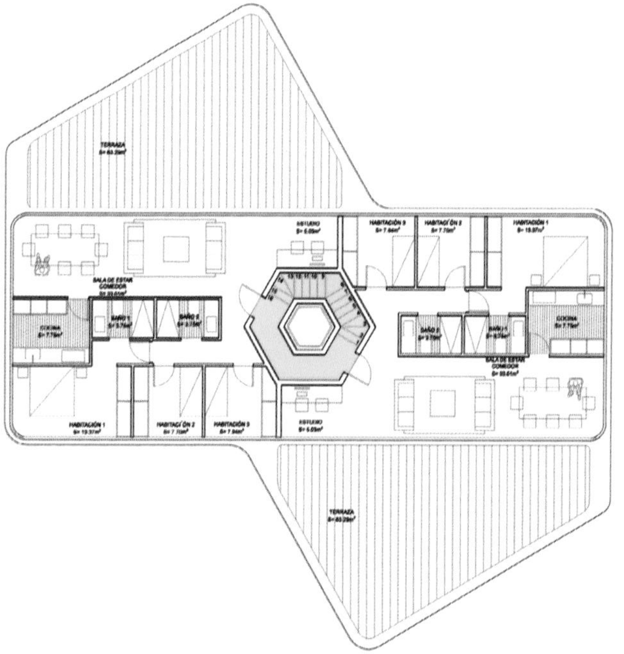

2014

对于洪水的预测也是对环境影响的一个预先研究，对2050年的一个预测可以让人们在规划城市时，进行一个调整以提高应对能力。

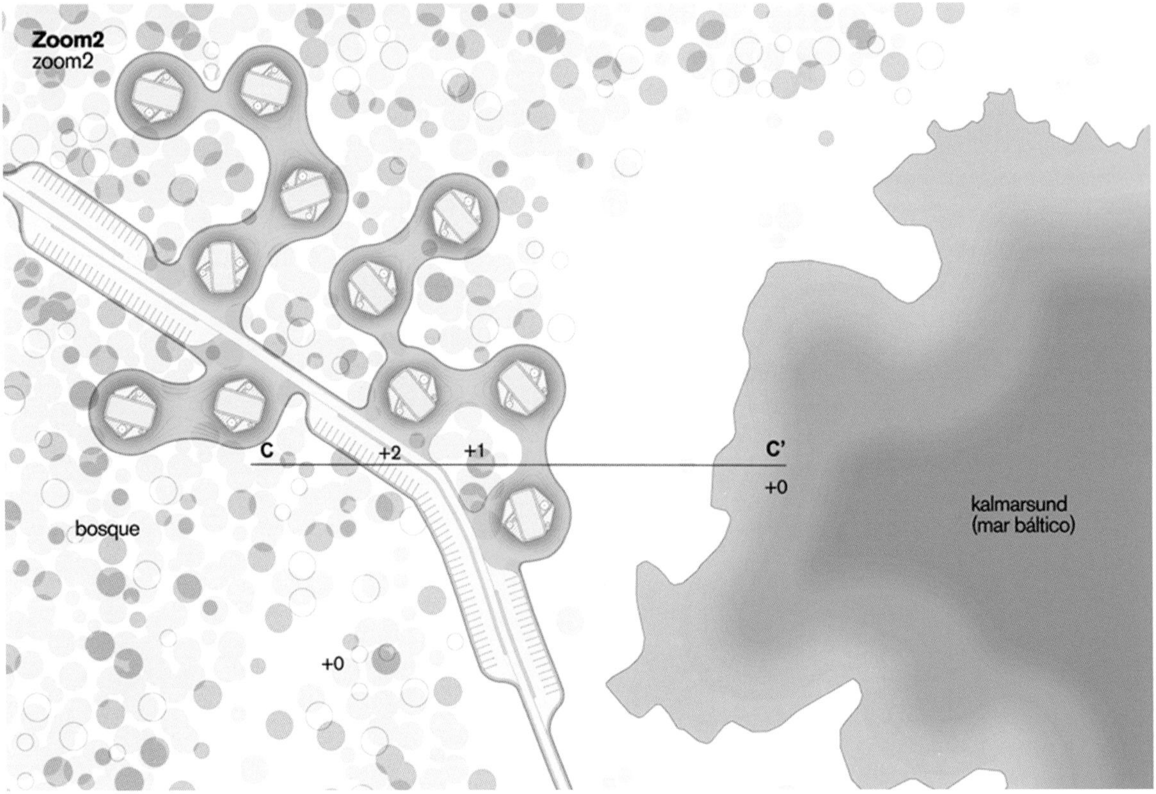

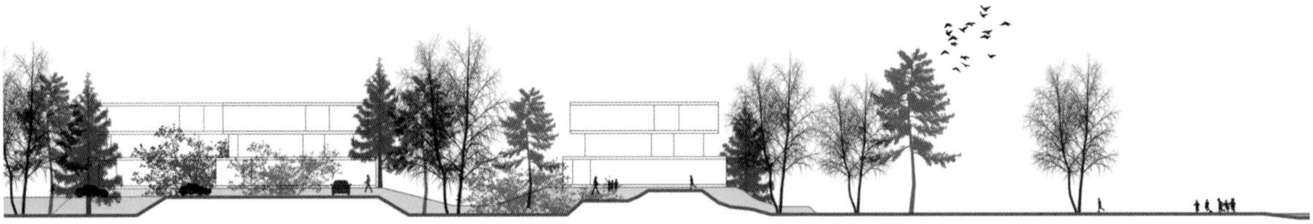

Zoom2
zoom2
C
+2
+1
C'
+0
bosque
kalmarsund
(mar báltico)
+0

2050

通过对地形的调整，方案对入口道路和场地的影响是有限的，建筑要设计在洪水警戒水位以上，在提高抗洪能力的同时，要保护塔楼周围的环境。

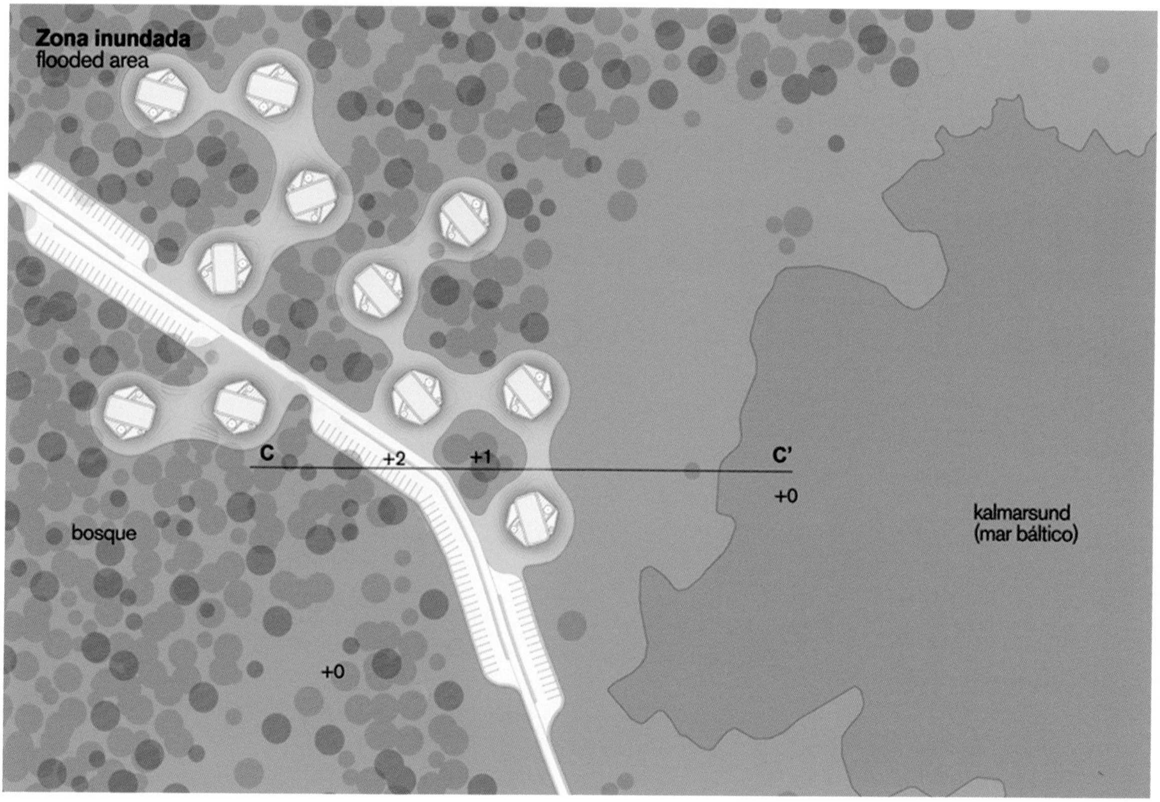

Zona inundada
flooded area

C
+2
+1
C'
+0
bosque
+0
kalmarsund
(mar báltico)

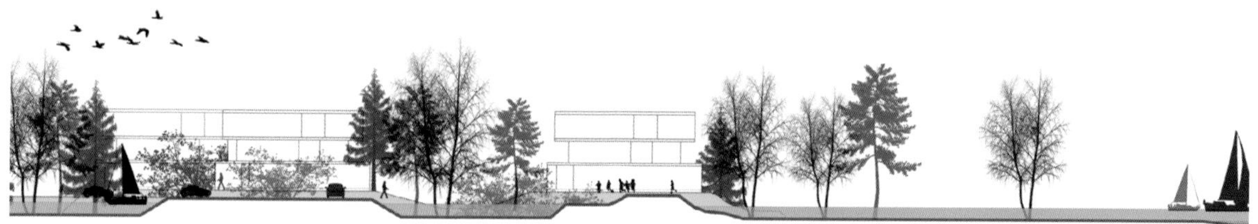

在一个有可能遇到洪水的地区，城市新发展计划提出的多住户单元住宅系统对比议会原本设计方案降低了土地的占用率，增强了应对未来可能出现的海平面上升带来的影响的能力。

A 人造地形
B 公寓
C 停车场
1 公寓入口
2 私人阳台
3 现有的森林
© 2012 Google
B
C
1

Single-family House 0810

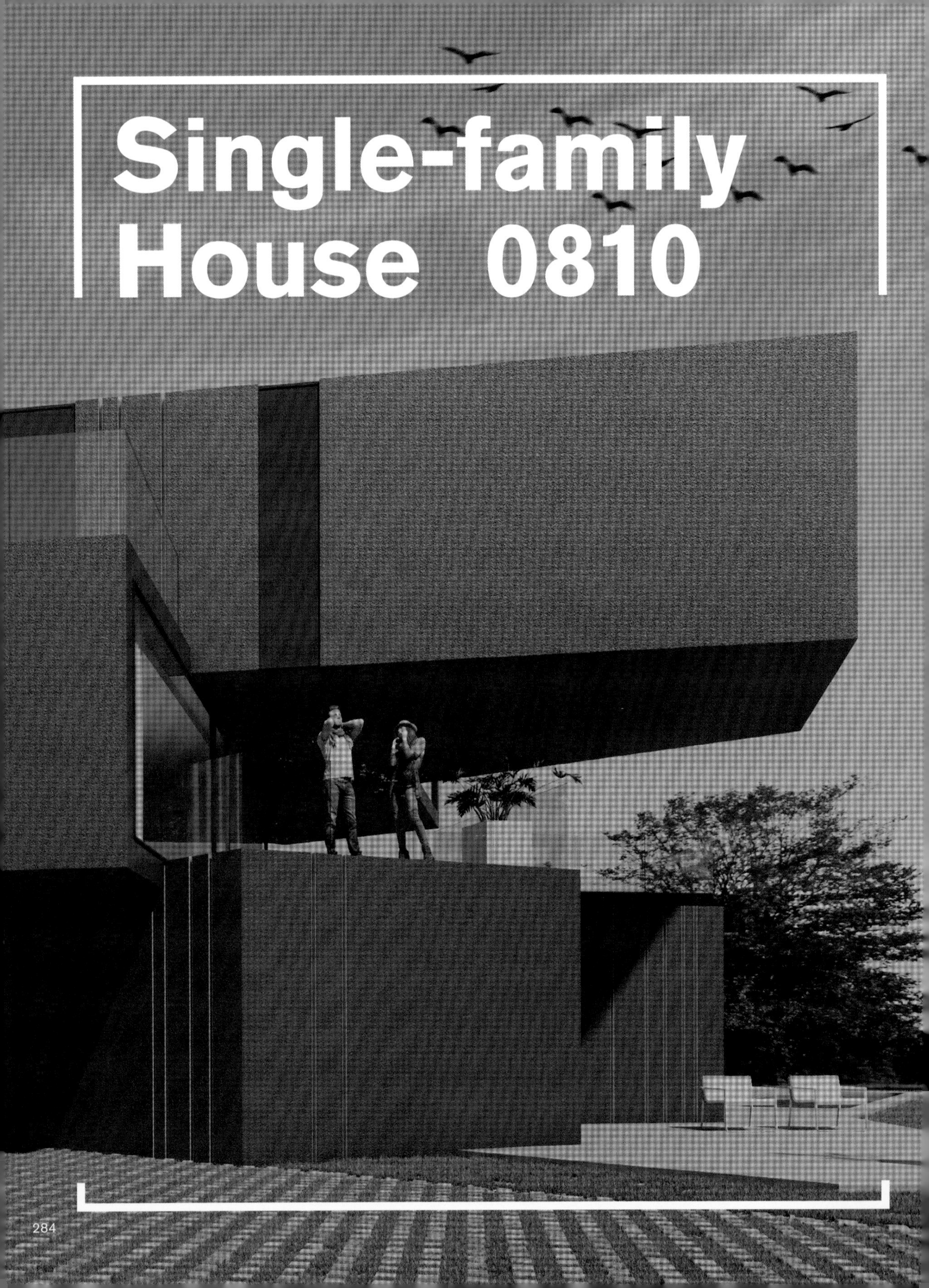

西班牙，**加瓦**

0810家庭住宅

本案位于加瓦一个离海滩很近的滨海区，是一个独栋的家庭住宅。场地比较小，设计了一个放射状的体量，由三个几何体围绕同一个垂直轴心组合而成。

三个体量，根据其各自的朝向，错开形成一些阳台空间，满足了客户最初提出的设计要求。将儿童区域和父母的区域分隔开来，日间活动区域安排在二楼，能欣赏到美丽的海滩景致。

设计方案分为三层楼，每层楼都有各自的用途：一楼是儿童房，有游戏室和一个带阳台和泳池的大花园；二楼是日间活动区域，被不同形状的阳台包围着，主阳台上设置有按摩浴缸，俯瞰大海的景致，次级阳台则可以欣赏到房屋后面的森林景致；三楼是父母的区域，有主卧和衣帽间，用水区和放映室同样能欣赏到周围美妙的景致。

关于覆面，选择了简单的不透明材料，建筑的特点主要体现在其轮廓。项目的设计策略由不规则的交叠系统主导，形成独特的几何外观。

三楼
1. 主卧
2. 衣帽间
3. 通道核心
4. 戏水与沐浴区域
5. 书房兼客厅
6. 设施

二楼
1. 厨房
2. 餐厅
3. 客厅

一楼
1. 停车处
2. 门厅
3. 通道核心
4. 儿童房1
5. 儿童房2
6. 儿童房3
7. 客卧
8. 游戏室兼客厅

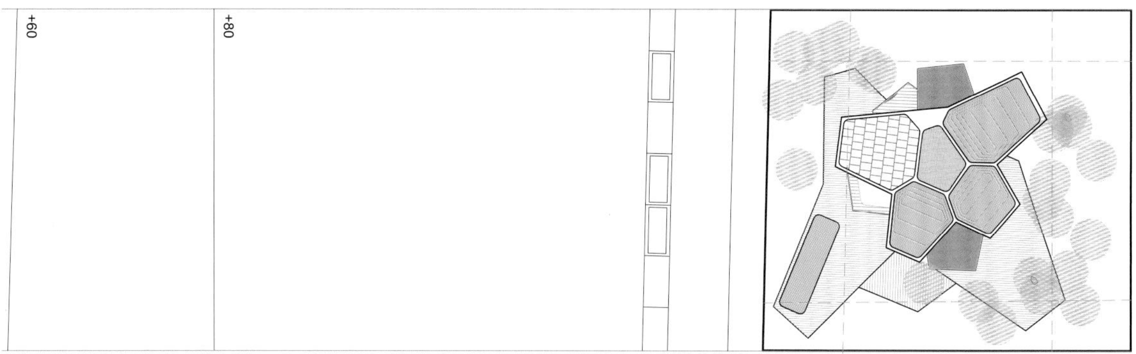

平面图

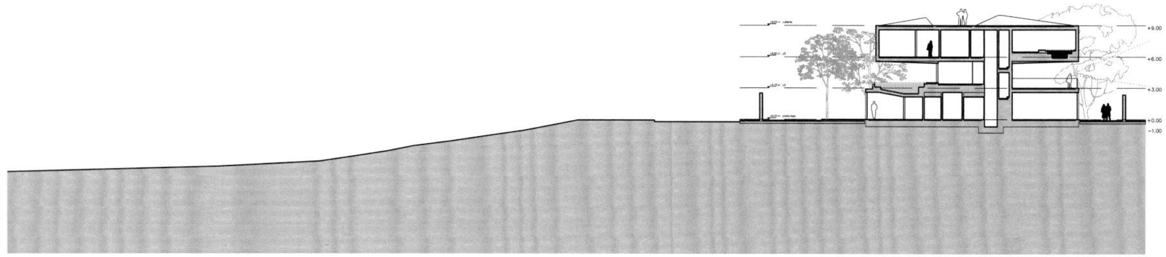

截面图

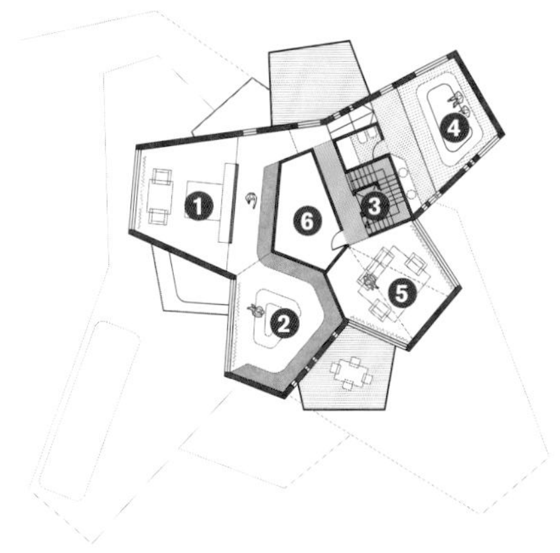

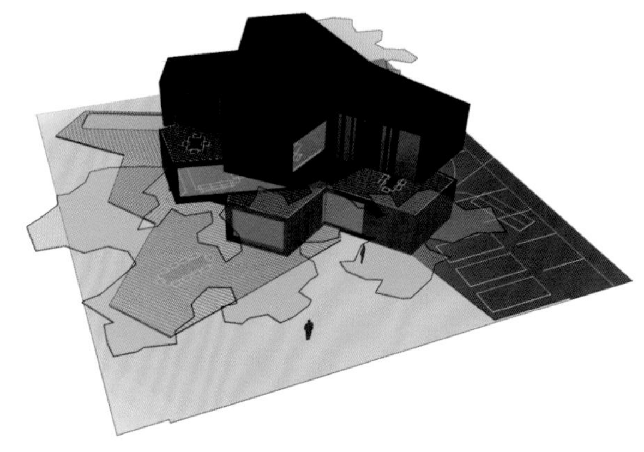

三楼

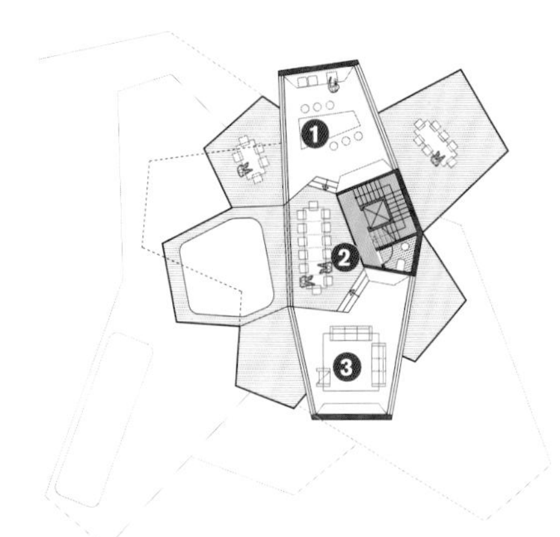

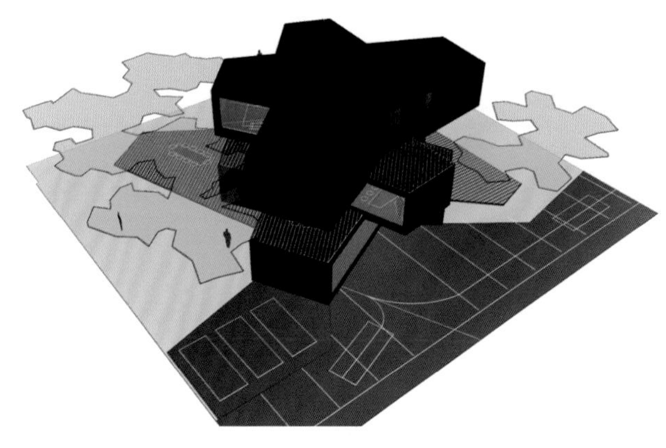

二楼

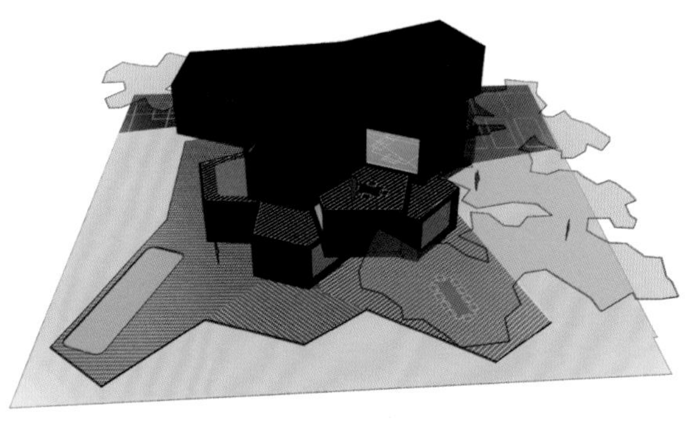

一楼

0 1 5 10 METROS

本案是由三个几何体量构成的建筑，形成的平台上可以俯瞰加瓦海湾的美丽景致，各自被用作公用及私人区域。这些阳台根据其朝向有着不同的视野，通过巨大的开口与房间相连。

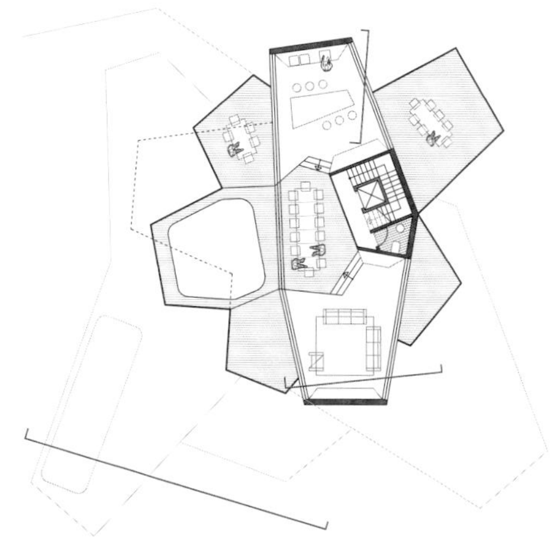

A 社交区域——客厅和餐厅
B 主卧
C 戏水与沐浴区域
1 起居室阳台
2 餐厅阳台
3 日光浴阳台
C
2

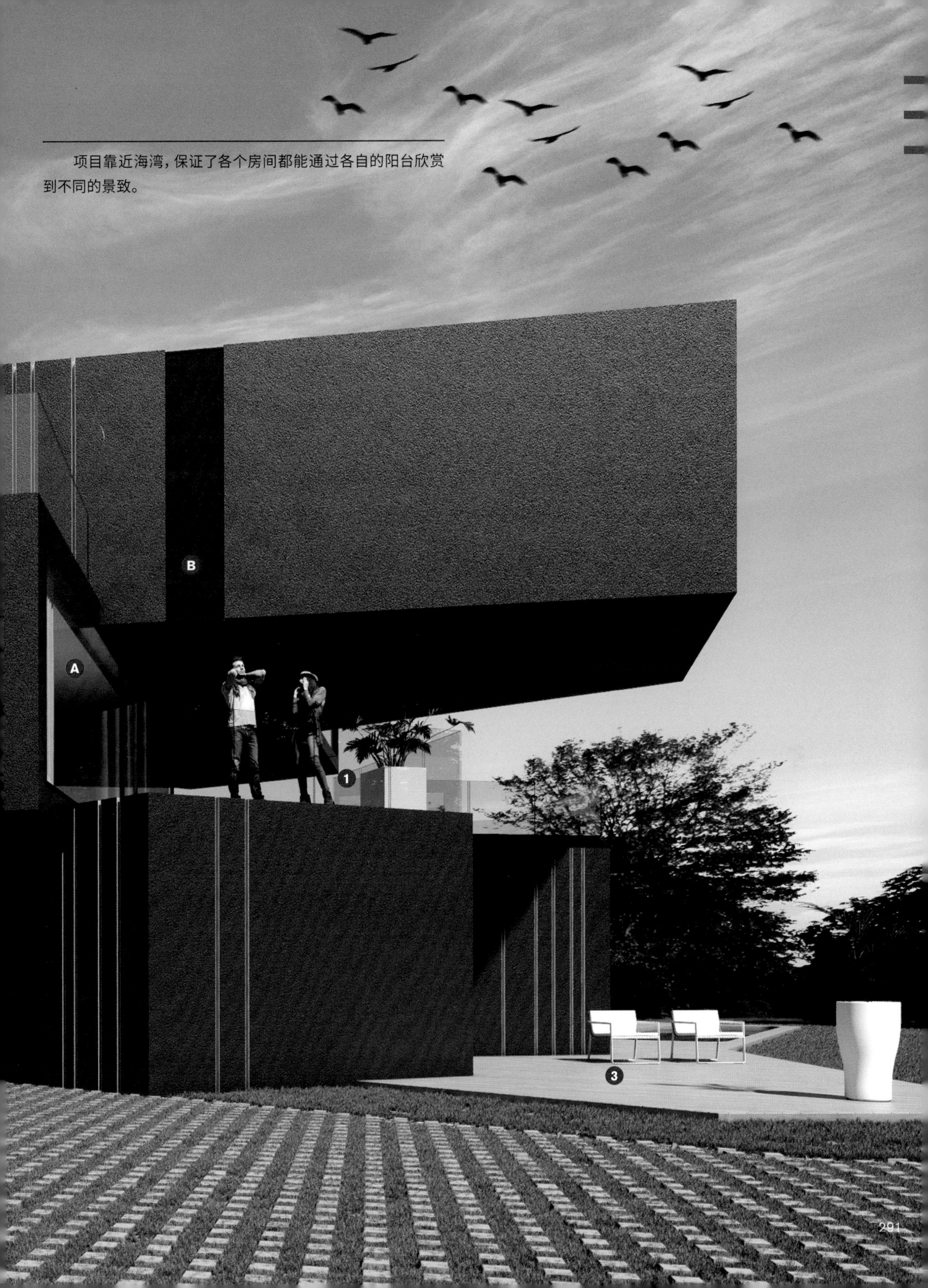

项目靠近海湾，保证了各个房间都能通过各自的阳台欣赏到不同的景致。

Single-family House 1002

西班牙，**巴塞罗那**

1002家庭住宅

本案位于Montnegre自然公园，是一栋独特的家庭住宅。一个平台顺应场地地形而建，平台上是一栋住宅建筑，建筑的几何形状与其内部空间环路相关联。横穿一段连续的斜坡，呈螺旋形的建筑体量形成一个内部庭院，与通往内部主要空间的走廊入口相交互。

建筑的朝向很好，能欣赏到美丽的自然景致，屋顶上也设置了观景走道，连通着建筑体量螺旋而成的走道。观景走道周围环绕着花园，通往屋顶最高处的阳台。

这是一栋独特的建筑，通过覆层的使用形成连续的轮廓，从外部模糊了休闲和休息室之间的界限，沿着屋顶形成各个阳台。本案中，一楼空间包括入口和娱乐休闲区域，客厅餐厅及厨房，另外还有一个纵向的泳池，俯瞰周围的景致；二楼是卧室，可以俯瞰景观走道环绕而成的内部庭院。外部的覆面同时还有一种韵律，根据垂直支柱的开口而回缩、扩展，增强了建筑的有机形态及雕塑感。

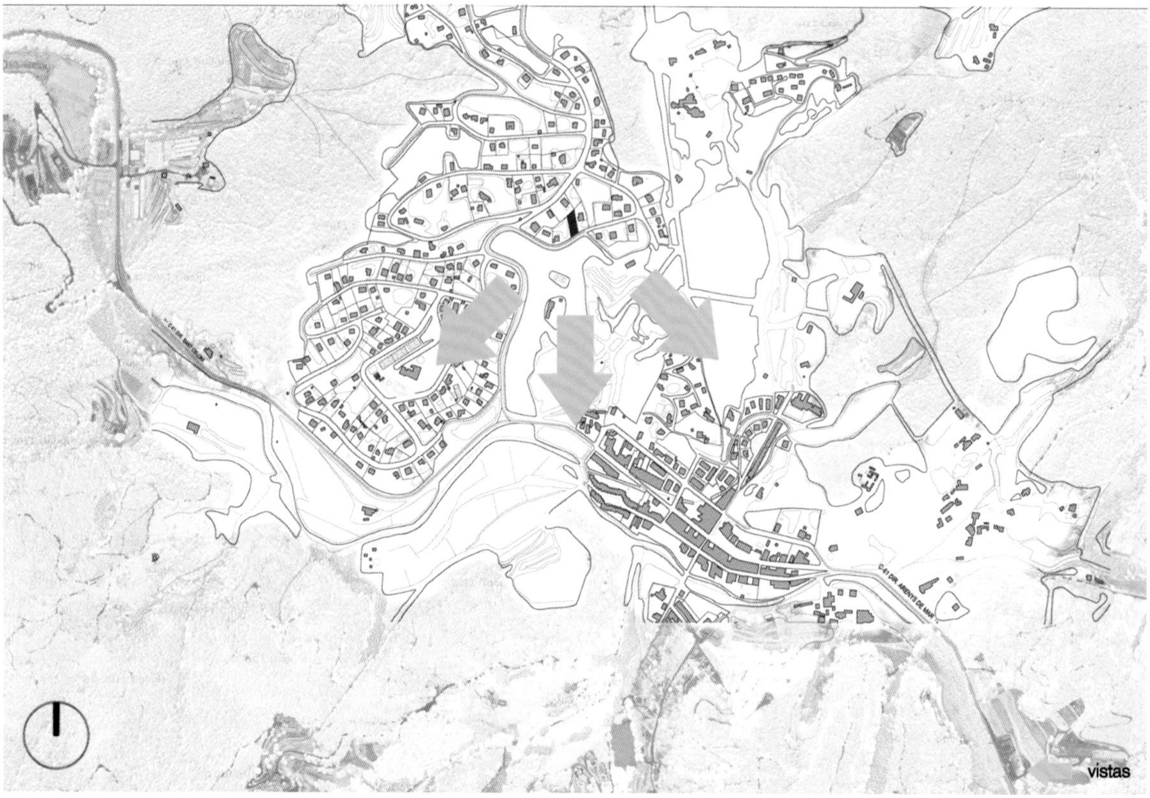

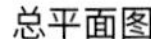

总平面图

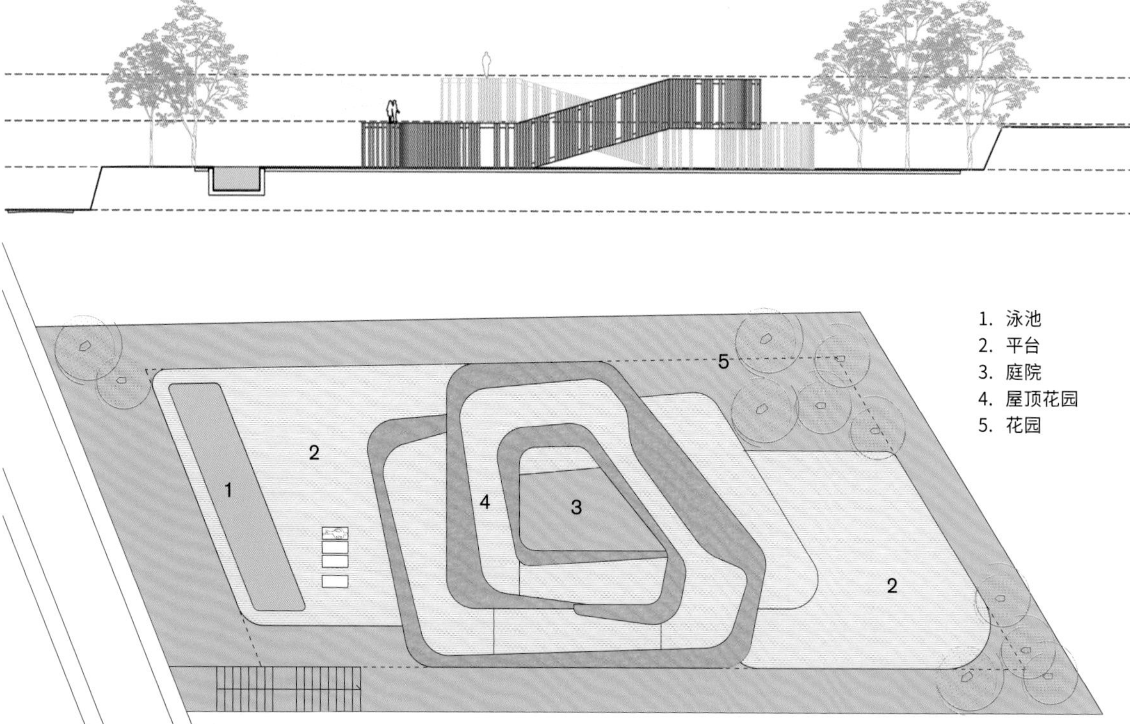

1. 泳池
2. 平台
3. 庭院
4. 屋顶花园
5. 花园

环形动线

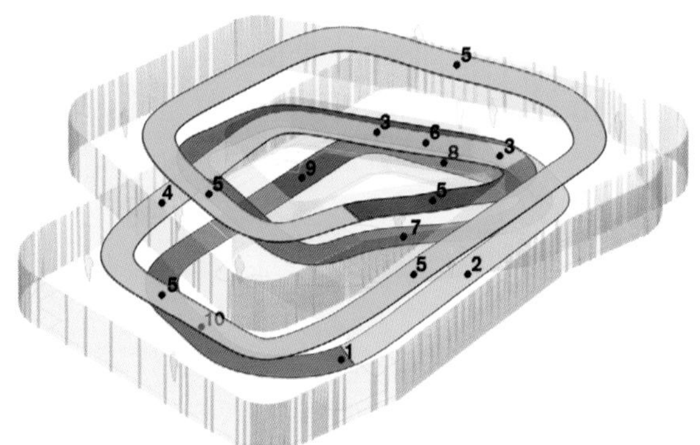

1. 门厅
2. 楼梯和橱柜
3. 房间
4. 主卧
5. 屋顶花园
6. 厅室
7. 看台
8. 客房
9. 餐厅
10. 客厅

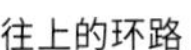
往上的环路

往下的环路

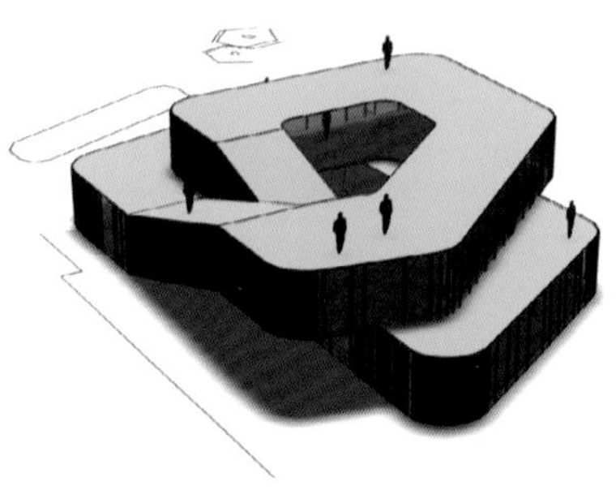

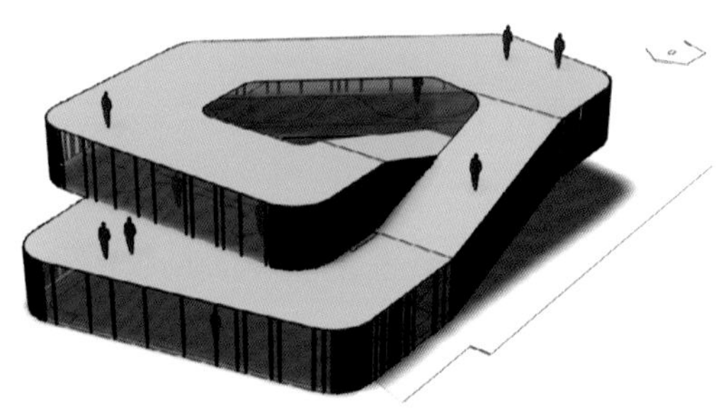

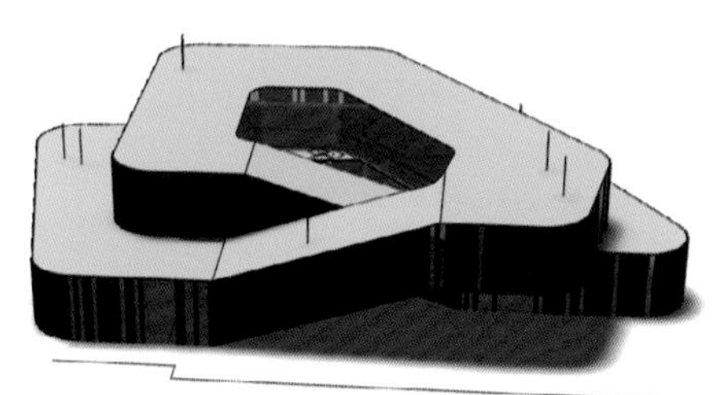

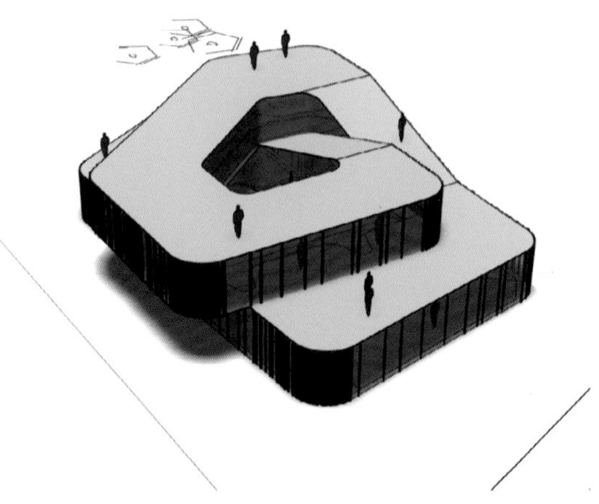

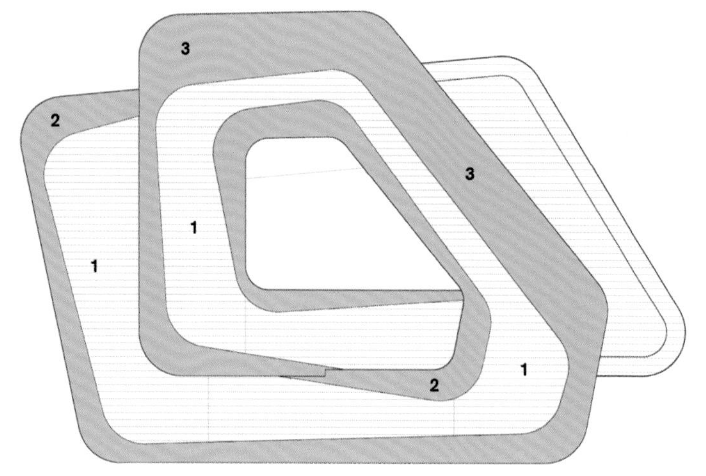

屋顶
1. 日光浴阳台
2. 花园
3. 花园

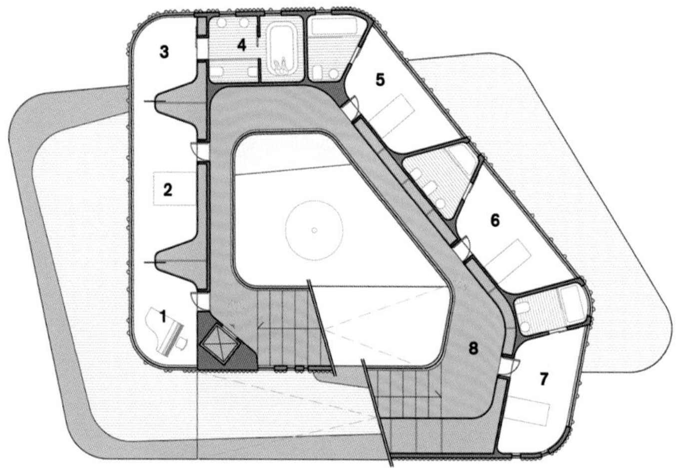

二楼平面图
1. 排练厅
2. 主卧
3. 衣帽间
4. 浴室
5~7. 房间
8. 走廊

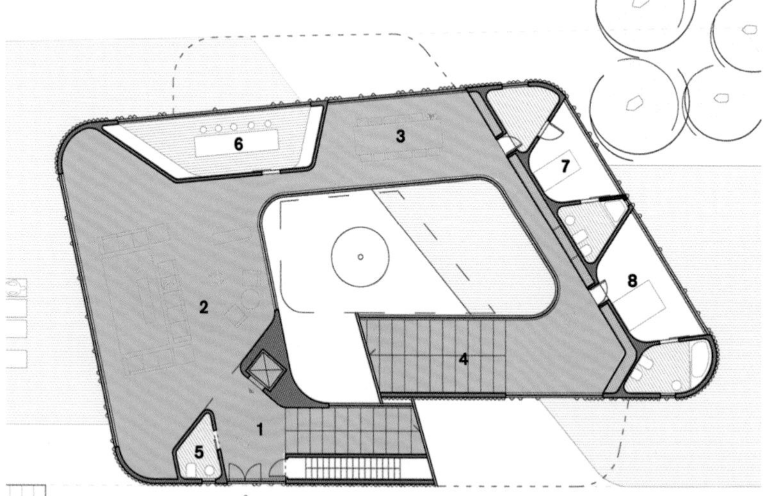

一楼平面图
1. 门厅
2. 客厅
3. 餐厅
4. 看台
5. 卫生间
6. 厨房
7. 客卧
8. 客房

A 屋顶花园
B 庭院
C 泳池平台
1 宾客区域
2 主人房
3 下方走道
C
2

连续的走道将整个建筑体量围绕着中心庭院环绕起来。沿着这条螺旋形走道，屋顶成为一个可以通行的带花园的平台，在这里可以欣赏到优美的景致。

Single-family House 1409

西班牙，**巴塞罗那**

1409家庭住宅

这栋家庭住宅位于铁道线附近，建筑的几何形态根据场地的地形来设置。这是一个双层的住宅，公共区域与其他区域分隔开来。日间活动区域位于一楼，与泳池和场地边界处的花园相连，房子正前面是一个宽大的阳台。

透明的入口展示了开放式的公共空间，被连接一、二楼的核心分隔开来。二楼有一间书房和两间卧室及主卧，有着最佳的视野，能欣赏到宽广的全景景观，可俯瞰绿植区域、游泳池及周边的森林景致。

由轻质桁架组成的模块化木质结构满足节能、经济及搭建迅速的要求，满足了项目开始时所设置的一些参数。最终形成的建筑有着轻盈的覆面和简洁的线条。这些突出的特征展示了项目的能效和流线形外观，技术和建筑在整个设计过程中都紧密联系在了一起。

本案位于住宅区，建筑正面朝向高尔夫球场最美的景致。房子边界处的花园与泳池边上的阳台相连。

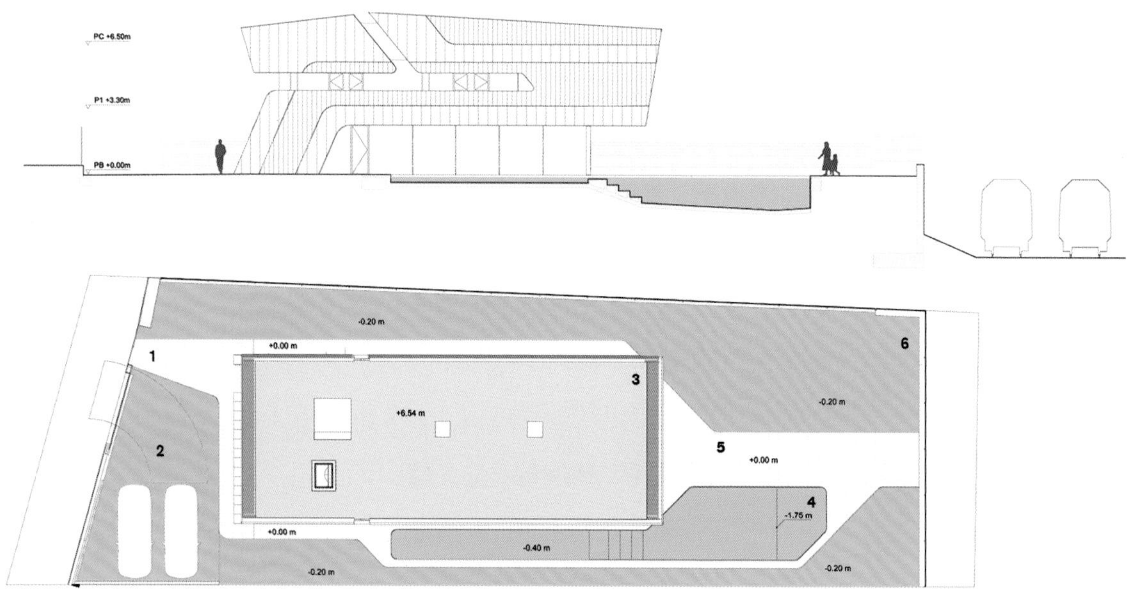

1. 步行入口
2. 停车区
3. 屋顶
4. 泳池
5. 平台
6. 花园
7. 烧烤区

泳池视图

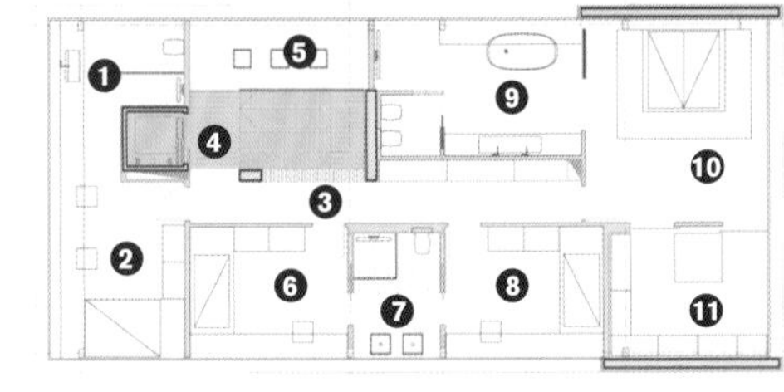

二楼

1. 书房卫生间
2. 书房
3. 走廊
4. 核心
5. 花园
6. 房间1
7. 儿童卫生间
8. 房间2
9. 主卫
10. 主卧
11. 衣帽间

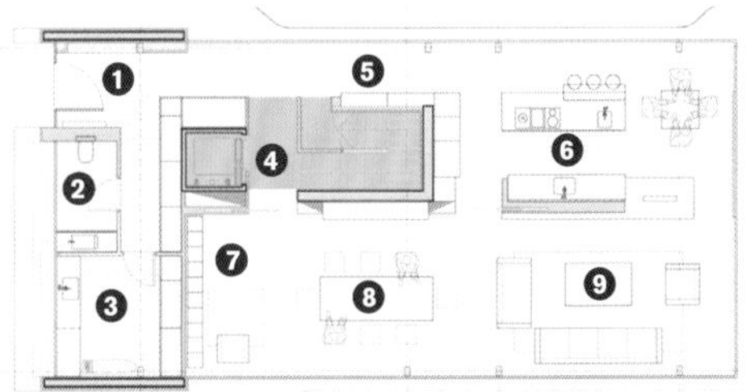

一楼

1. 门厅
2. 卫生间
3. 洗衣房
4. 核心
5. 储藏室
6. 厨房
7. 阅读区
8. 餐厅
9. 客厅

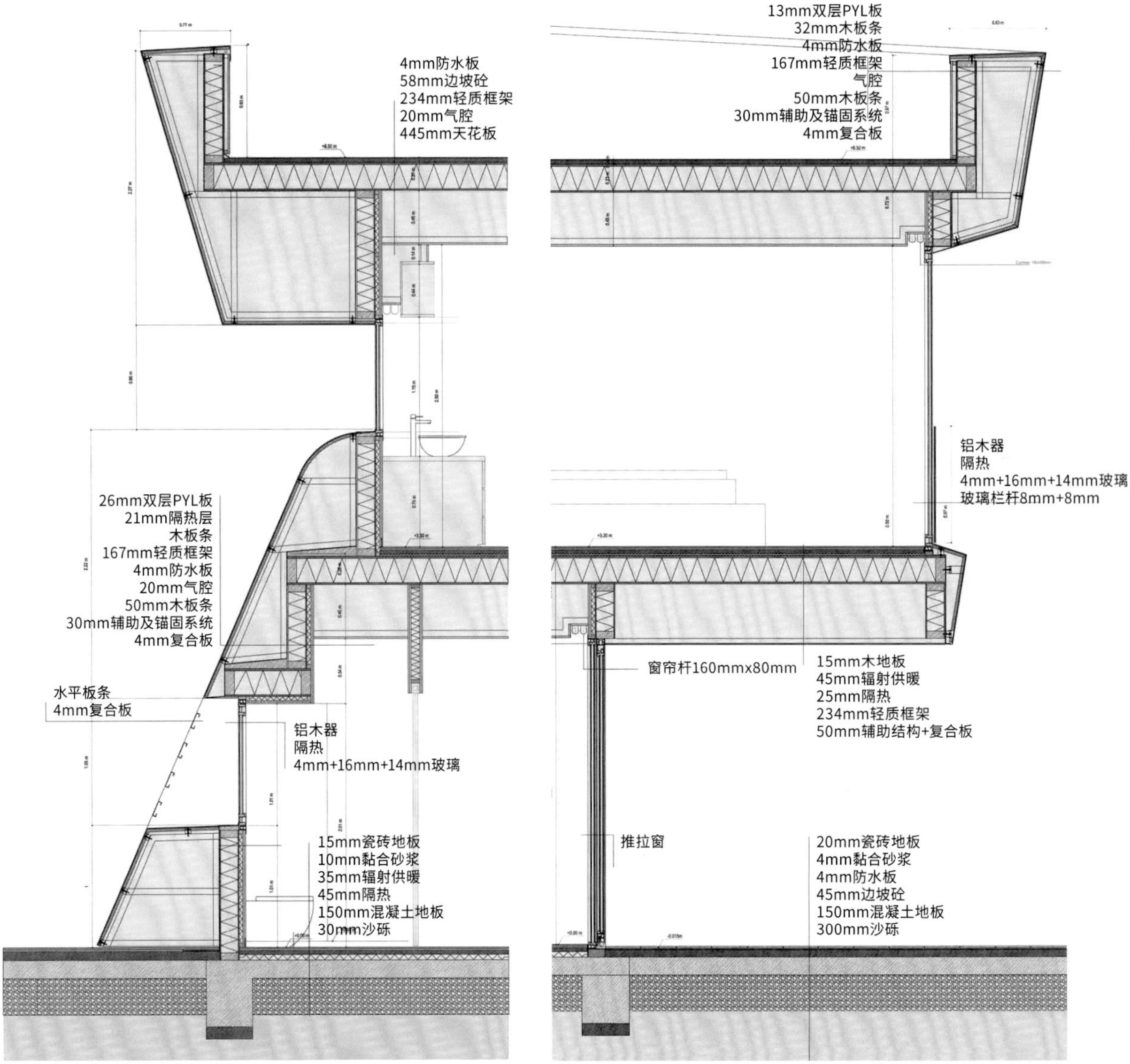

4mm防水板
58mm边坡砼
234mm轻质框架
20mm气腔
445mm天花板
13mm双层PYL板
32mm木板条
4mm防水板
167mm轻质框架
气腔
50mm木板条
30mm辅助及锚固系统
4mm复合板
铝木器
隔热
4mm+16mm+14mm玻璃
玻璃栏杆8mm+8mm
26mm双层PYL板
21mm隔热层
木板条
167mm轻质框架
4mm防水板
20mm气腔
50mm木板条
30mm辅助及锚固系统
4mm复合板
窗帘杆160mmx80mm
15mm木地板
45mm辐射供暖
25mm隔热
234mm轻质框架
50mm辅助结构+复合板
水平板条
4mm复合板
铝木器
隔热
4mm+16mm+14mm玻璃
推拉窗
15mm瓷砖地板
10mm黏合砂浆
35mm辐射供暖
45mm隔热
150mm混凝土地板
30mm沙砾
20mm瓷砖地板
4mm黏合砂浆
4mm防水板
45mm边坡砼
150mm混凝土地板
300mm沙砾

FAÇANA OEST
1:100

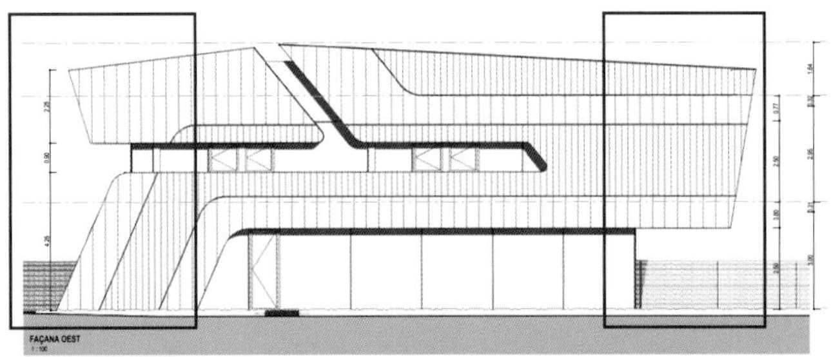

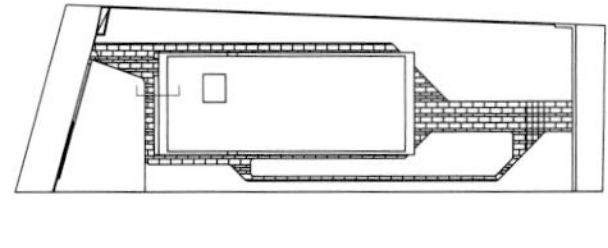

入口处视图

外立面视图

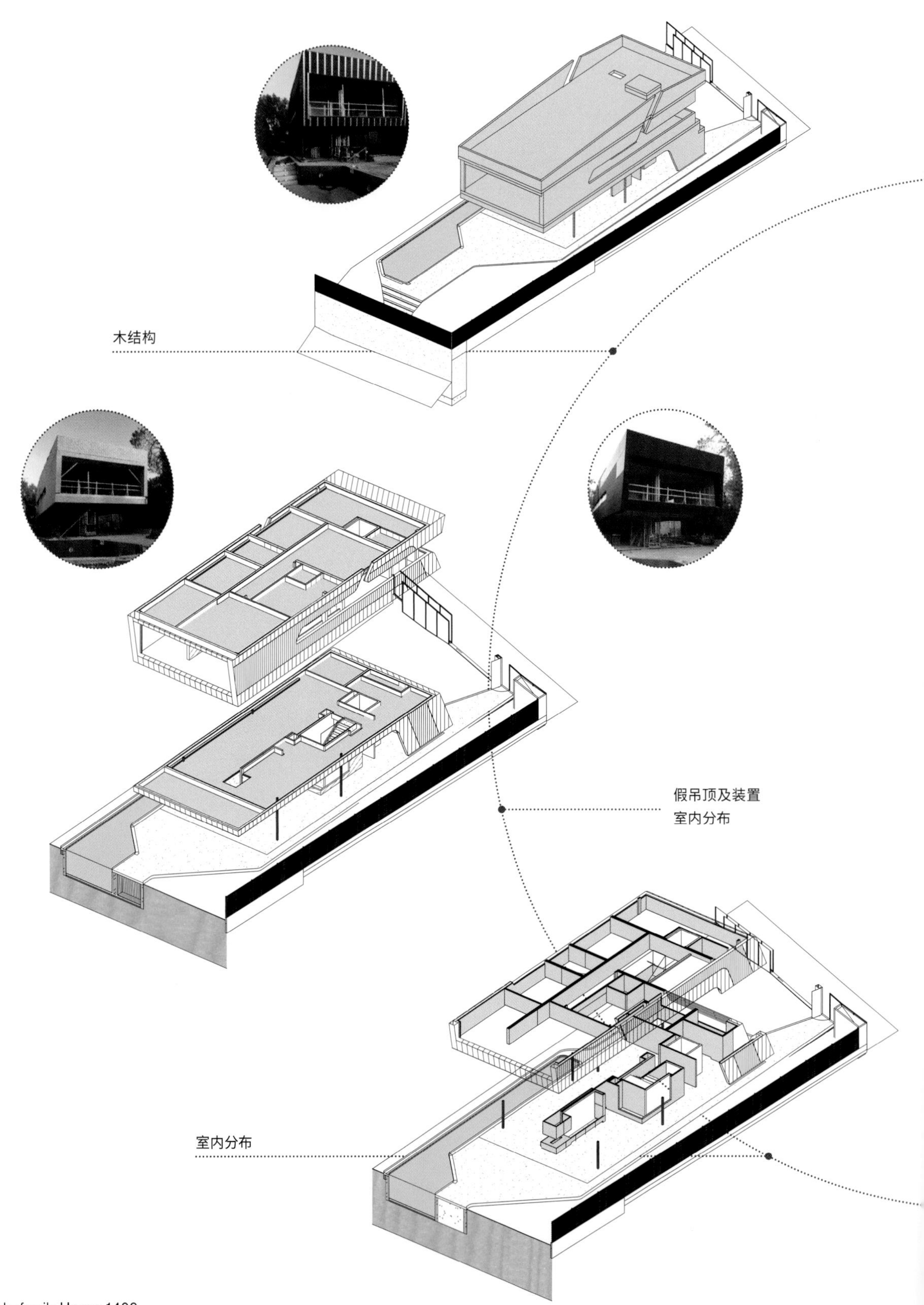
木结构
假吊顶及装置
室内分布
室内分布

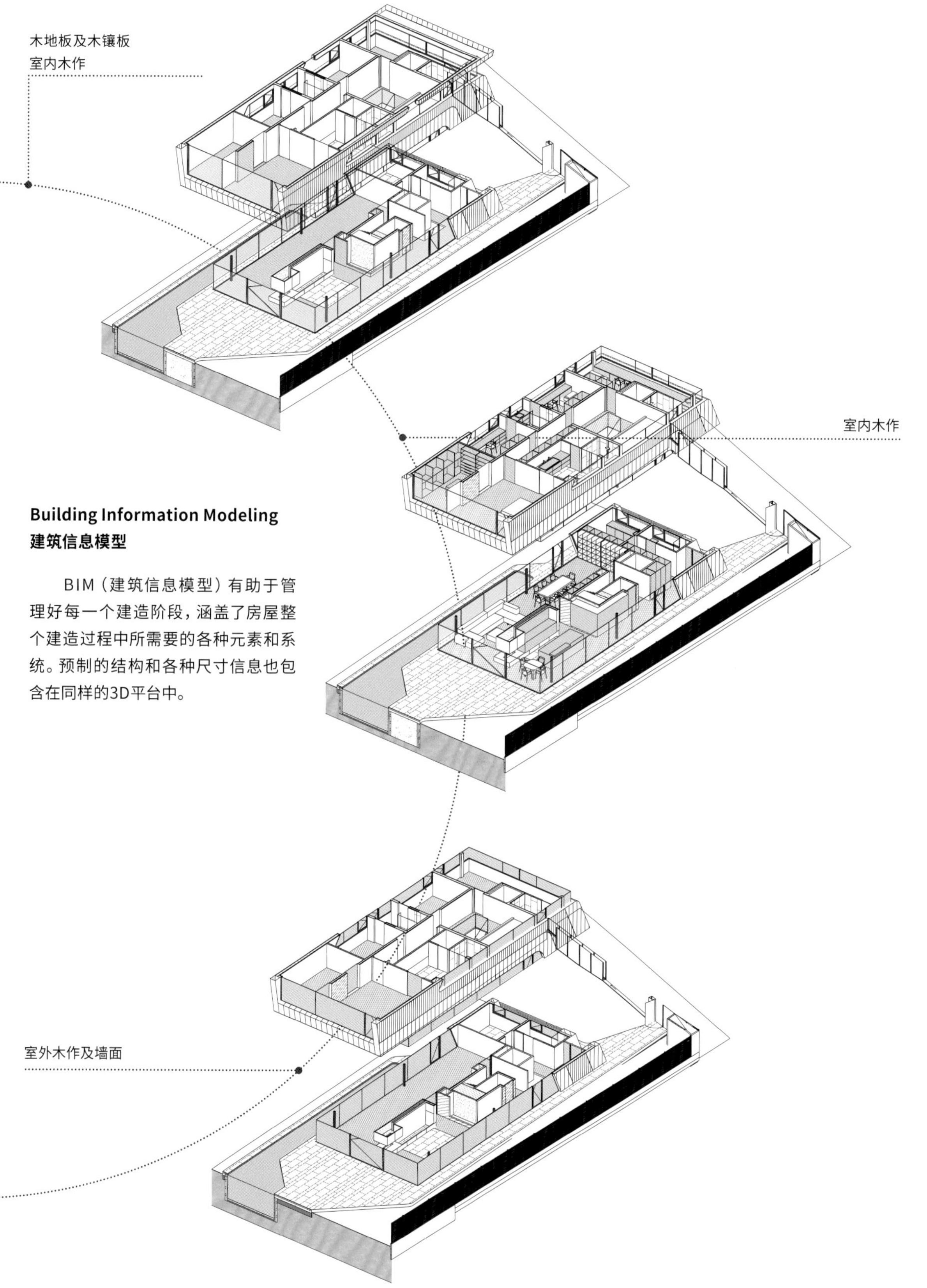

Building Information Modeling
建筑信息模型

BIM（建筑信息模型）有助于管理好每一个建造阶段，涵盖了房屋整个建造过程中所需要的各种元素和系统。预制的结构和各种尺寸信息也包含在同样的3D平台中。

休息区域和厨房及客厅和餐厅空间，围绕着空间中心的火炉纵向排列，保证了房间内视觉的连续性。

A 厨房和餐厅
B 客厅和书房
C 主卧

1 泳池
2 停车区

Single-family House 1510

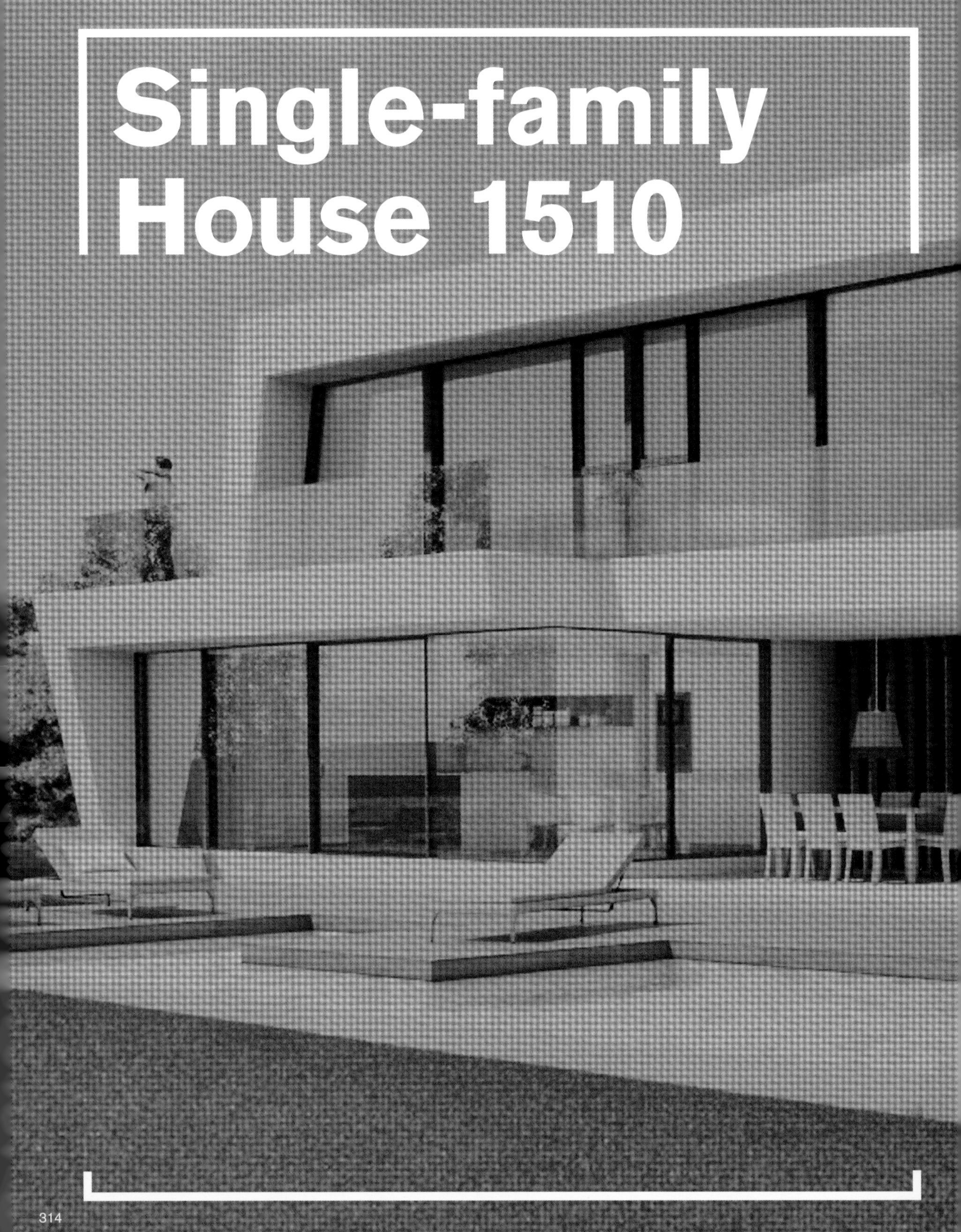

西班牙，**巴塞罗那**

1510家庭住宅

这栋双层的家庭住宅位于一个长形的地块上，房子完全面朝着景观方向。两层楼通过一个楼梯连接在一起，各种各样的悬臂被安置在房子的战略性位置上。

最具代表性的是保护室外座椅区域的室外空间，与前面的阳台和泳池相互作用，沿着场地原有地形环绕成一个花园。从入口开始，客厅及餐厅区域通过楼梯与厨房分隔开来，楼梯可通往二楼及地下停车区域。

卧室和卫生间与楼梯平台平行，末端的书房和套房有着各自的阳台，朝向主立面。建筑正面呈现出简单的特色，木材被用作不对称开口处的框架，同时还被用在楼梯处，形成垂直的晶格。

一楼的主体架构稍微往外伸出，侧面的折叠增强了建筑的力量感，表达出建筑双向的本质。由此打破了主要由建筑体量边缘几何形态主导的直角型外观，形成一种流畅且有活力的建筑形态。

这栋住宅拥有出色的自然景观，长方形的建筑充分利用了场地的地形。房间内能欣赏到全景景观，设置在平台上的阳台和泳池与周围的绿植区域独立开来。

D

A

3

C
B
1
2

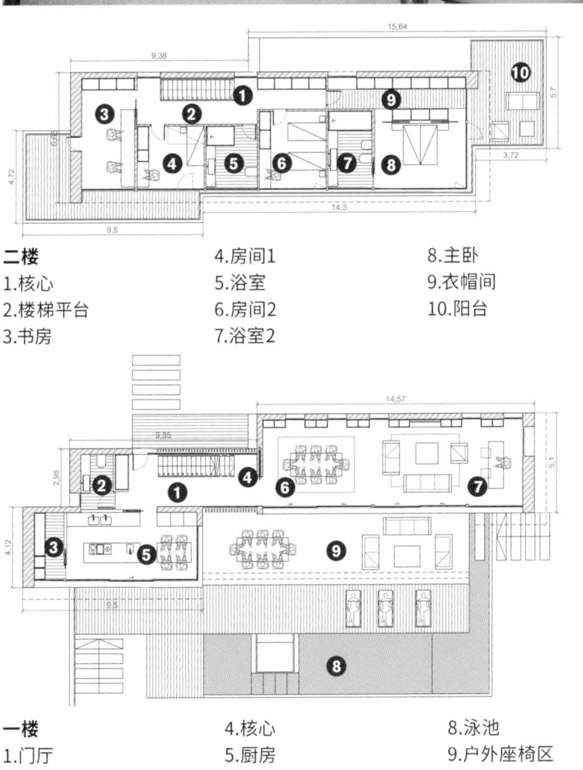

二楼

1.核心
2.楼梯平台
3.书房
4.房间1
5.浴室
6.房间2
7.浴室2
8.主卧
9.衣帽间
10.阳台

一楼

1.门厅
2.洗手间
3.洗衣房
4.核心
5.厨房
6.餐厅
7.客厅
8.泳池
9.户外座椅区

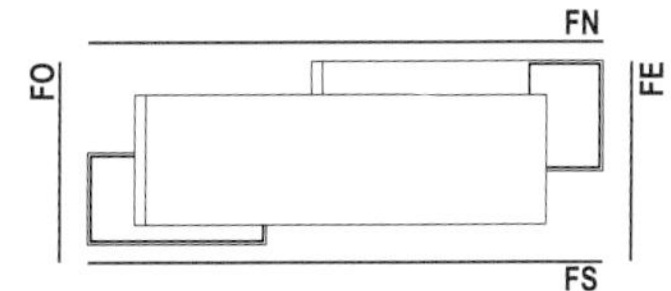
FN
FO
FE
FS

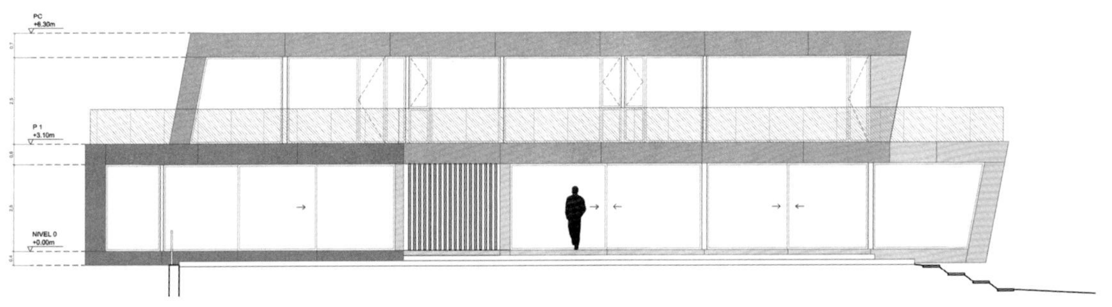
PC
+6.30m
P 1
+3.10m
NIVEL 0
+0.00m

南立面

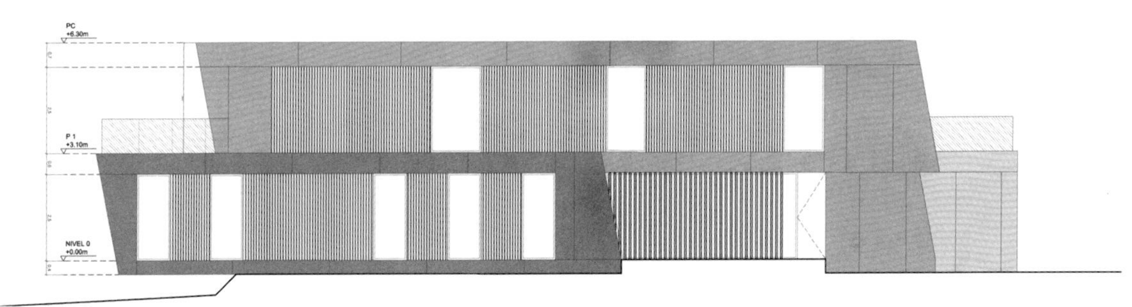
PC
+6.30m
P 1
+3.10m
NIVEL 0
+0.00m

北立面

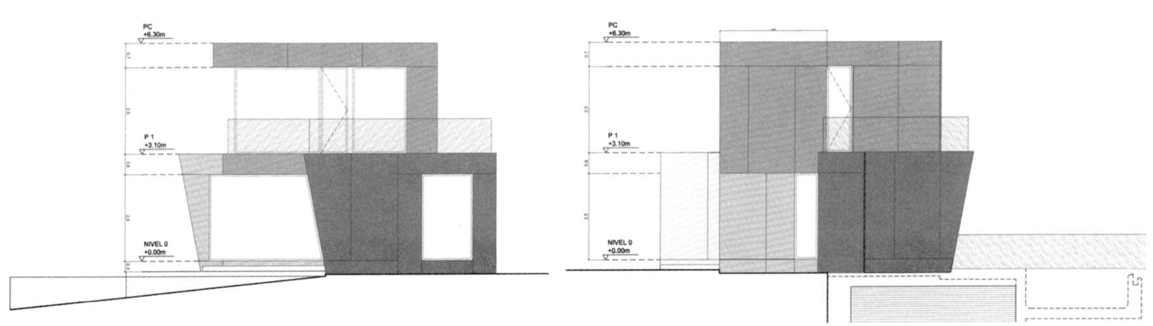
PC
+6.30m
P 1
+3.10m
NIVEL 0
+0.00m
PC
+6.30m
P 1
+3.10m
NIVEL 0
+0.00m

侧立面

LAA

ALGECIRAS

p.336

滨海区改造规划

阿尔赫西拉斯滨海区改造规划是一个大工程，以一个城市为主体，进行一系列改造，力图以大量的娱乐休闲及有教育意义的规划来突破场地的各种限制，将本市最具发展前景的地区从场地及视觉上整合成一个整体。

HCO

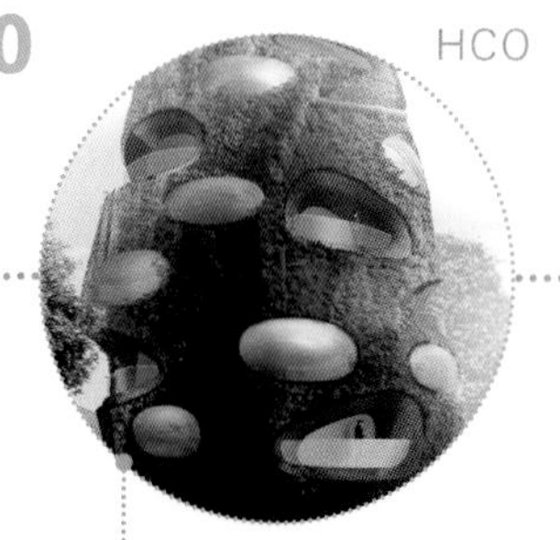

低成本机场航站楼

本案规模较小，尽管成本较低，但仍给使用者带来更亲近、更加环境友好的体验。这个低成本机场航站楼是一个实例，一种全新的观点被系统地投射在机场顶部巨大的花园中。

p.352

会议酒店

这间酒店及会议中心是为奥洛特市所做的规划，建筑具有强烈的景观效果，有机的体量外覆盖着大面积的垂直花园。

ALL

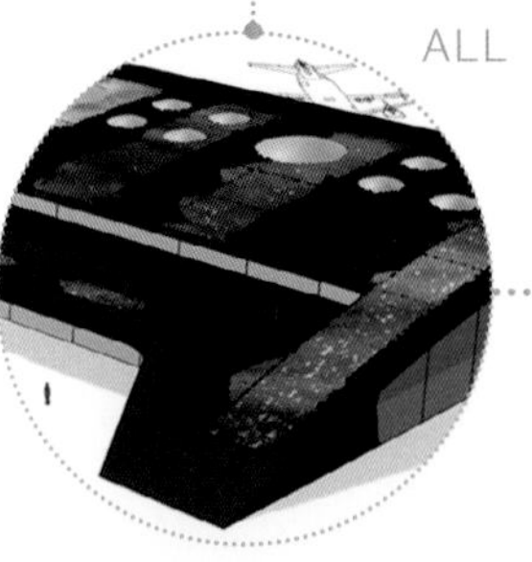

2005

laboratory

绿色环保 Think Green

在一系列项目案例中，建筑和景观融为一体，在创新的基础上确保公共空间的可持续发展，环境成为各种不同规模及类型的项目考虑的最重要因素。

TAICHNUG

2011

TGP

p.360

台中中央公园

在台中中央公园设计竞赛中，在一个与众不同的地理位置上，为城市规划了一个全新的绿肺，将新扩展区域的五个区整合成一个整体。每个区域都有不同的用途，从金融领域到文化领域，周围环绕着大量的绿植，可以用于举办各种娱乐休闲活动。

TAIPEI

2013

p.370

台北奢华塔

另一个有趣的案例也在台北市，方案计划建造一栋150m高的奢华公寓楼，建筑几何形态的结构网眼内分布着垂直花园，缓和了对城市产生的视觉冲击。

LTT

p.326

1406家庭住宅

本案是一栋位于托纳小镇的家庭住宅。设计过程中考虑到了各种需求和限制，在自然环境中打造出一个真正高效的住宅原型。

VFS

2014

Single-family House 1406

西班牙，**巴塞罗那**

1406家庭住宅

这栋小型家庭住宅位于巴塞罗那风景优美的郊区，建造中使用了现代的预制木结构系统。沿着简单的入口走道，可以俯瞰周围及前方的优美景致。

建筑有着简单的几何形态，整个呈C字形折叠，创造出屋顶平面并延伸至后立面，上面统一覆盖着绿色植被。建筑几乎完美地融入环境中，通过其所用的材质及房屋巨大的开口与环境联系在一起。各个房间都能欣赏到周围美丽的景致，如托纳小镇的溪流及城堡风光。

木质材料不仅被用在覆层结构中，同时还用在地板及室内墙面上，共同形成一个高能效的建筑。根据用户的需求灵活地满足其要求，室内的庭院为房屋提供必要的通风和照明。客厅餐厅及主卧区域位于房屋前部，厨房书房和客卧则位于后部。

建筑周围的环境中，溪流是一个重要组成部分，通过房屋巨大的窗户和连续的屋顶及延伸至入口立面上大量的绿色植被，从视觉上将房屋和景观整合到一起。

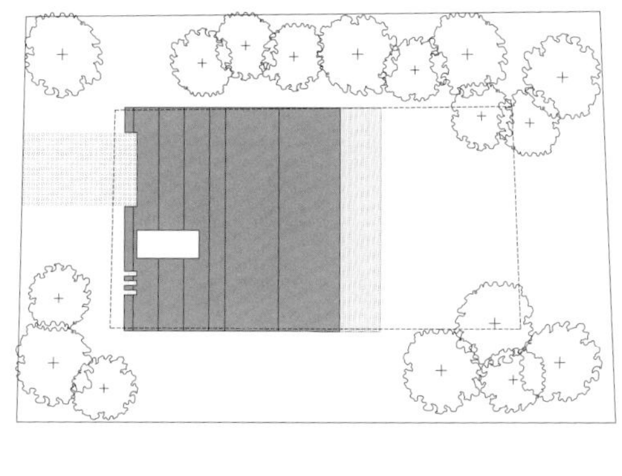

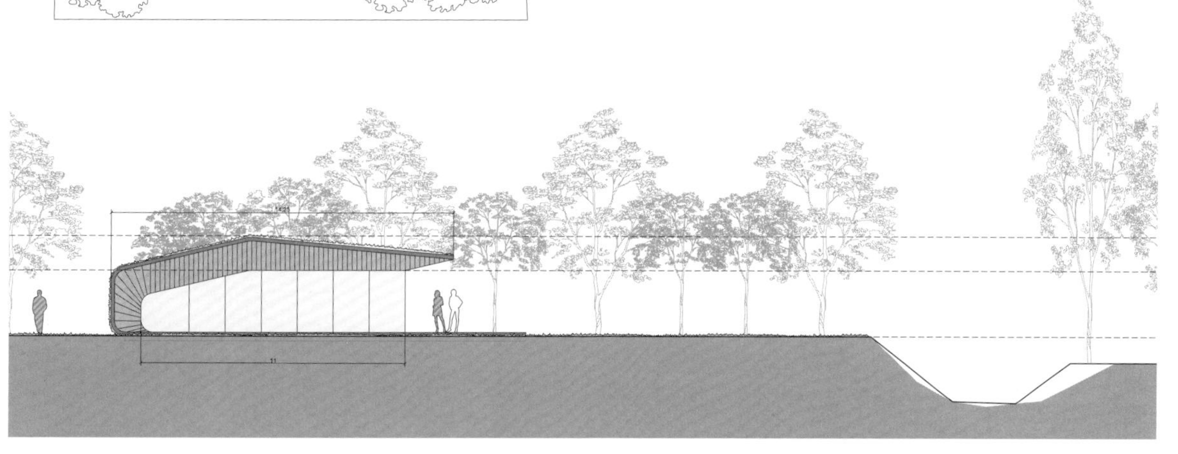

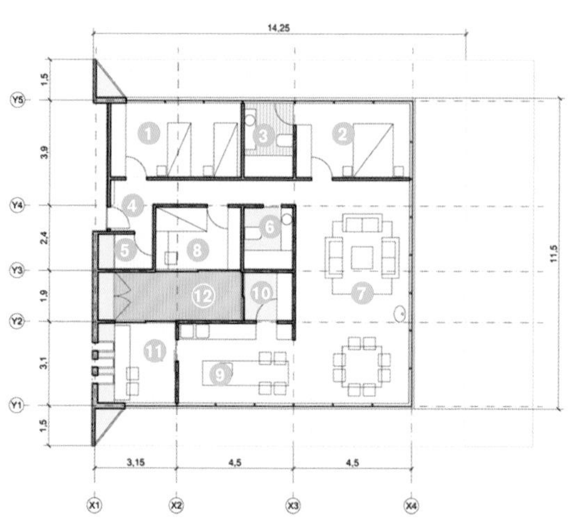

1. 双人房
2. 主卧
3. 主浴室
4. 入口
5. 工具室
6. 卫生间
7. 客厅和餐厅
8. 客卧
9. 厨房
10. 洗衣房
11. 工作室
12. 庭院

Verdtical and ON-A in the new era of bioclimatic and sustainable architecture

An interview　采访

Verdtical和ON-A在生物气候和可持续发展建筑的新纪元

Verdtical是一家专门为垂直花园、绿植外立面和绿植墙面设计服务的公司，与生物气候建筑方式相关联。公司有各种系统，对于这方面的研究，在ON-A规划的一些创新及可持续建筑项目中可以得到参考。

怎样诠释这种以生物气候和可持续建筑为基础的全新建筑方式？

这种全新的建筑方式出现在对迄今为止的建筑体系进行深思熟虑之后，现有的建筑体系还没能将这两个重要概念结合在一起。我们所进行的创新是在原有的基础上，运用垂直花园作为建筑覆层。这种举措为建筑穿上了一层有生命的“外衣”，这些系统还可用来进行能量控制。我们还可以更进一步地探讨这些覆盖在建筑上的垂直花园的灵活利用，它们如同城市的肺，吸收二氧化碳，释放氧气，是减轻污染问题不可或缺的工具，这些新项目的建造同时还与其周围的环境相适应，改善空气质量，美化建筑外观，给居住在其中的人们带来更大的幸福感。

这些新系统的应用能带来哪些益处？

好处良多。首先，通过应用绿植墙面或屋顶降低建筑内部温度，这一优点在夏天尤为明显。这些绿植墙面和屋顶能阻止太阳光直接照射在建筑上，遮阳的同时还具有自然的通透性，避免湿气和冷凝水的产生，这样可以减少空调系统的使用，从而节约多达70%的能量。此外，应用了垂直生态系统的建筑，其价值能提升大约30%。绿植的墙面能持续性地保护墙面，改善建筑外观，还不会占用城市空间。

总而言之，在这样一个真正的生物气候建筑中，能效得到了最大限度的体现。

ON-A在奥洛特的会议酒店、台北住宅塔楼等项目中应用的这些系统，是想要体现什么？

通过这些项目，我们希望能为生物气候和可持续建筑方式做出示范，无论在哪里，项目规模大小，绿色植被的覆层不仅能从视觉上提升建筑的美感，同时还有更多益处。这种系统质量轻，适应力强，高性能且能快速安装。

此外，这些项目能让我们从工程的角度（美学及功能性）而不仅是园艺的角度（美学）来体现这些系统在安装上的差异。这两种概念之间的价值差别在于“效率”，这些植被覆面应用在大规模的项目上时不能产生大量的维护费用，抑或仅仅作为一种植物景观，垂直生态系统要具有不断发展的能力，我们的目标是减少耗水量，同时只需完成极少的园艺工作来进行维护，而不需要修理或更换模块、植物。

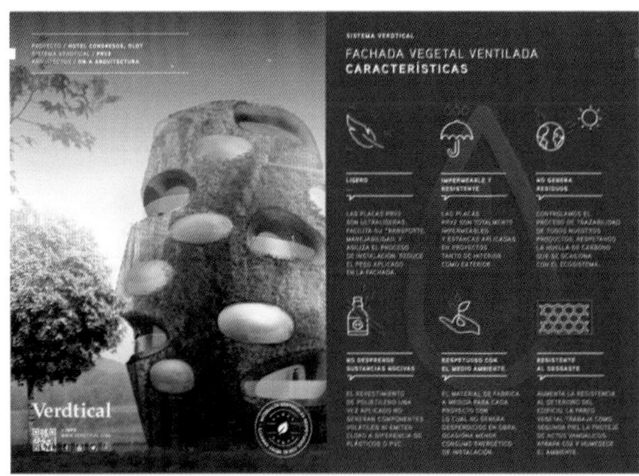

“All in all, a reflection of the maximum energy efficiency embodied in a truly bioclimatic architecture.”

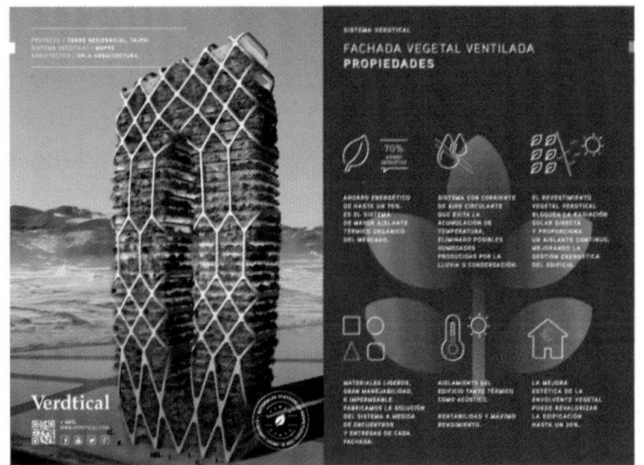

在这种可持续发展的案例中，巴塞罗那1406家庭住宅这个项目有何特色？

这是个非常独特的项目，在这个项目中，我们设法让墙面和屋顶成为一个连续的整体，上面都覆盖了绿色植被，让建筑融入周围的环境中。目前，垂直花园项目的概念大部分体现在其美学和功能性上，我们的设计理念基础在于效能。总而言之，在这样一个真正的生物气候建筑中，能效得到了最大限度的体现。

入口和屋顶的植被覆面让房子融入环境中，同时提供良好的隔热效果。

房内的主要空间通过透明的玻璃立面，完全面向室外开放，临街道的一侧则使用了大量的无须过多维护的植被覆层来保证私密性。

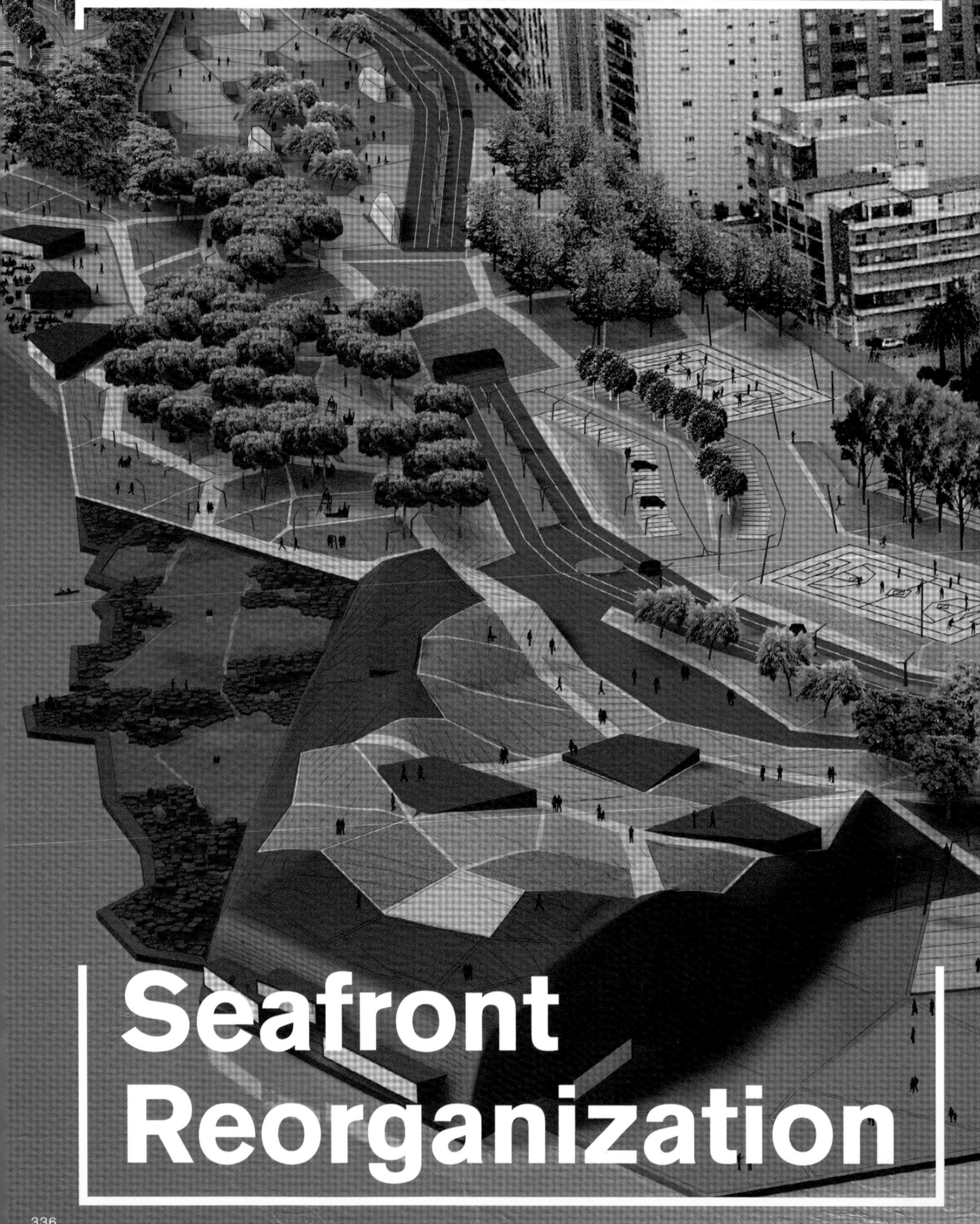

Seafront Reorganization

西班牙，**阿尔赫西拉斯**

滨海区改造规划

本案是以生态小区系统为基础对阿尔赫西拉斯滨海区所进行的重新规划。旨在创造出一个能与大海有更直接联系的人造地形，利用现有的道路为基础，打造出一个全新的休闲和景观平台。

本着创造出一个全新公共空间的想法，第一个目标是将组成整个项目的各项活动进行分层。随着人流路径的变换，这个全新的公共空间通过连续的网络联系在一起，形成与大自然密切相关的几何形态。

绿色的步行道、运动环路和自行车道共同在这个城市的战略性区域打造出优美的环境。为了做到这一点，间隙处被栽种上各种层次的地中海植物，划定出不同的区域，确保了各种人行道和车行道与大海之间的亲密互动。

新的景观旨在通过行人与市民们的积极参与创造出亲密关系，打造出全新的有活力的公共空间，其几何形态与自然和谐统一。这个全新的公共空间让人能与海滨进行真实的互动，形成全新的可持续的景观。

声学影响
绿地/空地比率
风的影响
临近项目比率
LLANO AMARILLO
plaza alta
mercado
BL biotopo lava
BB biotopo bosque
BM biotopo marino
muelle embarcaciones

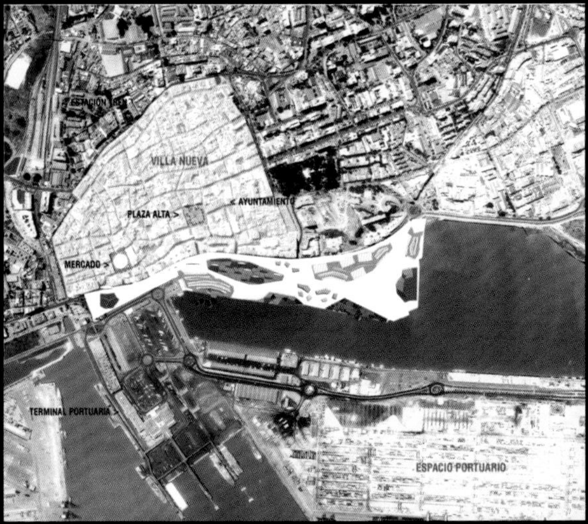

ESTACIÓN
VILLA NUEVA
PLAZA ALTA >
< AYUNTAMIENTO
MERCADO >
TERMINAL PORTUARIA >
ESPACIO PORTUARIO

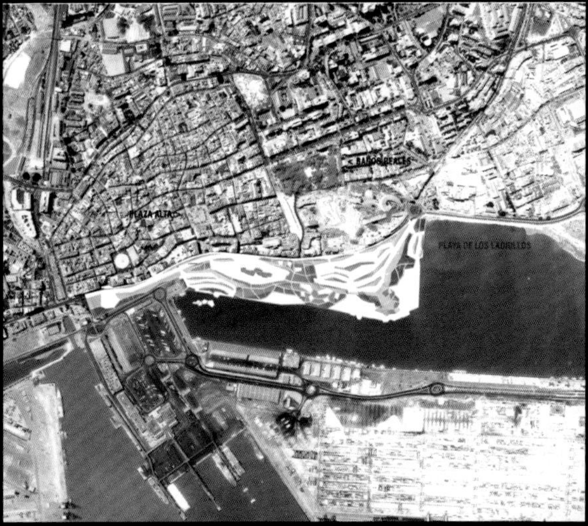

PLAZA ALTA >
< BAÑOS REALES
PLAYA DE LOS LADRILLOS

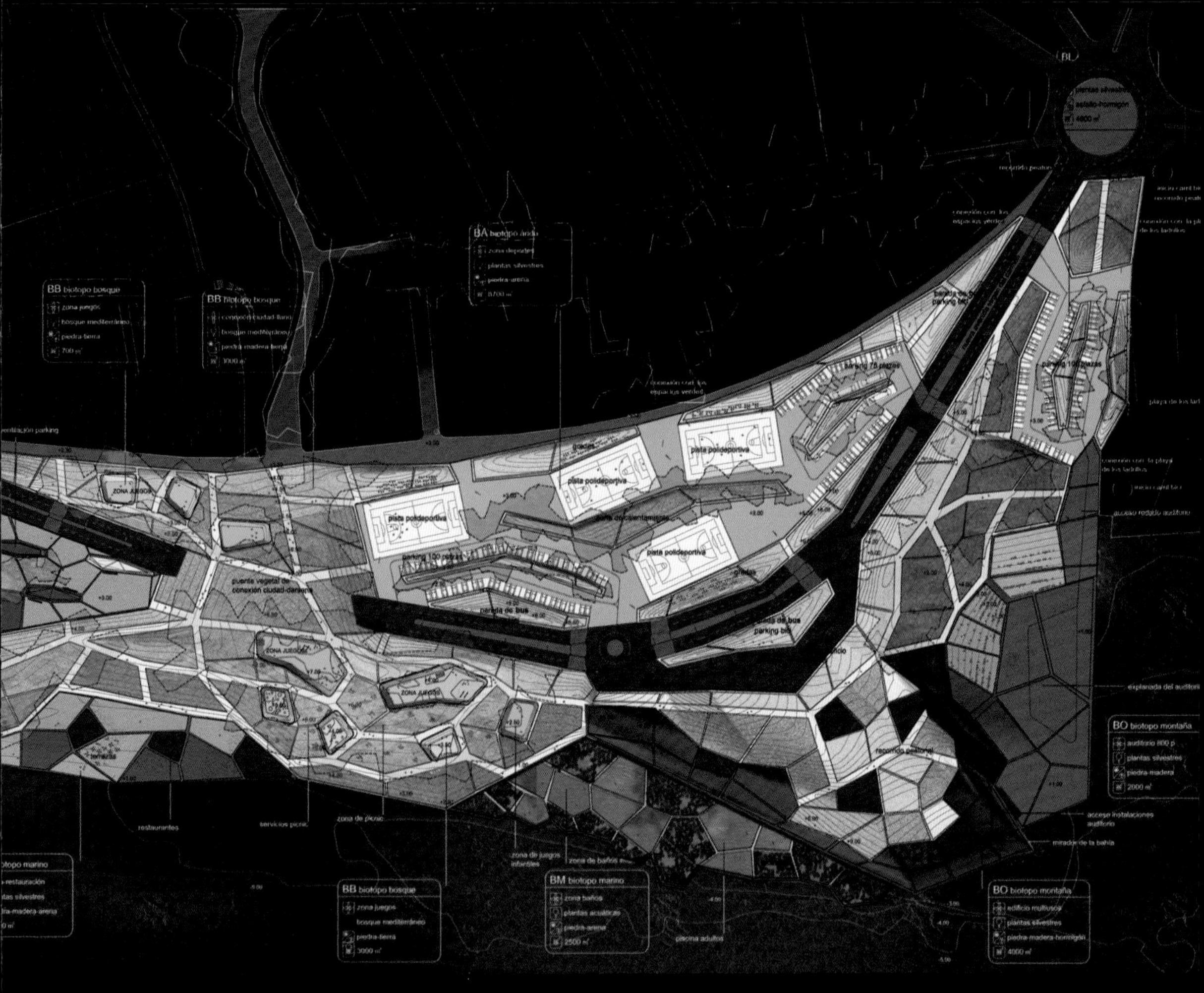

plantas silvestres
asfalto-hormigón
4800 m²

recorrido peatón
conexión con los espacios verdes

BB biotopo bosque
zona juegos
bosque mediterráneo
piedra-tierra
700 m²

BB biotopo bosque
conexión ciudad-llano
bosque mediterráneo
piedra-madera-tierra
1000 m²

BA biotopo árido
zona deportes
plantas silvestres
piedra-arena
8700 m²

ventilación parking
parking 78 plazas
parking 100 plazas
pista polideportiva
pista polideportiva
pista polideportiva
pista polideportiva
gradas
zona juegos
puente vegetal de conexión ciudad-dársena
parada de bus
parada de bus
parking bus
recorrido peatonal
playa de los ladrillos
explanada del auditorio
acceso rodado auditorio

BO biotopo montaña
auditorio 800 p.
plantas silvestres
piedra-madera
2000 m²

acceso instalaciones auditorio
mirador de la bahía

restaurantes
servicios picnic
zona de picnic
zona de juegos infantiles
zona de baños

biotopo marino
restauración
plantas silvestres
piedra-madera-arena

BB biotopo bosque
zona juegos
bosque mediterráneo
piedra-tierra
3000 m²

BM biotopo marino
zona baños
plantas acuáticas
piedra-arena
2500 m²

piscina adultos

BO biotopo montaña
edificio multiusos
plantas silvestres
piedra-madera-hormigón
4000 m²

Zonificación vegetación

- Vegetación de primera línea
- Vegetación interior
- Vegetación contra ladera
- Vegetación bajo arbolado
- Vegetación de primera línea

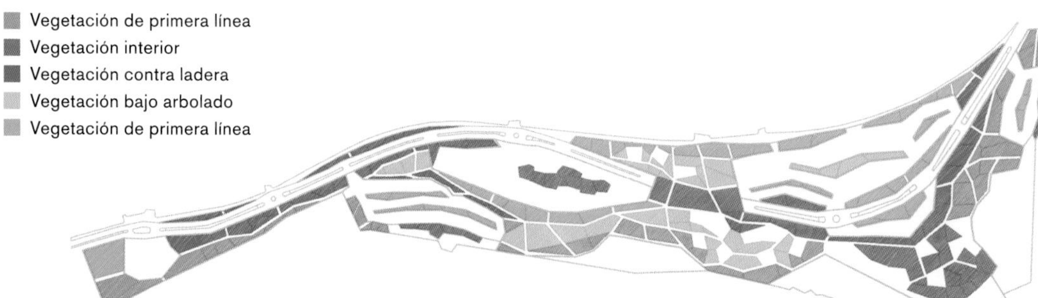

Vegetación de primera línea
Situada en las laderas que dan cara al mar en primera línea. Vegetación muy resistente a la fuerta insolación y a los aerosoles marinos. Plantas de poca altura que permiten suempre tener vistas al mar y que crearán mantos de colores en épocas de floración.

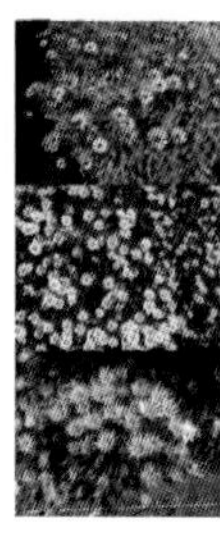

Bellis perennis sp

Bellis perennis sp

Eyrops sp

Vegetación interior
Vegetación situada sobre superfícias construides tales como los parkings, cubierta club de remo, sala de congresos y túnel. Crecen con facilidad en suelos poco profundos y resistentes al ambiente urbano.

Santolina chamaecyparissus

Thymus sp

Lavandula sp

Vegetación contra ladera
Se localiza en las laderas que dan contra la avenida principal y contra los pàrkings de superficie. Plantas resistentes a los s contaminantes y de 50-100cm de altura que tamizará las vistas hacia estos espacios.

Buxus sempervirens

Elagnus

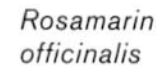

Rosamarinus officinalis

Vegetación bajo arbolado
Vegetación tapiz que permitirá usar los espacios de sobre en las zonas de arbolado denso (zonas de juegos, pícnic, deporte...) Plantas muy resistentes, necesitan poco mantenimiento y soportan las condiciones de poca insolación que se produce en estas zonas.

Gramma

Aptemia

Vegetación de primera línea
Situada en las laderas que dan cara Vegetación de baja altura también resistente al paso de gente. Se sitúa en zonas de paso situadas alrededor de espacios duros tales como las zonas de paso peatonal en los párking de superficie, en las gradas en la zona deportiva, alrededor de la plaza sobre el párking subterráneo...

Senecio bicolor

Cotoneaster dammeri repens

Gramma

1. Acacia saligna
Árbol perennifolio de 3-8m de altura, con la copa frondosa, redondeada y el ramaje colgante, muy ornamental.

2. Brachychiton discolor
Árbol de tronco recto y corteza más o menos lisa, con la copa algo piramidal, alcanzado en cultivo 7-10m de altura.

3. Eucalyptus camaldulensis
Árbol que puede alcanzar 50-60m de altura, con copa amplia y el tronco muy grueso.

4. Grevillea robusta
Árbol de 20-30m de altura, con el tronco recto y la corteza gris oscura muy fisurada.

5. Pinus pinea
Árbol que puede sobrepasar los 25m de talla, con la corteza marrón-rojiza.

6. Quercus robur
Árbol caducifolio corpulento que puede alcanzar 45m de talla, con conrteza grisácea, bastante lisa.

7. Quercus ilex
Árbol monoico de copa redondeada que alcanza 10-15m, con el tronco corto y la corteza de color gris oscuro.

Relación de alturas

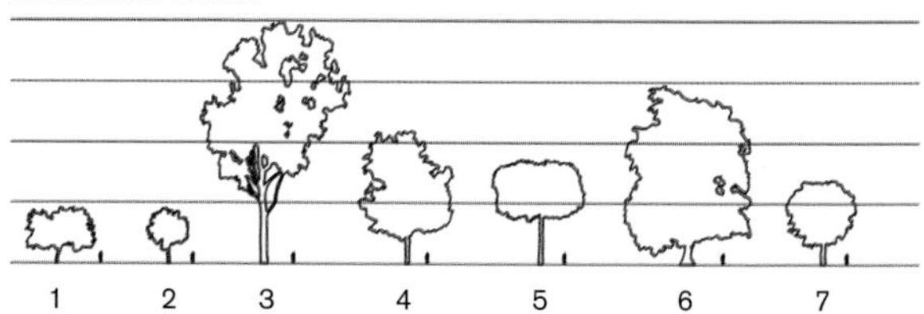

平台可用于举行各种运动及休闲活动，随着地形逐渐升高，延伸至设施顶部的观景点，可以一览大海风光。

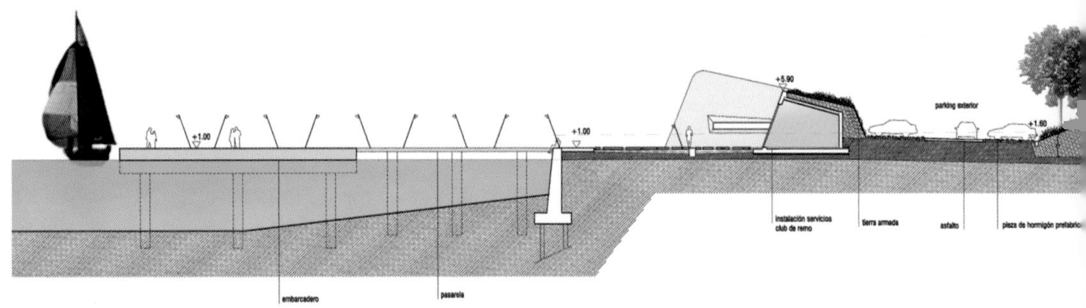

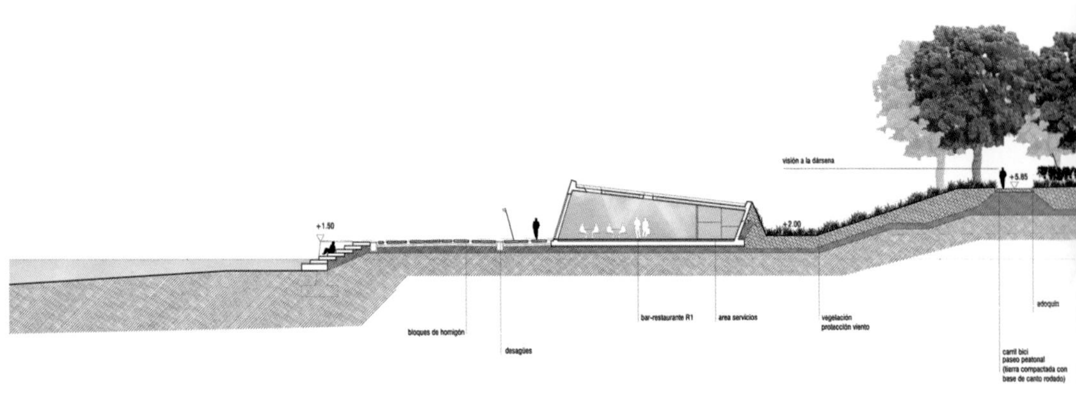

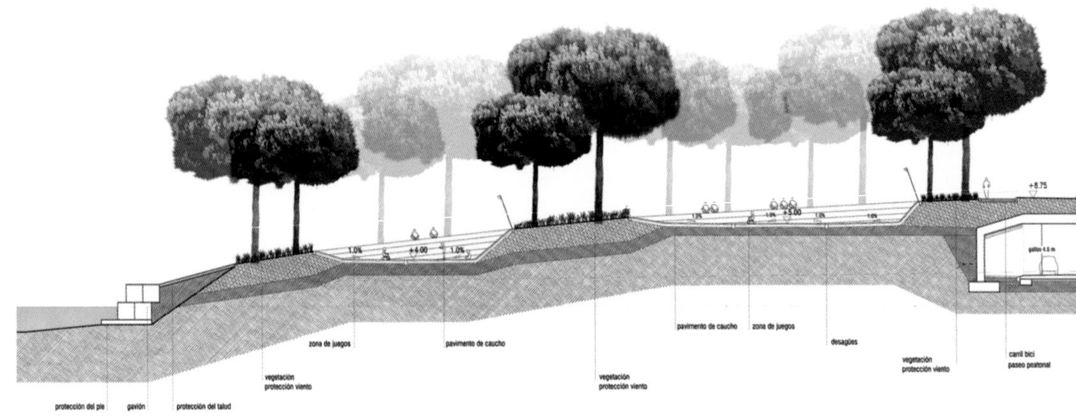

Diagrama materiales

- Plantas (1m de tierra vegetal)
- Árboles (2m de tierra vegetal)
- Juegos
- Parking
- Paseo superior
- Paseo mar
- Asfalto
- Deportes
- Suelo de hormigón negro
- Bloques de hormigón
- Suelo de hormigón azul-gris

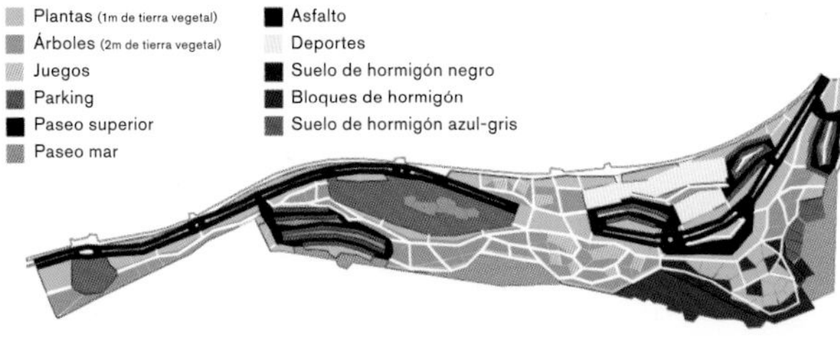

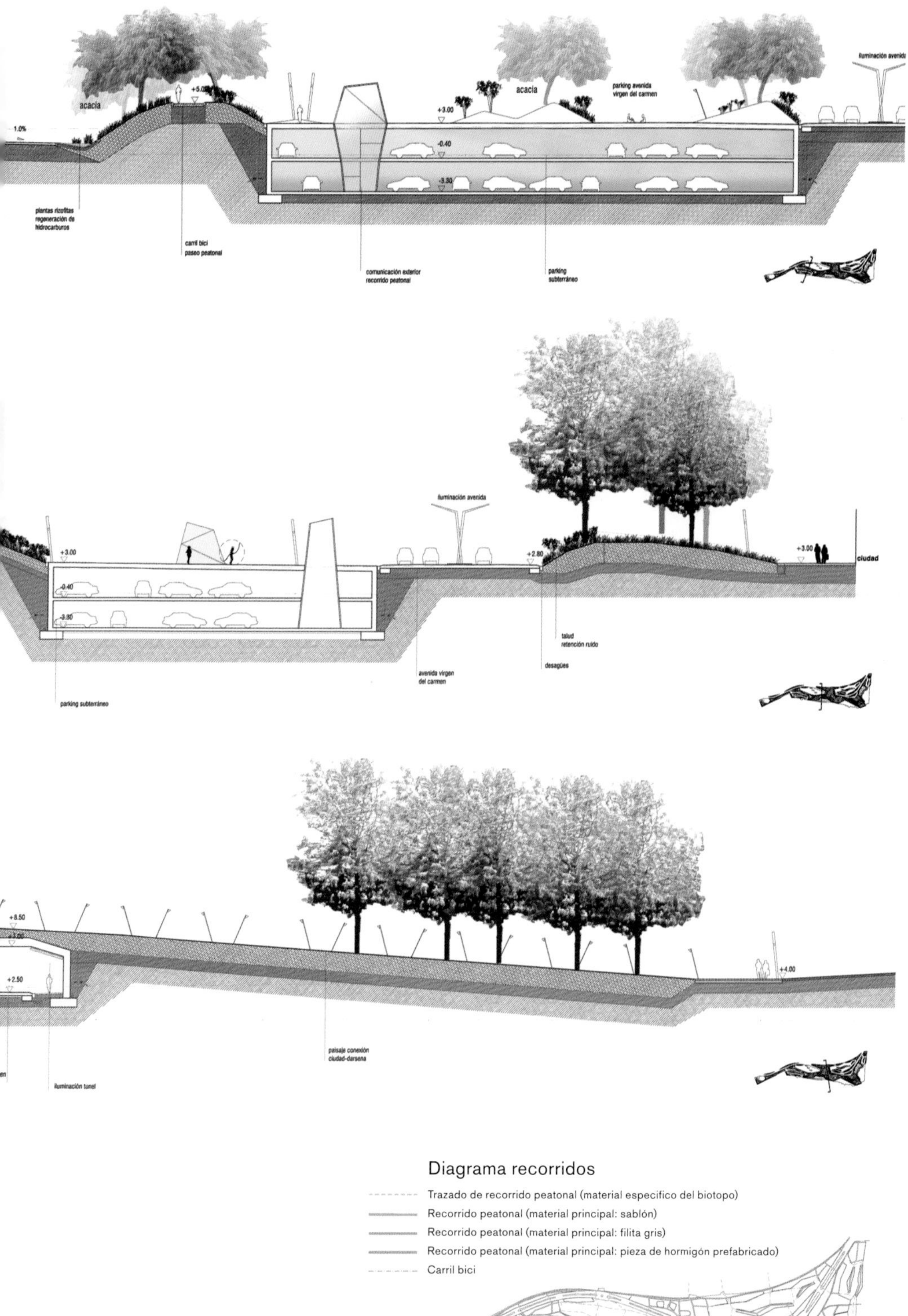

Diagrama recorridos

Trazado de recorrido peatonal (material especifico del biotopo)

Recorrido peatonal (material principal: sablón)

Recorrido peatonal (material principal: filita gris)

Recorrido peatonal (material principal: pieza de hormigón prefabricado)

Carril bici

不同景致相毗邻方便举行多元化的活动，与大海及周围环境之间的互动是项目的一大亮点。

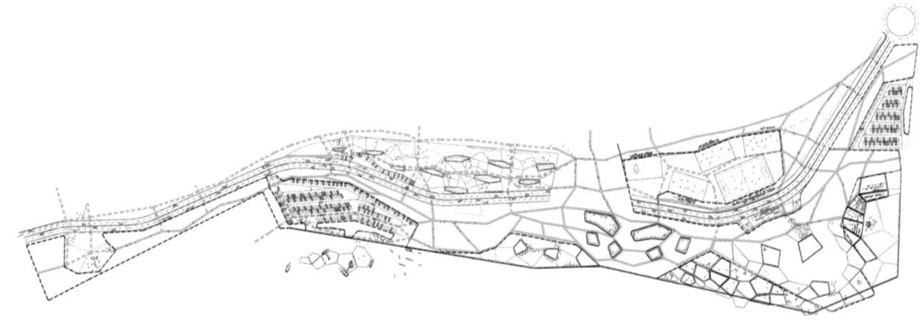

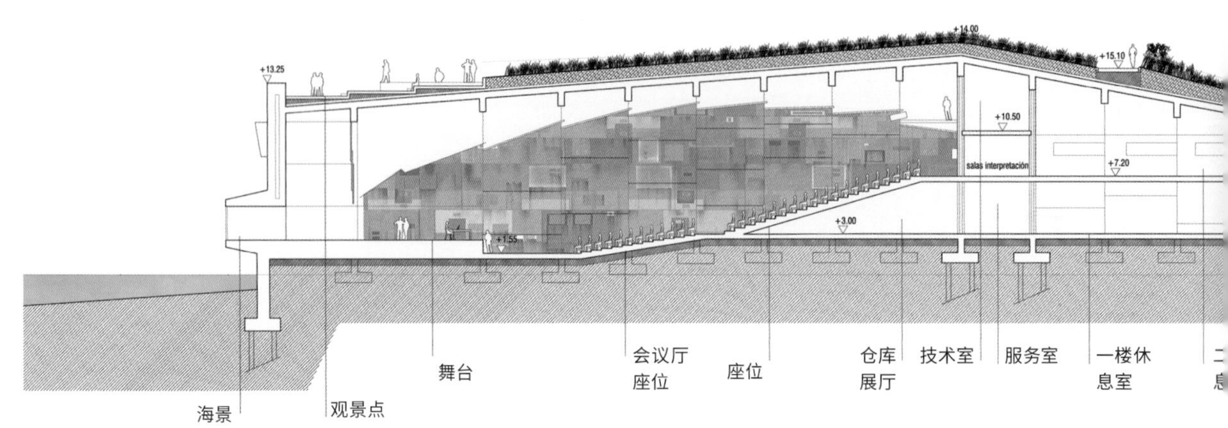
+13.25
+14.00
+15.10
+10.50
salas interpretación
+7.20
+3.00
+1.55
舞台
会议厅
座位
座位
仓库
展厅
技术室
服务室
一楼休
息室
海景
观景点

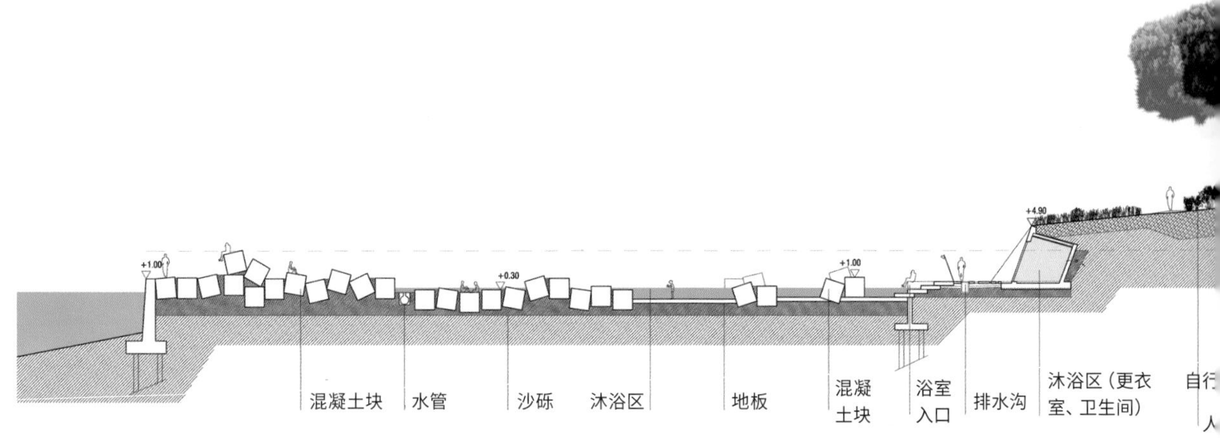
+1.00
+0.30
+1.00
+4.90
混凝土块
水管
沙砾
沐浴区
地板
混凝
土块
浴室
入口
排水沟
沐浴区（更衣
室、卫生间）

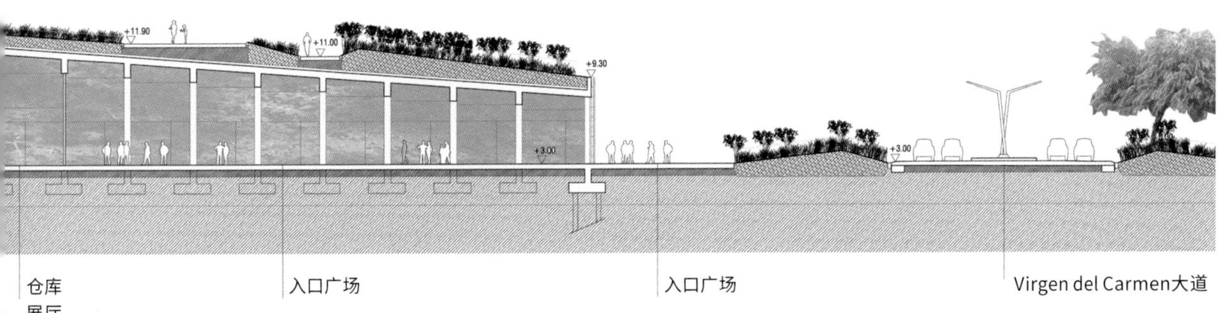
+11.90
+11.00
+9.30
+3.00
+3.00
仓库
展厅
入口广场
入口广场
Virgen del Carmen大道

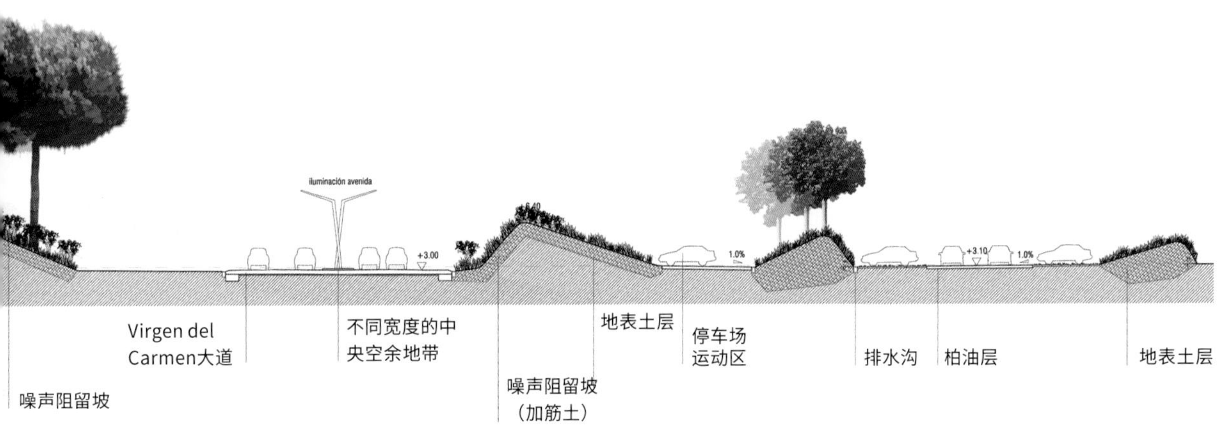
iluminación avenida
+3.00
1.0%
+3.10
1.0%
Virgen del
Carmen大道
不同宽度的中
央空余地带
地表土层
停车场
运动区
排水沟
柏油层
地表土层
噪声阻留坡
噪声阻留坡
（加筋土）

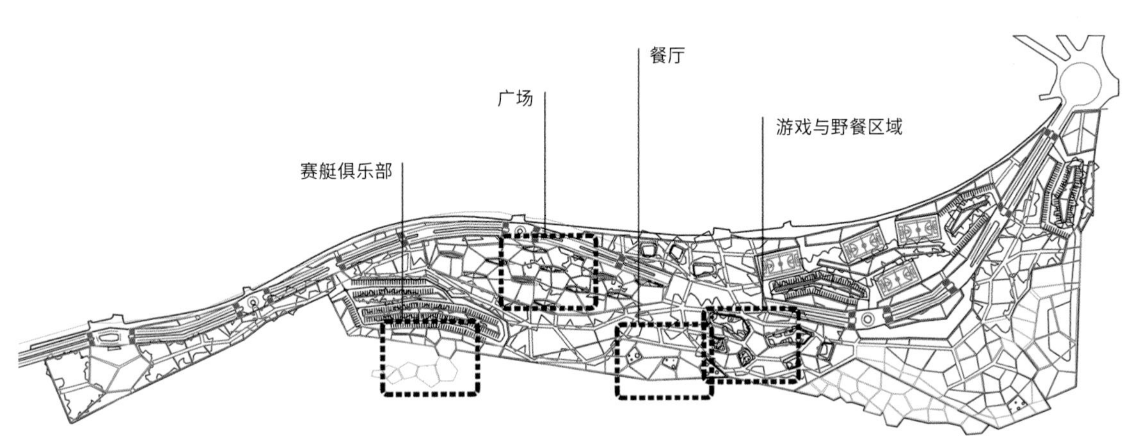
餐厅
广场
游戏与野餐区域
赛艇俱乐部

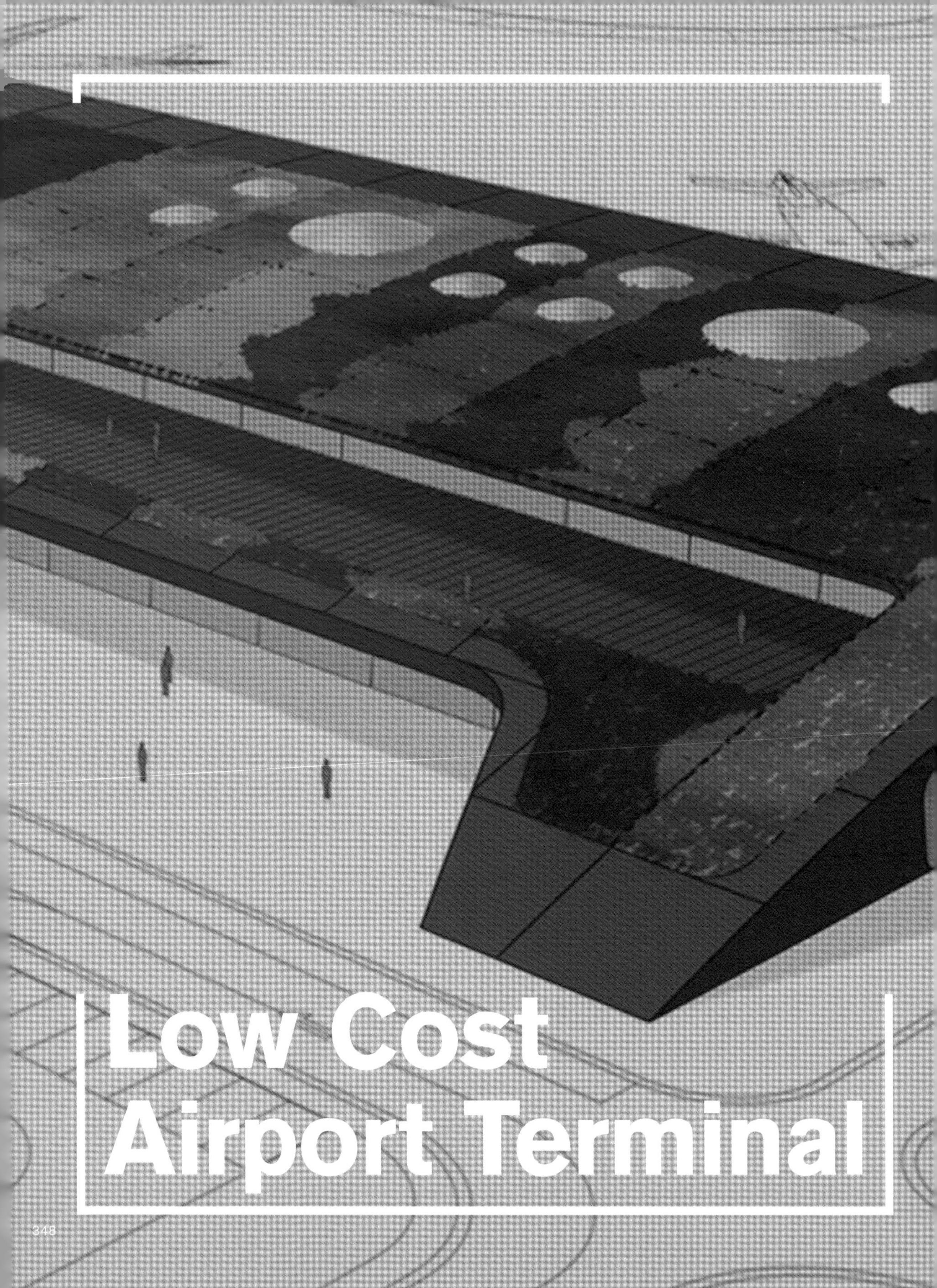

Low Cost Airport Terminal

Think Green

ALL

9465 m^2

西班牙，**莱里达**

低成本机场航站楼

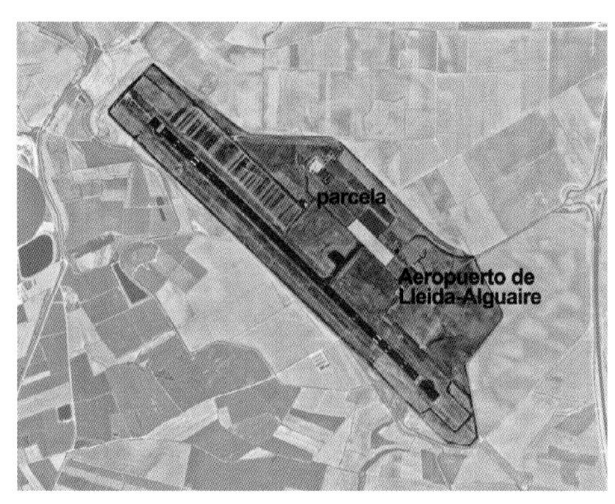

本案是对西班牙莱里达现有机场的扩建规划，新增了一个航站楼，里面有一个新的购物中心。方案中需要新增的降落和停放区域需要与原有航站楼的规范相配合。

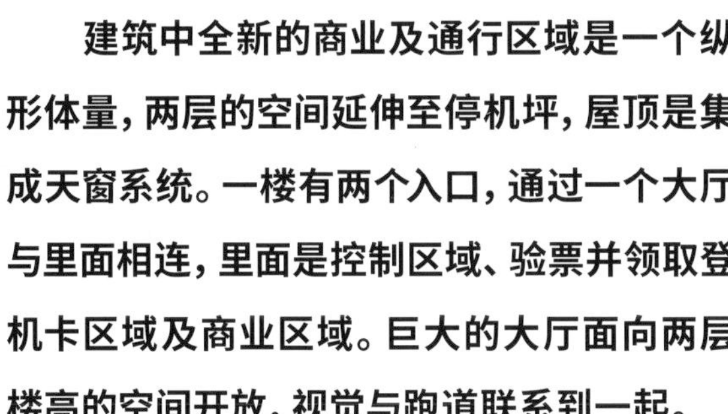

建筑中全新的商业及通行区域是一个纵形体量，两层的空间延伸至停机坪，屋顶是集成天窗系统。一楼有两个入口，通过一个大厅与里面相连，里面是控制区域、验票并领取登机卡区域及商业区域。巨大的大厅面向两层楼高的空间开放，视觉与跑道联系到一起。

二楼是商业区域和休闲区域，与巨大的平台相连，视野开阔。绿色的屋顶延伸如同植被组成的斗篷，其几何结构呈弧线状。设计这个自然覆盖系统的想法基于这样一个概念，在两个相对的实体之间形成一种过渡，力图与该地区以农业为主的大环境保持紧密的联系。

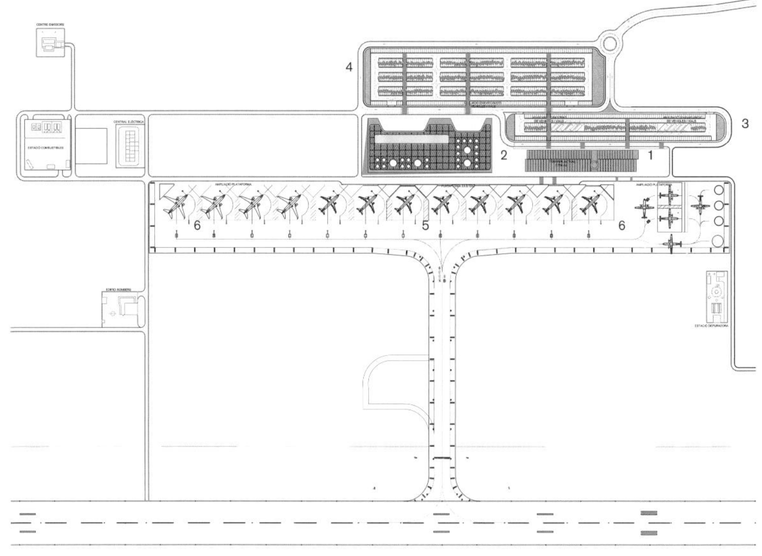

总体规划

1. 原有的航站楼
2. 新航站楼
3. 原有的停车场
4. 新停车场
5. 原有的平台
6. 扩展的平台

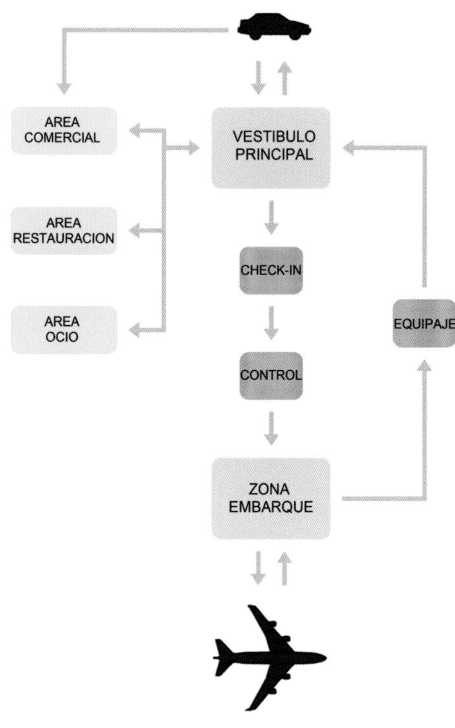

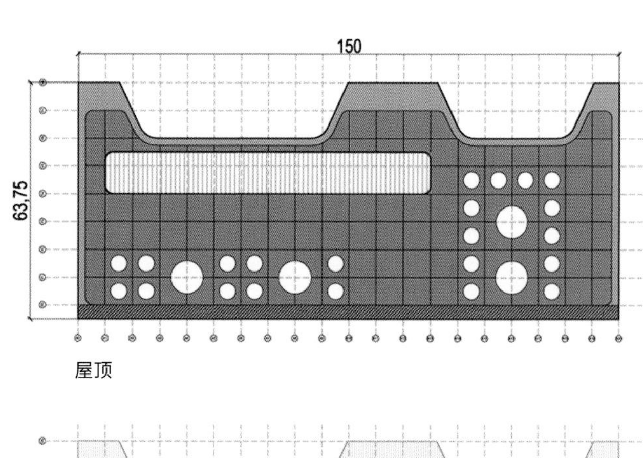

屋顶

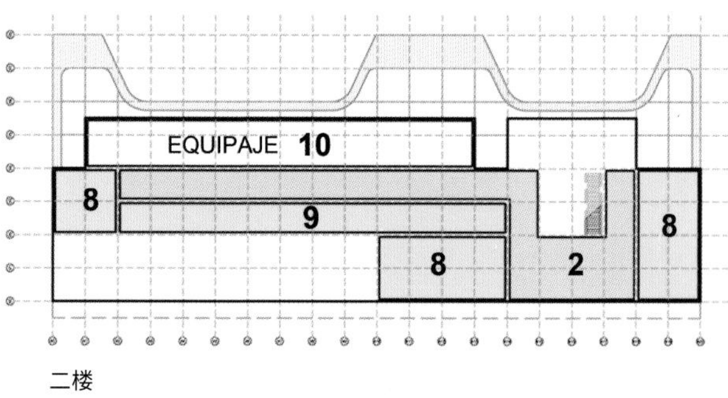

二楼

根据现有建筑的一些规划，新的航站楼结构简洁，将商业区域和机场控制区域连接到一起，屋顶被植被覆盖着，还设置了一系列不同尺寸的天窗。

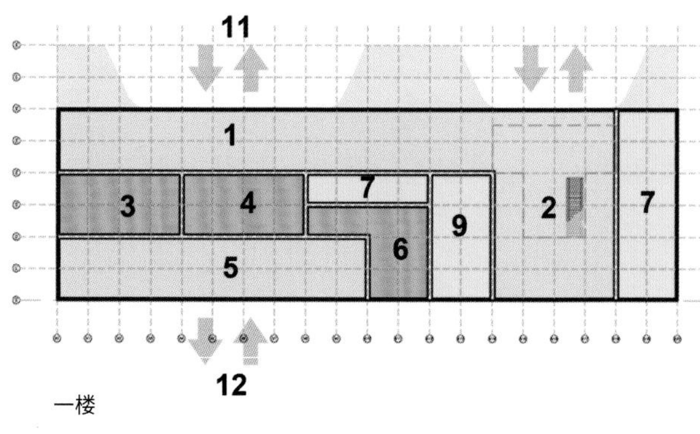

一楼

1.大厅
2.购物区
3.换登机牌区域
4.控制区
5.登机区
6.行李托运区
7.购物区
8.休闲区
9.餐厅区
10.平台
11.降落区
12.起飞区

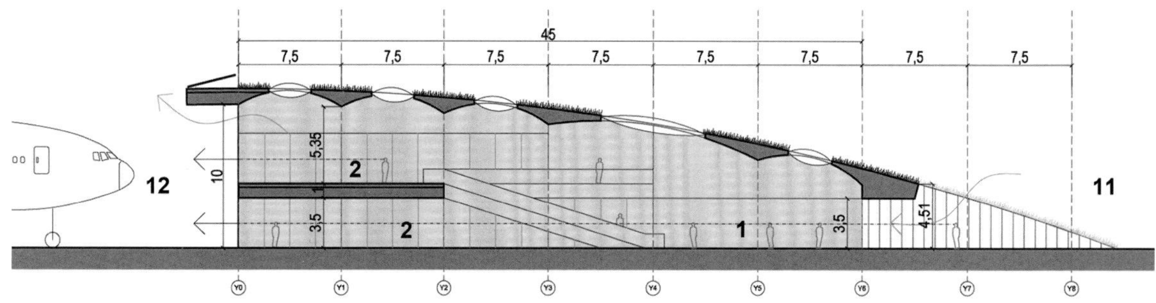

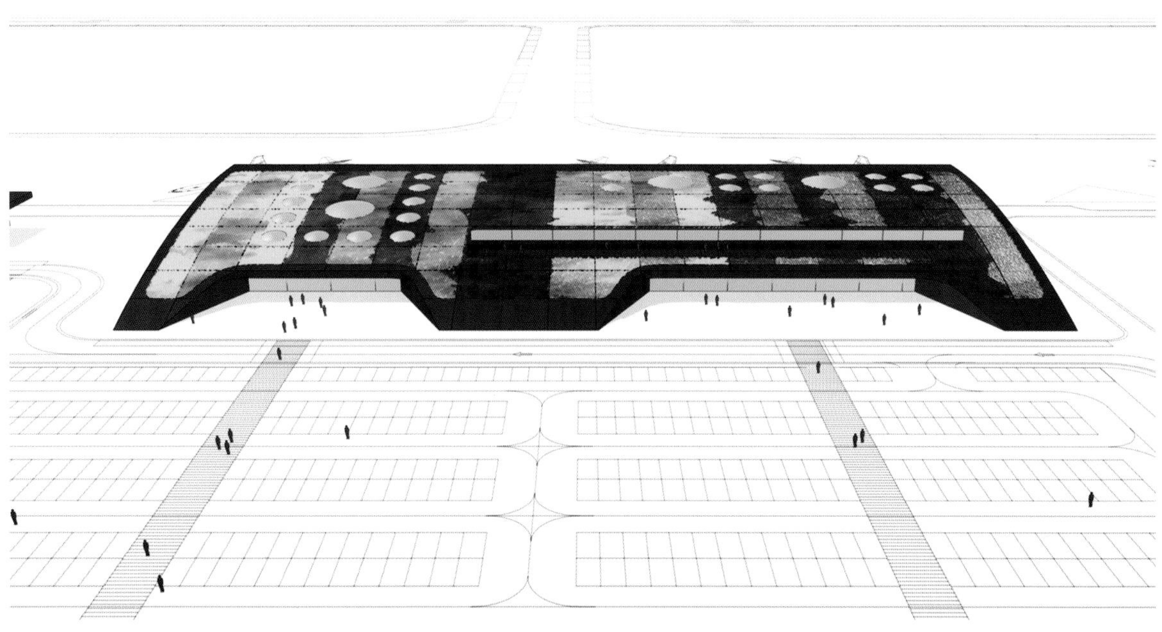

前视图

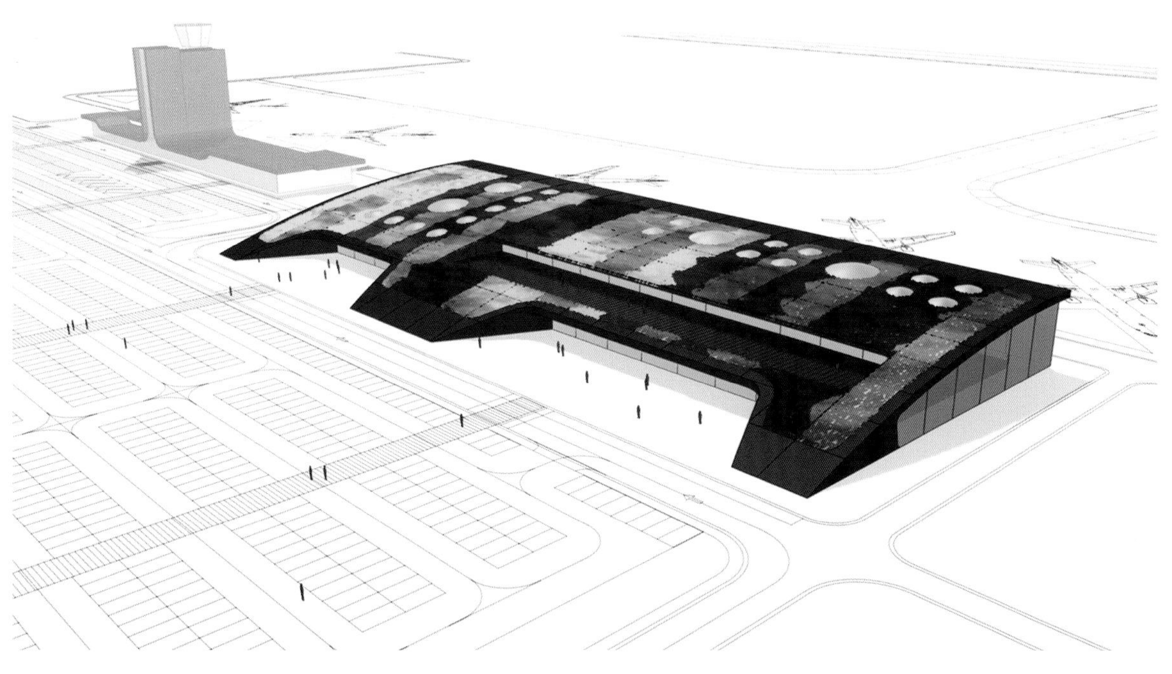

主视图

Conference Hotel

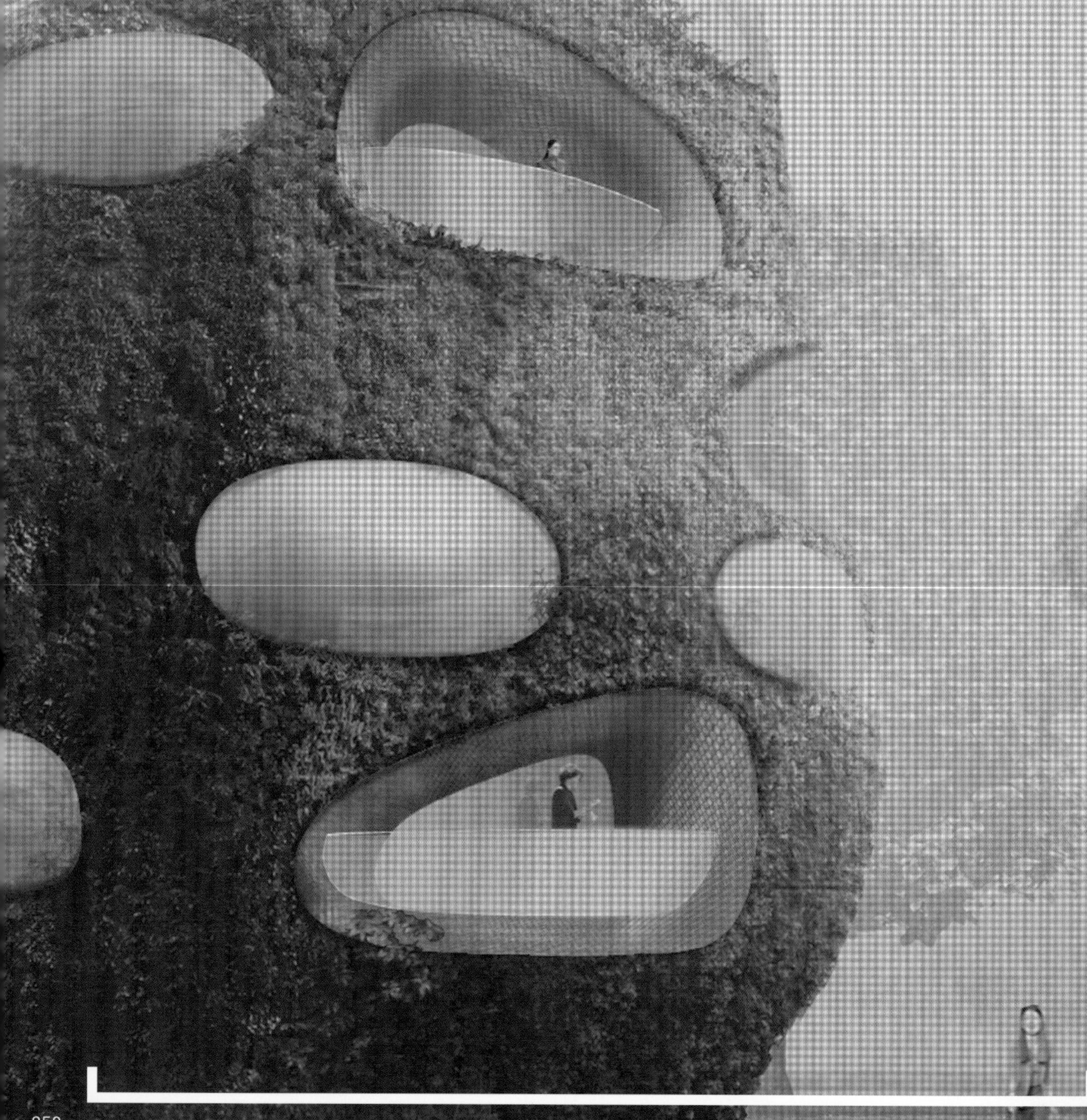

西班牙，**奥洛特**

会议酒店

本案是为奥洛特市规划设计的一个全新的会议酒店，场地位于Garrotxa火山岩区域中间，周围是崎岖的地形。关于这个项目，我们在进行总体规划时就侧重于将环境的景观价值展现出来。随着高度的增加，建筑外观也不断变化，同时还满足酒店建筑的各种需求。内部空间，每个房间都有交叉通风设施，蜿蜒的几何形态形成一个中心区域，为一楼和地下室提供照明。

同时，周围茂密的植被被转移到外墙面上，房间球形的窗户点缀其中，中间还穿插着嵌壁式的阳台。最终形成一个独特的有机整体，建筑如同一个有机生物体，与其环境相得益彰。

本案中，一楼被用作餐厅，一个巨大的花园平台可以用来举行活动，下面一层则是酒店大堂、会议厅和行政服务区域。

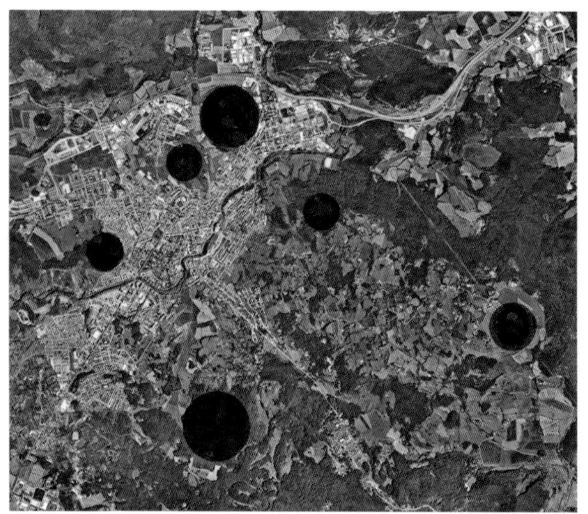

项目整体规划的起点在于体现Garrotxa地区的特征，设计力图模仿和体现场地的本质，利用各种资源直接体现建筑所在地的景致特征。

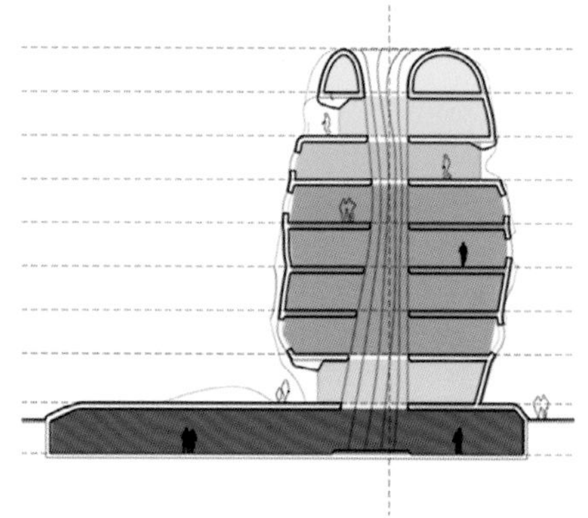

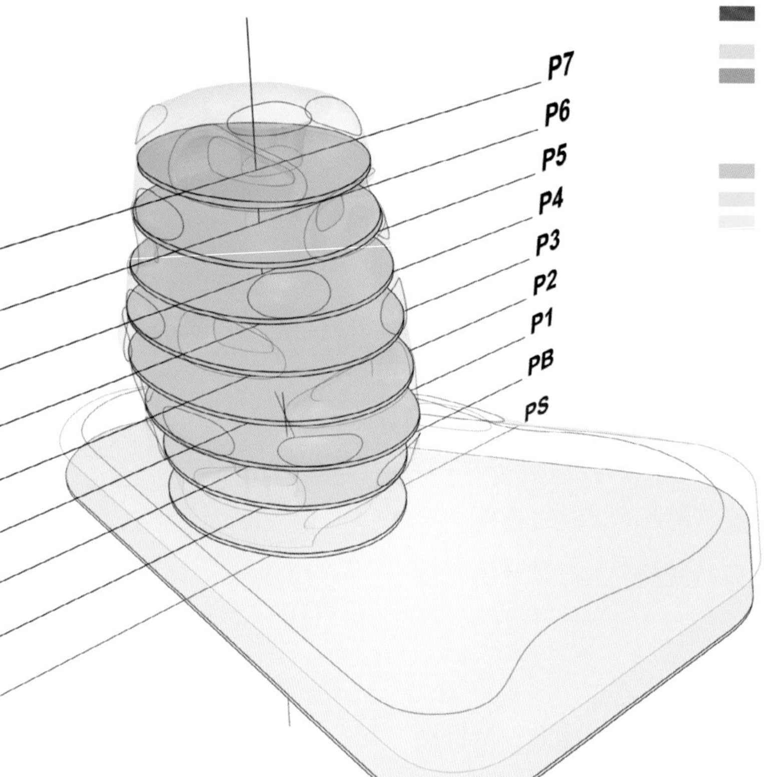

PS 酒店接待大厅　接待处，热能区域——SPA

GF 一楼餐厅
P1 二楼，五间客房
P2 三楼，五间客房
P3 四楼，五间客房
P4 五楼，五间客房
P5 六楼，四间客房
P6 七楼，两间客房
P7 八楼，一间客房

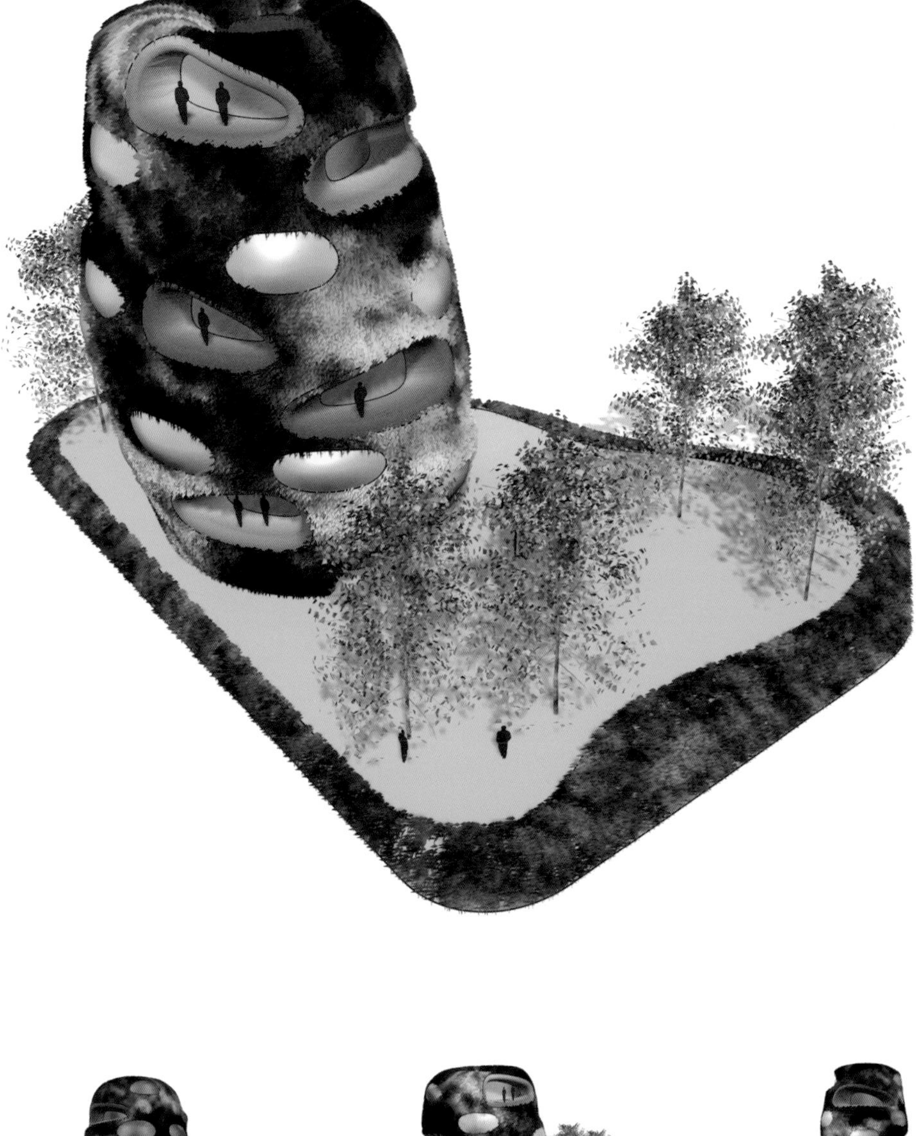

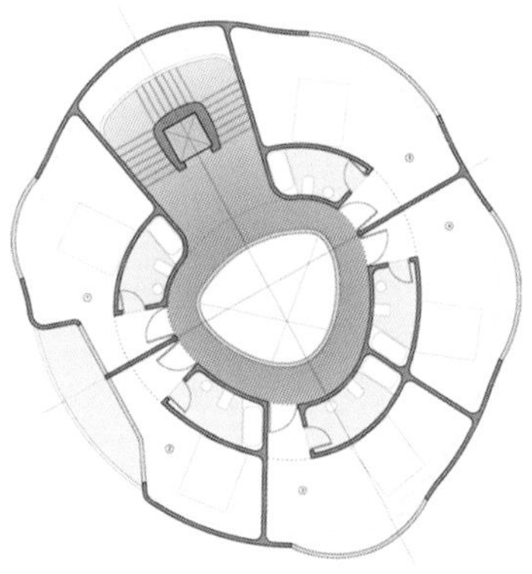

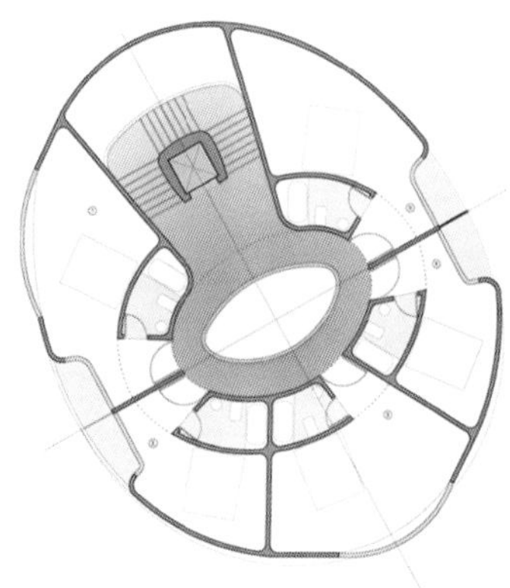

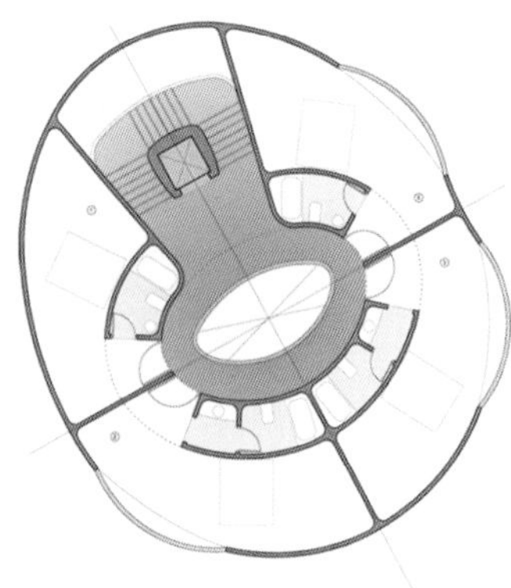

二楼
五间客房

五楼
五间客房带阳台

六楼
四间客房

楼层围绕着垂直核心和内部空间形成的核心而建，正中的核心为每层楼的客房提供自然光。通过巨大的窗户及阳台可以欣赏到美丽的景致。

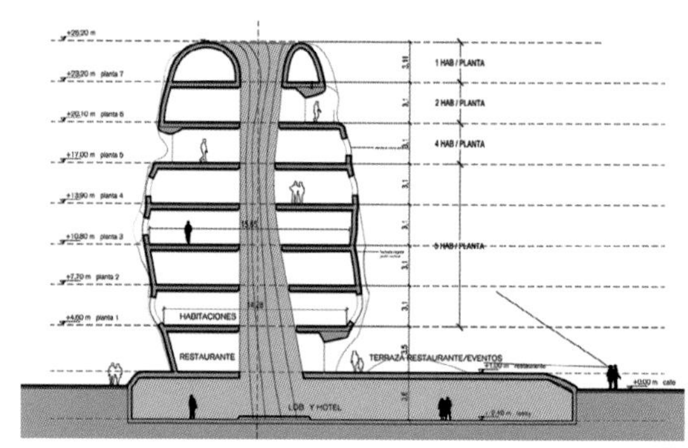

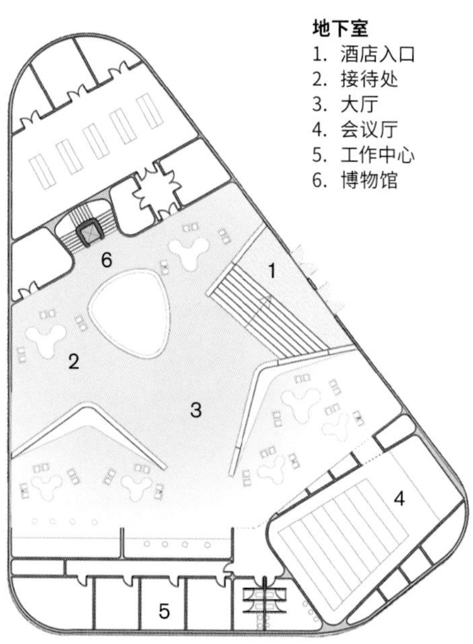

地下室
1. 酒店入口
2. 接待处
3. 大厅
4. 会议厅
5. 工作中心
6. 博物馆

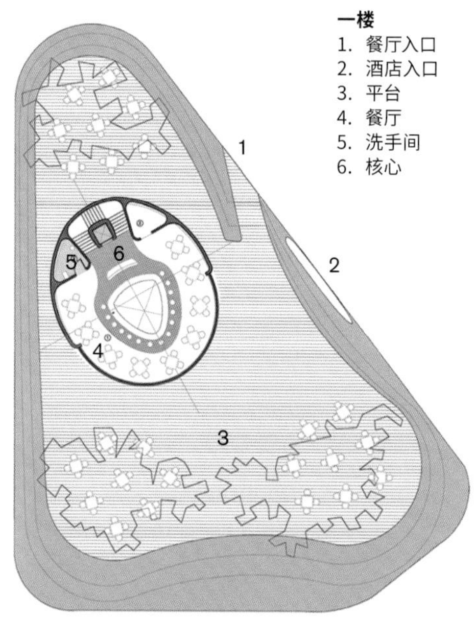

一楼
1. 餐厅入口
2. 酒店入口
3. 平台
4. 餐厅
5. 洗手间
6. 核心

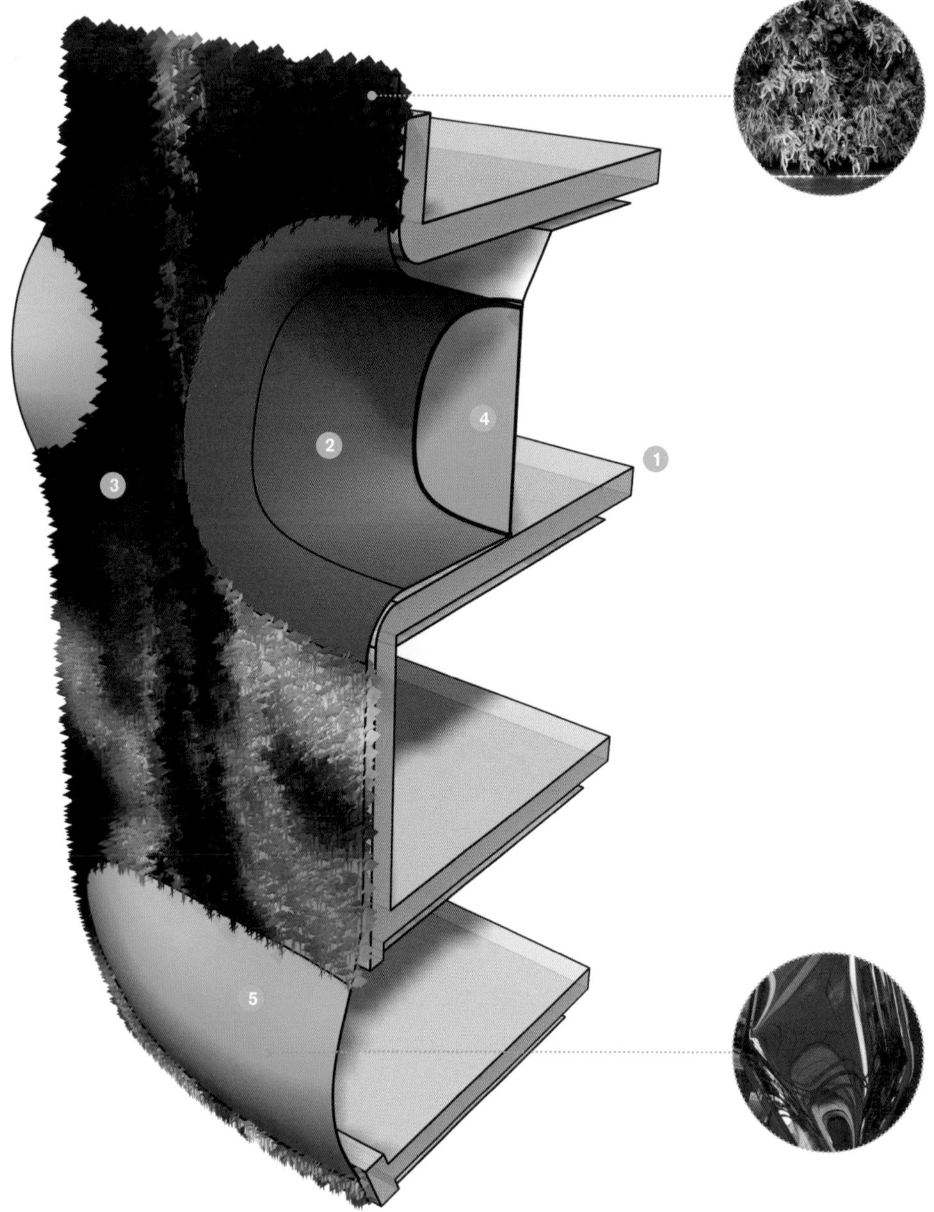

1. 地板
2. 瓷砖覆层
   直径5cm的圆形部件
3. 垂直花园
4. 平板玻璃窗
5. 球形玻璃窗

C
B
3
A 酒店大堂入口
B 餐厅
C 客房阳台
1 垂直花园
2 陶瓷覆层
3 花园区域

本案位于Garrotxa火山区域，设计方案旨在通过建筑体现场地的特征，不仅依靠墙面上覆盖的植被，同时还通过建筑的几何形态及其使用的材料来体现。

Taichung Gateway Park

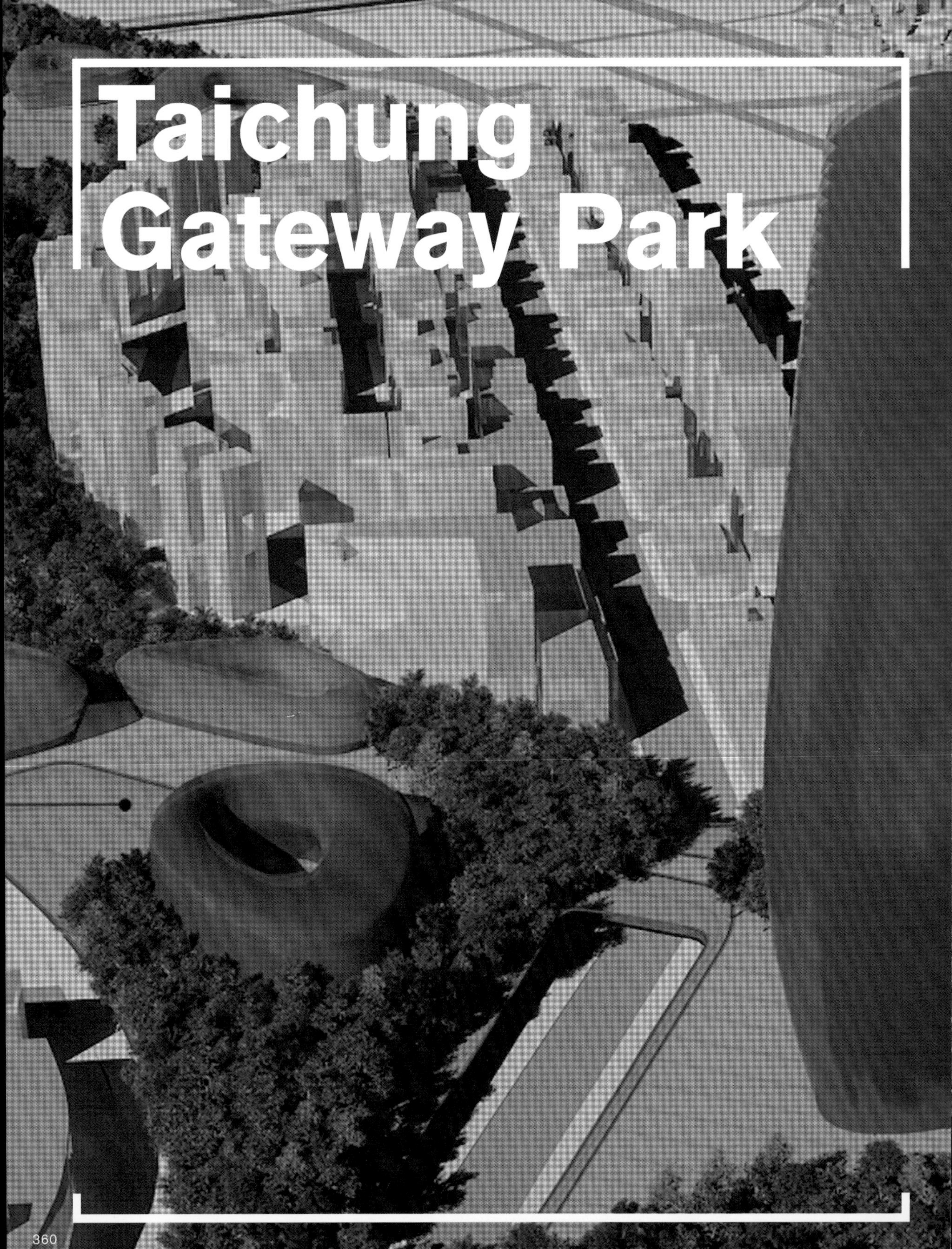

中国台湾，**台中**

台中中央公园

在原本台中机场的位置，台中市政局计划进行一个扩展，新建五个区域，每个区域都有不同的用途，包括金融、住宅和文化用途，搭配清晰的机动车道和人行道，共同形成一个巨大的都市平台。

作为一个大型的绿肺，方案计划打造一个由设施和绿色区域形成的网络，通过与叠加到现有地下道路上的简单人行道相连，确保这240000㎡的区域内视觉和空间的连续性。巨大的平台包括大量的森林及水体区域，穿插在三组公共建筑中，即台中市文化中心、台中电影城及即将成为城市新地标的高达300m的全新台湾塔。

通过这种方式，可持续性、城市化和建筑相互影响并取得平衡，项目内分布着大量的森林区域，这个大型的商业公园必将成为城市内的全新范例。

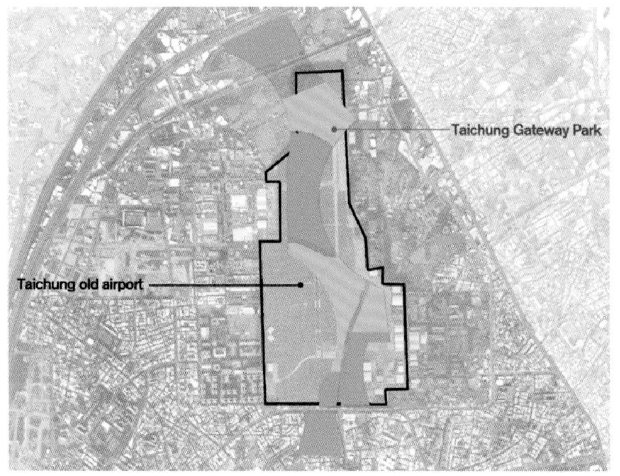

地点

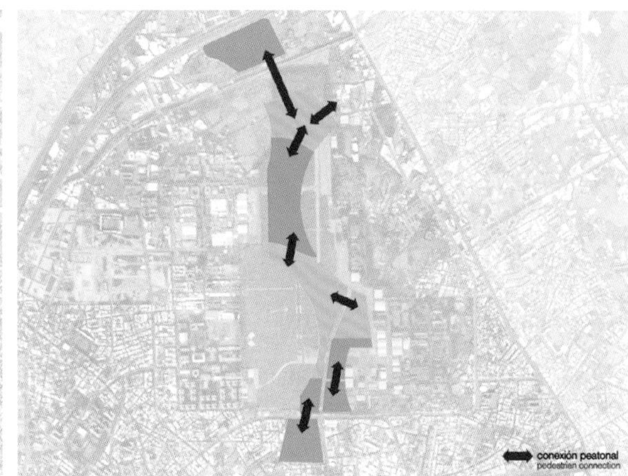

人行道连接

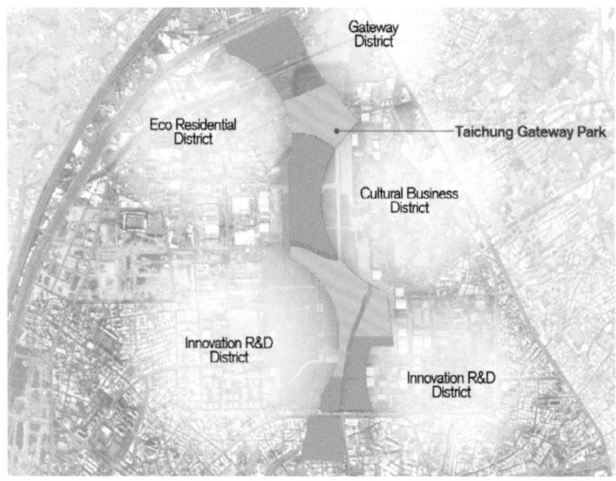

新区域

道路

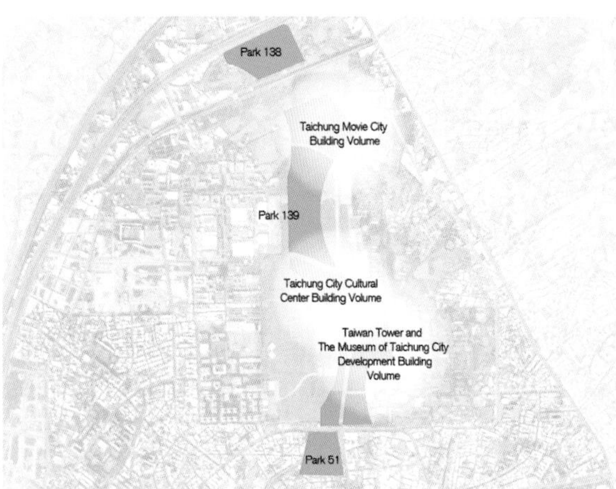

新区域

本案经过了大量的研究，利用机动车道和人行道形成的网络将各个区域与绿植区域及湖泊连接到一起，一系列的平台可以用来举行各种娱乐和运动类活动。

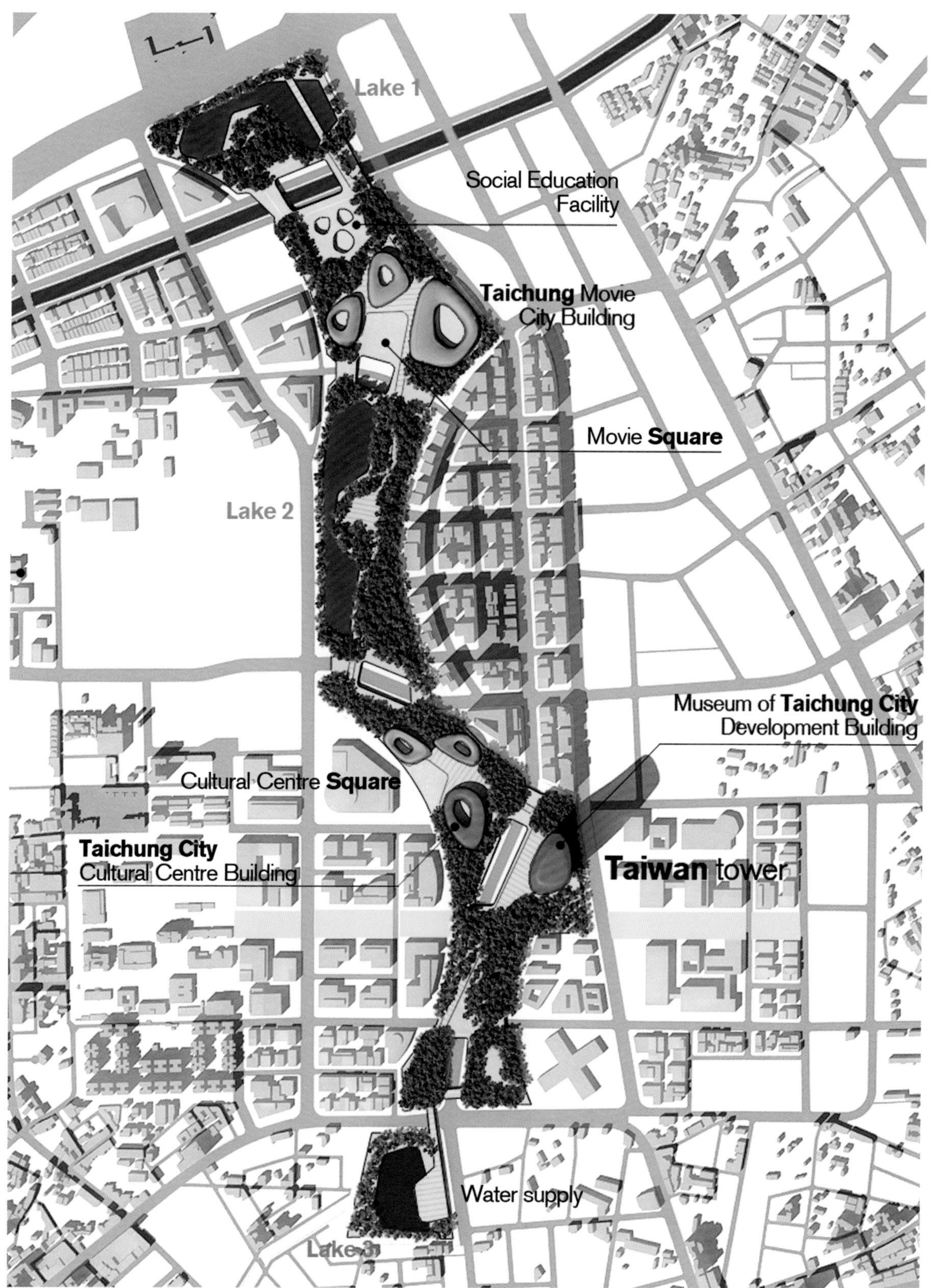
Lake 1
Social Education
Facility
Taichung Movie
City Building
Movie Square
Lake 2
Museum of Taichung City
Development Building
Cultural Centre Square
Taichung City
Cultural Centre Building
Taiwan tower
Water supply
Lake 3

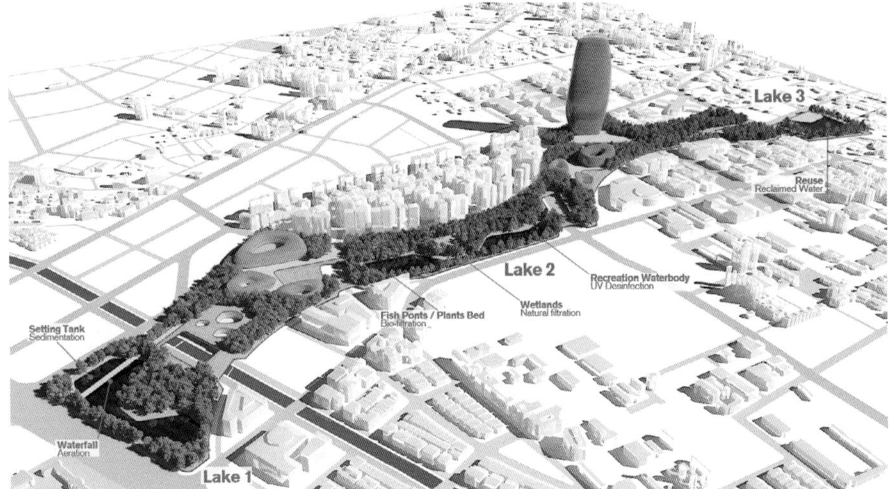

水体设施

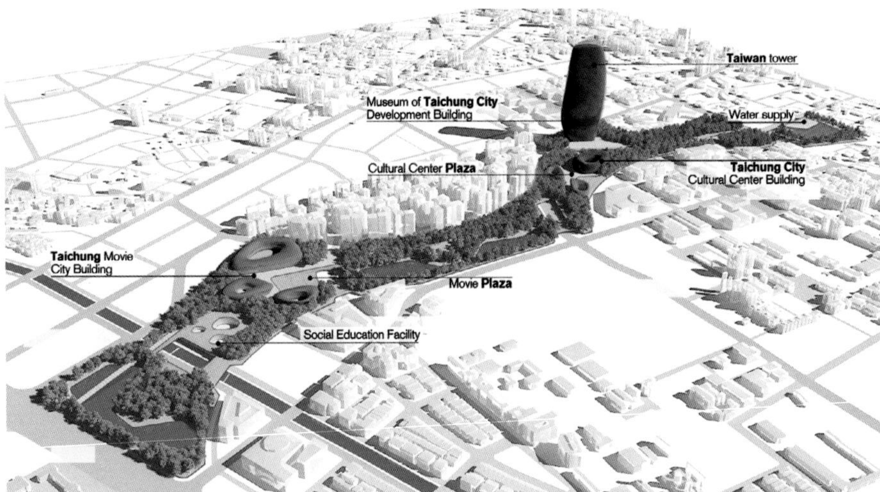

建筑

台中中央花园视图

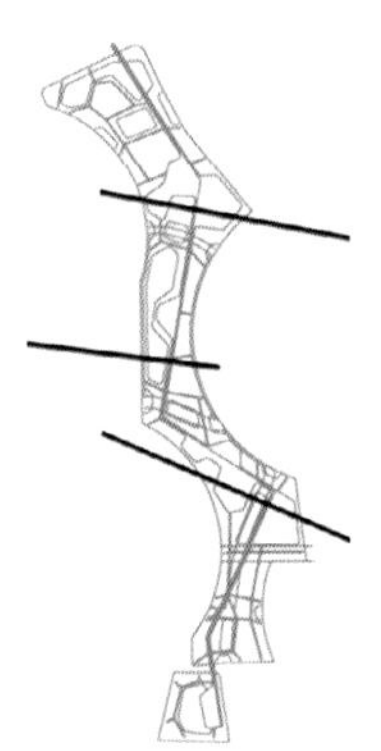

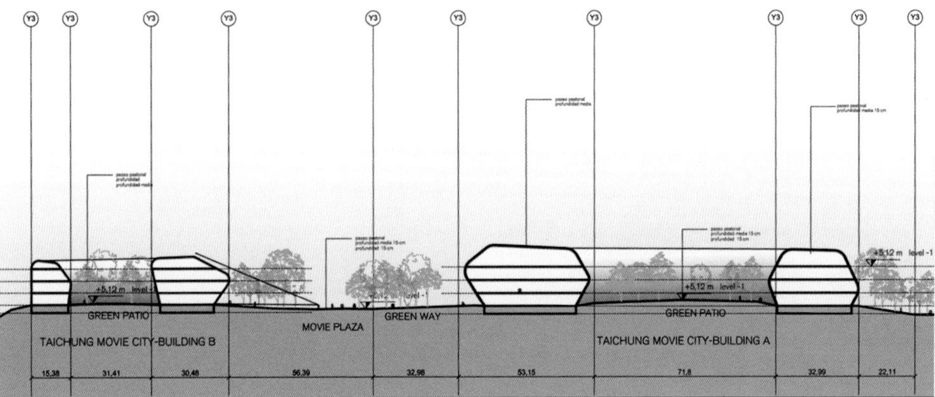

透过主湖泊的截面图

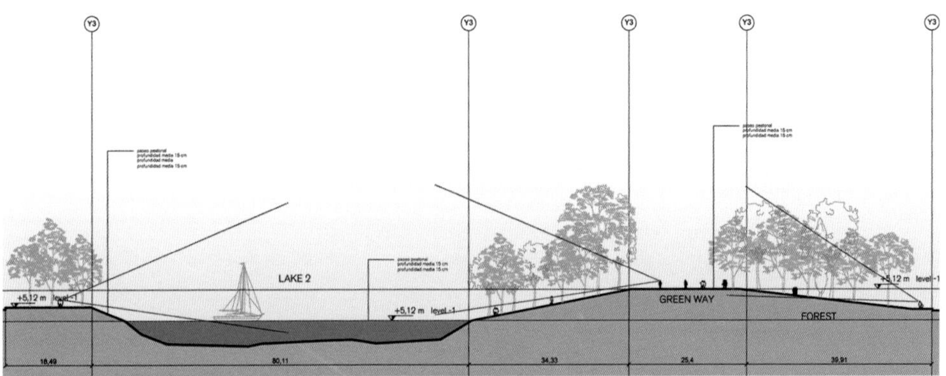

透过台中电影城建筑的截面图

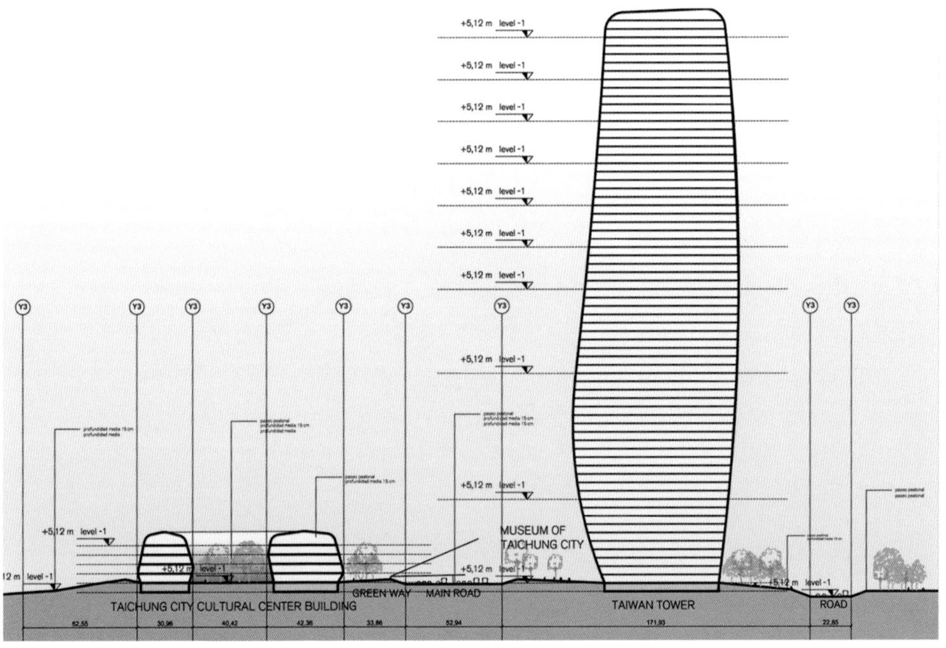

透过台中电影城建筑的截面图

Taichung Movie
City Building
Lake 2
Taiwan tower
Taichung City
Cultural Center Building
Museum of Taichung City
Development Building

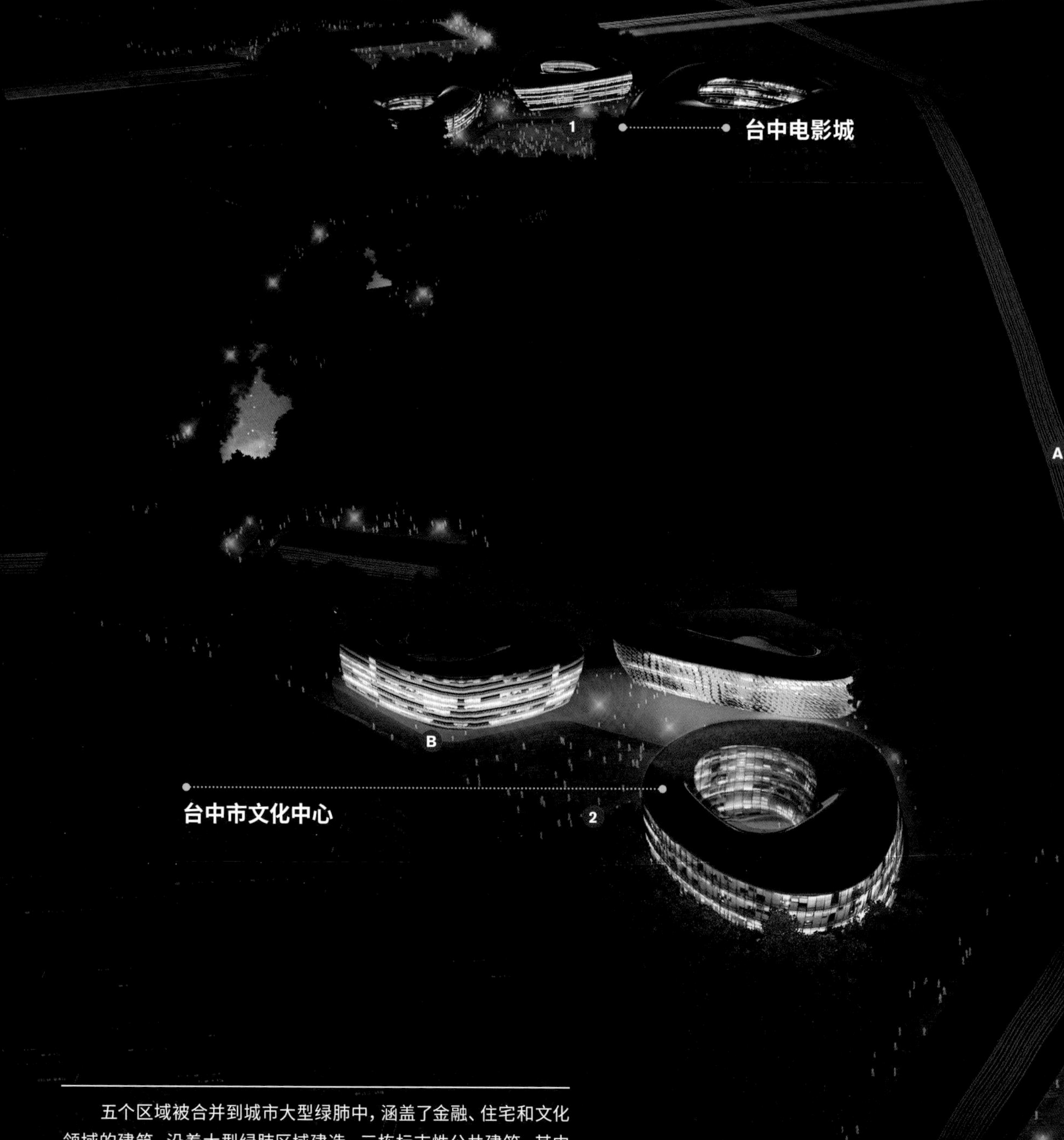

五个区域被合并到城市大型绿肺中，涵盖了金融、住宅和文化领域的建筑，沿着大型绿肺区域建造。三栋标志性公共建筑，其中最重要的是台湾塔，这个走廊公园必将成为城市重要的主动脉。

台湾塔
城市愿景馆
3
C
A 机动车走道
B 人行道
C 湖
1 电影广场
2 文化中心广场
3 休闲娱乐水体

Luxury Tower Taipei

Think Green

LTT

39500 m²

中国台湾，**台北**

台北奢华塔

这栋独特的建筑位于人口稠密的台北市，是一栋39层的塔楼。这是一种全新的住宅原型，其结构体系的设计灵感来自于大自然。巨大的长菱形网格改变了其垂直面的几何形态，直达最高点，对能够欣赏到最棒的城市景观的全景泳池和社交俱乐部提供一定的保护。

在其边界处，这一结构性网眼还包括在每层楼都统一设置的花园阳台，从视觉上传达建筑的特征，形成巨大的片段式垂直花园。通过这样的方式，对每间公寓形成包覆，尽管这种类型的住宅楼采用这样的方式并不常见。这一举措能够减轻太阳的辐射，同时在人口稠密的台北市形成一种视觉冲击力。

为了减少建筑的幕墙效应，整个体量被分成两个住宅楼单元，通过从墙面到底部的缺口带来一些通透感。设计方案提升了对于公众区域的需求，建筑内部还设有社交俱乐部、健身房、餐厅和休闲区域。

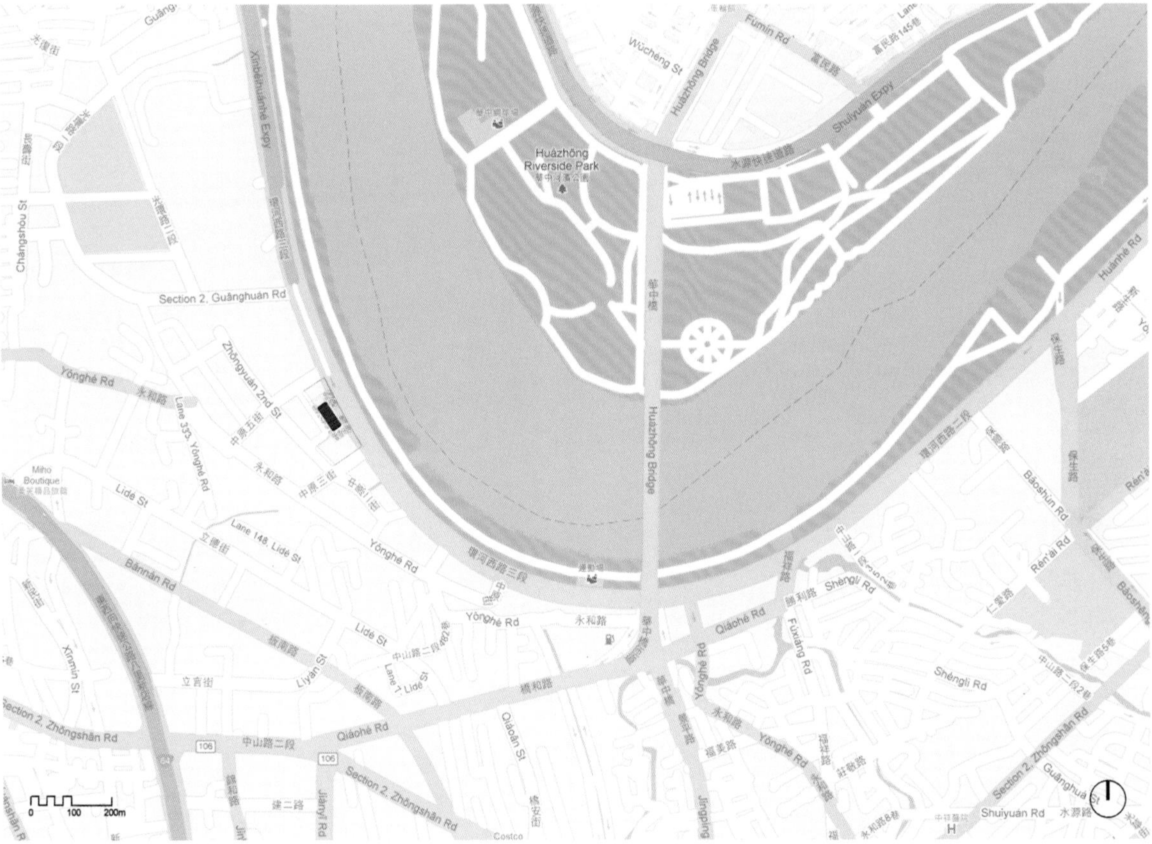

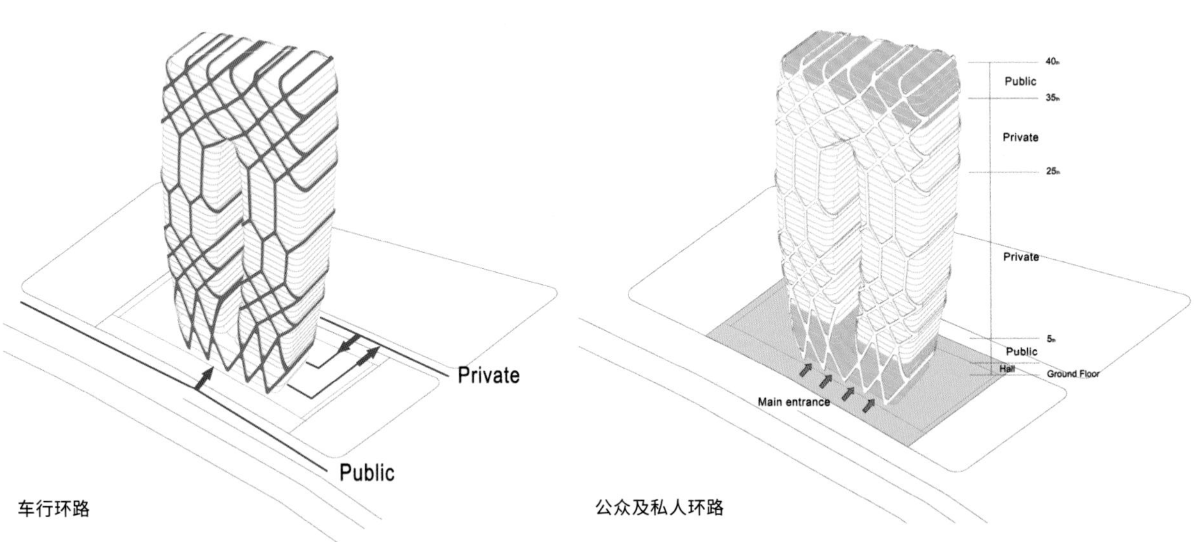

车行环路

公众及私人环路

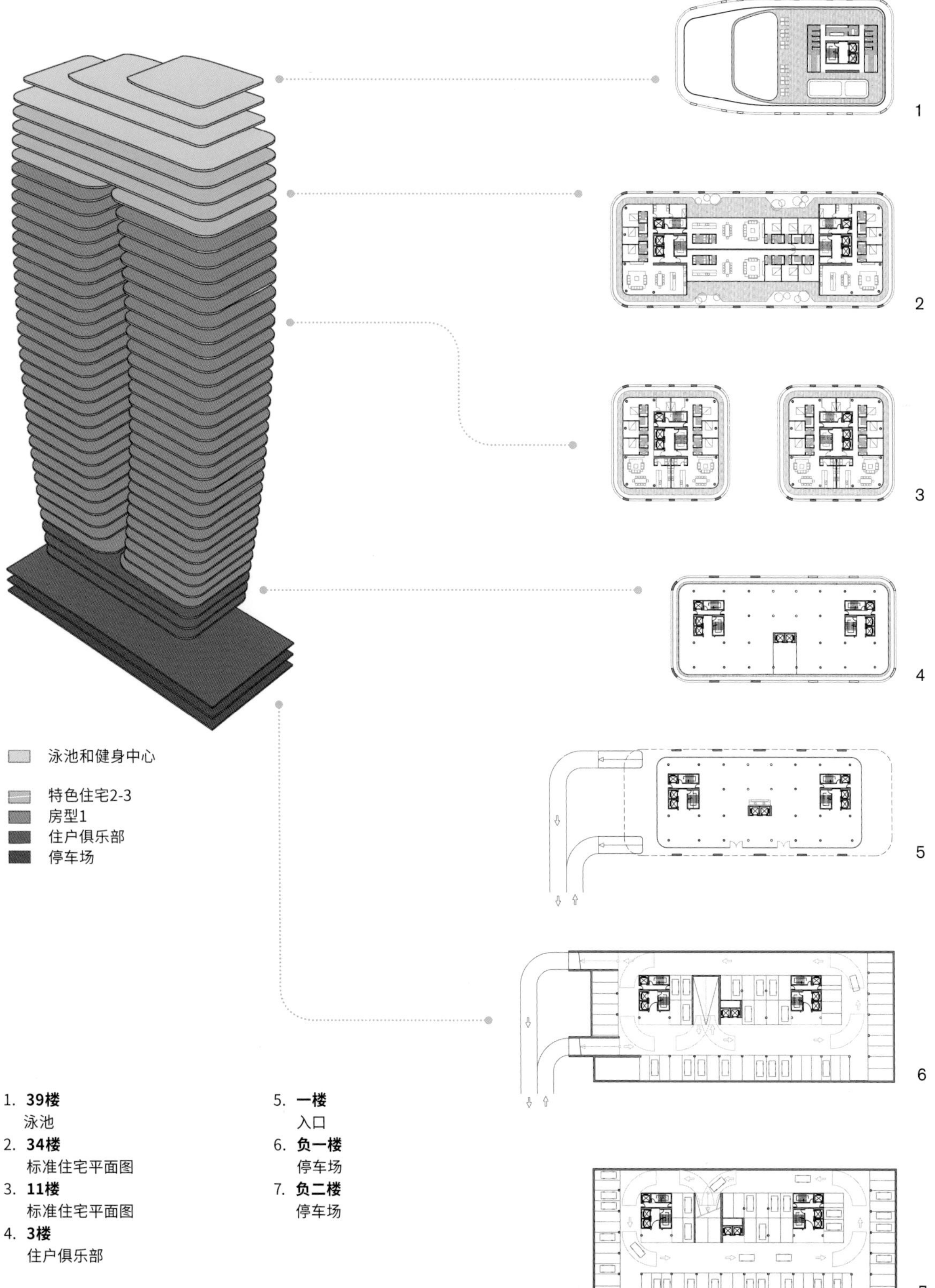

1. **39楼**
   泳池
2. **34楼**
   标准住宅平面图
3. **11楼**
   标准住宅平面图
4. **3楼**
   住户俱乐部
5. **一楼**
   入口
6. **负一楼**
   停车场
7. **负二楼**
   停车场

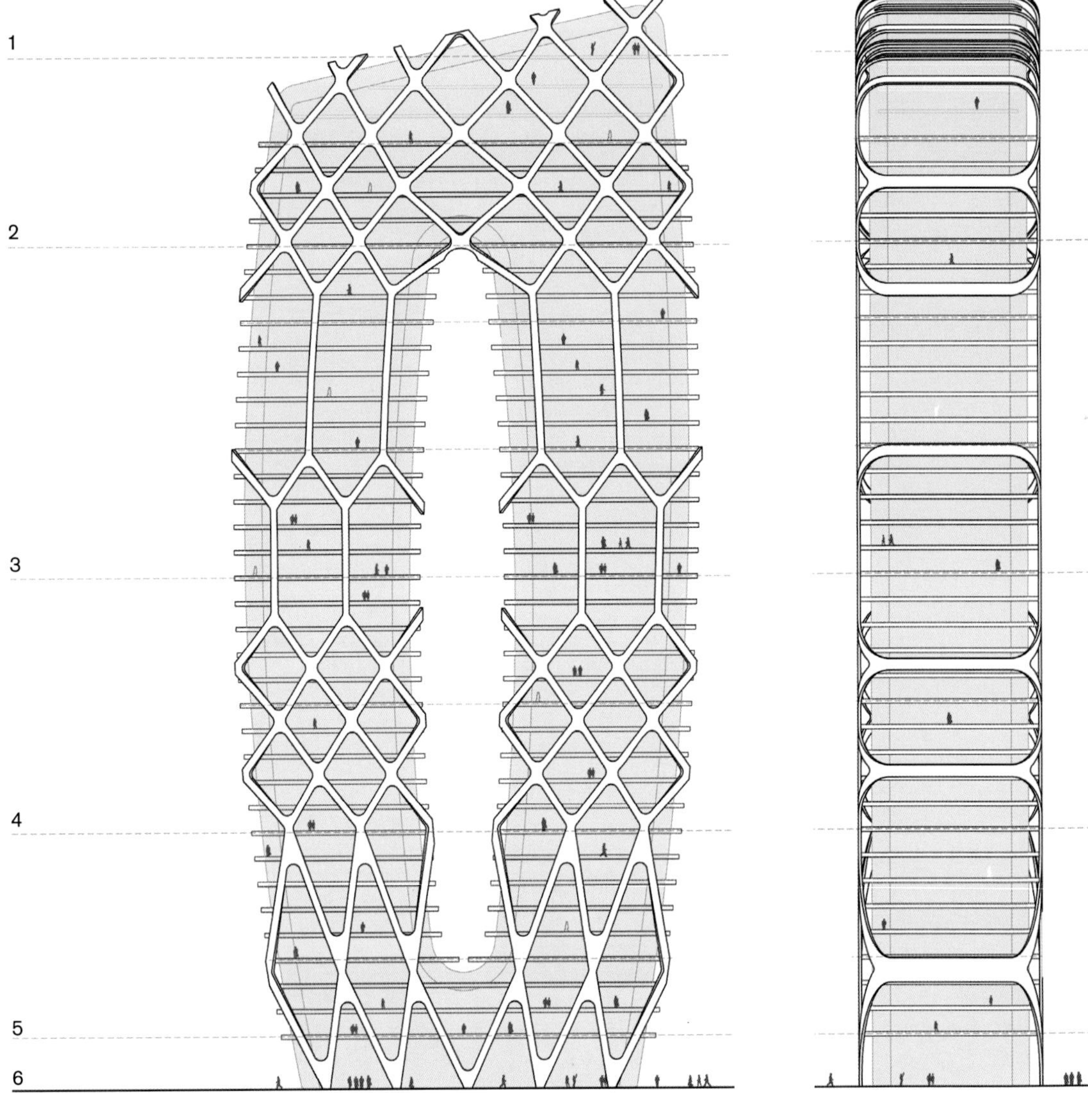

1. **39楼**
   泳池及健身中心
2. **33楼**
   标准住宅平面图
3. **20楼**
   标准住宅平面图
4. **11楼**
   标准住宅平面图
5. **2楼**
   住户俱乐部
6. **一楼**
   入口

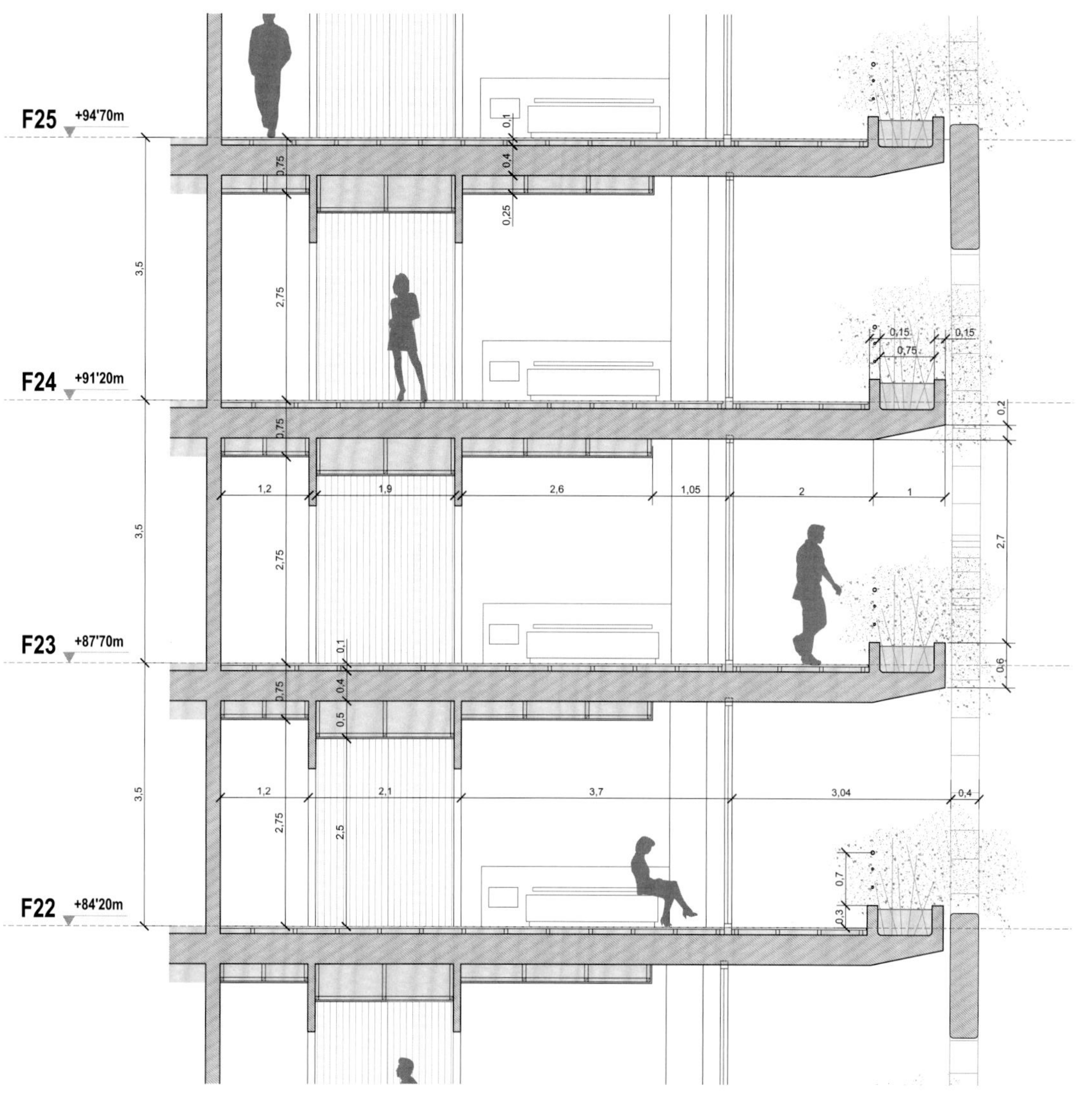

F25 +94'70m
F24 +91'20m
F23 +87'70m
F22 +84'20m
3,5
3,5
3,5
2,75
2,75
2,75
0,75
0,75
0,75
0,1
0,4
0,25
0,15
0,15
0,75
0,2
1,2
1,9
2,6
1,05
2
1
2,7
0,1
0,4
0,5
0,6
1,2
2,1
3,7
3,04
0,4
2,5
0,7
0,3

这栋塔楼有着独特的形状，中间部分有一个空洞，增强了建筑的通透性，让所有公寓的房间都有良好的通风和照明。

1

2

C

建筑内有140多间面积为150~200m²的豪华公寓。

A 泳池和健身中心
B 200m²的公寓
C 150m²的公寓
D 台北101

1 金属结构
2 阳台和窗台花箱

最上面的三层楼，可以俯瞰台北市，被用作游泳池和健身中心。

跨国界

Beyond our Borders

在各种研讨会和会议走向国际化的过程中，ON-A迎来一个全新的机遇，与台北SUMTECT国际公司展开合作，为其提供概念和设计上的建议。

在这次合作中，我们设计出了一系列具有创新性的项目，其设计考虑到每个项目的规模和规划要求，和现代飞速发展不断被改造的都市环境。每个项目都体现了ON-A的独特个性和创新性。

p.390

住宅大厦

在台北市中心有着世界第四高的建筑，全新的台北101塔，本案计划建造一栋全新的100米高的住宅楼，建筑具有显著的有机特征，其外墙面在提供支持的同时还有精心设计的遮阳隔热系统，根据其朝向逐渐变化。

RTT

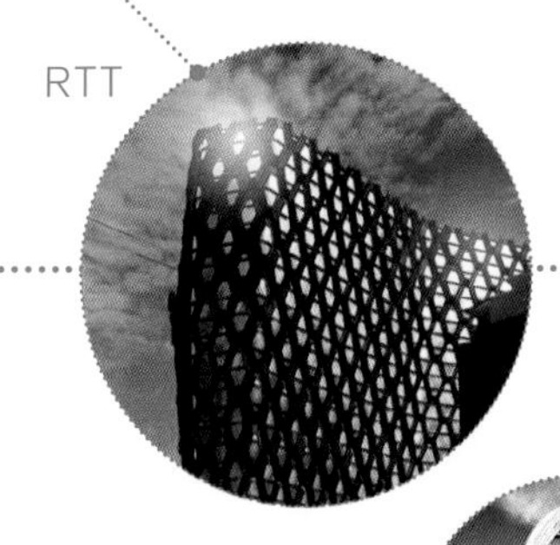

p.398

东方传媒办公楼

本案位于关渡站附近，计划建造两栋办公楼，立面包括各种商铺、餐厅和休闲设施。在这个综合项目中，信息和技术共同作用形成一个完全交互式的建造外层。

CBG

WBR

2013

p.404

酒店综合体开发

本案位于松山区，建筑立面朝向市内一条主干道，计划开发成一个多功能的综合体，涵盖住宅、酒店以及商业店铺。

HMT

p.408

办公楼

本案位于内湖区城市扩张区域，计划建造一个由两个有着同样建筑特征的体量组成的办公综合体，设计选用了穿孔的外覆面作为建筑外墙。

WON

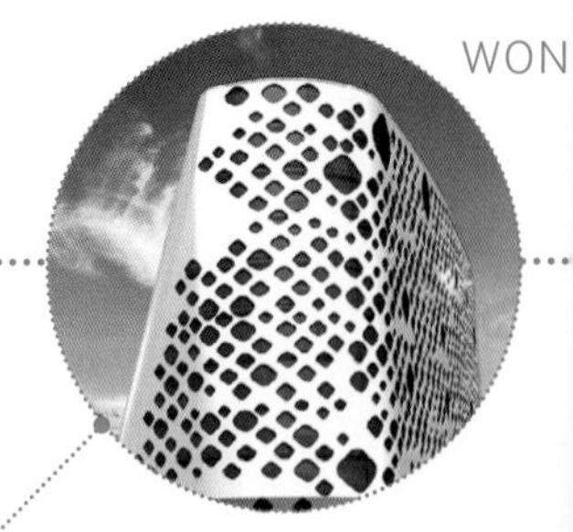

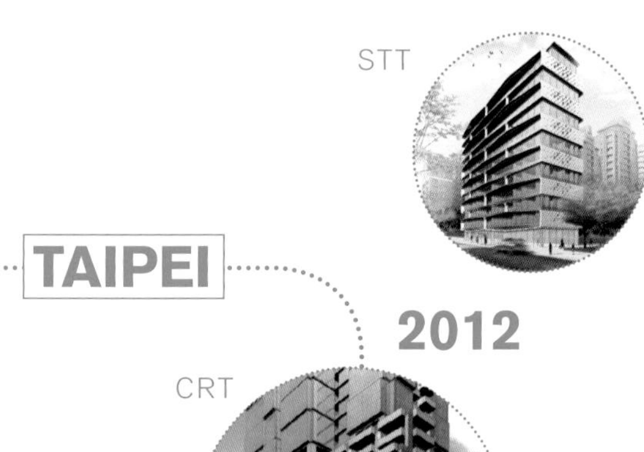

TAIPEI

2012

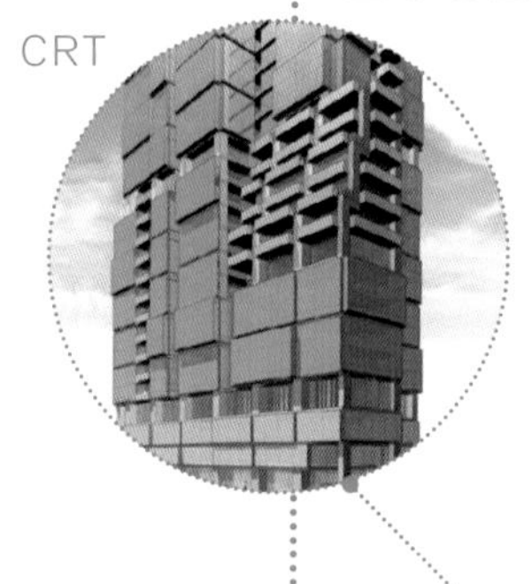

1 成都区住宅楼
2 住宅大厦
3 东方传媒办公楼
4 综合酒店
5 办公楼
6 北投住宅
7 大安住宅

p.382

成都区住宅楼

在设计层面对不同类型的探索产生了一系列项目，最终创造出一个真正创新的建筑。本案位于淡水河畔，项目利用了玻璃外墙的反射，将都市环境和河流景致融合在一起。

2014

design

p.414

北投住宅

本案位于北投区，是一栋13层楼高的住宅建筑。设计选用了由不同的纵向开口组成的覆面作为建筑两侧的墙面。

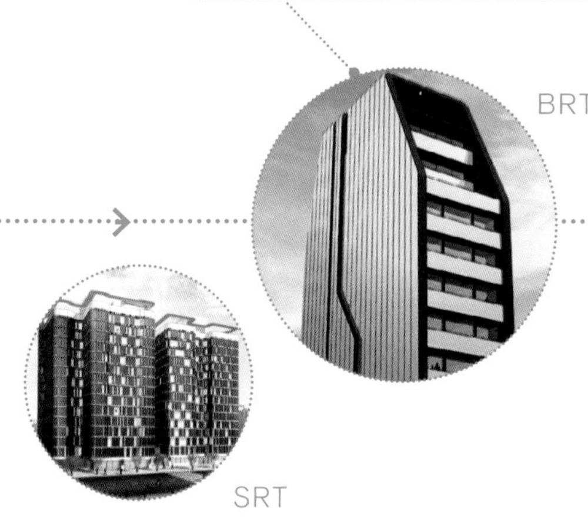

p.418

大安住宅

本章节的最后一个案例是一个住宅项目。通过使用能过滤阳光的覆层来达到保护建筑及提供隐私的要求。

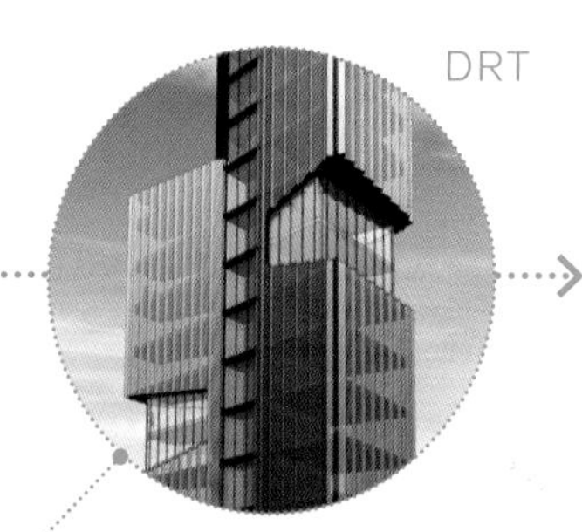

Chengdu Residential

CRT

23000 m²

中国台湾，**台北**

成都区住宅楼

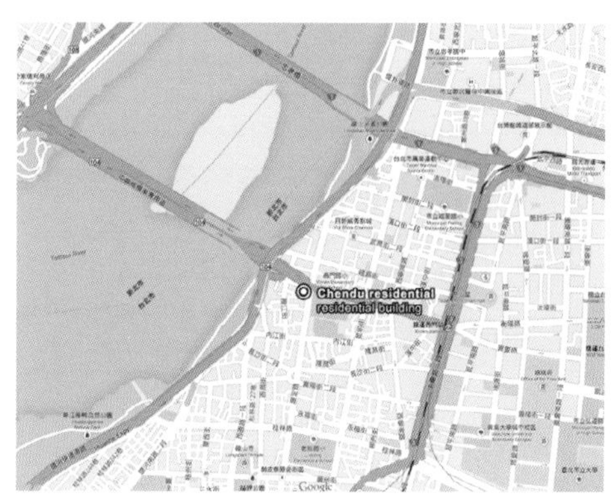

本案是台北市一个全新的大规模住宅项目。在一个不均匀的体量中，不同的立面对应了各个不同的户型区域。在牢固的结构框架中，每个楼层根据其平面几何都有着不同的安排，通过微妙的深入及突出设计，创造出一个不连续的覆面，对应不同户型的公寓。

各个区域对应不同特征的解决方案，包括将阳台区域纳入其中。建筑主要的墙面上应用了幕墙，形成一种光滑的连续性，模糊了对其周围环境的反射。这些高处的反射立方体形成的住宅组合，给该地区带来全新的视觉冲击力。

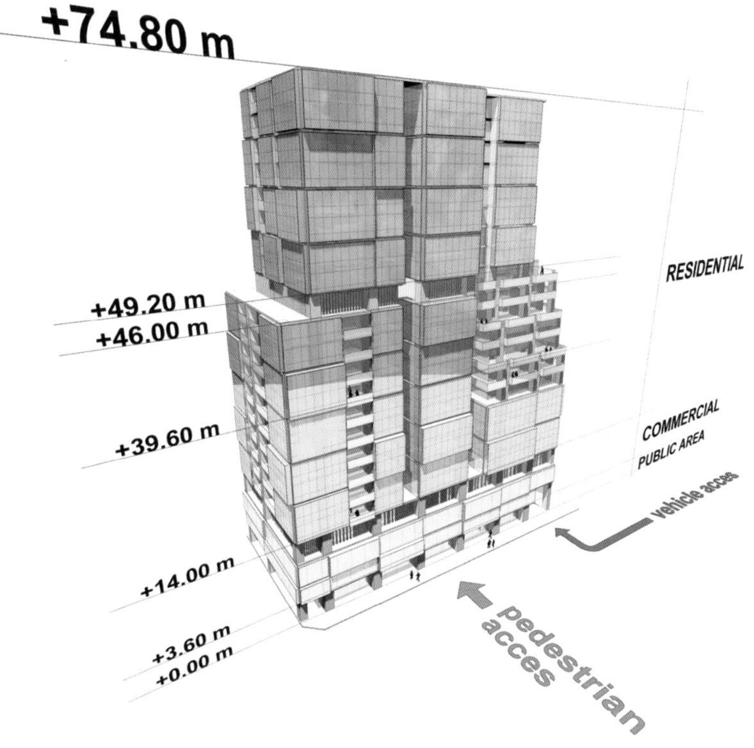

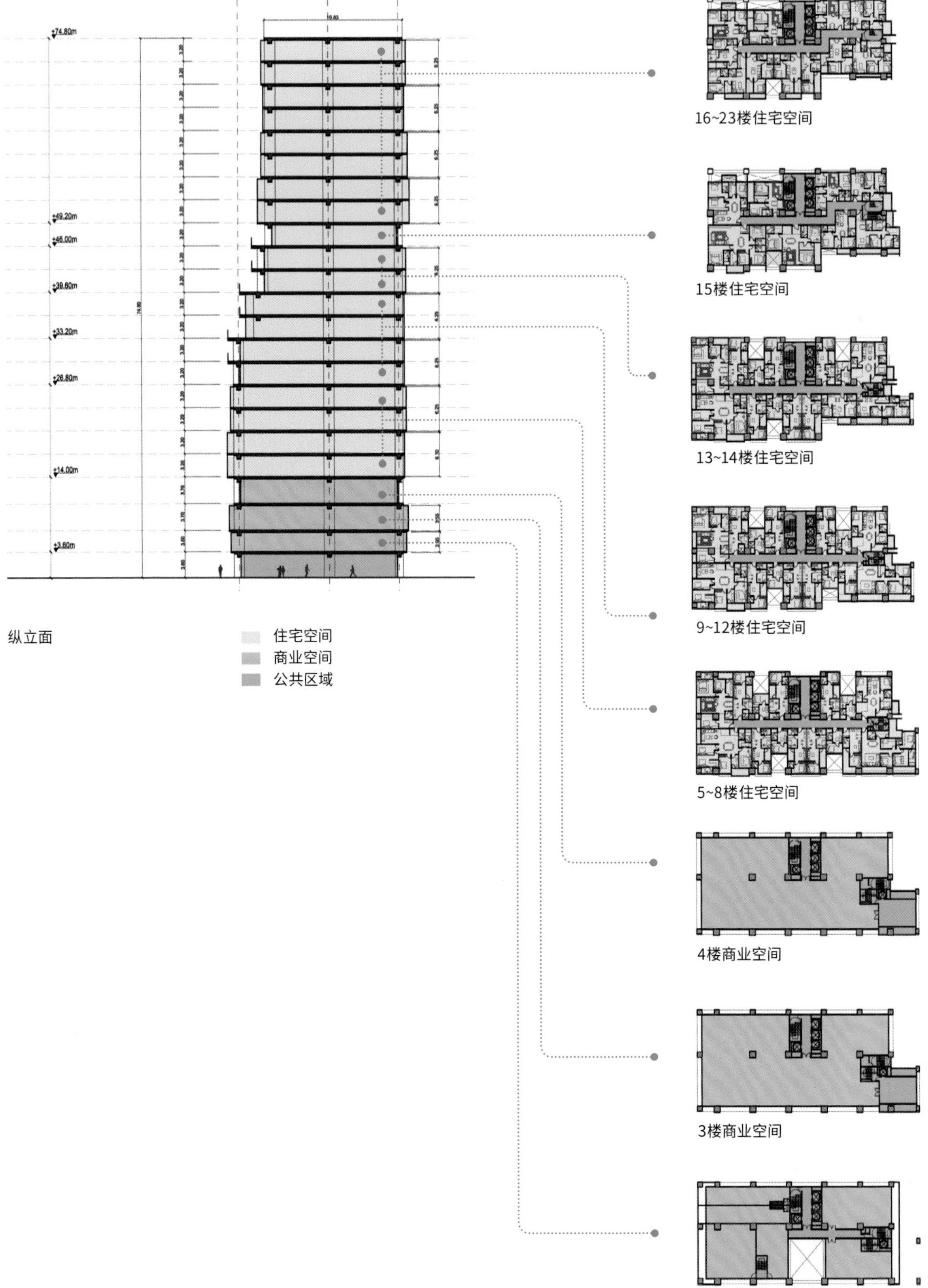

16~23楼住宅空间
15楼住宅空间
13~14楼住宅空间
9~12楼住宅空间
5~8楼住宅空间
4楼商业空间
3楼商业空间
2楼商业空间
纵立面
住宅空间
商业空间
公共区域

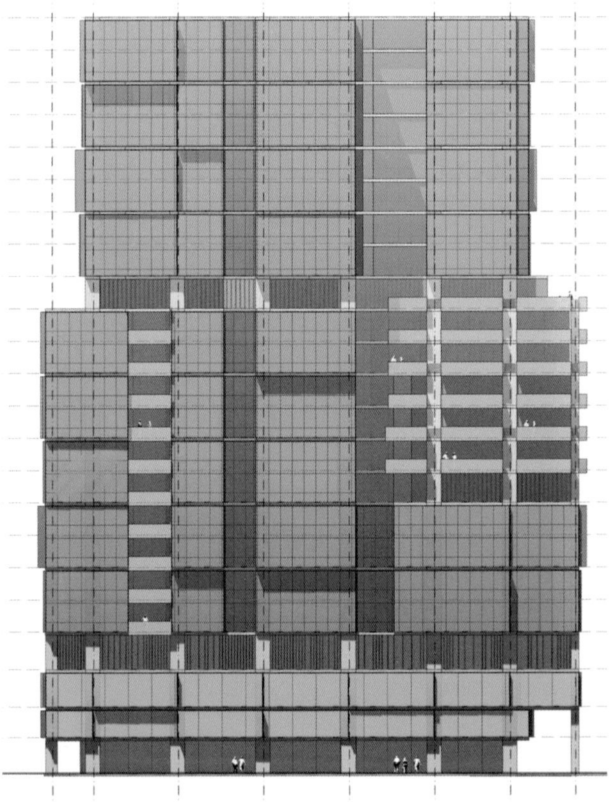

西立面

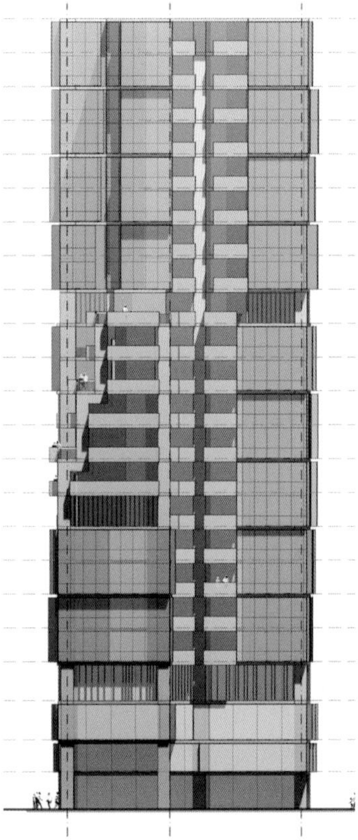

南立面

轻质的自支撑幕墙沿着片段式的几何模块，形成建筑光滑的外覆层。

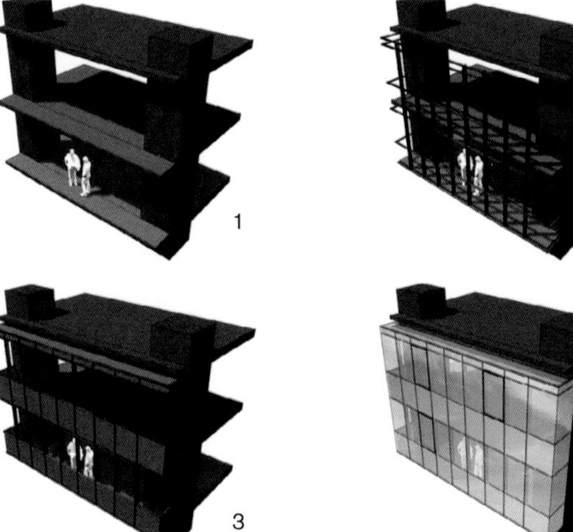

1. 建筑结构
2. 幕墙框架
3. 隔热板
4. 玻璃板及窗户

11 UNITS PER FLOOR
(L16 TO L23 - TOTAL 8 LEVELS)

8 UNITS PER FLOOR
(L15 - TOTAL 1 LEVEL)

14 UNITS PER FLOOR
(L13 TO L14 - TOTAL 2 LEVELS)

15 UNITS PER FLOOR
(L11 TO L12 - TOTAL 2 LEVELS)

15 UNITS PER FLOOR
(L9 TO L10 - TOTAL 2 LEVELS)

15 UNITS PER FLOOR
(L5 TO L8 - TOTAL 4 LEVELS)

COMMERCIAL AREA
(L2 TO L4 - TOTAL 3 LEVELS)

PUBLIC AREA

+74.80m
+49.20m
+46.00m
+39.60m
+33.20m
+26.80m
+14.00m
+3.60m

B

这栋住宅塔楼的设计包含了复杂的体量研究，最终形成反光的立方体组合，这项设计丰富了城市的天际线，重新定义了该地区的建筑特征。

SUMTECT and ON-A, a new architectural orientation

An interview 采访

SUMTECT和ON-A，一种全新的建筑方向

SUMTECT国际集团是位于台北的一个建筑公司，在各种类型的建筑建造方面有着丰富的经验。它从一开始就非常信任合作伙伴，因此ON-A积极地参与，在一系列位于台北市的项目设计过程中发挥了重要作用。

采访Huang Chien-Hui先生

ON-A与SUMTECT及Huang Chien-Hui先生的合作是怎样开始的？

我们希望能赋予一些进行中的项目以全新的建筑特征，应用创新的设计，与我们在巴塞罗那之类的城市中见过的那种全新的概念导向相符。我们发现ON-A的设计方式非常有趣，他们是一个极具潜力的团队，能帮助我们一起创造出我们想要的设计。

在这个联盟中，成员之间的合作过程是怎样的？

每个项目中我们都有各自特定的角色，我们在台湾主要是处理与场地规划有关的问题，以及每个项目过程中的相关规则。ON-A专门负责为我们提供项目的概念导向，在我们的社会和都市环境框架下，进行项目的总体规划和实际建造可行性开发。

怎样进行信息的交换？

在现在这个时代，电脑能让我们跟进项目的每一步，你可能觉得语言沟通会成问题，但实际上我们之间的交流非常顺畅。我们需要交换的大部分信息都是图表，图表非常重要，这方面ON-A知道如何精确地表达。

建筑图出来后如何进行项目的评估？

我们在决定最终的设计方案时非常用心，项目的视觉品质能够丰富我们的提案，给予我们更好的导向，让我们能为客户提供更好的产品。同时，给我们带来全新的视角和方法，注重创新和建设性方案的应用，从而提高我们的项目质量。

URBAN UNDERGROUND SPACE AND TUNNELLING CONGRESS IN HONG KONG

在香港举行的城市地下空间及通道会议

ON-A参加了各种活动和会议。Eduardo Gutiérrez参加在香港举行的“城市地下空间及通道会议”，并作为发言人，对ON-A在巴塞罗那地铁网络方面完成的船坞地铁站及桑坦德雷地铁站项目进行了介绍。

20 November, 2013

ARCHITECTURE EVOLUTION — DISCUSSION OF ARCHITECTURE IN TAIPEI

建筑的进化论——在台北讨论建筑

Eduardo Gutiérrez代表ON-A，受邀在台北与SUMTECT的Wu Cheng-Rong先生一起讨论建筑（建筑的进化论）。

20 December, 2013

SUMTECT的Wu Cheng-Rong先生与ON-A的Eduardo Gutiérrez参加在台北举行的讨论。

3D PRESENTATION OF CHENGDU RESIDENTIAL WITH CL3VER

利用CL3VER对成都住宅楼项目进行3D展示

在合作中，我们利用CL3VER（云端3D交互展示平台）对成都区住宅楼项目进行一个交互式的3D展示。

21 May, 2014

COLLABORATION WITH ZHUHE DEVELOPMENT CO., LTD.

与ZHUHE发展有限公司的合作

ON-A在台北一些项目中的积极参与后，我们有幸与ZHUHE发展有限公司的Huang Chien-Hui先生进行合作。ZHUHE发展有限公司是一个认可ON-A的设计和建筑的建筑公司。

21 July, 2014

ZHUHE发展有限公司的Huang Chien-Hui先生。

Residential Tower

中国台湾，**台北**

住宅大厦

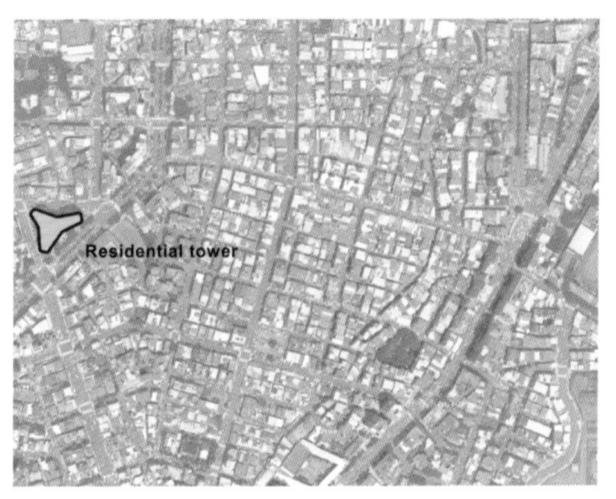

本案计划在台北市中心，世界上最高的塔之一——台北101附近新建一栋住宅楼。本案的平面图是一个棱柱形，各种尺寸的菱形网眼丰富了建筑体量的外观。这个几何矩阵的功能性体现在其高效的隔热系统，并根据每一面的朝向来调整开口的尺寸。

通过对太阳光的过滤，形成一个真正创新的覆层；复杂的网络编码遵照了项目整体平面图的几何形态。这个有机的体量，其建筑能充分利用光线，开口体系类似自然界中的复杂几何形态。

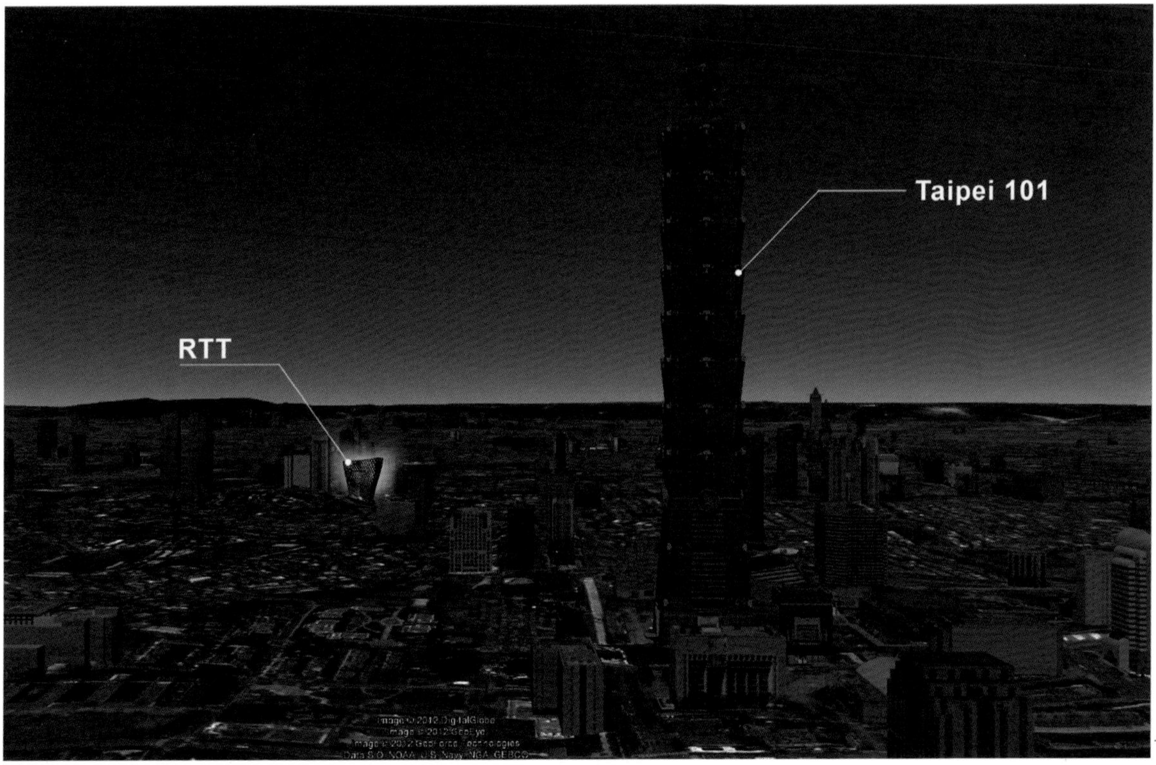

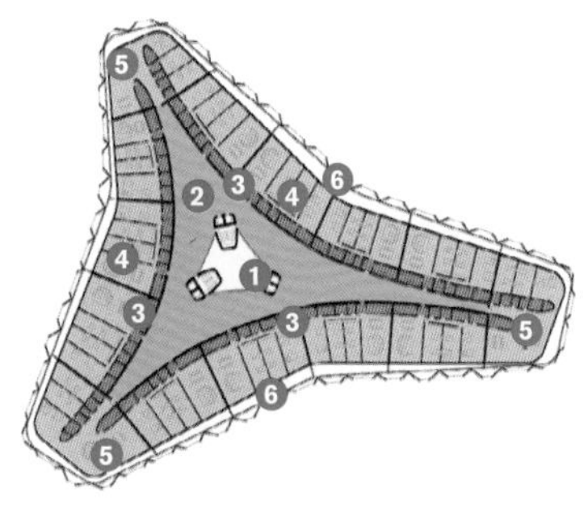

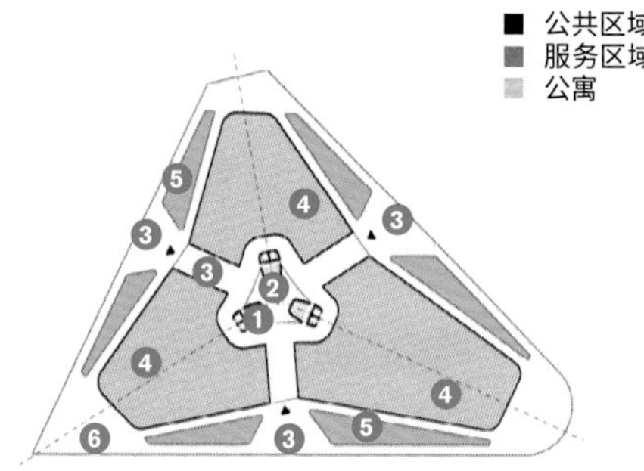

29层

1. 垂直核心
2. 楼梯平台
3. 服务区
4. 公寓
5. 拐角处公寓
6. 阳台

一楼

1. 垂直核心
2. 楼梯平台
3. 入口
4. 商铺
5. 花圃
6. 公共区域

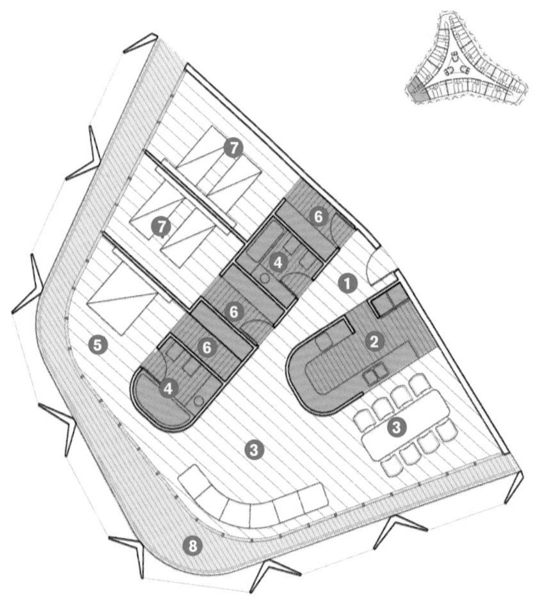

拐角处公寓

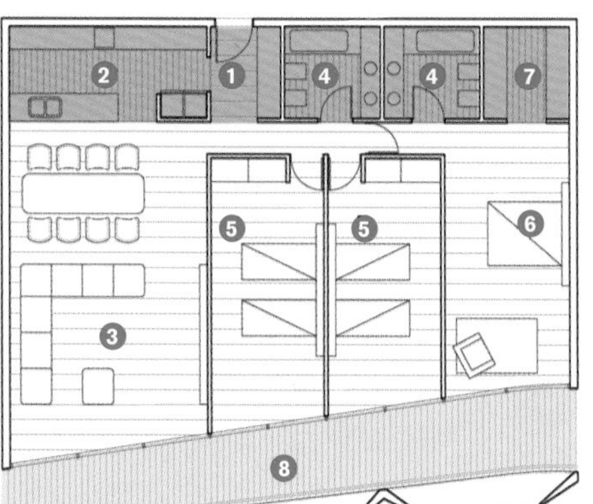

侧面公寓

1. 门厅
2. 厨房
3. 客厅和餐厅
4. 卫生间
5. 双人房
6. 衣帽间
7. 主卧
8. 阳台

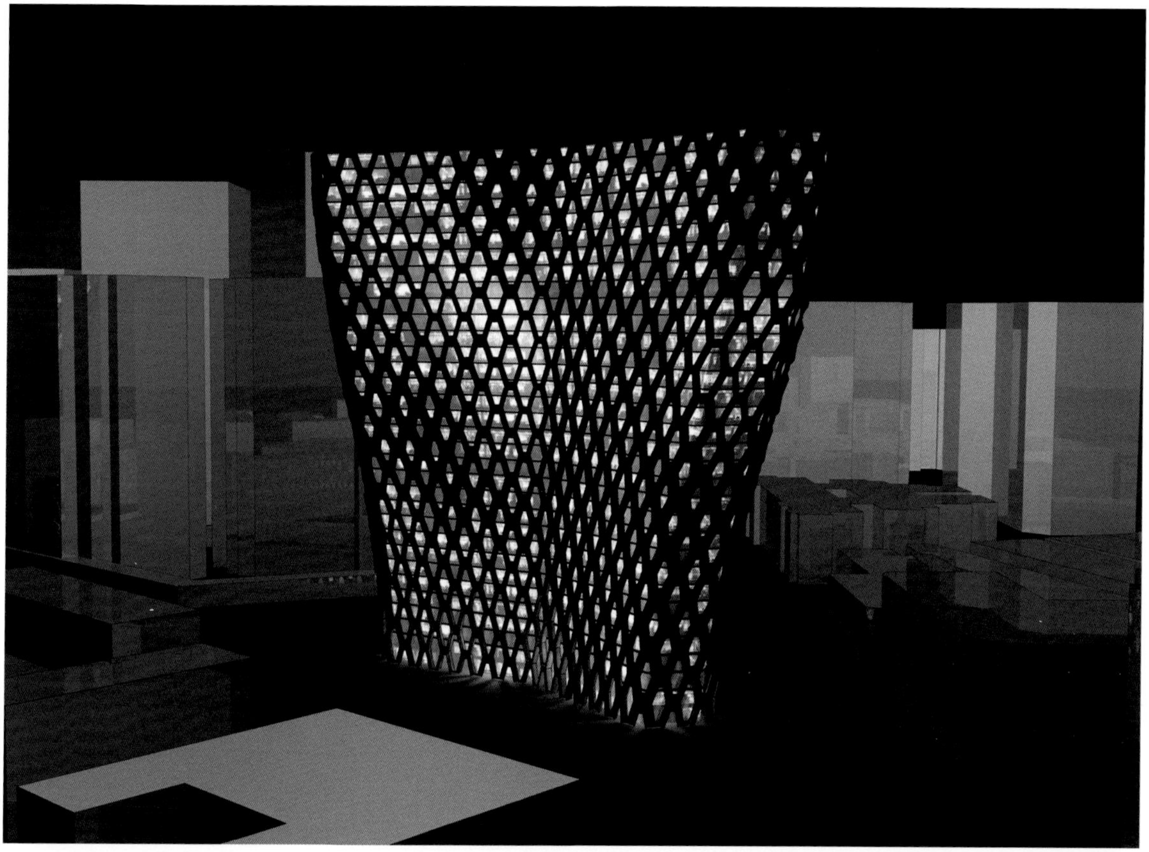

名水漾
B
2
A 公共区域
B 公寓
C 商业区域
1 立面结构网眼
2 一楼入口
3 边界平台

这栋100m高的独特住宅建筑的特色是其立面上蜿蜒的几何结构，沿着三角形的几何体量外部形成巨大的结构网眼。

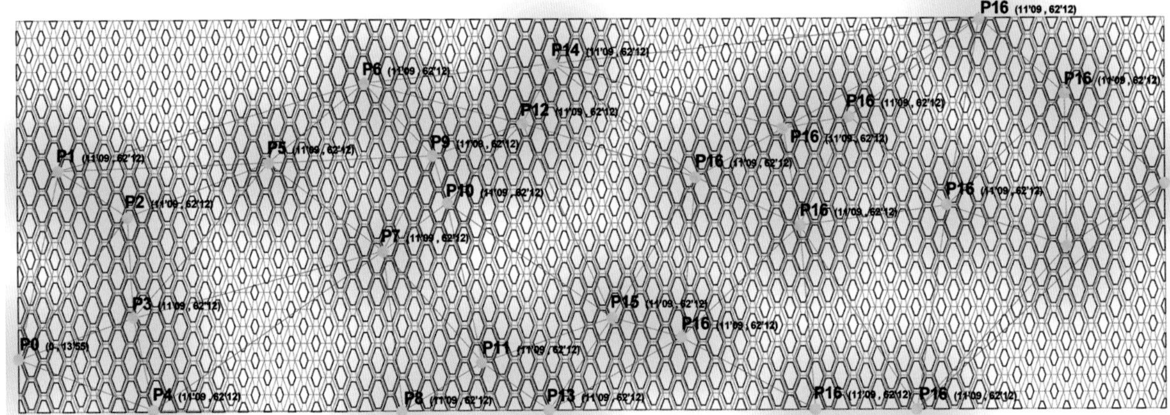
P16 (11'09 , 62'12)
P14 (11'09 , 62'12)
P6 (11'09 , 62'12)
P16 (11'09 , 62'12)
P16 (11'09 , 62'12)
P12 (11'09 , 62'12)
P16 (11'09 , 62'12)
P1 (11'09 , 62'12)
P5 (11'09 , 62'12)
P9 (11'09 , 62'12)
P16 (11'09 , 62'12)
P10 (11'09 , 62'12)
P16 (11'09 , 62'12)
P2 (11'09 , 62'12)
P16 (11'09 , 62'12)
P7 (11'09 , 62'12)
P3 (11'09 , 62'12)
P15 (11'09 , 62'12)
P16 (11'09 , 62'12)
P0 (0 , 13'55)
P11 (11'09 , 62'12)
P4 (11'09 , 62'12)
P8 (11'09 , 62'12)
P13 (11'09 , 62'12)
P16 (11'09 , 62'12)
P16 (11'09 , 62'12)

展开的外立面

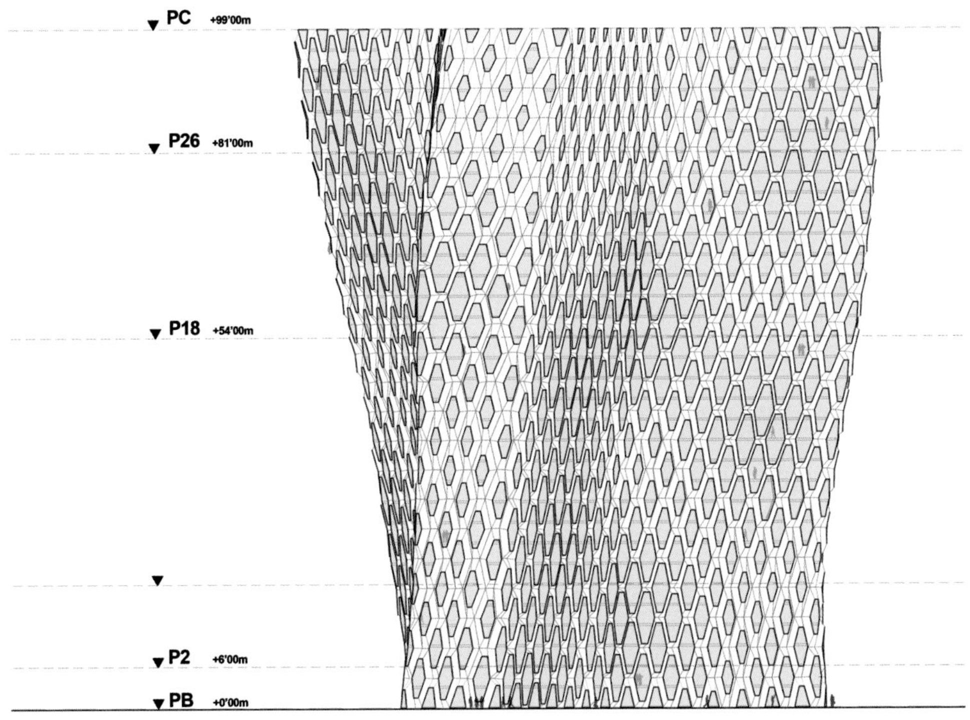
PC +99'00m
P26 +81'00m
P18 +54'00m
P2 +6'00m
PB +0'00m

正面图

应用现代矩阵作为建筑覆层，创造出既能适应建筑体量的变化，同时又能根据建筑每一面的朝向来调控太阳光照射的立面。

1. 百叶框
2. 混凝土地板
3. 公寓内侧滑木作
4. 室内假吊顶
5. 固定在地板上的边缘处玻璃栏杆
6. 外部金属结构

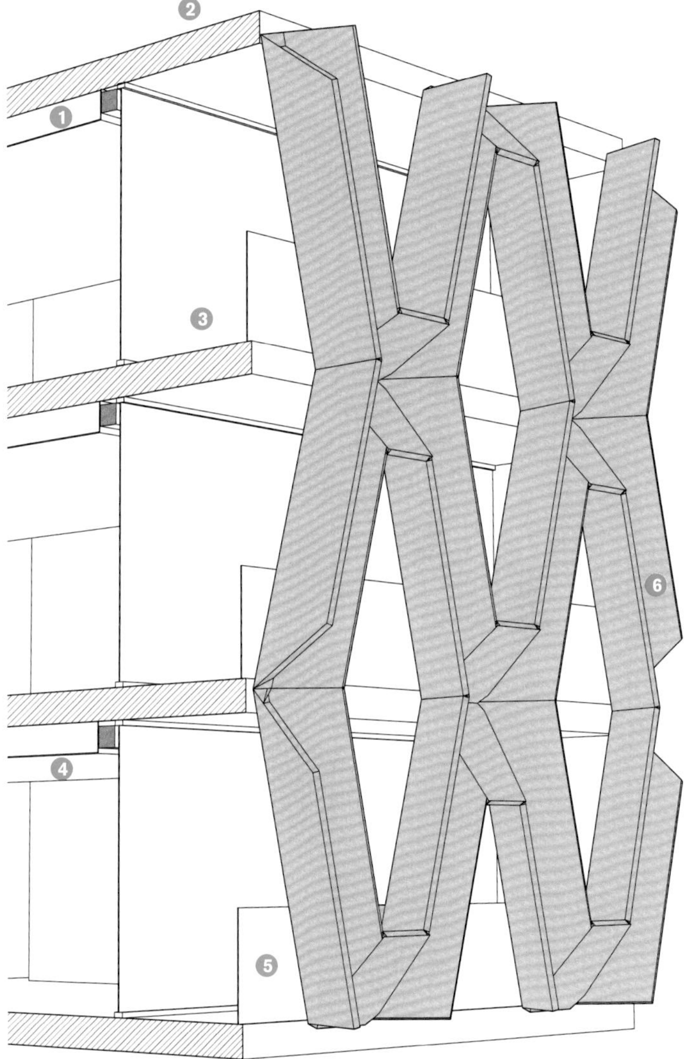

三向图

Eastern Media Int. Headquarters

中国台湾，**台北**

东方传媒办公楼

本案靠近关渡站，一个正在进行城市转型的地区，是一个可用作各种用途和活动的多功能综合体建筑。计划方案包括两栋塔楼，通过较低楼层处用于多媒体展示的低矮建筑连接到一起。

巨大的商业平台包括休闲娱乐区域，例如电影院、餐厅和户外阳台。每栋塔楼上部的楼层包括办公室、住宅，甚至还有一个教堂，形成清晰的层次。

综合体的外墙面上，灯光带上展示的信息每小时都会更新，巨大的屏幕投影到正立面上，播放新闻和商业广告。

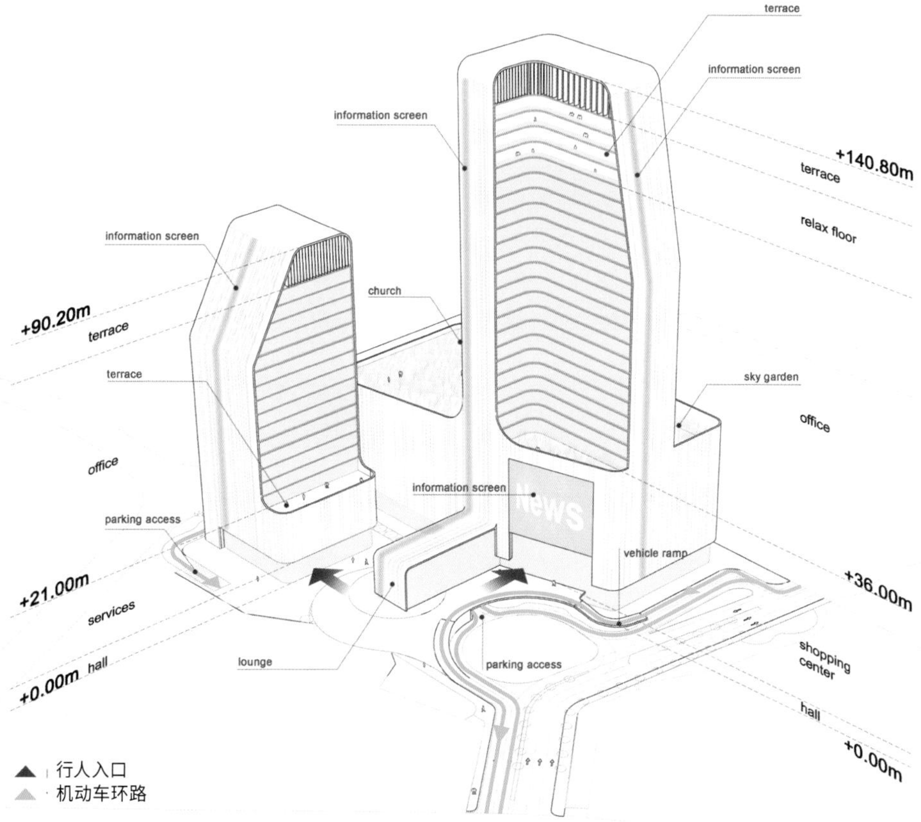

根据结构简洁的设计方案，项目被建造成两个体量，形成一个商业平台的综合体建筑，与车行道和行人入口联系到一起。

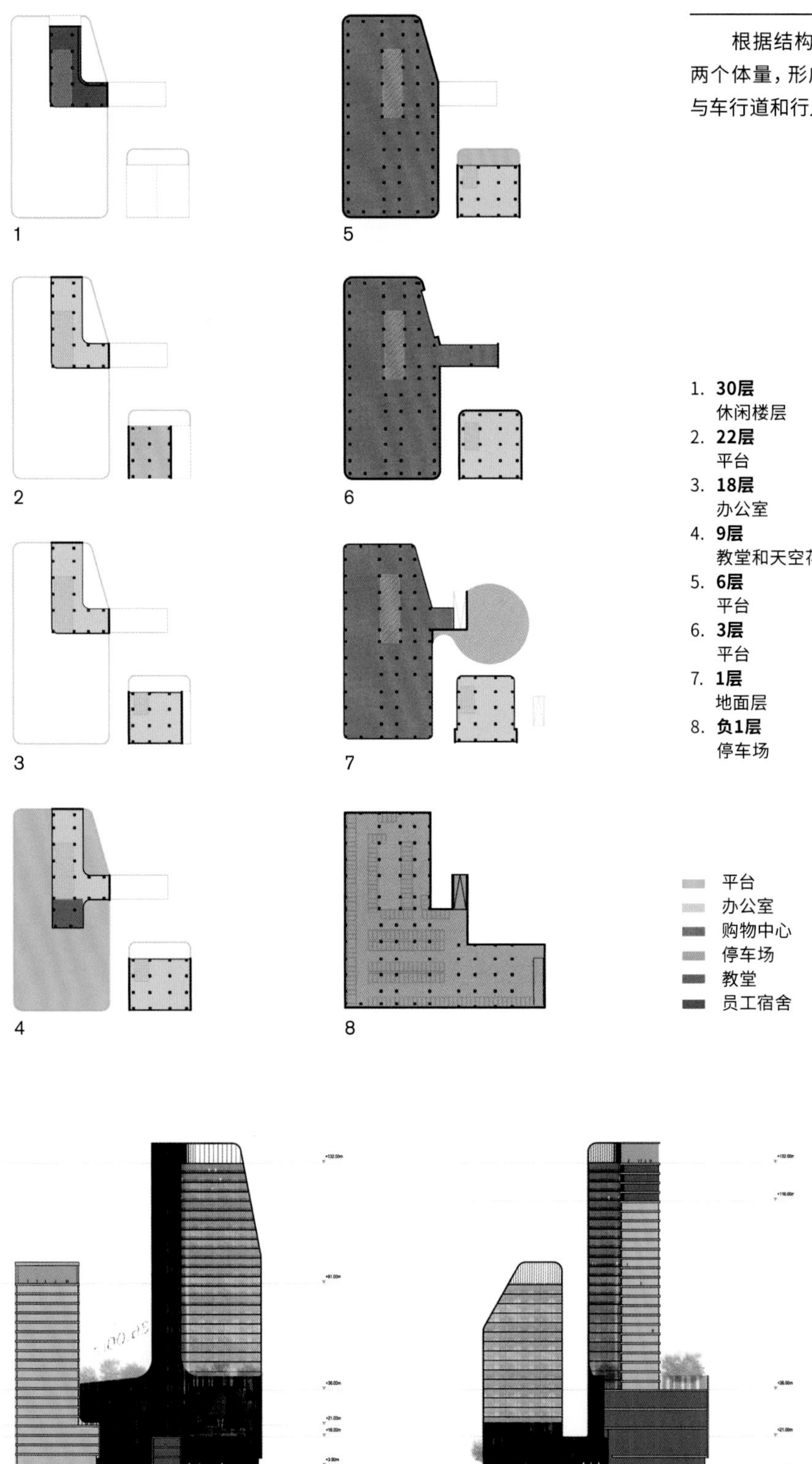

1. **30层**
   休闲楼层
2. **22层**
   平台
3. **18层**
   办公室
4. **9层**
   教堂和天空花园
5. **6层**
   平台
6. **3层**
   平台
7. **1层**
   地面层
8. **负1层**
   停车场

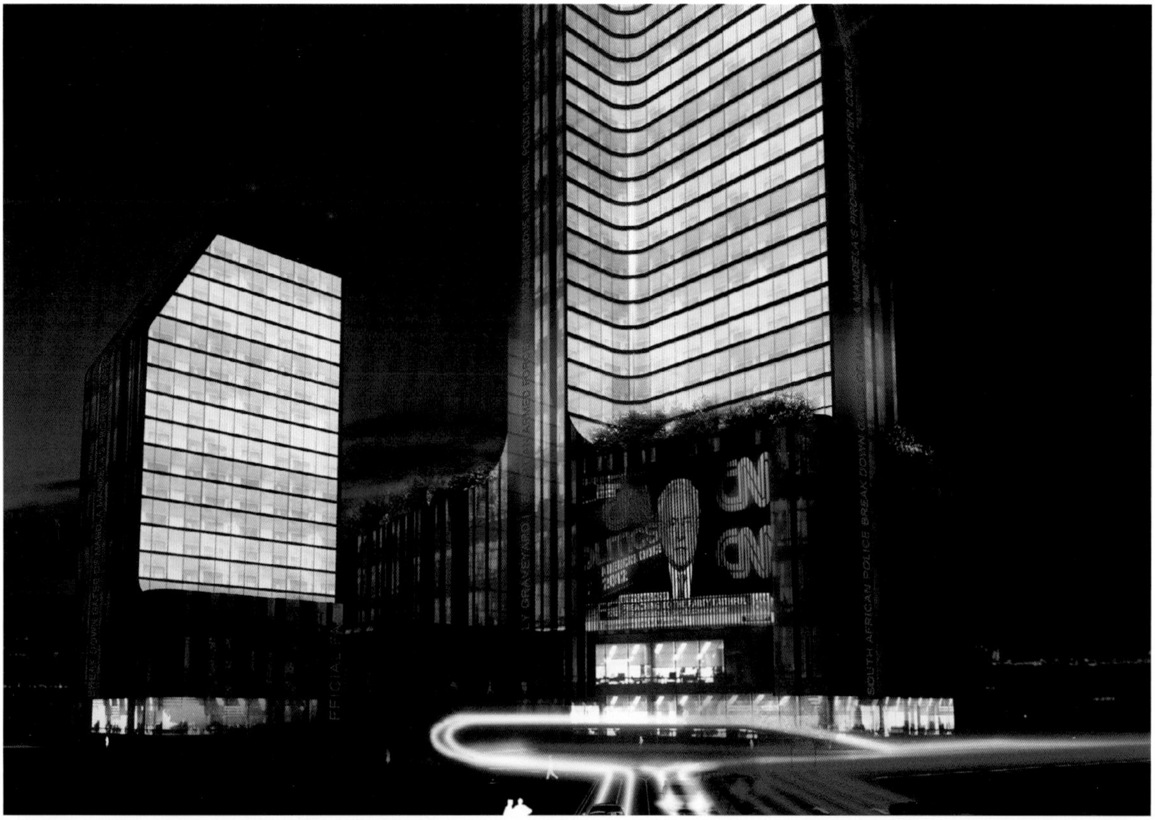
CNN
SOUTH AFRICAN POLICE BREAK DOWN

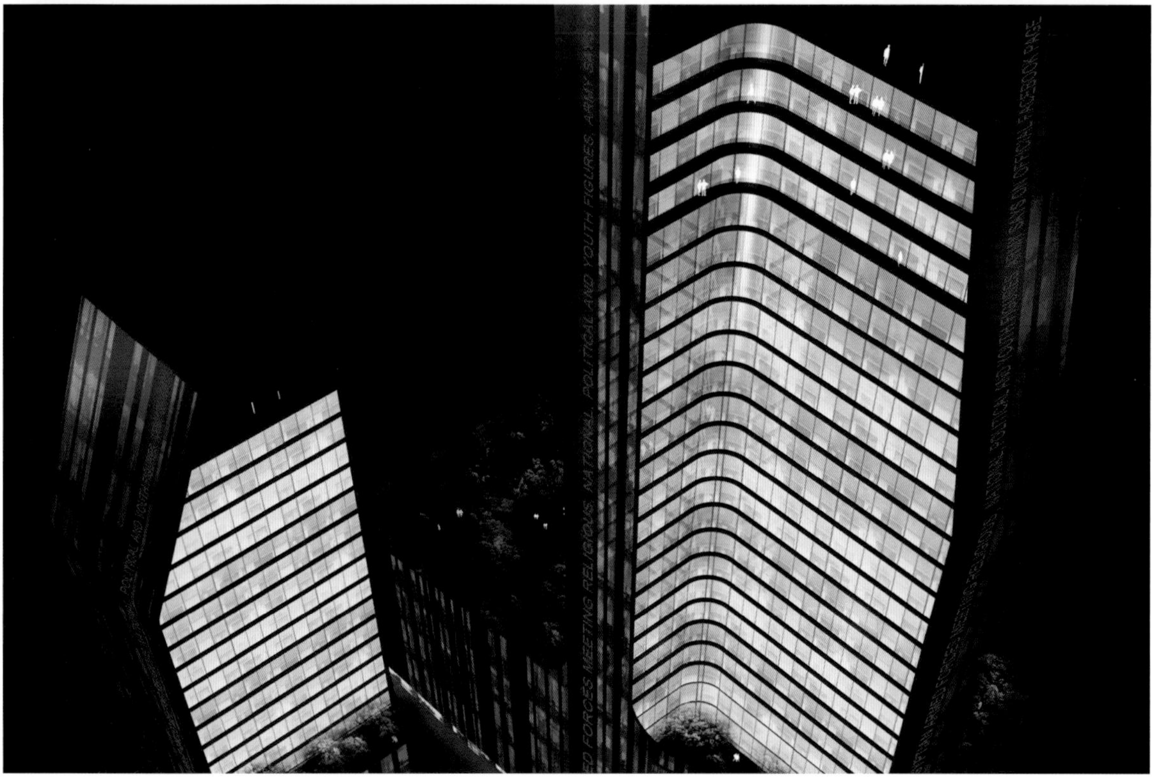
ED FORCES MEETING RELIGIOUS NATIONAL POLITICAL AND YOUTH FIGURES. ARMY

这两栋塔楼将成为通信集团EMI的办公室所在地。入口处的巨大屏幕以及遍及整个建筑的信息光带让这个建筑内外都充满信息。

A 办公室
B 公寓
C 购物区域

1 信息展示
2 主入口
3 花园
4 “最新新闻”光带

建筑下部的低矮平台内是一个购物中心，屋顶是一个大花园，还有一个可以用于举行婚礼的小礼堂。

Hotel and Mixed Use Development

中国台湾，**台北**

酒店综合体开发

打造一个符合我们时代的建筑需要工艺和创新。本案位于松山地区，建筑正面朝向主街道，是一个多功能的酒店综合体建筑。两栋塔楼组成了一个住宅综合体，通过下层将商业空间的酒店与主塔相连，呈现出一种未来主义，极富科技感的覆面从墙面延伸至地面，赋予建筑统一感。

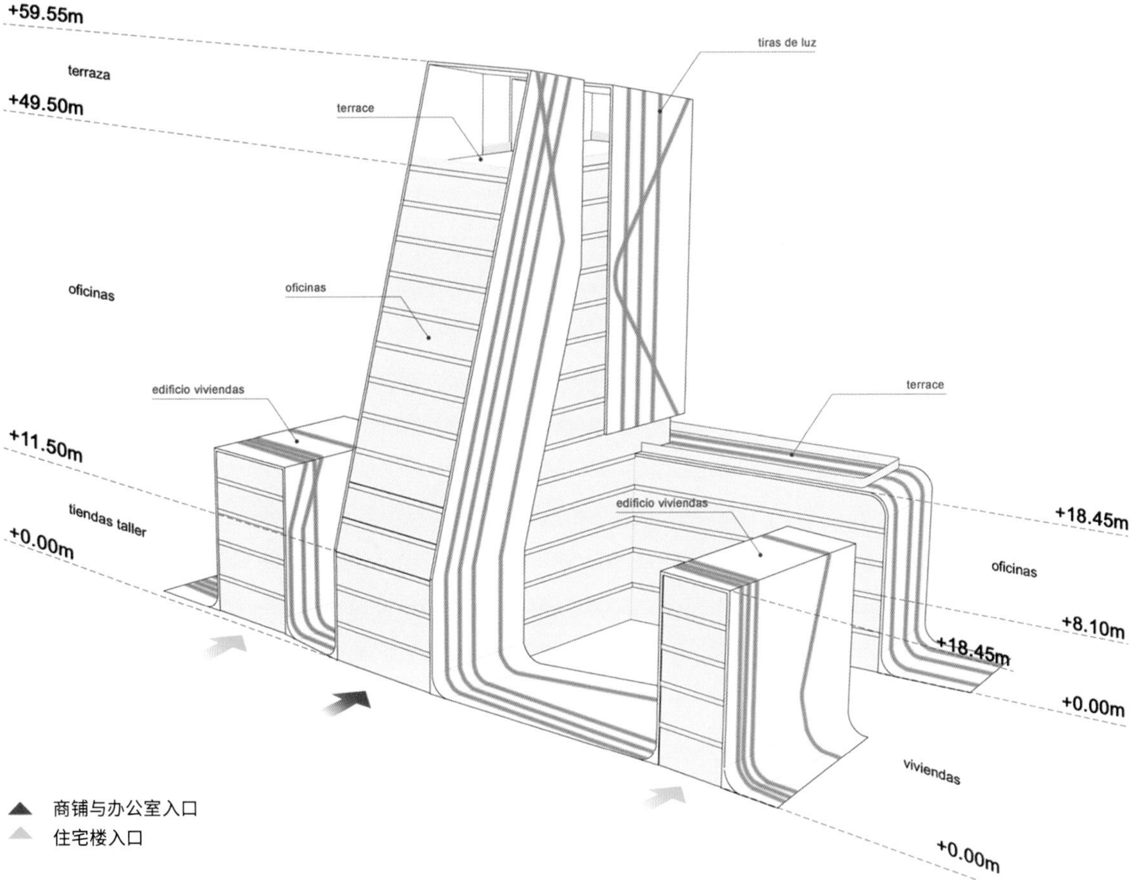

▲ 商铺与办公室入口
▲ 住宅楼入口

这个全新的酒店综合体由三个体量组成，通过同样的覆层连接到一起，让差异性的建筑呈现出统一的建筑语言。

A 公寓
B 购物区域
C 办公室

1 景观平台
2 光带
3 连续的覆面

2
3
A
B
内湖路一段

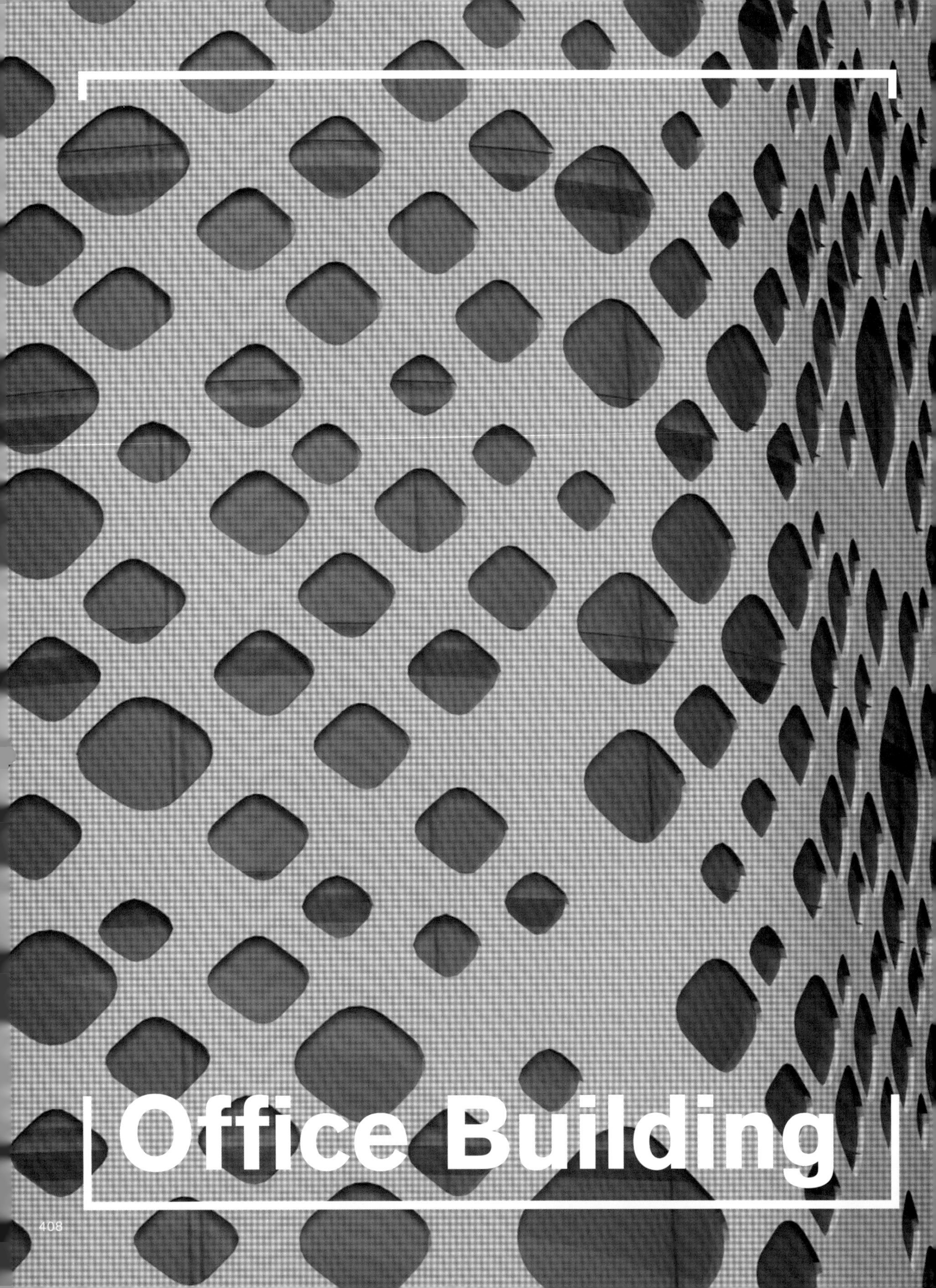

Office Building

中国台湾，**台北内湖区**

办公楼

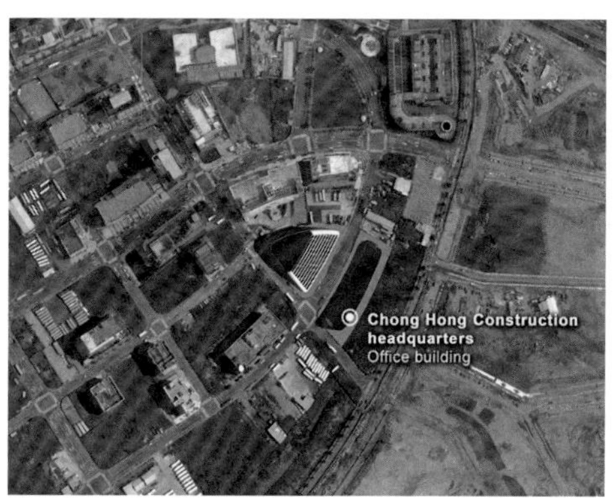

本案位于内湖扩展区域一条主路两侧的地块上，是一栋办公综合体。尽管场地是分离的，通过应用一样的穿孔覆面，让两个体量呈现出统一的形象，形成一个综合体建筑。这项设计在两栋建筑之间建立一种联系。建筑内部有一个占据七层楼高空间的庭院，开口与每栋建筑的入口大厅直接相连。

入口侧的倾斜，其设计理念来自于创造出边缘平台，以保证日间光照的统一性，同时增强主入口的几何形态，通过室内的庭院从视觉上保持一种空间上的联系。

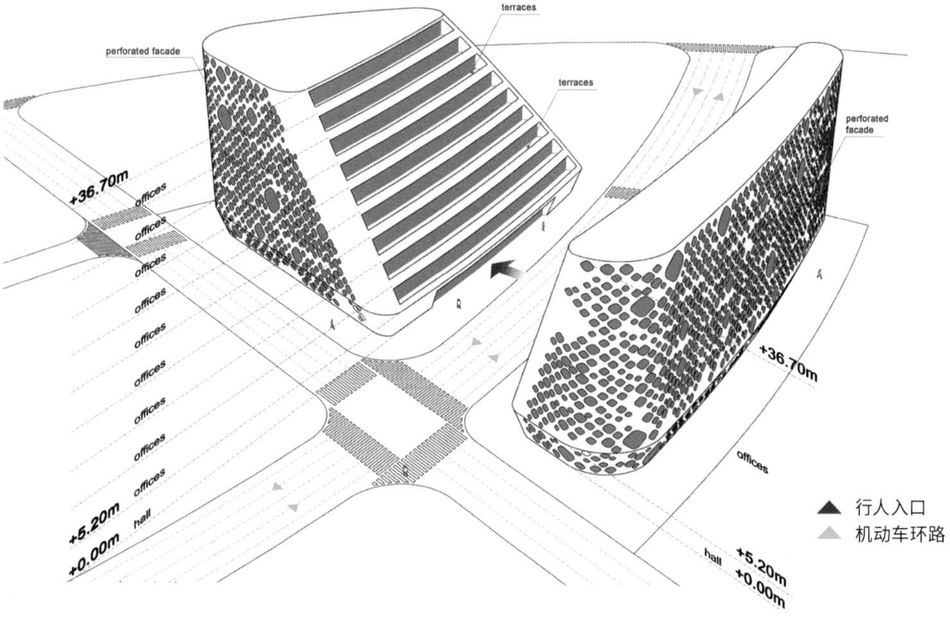

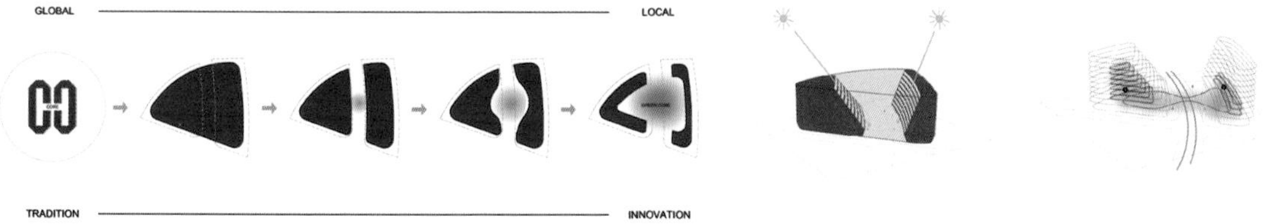

▲ 行人入口
△ 机动车环路

LEVEL +11 COVER FLOR
LEVEL +8 OFFICES
LEVEL +1 ENTRANCE
+36.70m
+33.20m
+29.70m
+26.20m
+22.70m
+19.20m
+15.70m
+12.20m
+8.70m
+5.20m
+0.00m

截面图

在台北郊区建有两栋统一建筑特征的办公楼。绿色的庭院从视觉上将办公楼层联系起来，成为整个项目的中心。

A 办公室
B 绿色庭院入口
C 平台

1 穿孔墙面系统
2 人行道

Beitou Residential

BRT

2200 m²

中国台湾，**台北**

北投住宅

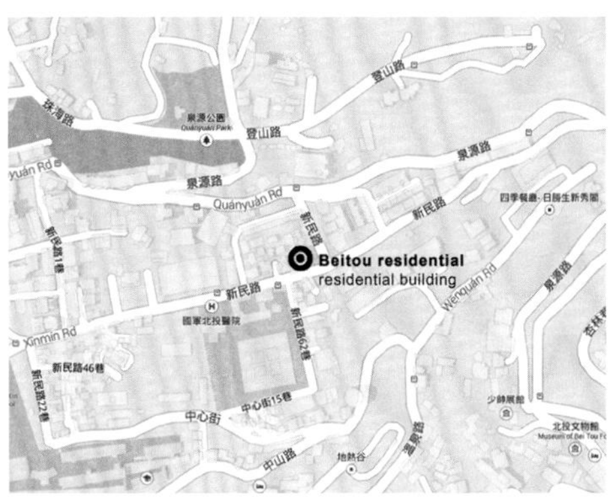

本案位于北投镇一个狭长的场地上，计划建造一栋13层楼的住宅建筑。为了解决对于大型停车场的需求问题，计划利用电梯来建造一个立体式停车场，可以直达高层的办公和住宅区域。

立面上使用了线形的垂直条，与模块渐渐变化的几何形态相配合，其轨迹在公寓侧面开口处形成一系列折叠。

金属条框架保护着侧墙面，沿着开口的几何形态，形成一种有活力的组合。

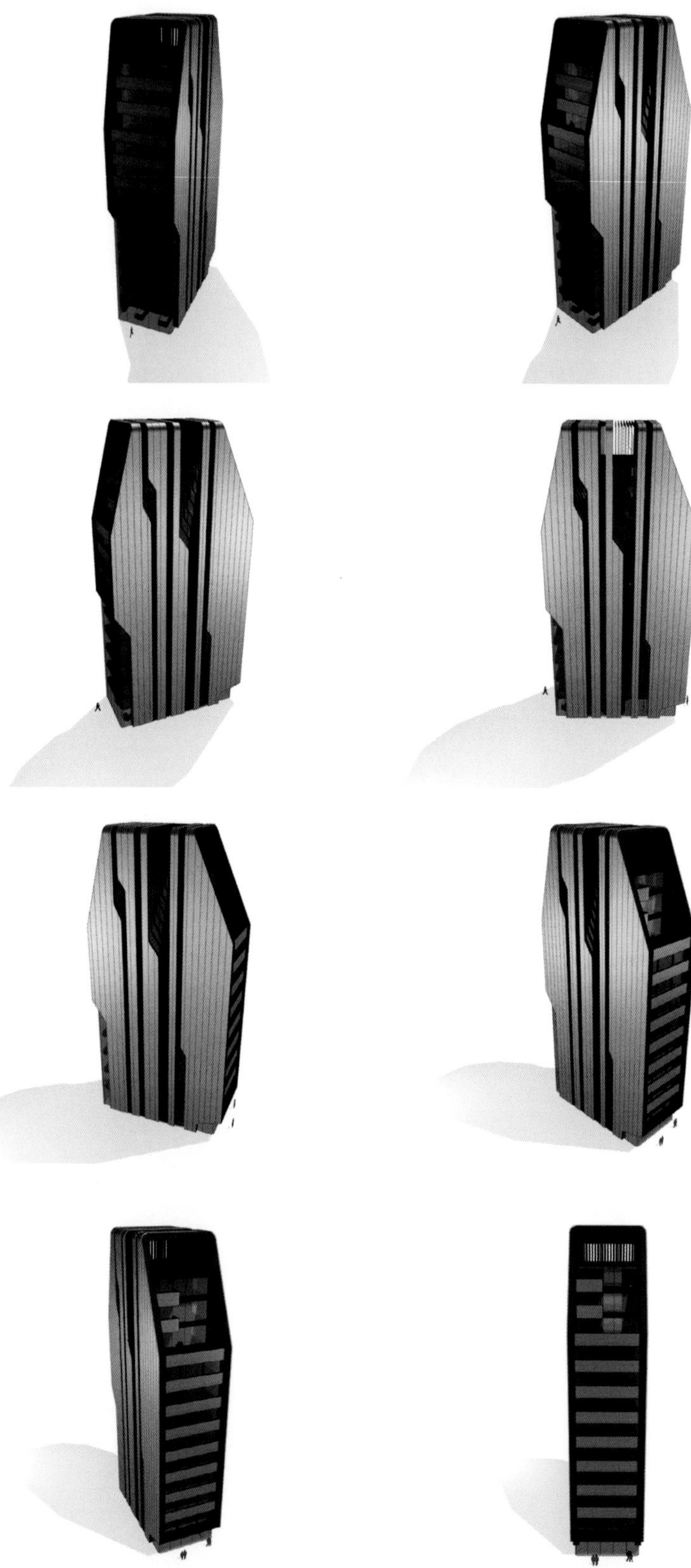

1 住宅
2 平台
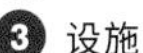
3 设施

Daan Residential

DRT

1280 m²

中国台湾，**台北**

大安住宅

在台北市中心的一个场地上计划建造一栋10层高的住宅楼。覆层充当过滤太阳光的角色，为大部分室内空间提供保护，同时通过有韵律的折叠突出建筑的力感，与体量几何形态相搭配，通过中央的电梯以及楼梯可以到达公寓。为了打造边界平台，或标记出入口及交换点，覆层在特定区域是断开的。

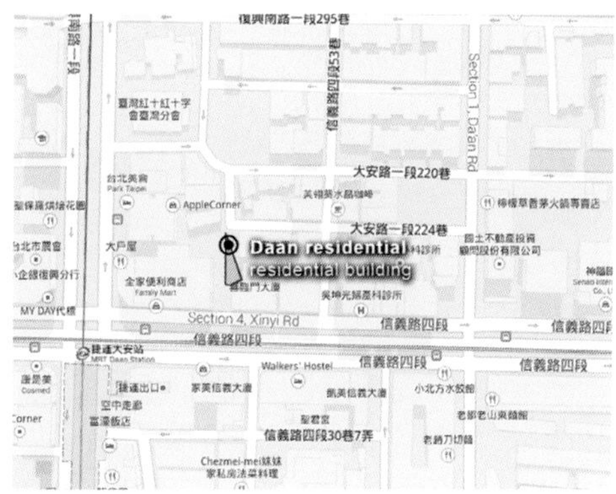

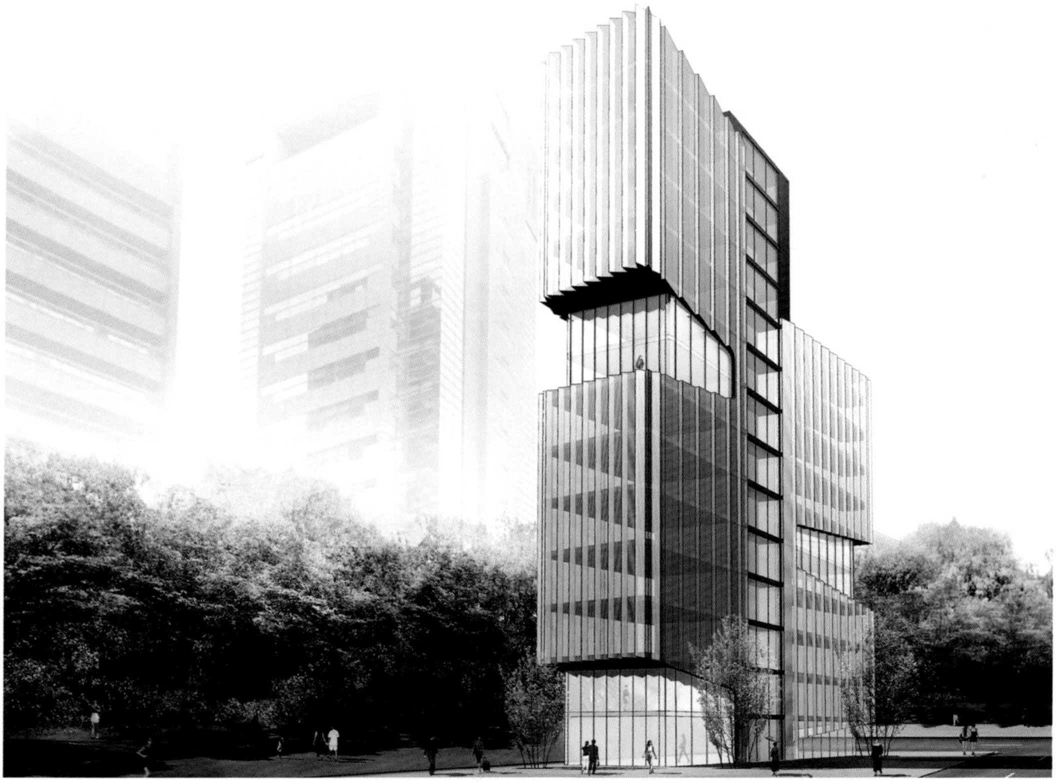

微穿孔的板材覆面逐步配合建筑体量的节奏，其几何形态和物质性是重点。

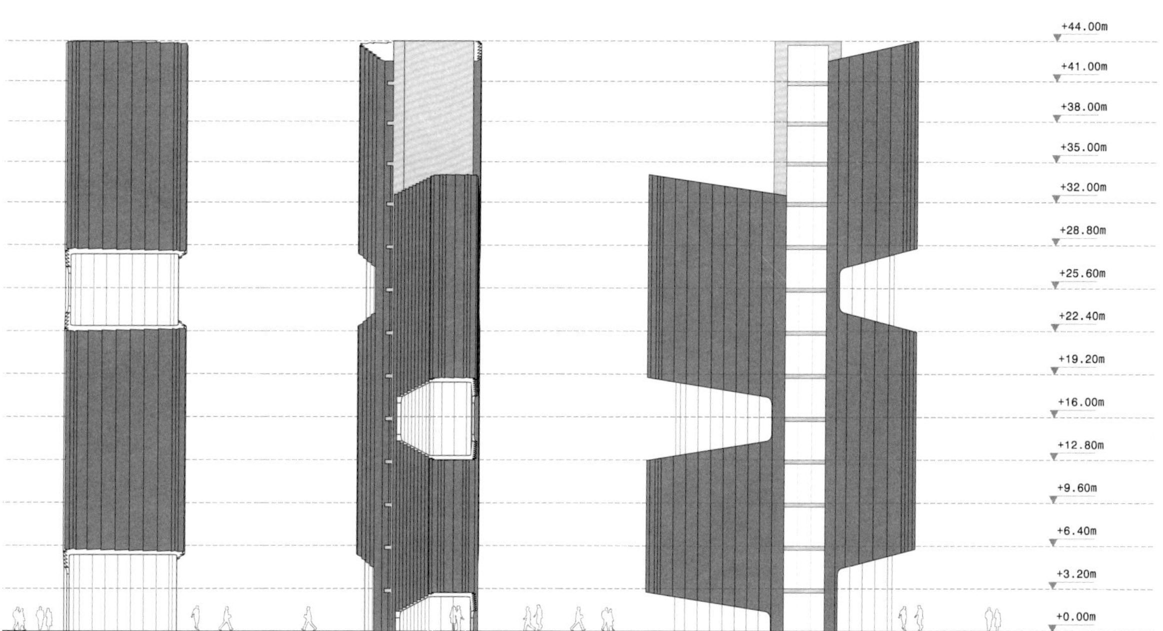

Leading the Age of BIM

引领建筑信息模型新时代

El Rengle塔式住宅楼

建筑信息模型（BIM）是在建筑建造过程中对其进行数据信息生成及管理的一个过程，利用动态的三维建模软件对设计及建造过程进行时间和资源分配的优化，加强基础设施运营管理。

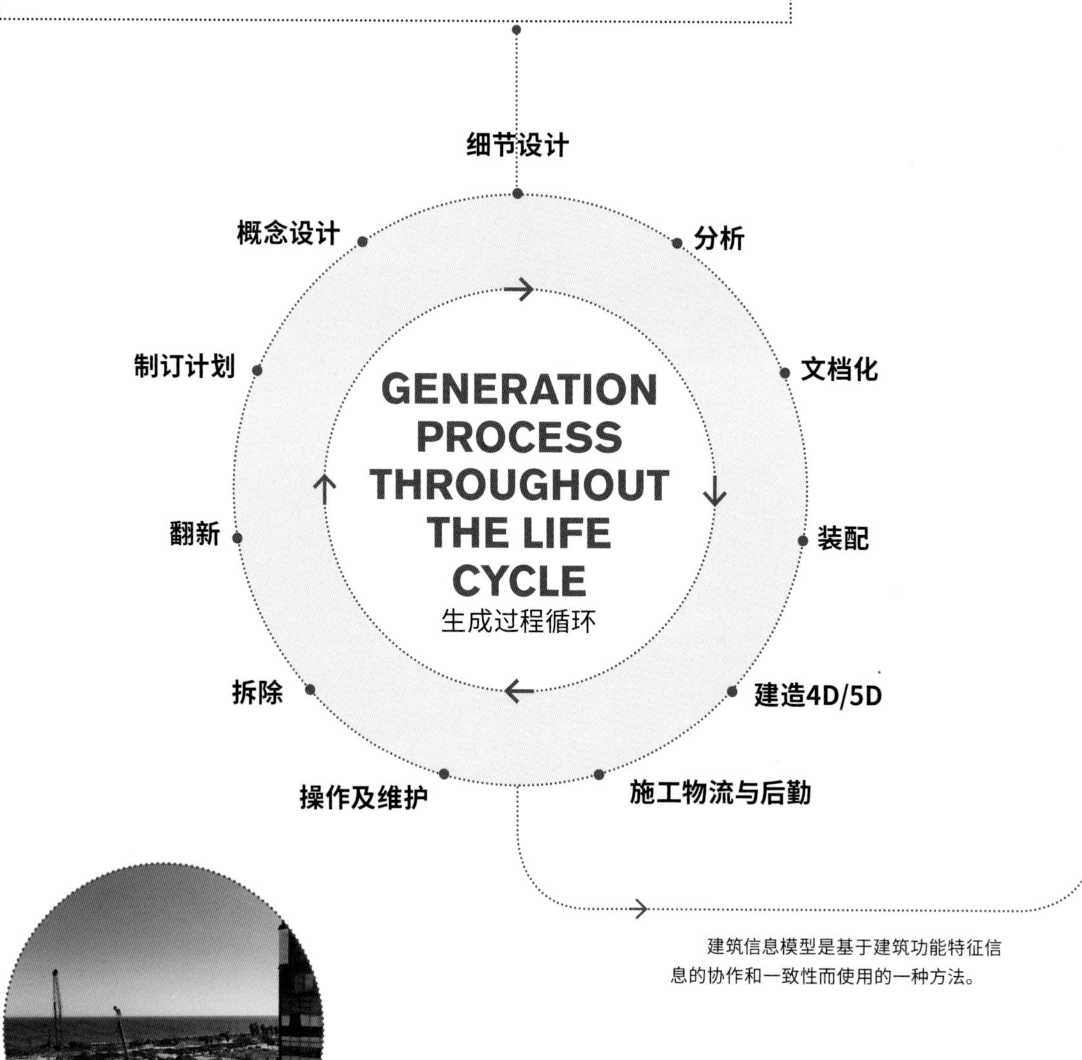

建筑信息模型是基于建筑功能特征信息的协作和一致性而使用的一种方法。

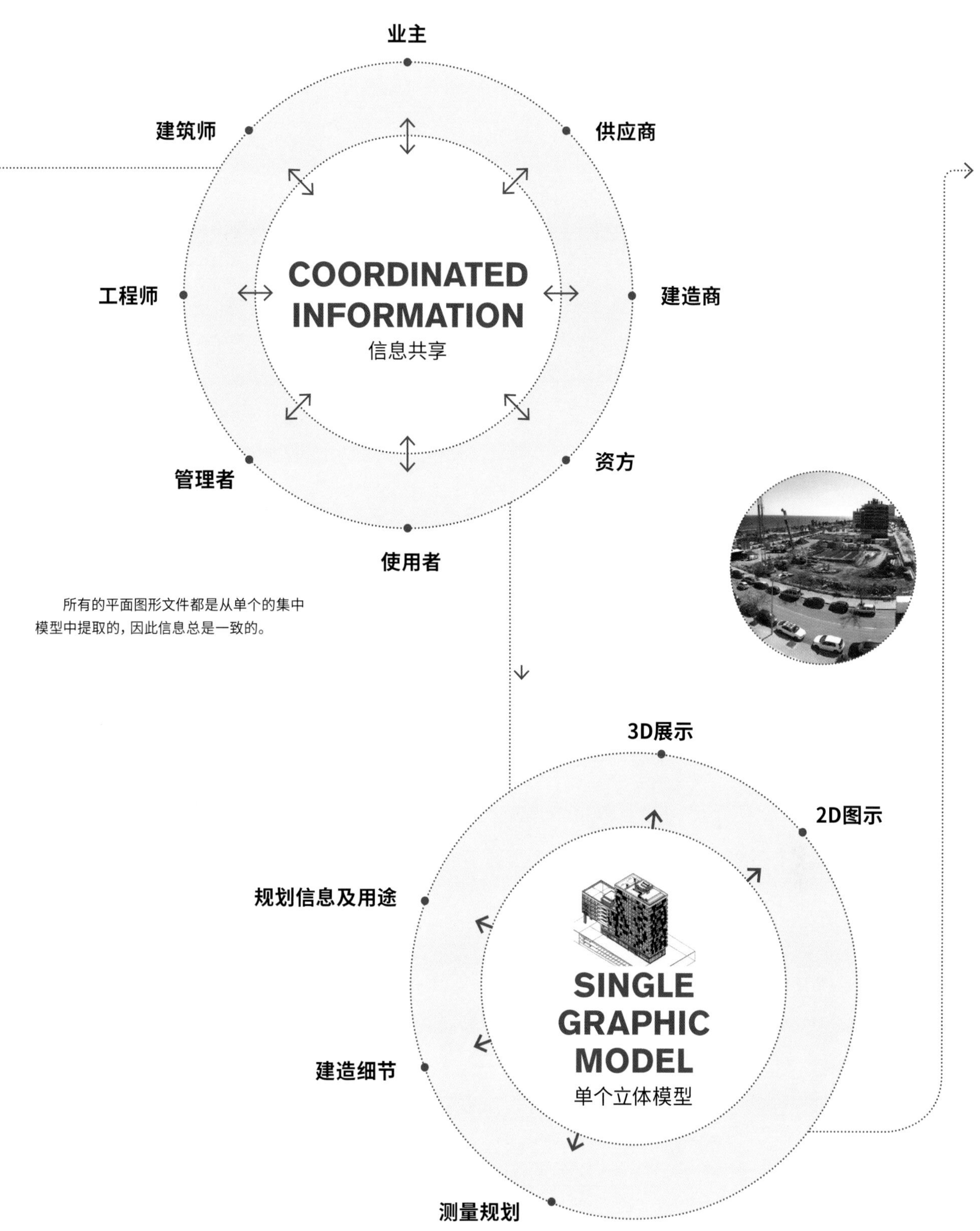

所有的平面图形文件都是从单个的集中模型中提取的，因此信息总是一致的。

El Rengle Tower

西班牙，**马塔罗**

El Rengle塔式住宅楼

在新时代，建筑和施工作业在设计和施工各个阶段变得更为重要，在技术革新和电脑运算领域，出现了一个全新的工具，其有效性被认为是多学科知识交互的全新范例。通过一个集中的智能平台，将信息以单个的三维模型方式存储，形成全新的建筑设计方式。这便是BIM（建筑信息模型）技术。

通过运用建筑信息模型，我们希望在专业实践中建立一些相关的标准和变化。我们想通过位于马塔罗的El Rengle塔式住宅楼项目的开发来体现其为我们带来的众多好处。本案是一个综合住宅楼项目，设计面积约为14500m^2，也是我们将建筑与计算机进一步结合在一起的一次实践。对项目的掌控和与其他学科以及客户之间的互动都在同一个平台上实现，使得项目中反映的信息在物流和建设协调性方面更可靠和准确。

这栋建筑有着多重用途：住宅部分有60间高标准高质量的公寓，位于面向海的一面，公寓都配备了阳台，屋顶上是休闲区域，设有泳池和儿童玩乐区域；地面层是商业区域，桥接附属建筑的办公区域；另外还有两层的地下停车场，所有这些组合成一个独特的建筑，毫无疑问将成为城市的新地标。

BIM

Models with information 信息模型

3D几何

2D展示

物理信息

数据

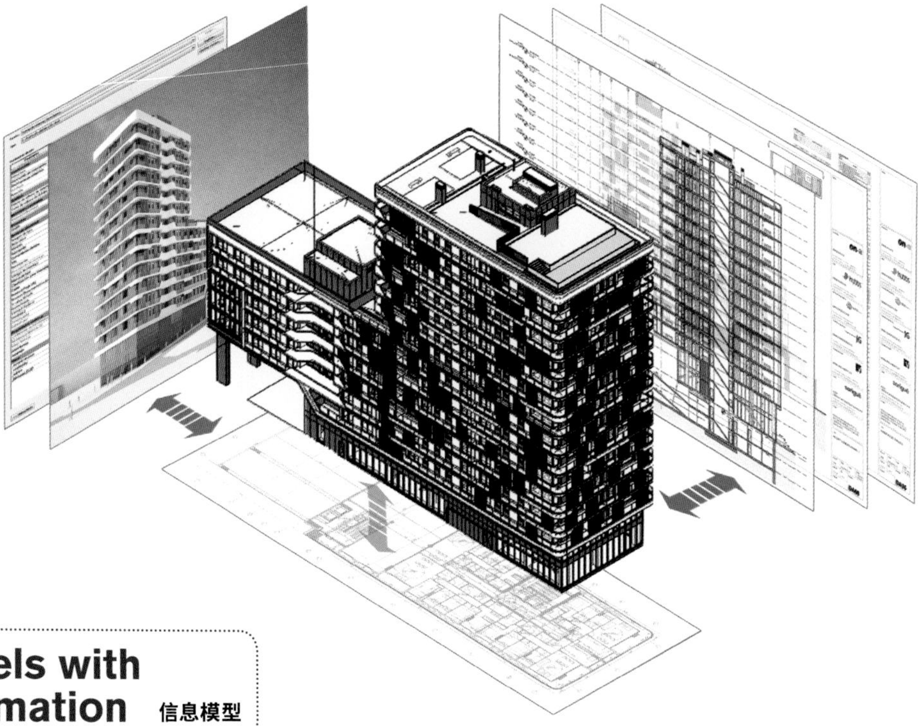

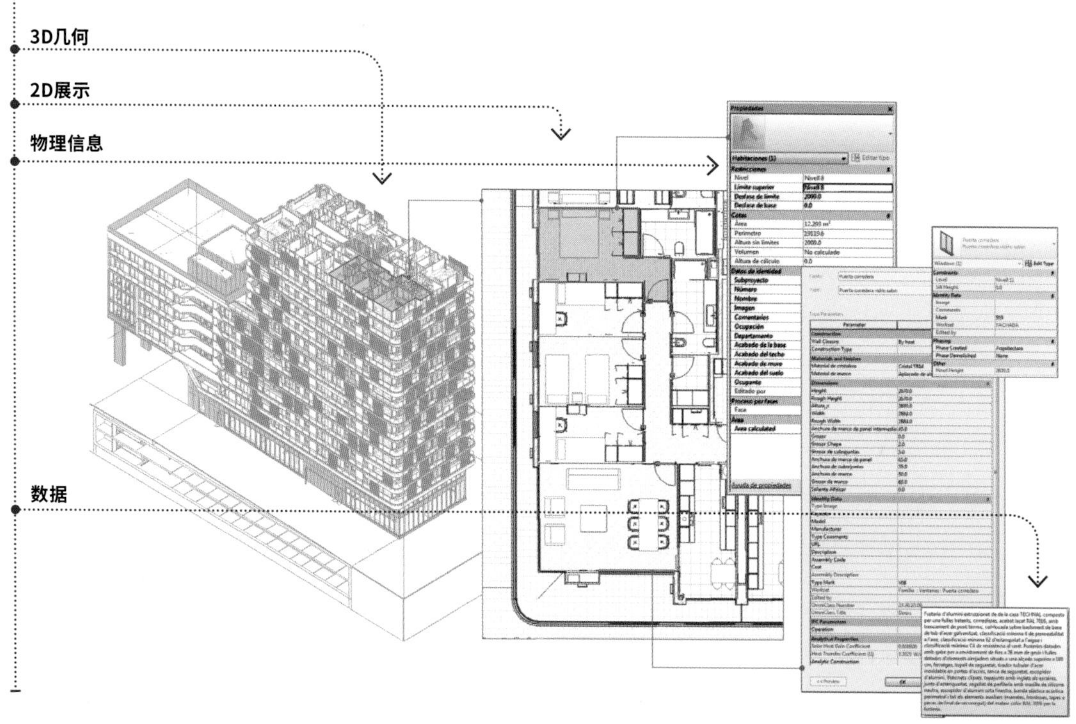

Components with information 信息组件

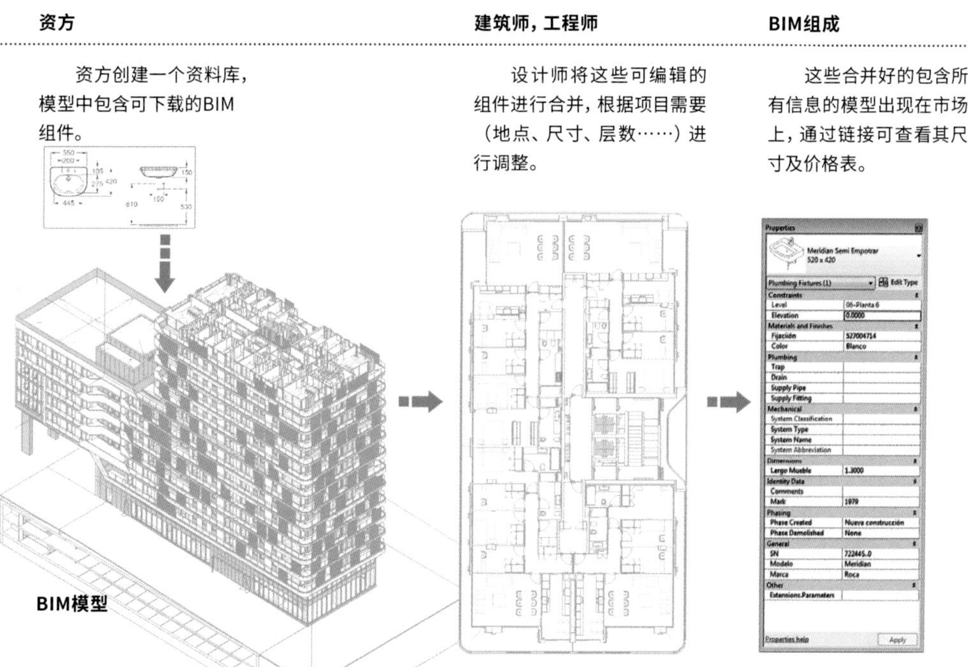

2D/3D documentary coordination 2D/3D文件并列展示

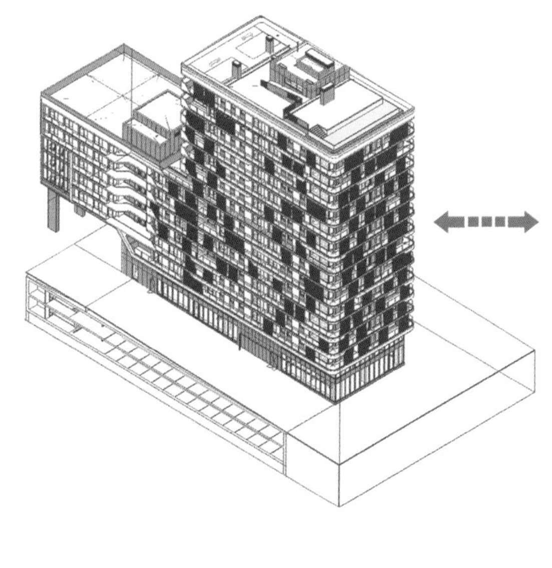

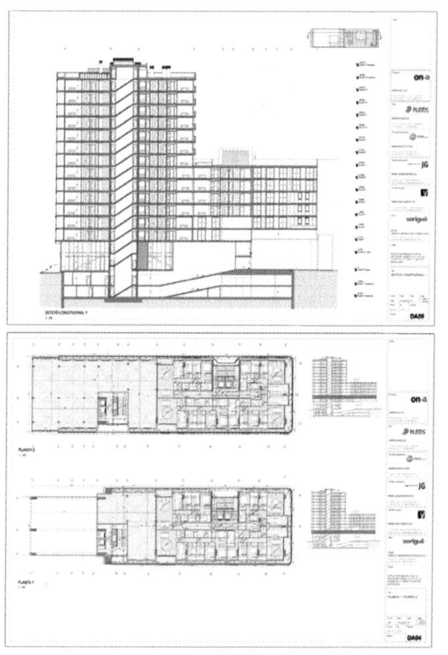

3D discipline coordination

3D学科协调

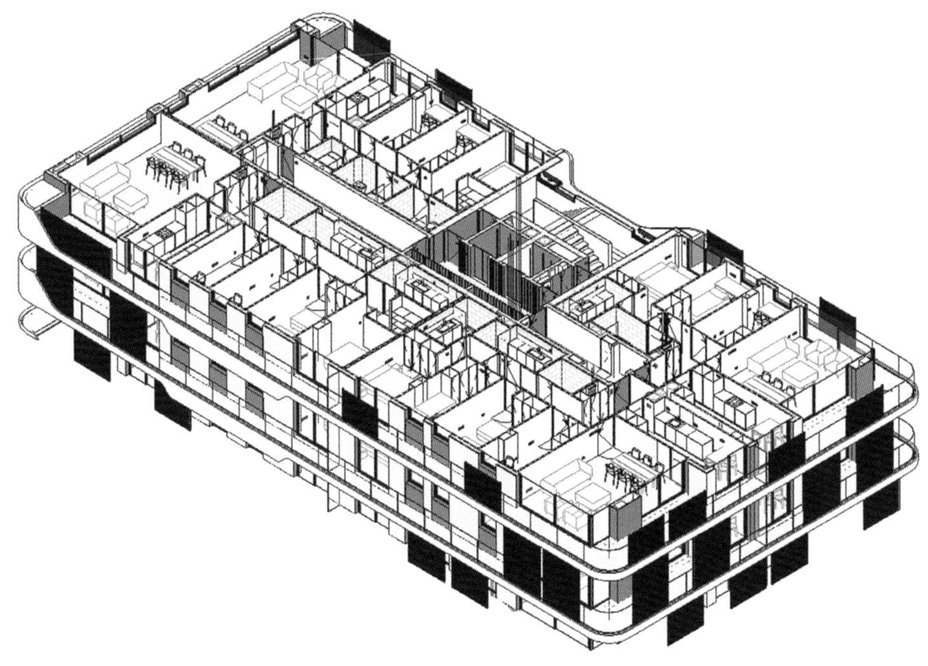

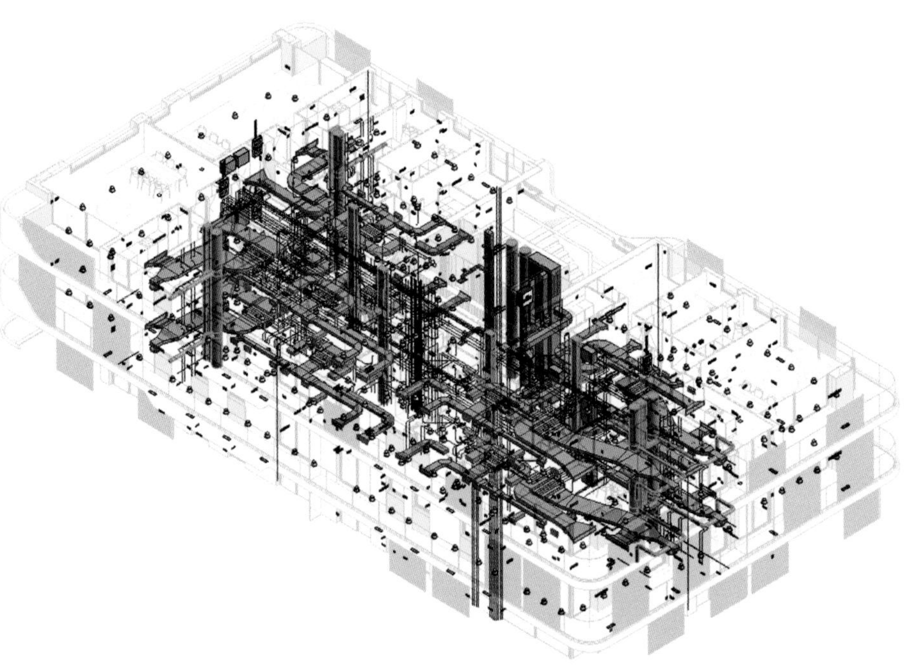

Costs and measurements

费用及尺寸

特征

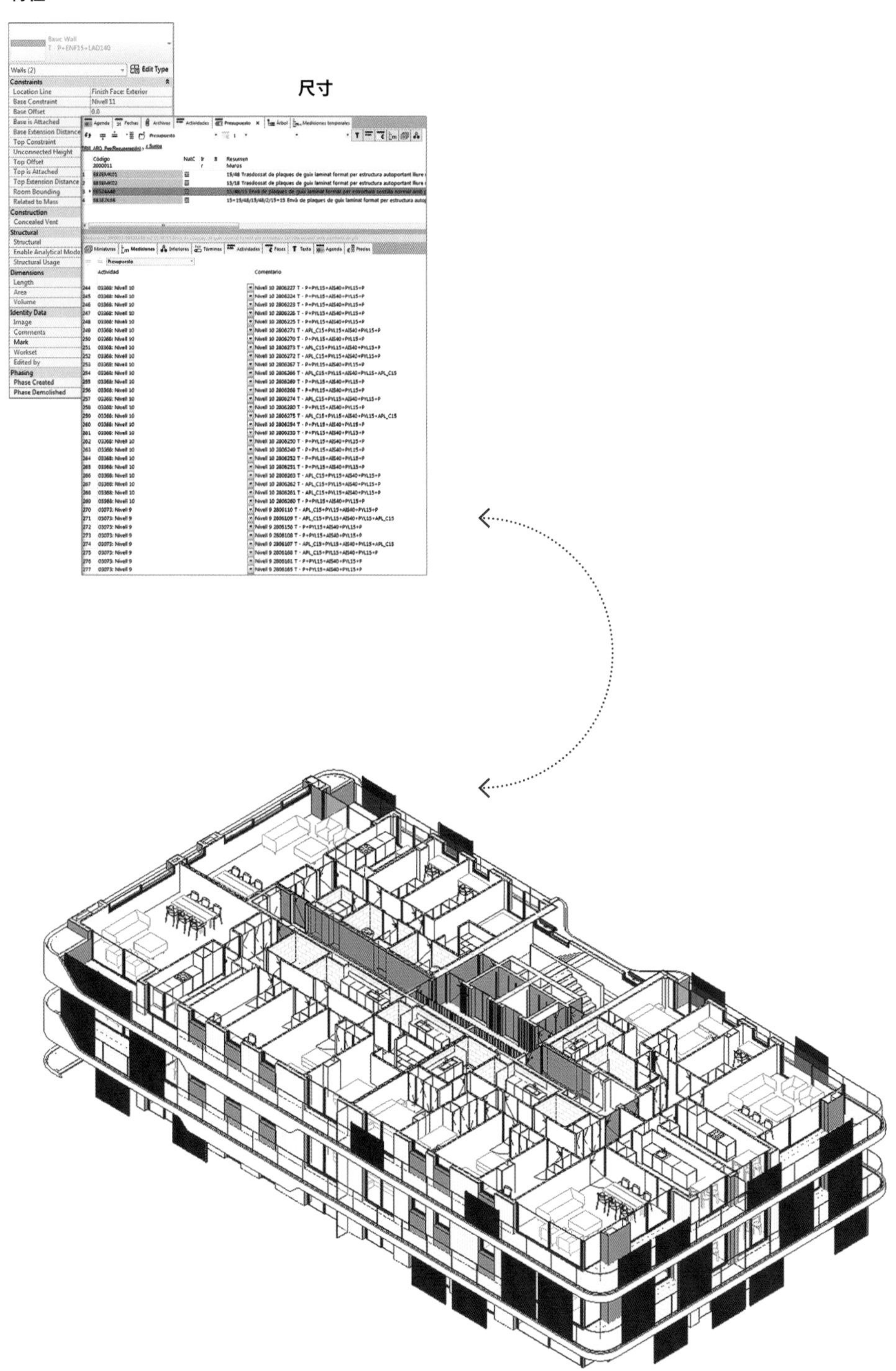

建筑的立面特点是柔和平滑的形态，利用白色玻璃纤维增强水泥和弯曲玻璃打造而成。

A 面朝海的立面
B 桥接建筑
C 带泳池的屋顶
D 住宅核心

1 玻璃纤维增强水泥板
2 玻璃栏杆
3 煤灰复合板
4 滑动铝板

屋顶是社区平台，有泳池、花园和儿童游乐区域。

建筑低层部分是一个**桥接结构**，越过道路连接附属建筑。大部分休闲活动场所位于这一区域。

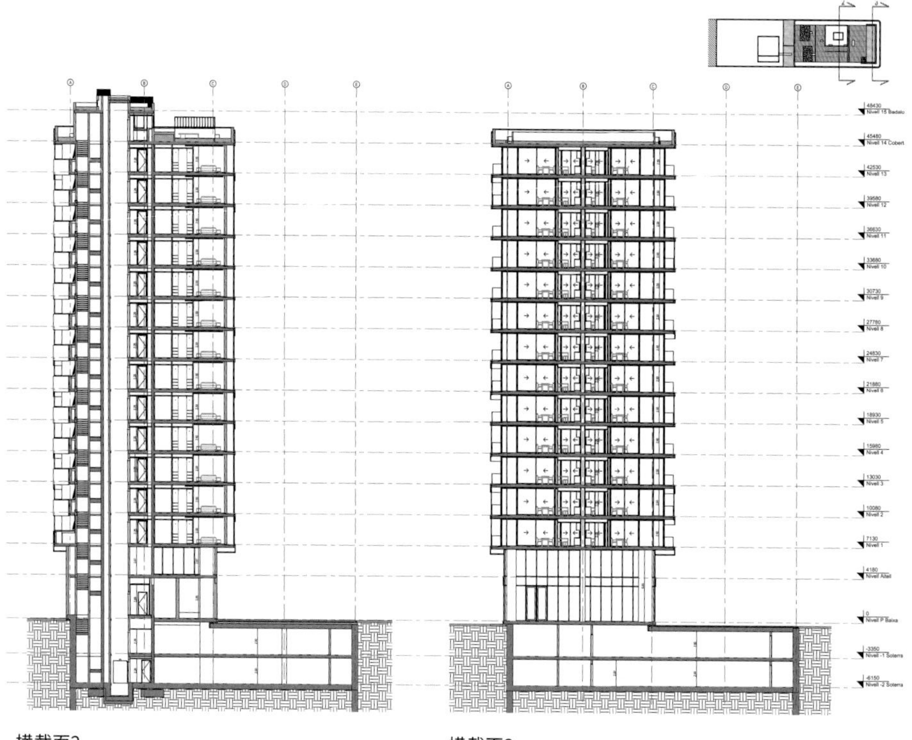

横截面2

横截面3

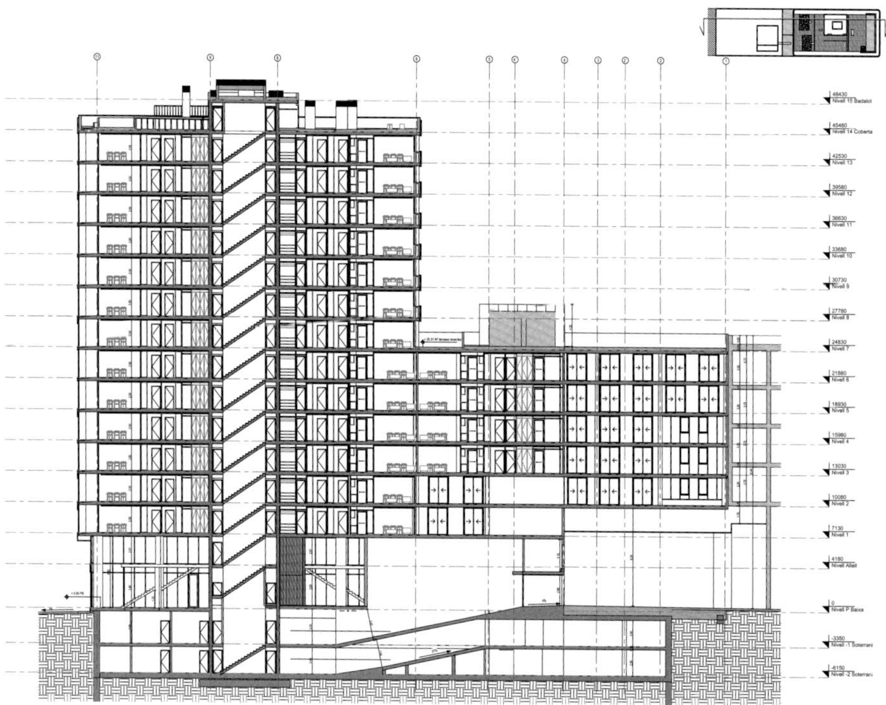

纵截面1

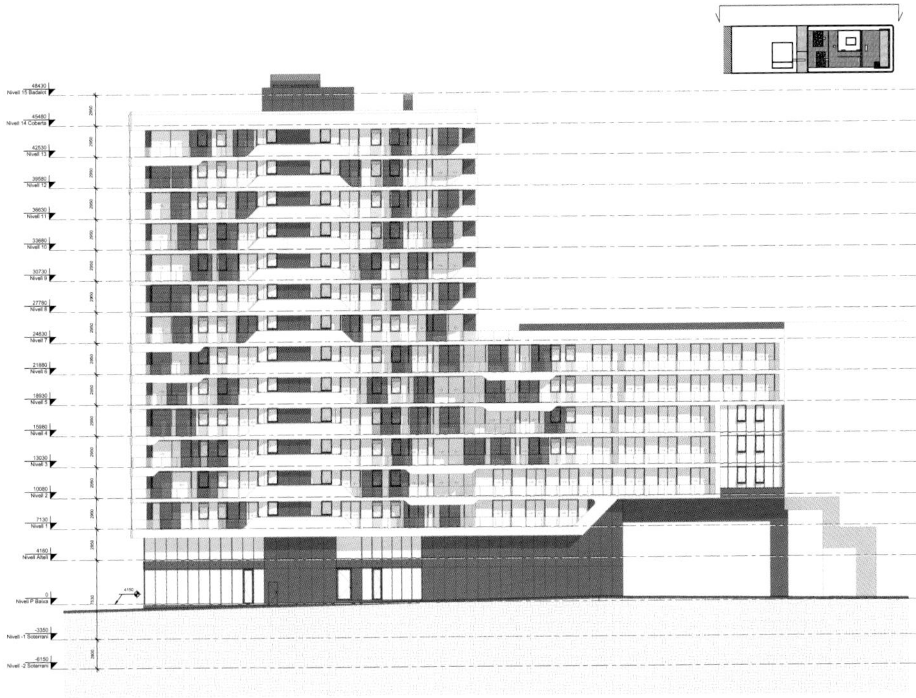

Carrer de Tordera立面

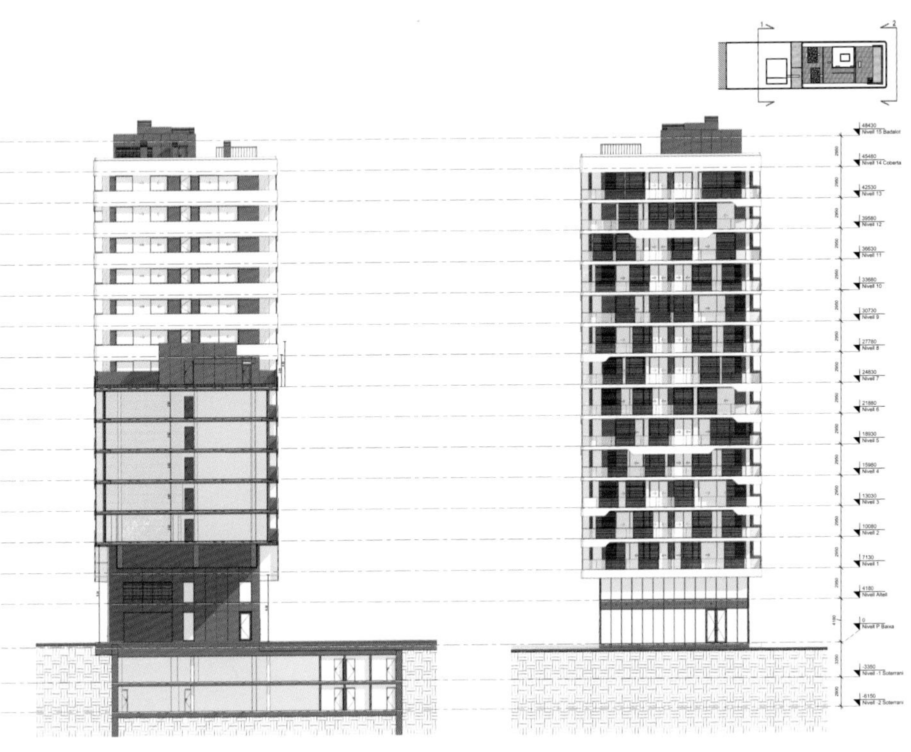

横截面

南立面

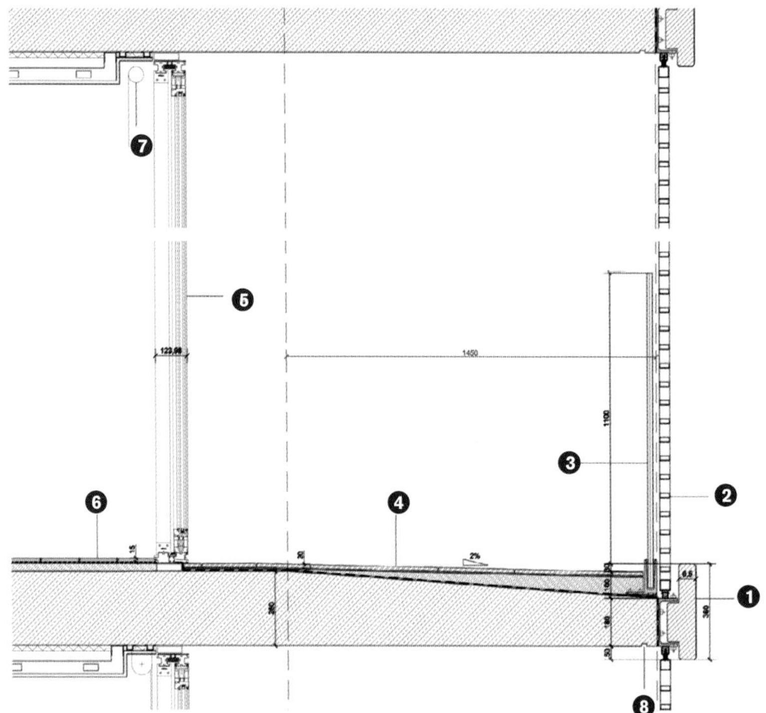

1. 360mm玻璃纤维增强水泥板通过UPN180连接到地面
2. 150mm宽的双滑块格架固定在UPN180上
3. 10-4-4丁缩醛+10钢化玻璃栏杆通过金属结构固定到地面上
4. 黑色防滑地砖、1mm黏结砂浆、斜度2%的5mm灰浆、防水混凝土板位于180~280mm支架上
5. TECHNAL类型双滑块
6. HARO木地板、PREMIUM OAK NATUR模型、15mm泡沫板、5mm水平灰浆、30mm混凝土板、280mmCOPOPREN板、20mm气腔、15mmPYL12假天花板
7. 存储系统
8. 防雨板

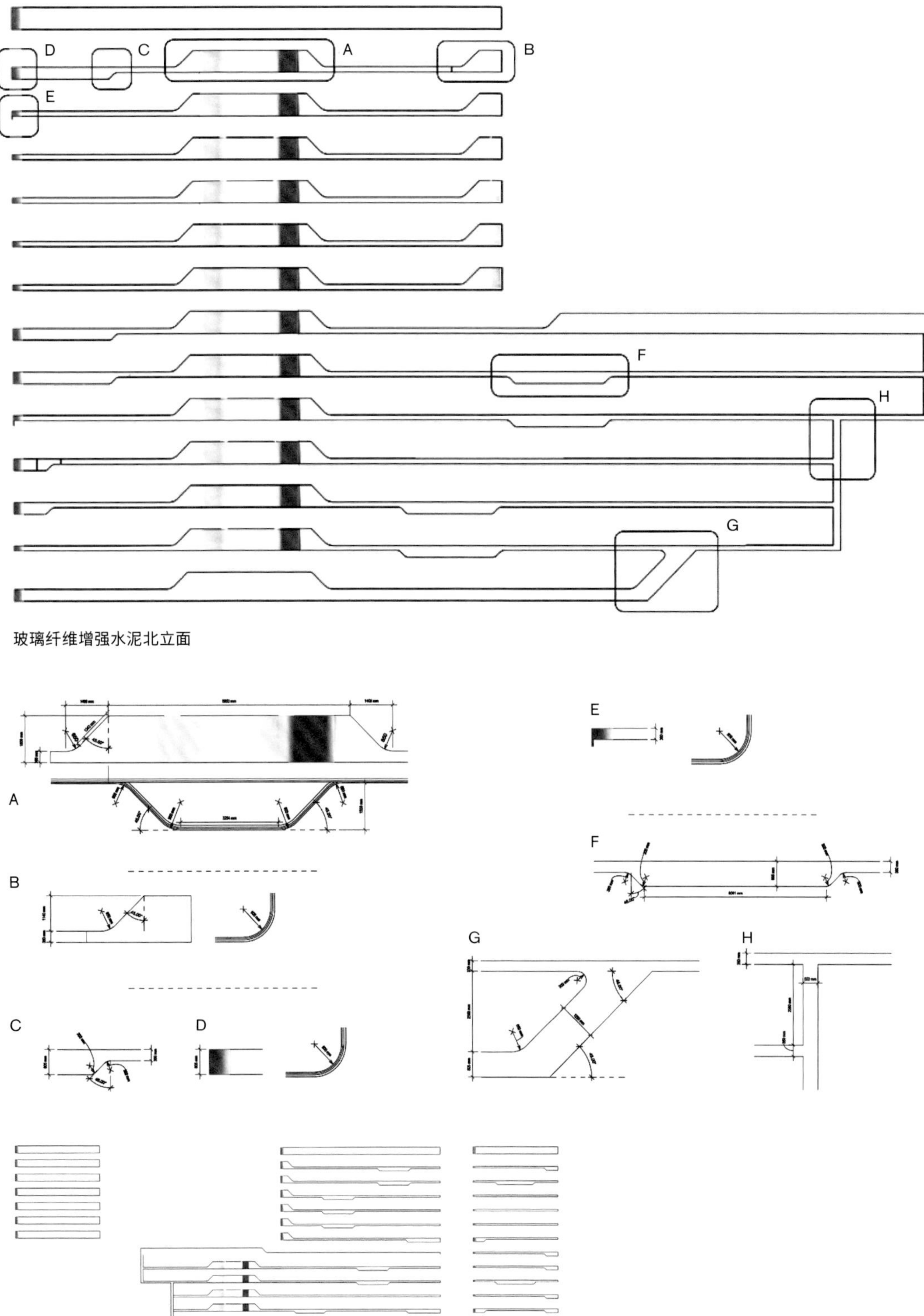

玻璃纤维增强水泥北立面

玻璃纤维增强水泥西立面

玻璃纤维增强水泥南立面

玻璃纤维增强水泥东立面

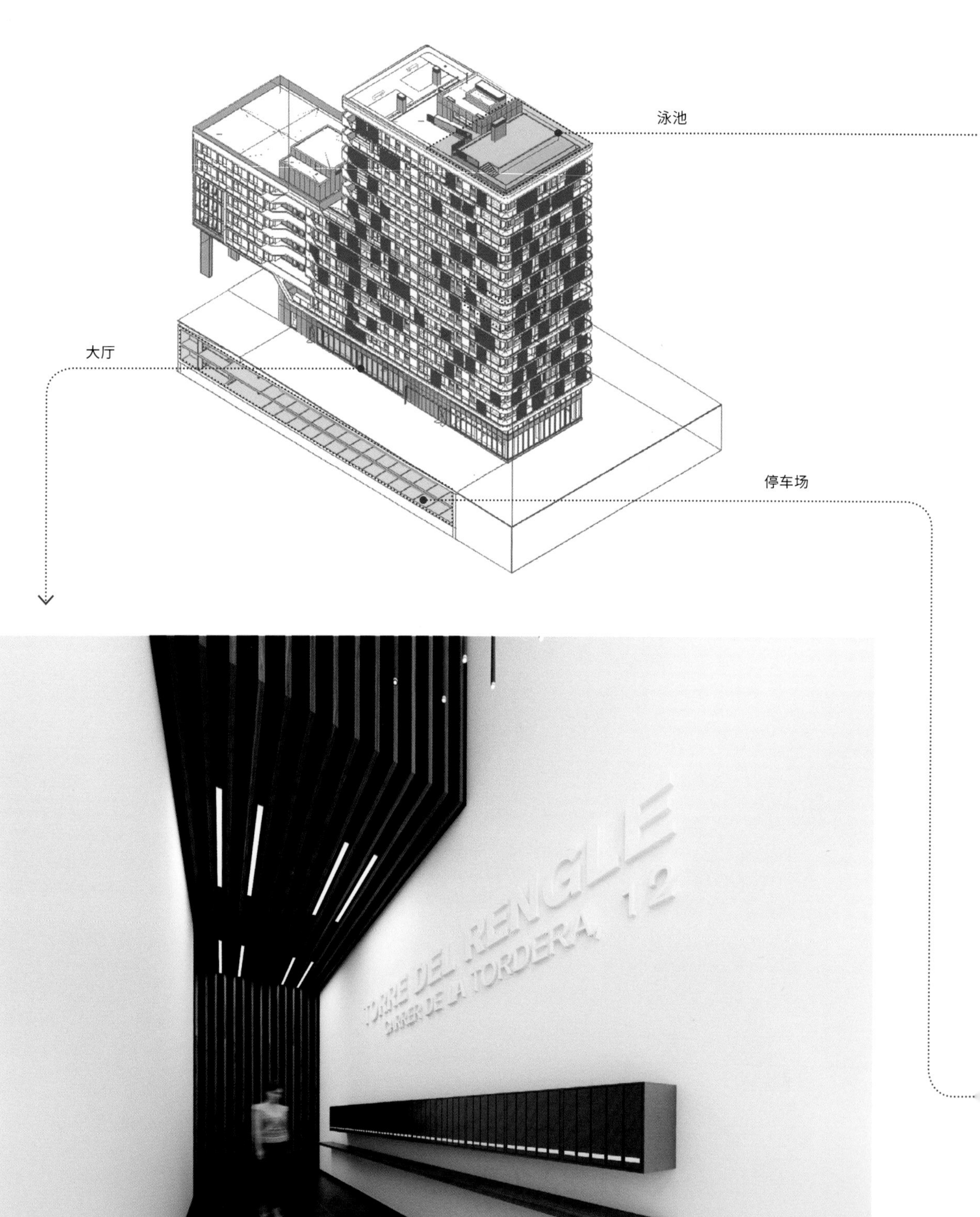
泳池
大厅
停车场
TORRE DEL RENGLE
CARRER DE LA TORDERA, 12

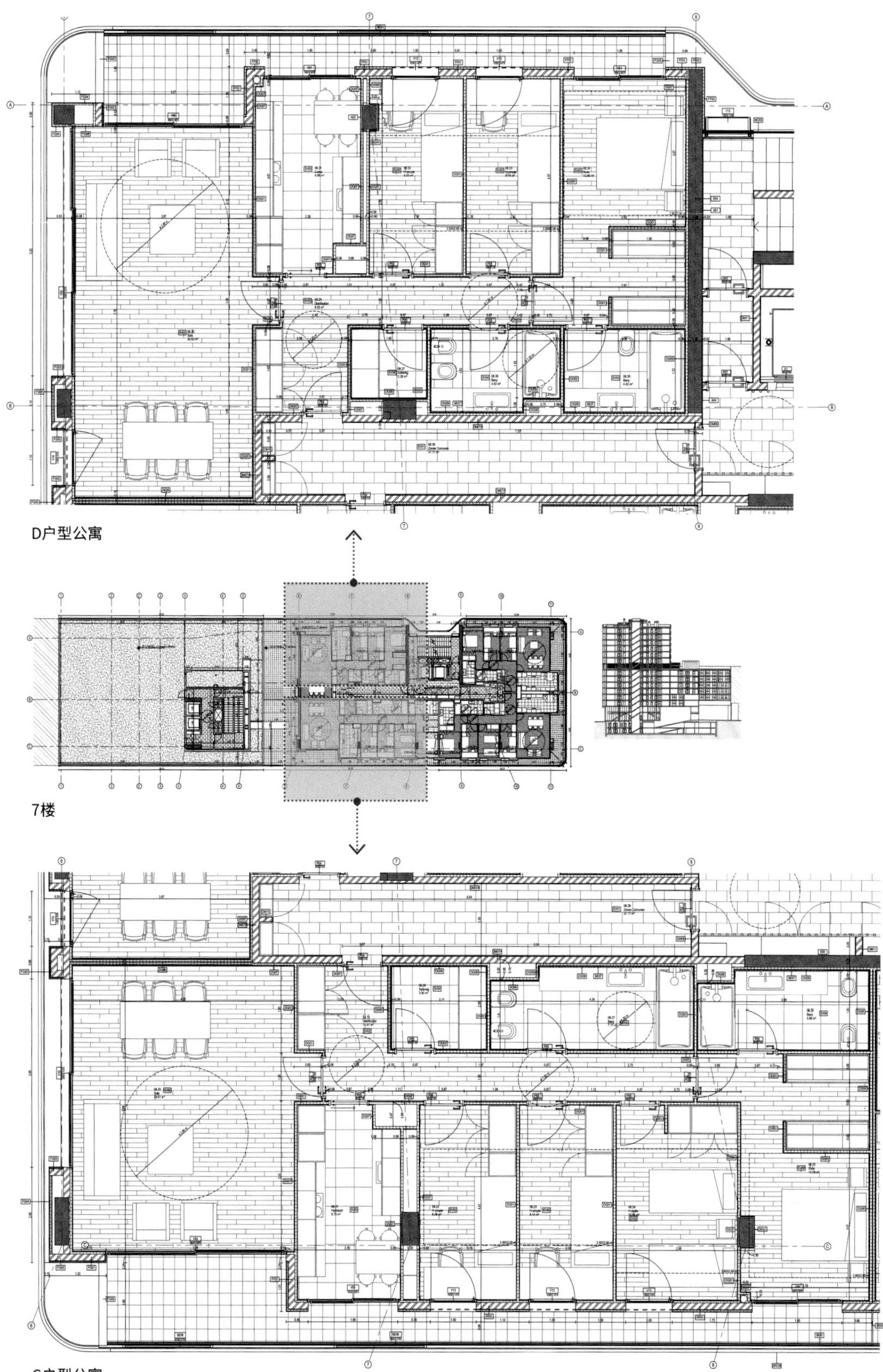

D户型公寓

7楼

C户型公寓

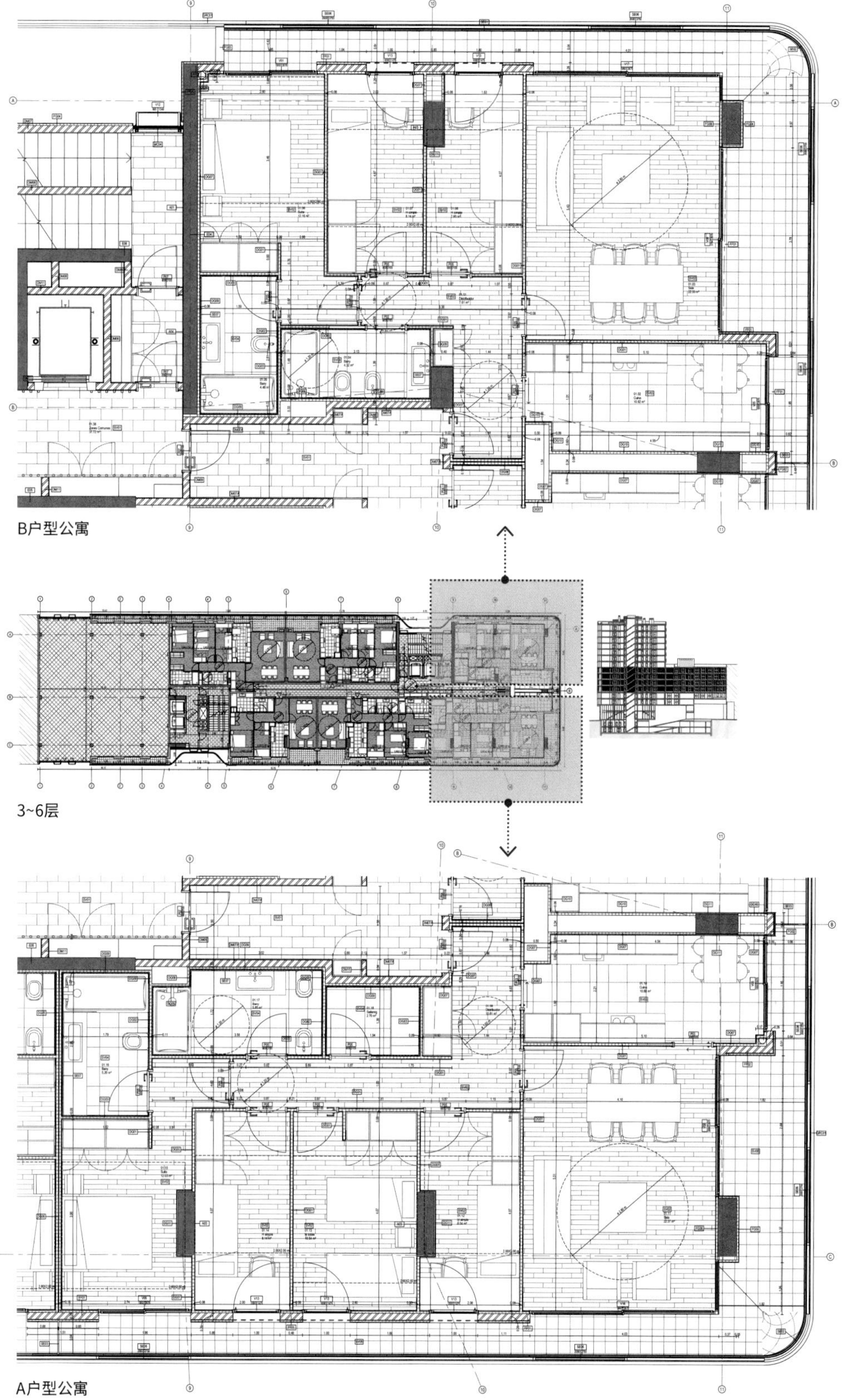

B户型公寓

3~6层

A户型公寓

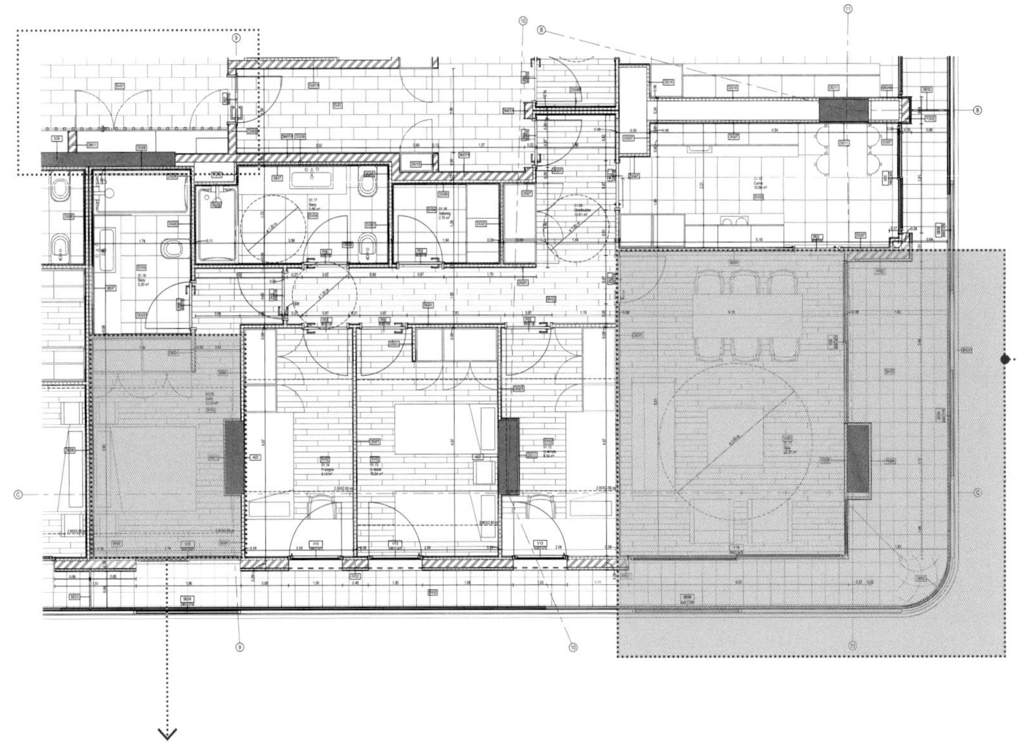

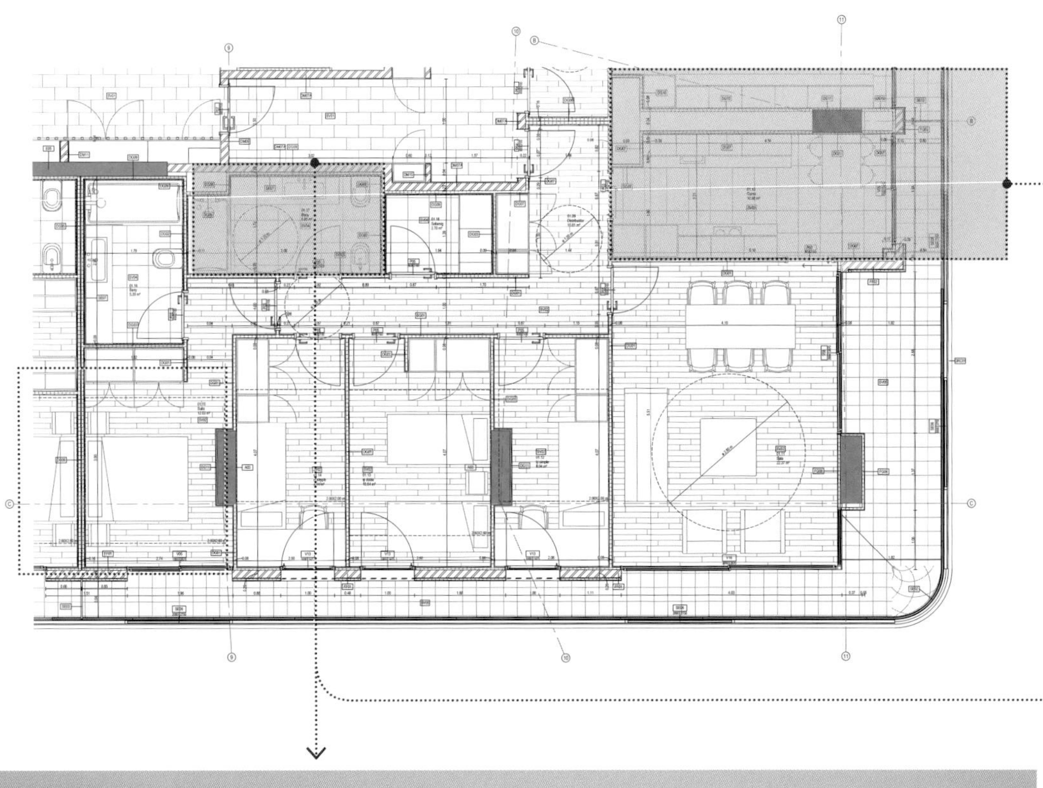

ON-A工作室及展厅面向各种人开放，从客户到合作伙伴，激励建筑及建造领域全新工作方式的研究和开发。空间展示了公司前进的轨迹，包括一系列已完成项目、竞赛方案和研究案例，访客可按照这些项目的年代顺序进行浏览，除了模型，还能看到每个项目的相关简介。

ON-A Studio

ON-A工作室

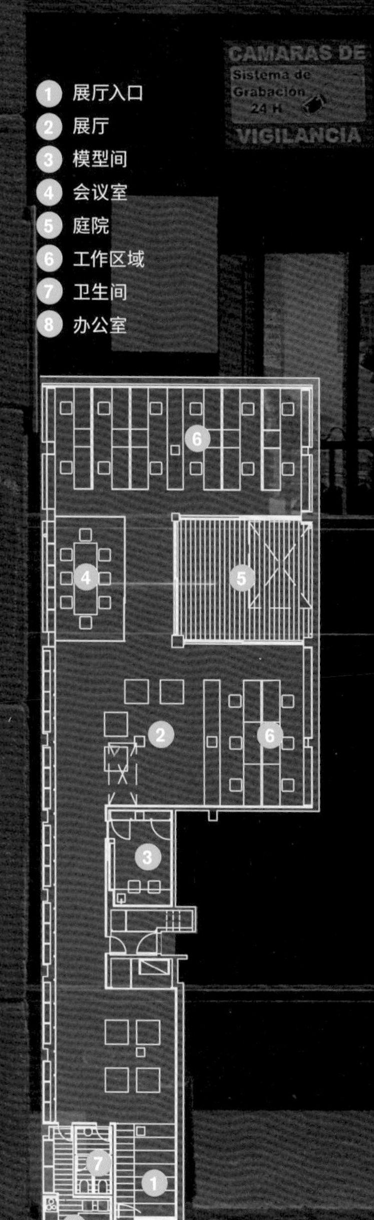

1 **LOU** 5感酒吧，昂皮里亚布拉瓦。见12页
2 **SCC** 国际建材博览会CRICURSA 展位设计，巴塞罗那。见62页
3 **VGM** 0810家庭住宅，加瓦。见284页
4 **VHV** 1002家庭住宅，巴塞罗那。见292页
5 **PFR** 商业办公室，雷乌斯。见208页
6 **VUZ** 学生宿舍，萨拉戈萨。见242页

穿过展架你能看到ON-A所完成的项目的详细投影，展厅区域陈列着已完工项目的介绍，以及位于各地的不同类型及尺寸的项目模型。

1 **PFR** 商业办公室，雷乌斯。见208页
2 **CBG** 东方传媒办公室，台北。见398页
3 **TMP** 风车塔，巴塞罗那。见264页
4 **RTT** 住宅大厦，台北。见390页
5 **MHR** 巴伐利亚历史博物馆，雷根斯堡。见216页
6 **HCO** 会议酒店，奥洛特。见352页

通过入口区来到展示空间，这里陈列着各种图表信息及研究模型，最终来到围绕着内部庭院设置的会议室和工作间。

5

6

案例展示包括各种尺寸的手工制作、3D打印的模型及原型，以及运用技术作为设计资源对现代建筑进行研究和开发的主要理念的介绍。

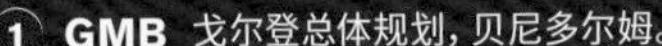

1 **GMB** 戈尔登总体规划，贝尼多尔姆。
2 **HCO** 会议酒店，奥洛特。见352页
3 **TGP** 台中中央公园，台中。见360页
4 **CBG** 东方传媒办公室，台北。见398页
5 **TMP** 风车塔，巴塞罗那。见264页
6 **RTT** 住宅大厦，台北。见390页
7 **LTT** 台北奢华塔，台北。见370页
8 **MHR** 巴伐利亚历史博物馆，雷根斯堡。见216页
9 **CMR** 日落咖啡馆，罗塞斯。见30页

这是一个开放式的办公室，与ON-A企业代表色一致的垂直花园丰富了室内庭院，并延伸至会议室和工作间，营造出开放和协作的氛围。

我们的团队

Jordi Fernández Río
建筑公司创始人

Jordi Fernández Río 1978年出生在巴塞罗那，2005年成为ON-A的联合创始人。他获得过一系列奖项，是新时代的建筑师，致力于将设计和技术联合在一起，形成一种全新的设计方式。他在商业开发、项目管理方面有多达十年的经验，起初是Cloud9建筑公司的一名建筑师，参与完成过许多重要项目，例如Nurbs别墅以及与MIT合作完成的媒体屋项目。

Eduardo Gutiérrez Munné
建筑公司创始人

Eduardo Gutiérrez Munné 1978年出生在巴塞罗那，与Jordi Fernández Río一样是ON-A的联合创始人。他起初是一些国际性建筑公司的合作建筑师，例如巴黎AJN、伦敦FOA，他还参与过一些著名的项目，例如2012年负责伦敦奥运会总体规划。除了作为建筑师参与到一线工作中，他还在许多论坛和建筑学校担任演讲者。他曾被邀请参加在中国香港地区、台北地区以及保加利亚举行的关于公共交通和建筑设计等各种建筑领域的研讨会。

Team 团队

2006 2007 2008 2009 2010 2011 2012 2013 2014 2015 2016

Jordi Farell
Carlos García-Sancho
Carmelo Zappulla
Joan Sebastian Sorrondegui
Berta Urgel
Barbara Badosa
David Labori
Elena Roland
Bernardo Magalhaes
Ignacio Pérez
Ricard Gonzalvo
Anaïs Millot
Aude Croiset
Ana Lerena Zárate
Fani Natou
Fotis Vasilakis
Juan David Arboleda
Sheila Castan
Helena Campàs
Silvia Casitas
Tonina Servera
Natàlia Alonso
Belén Cruz
Riccardo La Magna
Oriol Rubió
Rafael Donat
Albert Montilla
Adrian Elizalde
Paolo Tringali
Mario Echigo
Olivia Snider
Georgina Morales
Linda Penkhues
Arian Hakimi
Estel·la Bosch
Julia Gallardo
Maciek Lastowski
Nicolás Millán
Lina Garzón
Luka Kreze
Nathalie Lagard
Marc Canut

那些在团队中努力发挥其专业才能的人们，让我们成为一个真正代表创新和跨领域的建筑公司。

Partners 合作伙伴

5感酒吧：

感谢Evaristo Gallego相信我们这个年轻的建筑师团队，给予我们自信来完成我们的第一个项目。

LOU - p.12

TMB：

巴塞罗那交通运输署给予我们机会来完成两个地铁站的翻新，项目获得了Dedalo Minosse奖，现在已成为一个国际性的标杆。

TMB - p.102 / **EMA** - p.120

CRICURSA：

我们为其设计的展会建筑中，展示公司产品的品质及潜力，以及产品的广泛性。

SCC - p.62

SORIGUÉ：

委托我们运用最高品质标准和全新的工具开发一栋建筑，我们完成了项目并建立了建造准则方面的全新视角和新时代。

TRM - p.424

ARZOBISPADO DE TARRAGONA
RST - p.142

AYUNTAMIENTO DE TARRAGONA：
行政管理
JMT/JMA/JMV - p.164

CAFÉ DEL MAR
CMR - p.30

ZOO DE BARCELONA
ZMB - p.54

ZHUHE DEVELOPMENT CO.,LTD.
建筑开发商
（台北）

LANDFORTH. LTD
建筑开发商
（香港）

CLOUD 9
Enric Ruiz Geli
ZMB - p.54

Collaborators

RAMÓN PRESTA：
冶金工程师

感谢他们的信任，让我们将5感酒吧的设计变成现实，展示了我们的创造力。

LOU - p.12

LLUÍS ROS：
摄影师

感谢你记录下我们的历史，那些项目是当时我们事业成长的机会，也是确立我们建筑特征的第一步。

LOU - p.12 / **SCC** - p.62
TMB - p.102 / **EMA** - p.120
RST - p.142

BIMETRIC
管理和规划策略
VRA - p.302 / **TRM** - p.424

VINCLAMENT
建筑工程
LOU - p.12 / **TMB** - p.102
EMA - p.120 / **RST** - p.142
VRA - p.302 / **VVP** - p.314
TRM - p.424

KUBBS
BIM及建筑视觉化
VRA - p.302 / **VVP** - p.314
TRM - p.424

JG INGENIEROS
植物工程
RST - p.142 / **TRM** - p.424

SUMTECT：
建筑构架及规划
CRT - p.382 / **HMT** - p.404
BRT - p.414 / **DRT**- p.418

BAC
工程咨询集团
RST - p.142 / **TRM** - p.424

STATIC
建筑项目工程咨询
VVP - p.314

ALBERT BARGUES I GRAU
建筑师
CCR - p.198 / **PFR** - p.208
LAA - p.336

BURÉS
生物燃料及生物过滤器生产商

VERDTICAL
垂直花园系统制造商
VFS - p.326

ARQUIMA
木质结构模块建造
VRA - p.302 / **VFS** - p.326

Clients 客户

我们的客户和合作伙伴

感谢所有曾与我们合作过的人，以及给予我们机会实现我们建筑构想的人。我们希望引领技术和设计创新，可持续化和研究是我们企业发展的基本理念。

图书在版编目（CIP）数据

情感融于建筑：ON-A 工作室作品精选／深圳市艺力文化发展有限公司编．—广州：华南理工大学出版社，2017.9
ISBN 978-7-5623-5189-4

Ⅰ.①情… Ⅱ.①深… Ⅲ.①建筑设计－作品集－中国－现代 Ⅳ.① TU206

中国版本图书馆 CIP 数据核字（2017）第 027066 号

ON-A Emotion-architecture Works & Projects
情感融于建筑——ON-A 工作室作品精选
深圳市艺力文化发展有限公司 编

出 版 人：卢家明
出版发行：华南理工大学出版社
（广州五山华南理工大学 17 号楼，邮编 510640）
http://www.scutpress.com.cn E-mail: scutc13@scut.edu.cn
营销部电话：020-87113487 87111048（传真）
策划编辑：赖淑华
责任编辑：蔡亚兰 黄丽谊
印 刷 者：上海锦良印刷厂有限公司
开 本：787mm × 1092mm 1/16 印张：29 字数：362 千
版 次：2017 年 9 月第 1 版 2017 年 9 月第 1 次印刷
定 价：398.00 元